智能交互设计与数字媒体类专业丛书

功能游戏概论

贾云鹏　陈柏君　编著

北京邮电大学出版社
www.buptpress.com

内 容 简 介

本书对当代功能游戏研究进行了较为全面、综合的介绍。全书共六章。第一章阐述功能游戏的概念、发展历程、分类,第二章到第五章分别讲述功能游戏在教育、科普、军事、医疗领域的发展及应用,第六章提出功能游戏设计方法。通过大量游戏案例分析,本书对功能游戏的理论和实践进行了深入浅出的讲解。本书可作为高校本科游戏设计专业的教材,以及游戏设计爱好者的参考读物。

图书在版编目(CIP)数据

功能游戏概论 / 贾云鹏,陈柏君编著. -- 北京:北京邮电大学出版社,2025. -- ISBN 978-7-5635-7552-7

Ⅰ. TP317.6

中国国家版本馆 CIP 数据核字第 20259D7G33 号

策划编辑:姚　顺　　责任编辑:王晓丹　廖国军　　责任校对:张会良　　封面设计:七星博纳
出版发行:北京邮电大学出版社
社　　　址:北京市海淀区西土城路 10 号
邮政编码:100876
发 行 部:电话:010-62282185　传真:010-62283578
E-mail:publish@bupt.edu.cn
经　　　销:各地新华书店
印　　　刷:保定市中画美凯印刷有限公司
开　　　本:787 mm×1 092 mm　1/16
印　　　张:21
字　　　数:533 千字
版　　　次:2025 年 8 月第 1 版
印　　　次:2025 年 8 月第 1 次印刷

ISBN 978-7-5635-7552-7　　　　　　　　　　　　　　　　　定 价:69.00 元

・如有印装质量问题,请与北京邮电大学出版社发行部联系・

序

数字技术正不断重塑人类的生活，游戏也已不再仅仅是消遣娱乐的产品，而是逐渐成为推动社会发展的重要工具，发挥着教育启蒙、健康干预、文化传播与公共服务等多方面的积极作用。功能游戏的兴起标志着游戏产业与社会价值的深度融合——既保留了游戏的娱乐性，又超越了传统游戏的娱乐边界，成为解决现实问题、传递正向价值的新范式。

《功能游戏概论》一书正是对这一前沿领域的系统性回应。作者以清晰的逻辑框架，将功能游戏的发展脉络、行业应用与设计方法凝练为一本兼具学术性与实用性的教材。该书在梳理功能游戏演进历程的基础上，通过教育、医疗、军事、科普四大领域的丰富案例，生动展现了游戏如何转化为高效的学习载体、精准的医疗辅助工具、逼真的军事模拟系统，以及生动的科普平台。尤为可贵的是，该书并未孤立讨论功能游戏，而是将其置于"娱乐游戏"与"专业应用"的光谱之间，通过对比分析，揭示功能游戏设计的核心矛盾——如何在功能性与娱乐性之间找到平衡。这一视角对游戏设计者与研究者而言具有深刻的启发性。

该书的出版恰逢其时。随着人工智能、虚拟现实等技术的快速发展，功能游戏的潜力正被进一步挖掘。人工智能驱动的个性化教育游戏可动态适配学习者的需求，虚拟现实医疗游戏能提供沉浸式康复训练，这些创新均需建立在扎实的理论与实践基础之上。而该书恰恰为读者提供了这样的基石：既适合高校本科游戏专业学生构建知识体系，也能帮助行业从业者拓宽设计思路，甚至为教育、医疗等领域的跨界合作者打开一扇窗。

作为一本教材，该书体现了作者深厚的教学积淀与行业洞察。翔实的案例分析、严谨的章节结构，以及设计方法的提炼，均显示出作者对教学需求的精准把握。此外，书中对跨学科融合的强调也呼应了当代高等教育对复合型人才培养的诉求。

功能游戏的未来，注定是多元协作的未来：需要游戏设计师跳出传统思维，与教育者对话、与医疗工作者携手、与科研人员交流、与工程师协作，共同探索游戏的更多可能；也需要学术界与产业界共同探索伦理边界与社会责任。

该书作为国内功能游戏研究的先行之作，既是一次总结，更是一声召唤。愿它成为引路的灯塔，引领更多读者投身其中，共同赋予游戏造福社会的强大力量。

黄心渊

教育部高等学校动画、数字媒体专业教学指导委员会秘书长

全国高等院校计算机基础教育研究会会长

中国传媒大学动画与数字艺术学院党委书记、国家二级教授、博士生导师

前　言

从严肃游戏到功能游戏，一种在设计之初就被设定了某种目标的游戏正在走进人们的生活。随着游戏产业的快速发展，功能游戏的应用越来越广泛，尤其是在教育、医疗、军事、科普等四大领域的应用日渐成熟。将游戏用于教育教学是对寓教于乐最为完美的诠释；将游戏用于疾病干预目前得以实现；有的游戏公司甚至直接与军队合作，开发用于军事训练的游戏；游戏用于科普活动的案例更比比皆是⋯⋯

功能游戏是游戏与其他领域交叉融合的产物。作为一种独特的游戏形式，功能游戏具有深远的意义和巨大的潜力。随着 AI 技术的迅猛发展，以"AI＋游戏"为主要形式的应用一定会将功能游戏带入一个全新的时代，其产品将会更好地服务于人类，从而创造出潜力无限的社会价值。

功能游戏是游戏的一个重要分支。通过对功能游戏的研究，学生能更好地理解游戏除娱乐属性以外的其他属性，系统掌握游戏设计基础理论知识，了解游戏设计基本方法，提高游戏鉴赏能力。

游戏概论是高校本科游戏设计专业的必修课。功能游戏因其具有跨学科的特性，设计难度较高，增加了游戏设计专业学生的学习难度。为了更全面、系统地阐述这一领域的规律，适应社会发展的需求，充实高校本科游戏设计专业的教学内容，让学生对功能游戏有更全面、深层次的了解，我们在多年教学与创作实践的基础上，组织编写了此书。本书富有针对性，且适合作为高校本科游戏设计专业的基础教材，也可作为游戏设计爱好者的参考读物。

本书在编写过程中得到了申晓雨、刘一诺、吴项颉、陈玥蓉、殷跃、彭恺洋（以姓氏笔画为序）的大力帮助，他们付出了宝贵的时间和辛勤的劳动，为本书的编写打下了坚实的基础，在此一并致以衷心的感谢！

本书的编写力求遵循教材的规范性，同时也希望体现出我们的探索与思考。受限于编写时间和作者水平，书中难免存在不妥或疏漏之处，希望将来有机会在广大读者的批评中得到修正和补充。

本书由北京邮电大学中央高校基本科研业务费（项目编号：2023RC02）提供资助。

贾云鹏　陈柏君

目　录

第一章　功能游戏概述 …………………………………………………… 1

　第一节　游戏的概念 …………………………………………………… 1
　　一、广义游戏的概念 ………………………………………………… 1
　　二、狭义游戏的概念 ………………………………………………… 3
　第二节　功能游戏的概念 ……………………………………………… 11
　　一、从"严肃游戏"到"功能游戏" ………………………………… 12
　　二、"功能游戏"与"娱乐游戏"的异同 …………………………… 16
　第三节　功能游戏的发展历程 ………………………………………… 18
　　一、功能游戏的早期思想与应用 …………………………………… 19
　　二、"严肃游戏"术语的诞生 ……………………………………… 25
　　三、功能游戏的兴起 ………………………………………………… 28
　　四、功能游戏的迅速发展 …………………………………………… 34
　第四节　功能游戏的分类 ……………………………………………… 46
　　一、基于应用领域的分类 …………………………………………… 48
　　二、基于游戏体验模式的分类 ……………………………………… 51
　　三、基于游戏平台的分类 …………………………………………… 58
　　四、基于目标群体的分类 …………………………………………… 62

第二章　教育类游戏 ……………………………………………………… 64

　第一节　教育游戏概述 ………………………………………………… 64
　　一、教育游戏的定义 ………………………………………………… 64
　　二、教育游戏的功能与意义 ………………………………………… 65
　第二节　教育游戏的起源与发展 ……………………………………… 67
　　一、教育游戏的思想起源 …………………………………………… 67
　　二、教育游戏的发展 ………………………………………………… 68

第三节 游戏与专业学科教育 … 71
- 一、游戏与语言教育 … 71
- 二、游戏与数理教育 … 78
- 三、游戏与文科教育 … 86
- 四、游戏与美育 … 89
- 五、游戏与信息技术教育 … 95

第四节 游戏与跨学科教育 … 100
- 一、科学探索类 … 101
- 二、技术应用类 … 105
- 三、工程创造类 … 106
- 四、人文艺术类 … 108
- 五、数学思维类 … 110

第五节 教育游戏的前景与未来发展 … 112
- 一、技术创新引领教育游戏新体验 … 112
- 二、市场需求与政策支持的双重驱动 … 114

第三章 科普类游戏 … 115

第一节 科普游戏概述 … 115
- 一、科普游戏的定义 … 115
- 二、科普游戏与教育游戏的差异 … 115
- 三、科普游戏的表现形式 … 120
- 四、科普游戏的应用领域 … 130

第二节 科普游戏发展历程 … 132
- 一、起源与早期发展 … 132
- 二、成熟与多样化 … 133
- 三、现代发展与创新 … 134
- 四、全球化趋势 … 136
- 五、中国科普游戏的发展脉络 … 137

第三节 自然科学类科普游戏 … 140
- 一、游戏与数理知识科普 … 140
- 二、游戏与生态环境知识科普 … 145
- 三、游戏与天文知识科普 … 148

第四节 社会科学类科普游戏 … 150
- 一、游戏与文化传播 … 150
- 二、游戏与社会治理 … 153

三、游戏与政策发展 ……………………………………………………… 155
　　四、游戏与经济管理 ……………………………………………………… 157
第五节　科普游戏的前景与未来发展 …………………………………………… 160
　　一、科普游戏的前景 ……………………………………………………… 160
　　二、科普游戏的未来发展 ………………………………………………… 163

第四章　军事类游戏 …………………………………………………………… 168

第一节　军事游戏概述 …………………………………………………………… 168
　　一、军事游戏的概念 ……………………………………………………… 168
　　二、军事游戏的目的与作用 ……………………………………………… 169
　　三、军事游戏的分类 ……………………………………………………… 172
第二节　军事游戏的历史 ………………………………………………………… 174
　　一、萌芽与早期应用 ……………………………………………………… 174
　　二、数字化演进 …………………………………………………………… 179
　　三、沉浸式发展 …………………………………………………………… 183
　　四、智能化变革 …………………………………………………………… 183
第三节　游戏与武器效果模拟 …………………………………………………… 184
　　一、枪械类武器模拟 ……………………………………………………… 184
　　二、车载武器模拟 ………………………………………………………… 186
　　三、舰载武器模拟 ………………………………………………………… 188
　　四、空载武器模拟 ………………………………………………………… 189
　　五、核弹与导弹类武器模拟 ……………………………………………… 191
第四节　游戏与虚拟战场构建 …………………………………………………… 193
　　一、陆地虚拟战场构建 …………………………………………………… 193
　　二、海上虚拟战场构建 …………………………………………………… 196
　　三、空中虚拟战场构建 …………………………………………………… 197
第五节　军事游戏与士兵技能训练 ……………………………………………… 201
　　一、游戏与武装技能训练 ………………………………………………… 201
　　二、游戏与战术策略训练 ………………………………………………… 205
　　三、游戏与军事医疗培训 ………………………………………………… 207
第六节　军事游戏的未来挑战与机遇 …………………………………………… 209
　　一、军事游戏的优势与局限 ……………………………………………… 209
　　二、军事游戏的未来发展趋势 …………………………………………… 211

第五章　医疗类游戏 …………………………………………………………… 214

第一节　医疗游戏概述 …………………………………………………………… 214

一、医疗游戏的定义 ·· 214
　　二、医疗游戏的特点 ·· 215
　　三、医疗游戏的主要类型 ·· 219
第二节　医疗游戏的发展脉络 ·· 225
　　一、缓慢发展期（上古时期—19世纪末） ·· 225
　　二、稳步发展期（20世纪初—20世纪末） ·· 226
　　三、快速发展期（21世纪初至今） ·· 227
第三节　医疗游戏与疾病预防 ·· 228
　　一、理论与技术基础 ·· 228
　　二、疾病预防类游戏的应用现状 ·· 230
　　三、疾病预防类游戏的特性 ·· 233
　　四、疾病预防类游戏的应用前景 ·· 235
第四节　医疗游戏与生理疾病干预 ·· 238
　　一、理论与技术的发展 ·· 238
　　二、疾病干预类游戏的作用机制 ·· 240
　　三、游戏用于疾病干预的优势 ·· 244
　　四、游戏用于疾病干预的局限性 ·· 248
　　五、疾病干预类游戏可能带来的风险 ·· 250
　　六、医疗游戏在疾病干预领域的前景 ·· 252
第五节　医疗游戏与心理疾病干预 ·· 254
　　一、心理疾病的现状及影响 ·· 254
　　二、心理疾病干预类游戏的特征 ·· 256
　　三、心理疾病干预类游戏的应用场景 ·· 258
　　四、医疗游戏的心理疾病干预效果 ·· 260
　　五、医疗游戏在心理疾病干预领域的前景 ·· 262
第六节　医疗游戏与医疗培训 ·· 263
　　一、游戏在医疗培训中的应用 ·· 263
　　二、游戏在医疗培训中的优势 ·· 266
　　三、医疗培训类游戏的未来展望 ·· 269

第六章　功能游戏设计 ·· 270

第一节　功能游戏设计原则 ·· 270
　　一、功能性与游戏性的平衡 ·· 270
　　二、虚拟性与真实性平衡 ·· 274
第二节　基于游戏机制的功能实现 ·· 279

一、游戏机制的概念 ………………………………………………… 279
　　二、游戏机制与教育功能 …………………………………………… 281
　　三、游戏机制与科普功能 …………………………………………… 284
　　四、游戏机制与军事模拟功能 ……………………………………… 286
　　五、游戏机制与医疗功能 …………………………………………… 287
　第三节　基于游戏美术的功能实现 …………………………………… 288
　　一、游戏美术的概念与类型 ………………………………………… 288
　　二、游戏美术与教育功能 …………………………………………… 288
　　三、游戏美术与科普功能 …………………………………………… 290
　　四、游戏美术与军事模拟功能 ……………………………………… 292
　　五、游戏美术与医疗功能 …………………………………………… 294
　第四节　基于游戏叙事的功能实现 …………………………………… 297
　　一、游戏叙事与教育功能 …………………………………………… 297
　　二、游戏叙事与科普功能 …………………………………………… 302
　　三、游戏叙事与军事模拟功能 ……………………………………… 303
　　四、游戏叙事与医疗功能 …………………………………………… 305
　第五节　基于游戏文本的功能实现 …………………………………… 306
　　一、游戏文本与教育功能 …………………………………………… 306
　　二、游戏文本与科普功能 …………………………………………… 310
　　三、游戏文本与军事模拟功能 ……………………………………… 311
　　四、游戏文本与医疗功能 …………………………………………… 313
　第六节　基于游戏音乐的功能实现 …………………………………… 316
　　一、游戏音乐与教育功能 …………………………………………… 316
　　二、游戏音乐与科普功能 …………………………………………… 317
　　三、游戏音乐与医疗功能 …………………………………………… 320

后　　记 …………………………………………………………………… 322

第一章 功能游戏概述

第一节 游戏的概念

游戏的定义因历史背景和研究角度的不同而呈现出多样性。从广义层面看,游戏不仅包括运行于各类家用游戏主机、计算机、智能移动平台等的数字游戏产品,还包括桌面游戏、体育竞技、艺术表演。在这一层面上,游戏可被视为人类活动的一种表现形式,具有丰富的文化意义。从狭义层面看,游戏常被定义为一种以规则为基础,体验者在特定环境中追求某种目标,且享受克服挑战的过程的活动。在这一层面上,游戏往往强调规则、机制、挑战、关卡等游戏元素的设计。基于狭义层面游戏的定义,人们能够深入探讨游戏作为一种媒介形式所具备的独特属性。

一、广义游戏的概念

关于游戏的研究有着漫长的历史,从最原始的玩耍到现代高度数字化的电子竞技,游戏的形式与功能不断发生变化。在此过程中,如何定义"游戏"引发了众多学者的深入探讨,如此形成了游戏研究的众多流派。这些流派从不同的视角揭示了游戏的多重属性。接下来将概括六种流派对游戏的界定,探索不同领域的学者如何从独特的理论视角解读游戏的本质特征。

(一) 自由论

第一种流派认为,游戏是一种自由的活动,它摆脱了一切包括物理、情感、社会关系和智力方面的束缚[1],是一种不是为了外在结果,而是为了满足人们主观情感需求而进行的活动[2]。持这种观点的学者包括古希腊哲学家柏拉图(Plato,公元前427—公元前347),德国哲学家伊曼努尔·康德(Immanuel Kant,1724—1804),荷兰文化史学家、语言学家约翰·赫伊津哈(Johan Huizinga,1872—1945)等。柏拉图认为,游戏没有明确的实用性,未必能够带来某种真理,但也不会带来坏处,人们只因游戏本身带来的快乐和愉悦体验而开展这种

---

[1] MILLAR S. The Psychology of Play[M]. Baltimore: Penguin Books, 1968: 469-484.
[2] NEUMANN E. The Elements of Play[M]. London: Ardent Media, 1974: 7-8.

活动①。康德认为,游戏是与被迫劳动相对立的自由活动,是一种内在目的的活动,人们并非追求外在目的和价值,而是游戏过程本身给人带来的愉悦、快适体验②③。赫伊津哈在其著作《游戏的人:文化中游戏成分的研究》中归纳了游戏的主要特征:自由、非功利性、隔离性、秩序性和规则性,提出"一切游戏都是自愿的活动",游戏并非为某种非游戏的事物服务,"游戏本身就具有紧张、欢笑和乐趣的属性",这种乐趣是所有人类和其他生物进行游戏的根本原因④。20世纪60年代,法国作家、哲学家罗歇·凯卢瓦(Roger Caillois,1913—1978)在赫伊津哈的基础上,出版了 *Man, Play and Games* 一书,提出游戏是非强制性的活动,如果人们被迫进行游戏,那么游戏便会立即失去作为一种消遣活动的吸引力,也无法给人带来愉悦感⑤。

(二) 剩余精力论

第二种流派认为,游戏是生命体在精力过剩时进行的活动。持该观点的主要学者包括德国诗人、剧作家、哲学家约翰·克里斯托弗·弗里德里希·冯·席勒(Johann Christoph Friedrich von Schiller,1759—1805)和英国哲学家、教育家赫伯特·斯宾塞(Herbert Spencer,1820—1903)等。席勒认为,游戏是人们在精神处于自由状态时的象征,是生命体在精力过剩时,用剩余的精力来实现自我表达的行为⑥。斯宾塞也认为,游戏是人们在精力过剩时进行的一种纯粹的审美活动⑦,是生命体通过消耗过剩的能量来适应自身进化的活动⑧。

(三) 本能论

第三种流派认为,游戏是生命体在本能驱使下开展的活动。德国哲学家、心理学家卡尔·古鲁斯(Karl Groos,1861—1946)从生物进化的视角分析游戏,著有《动物的游戏》《人类的游戏》等。他认为人类和其他动物进行游戏活动时的动机是相似的——都是在生物的本能驱使下进行,没有外在目的,也并非为了消耗多余的精力⑦。

(四) 复演论

第四种流派认为,游戏是生命体对祖先活动的复演。美国心理学家、教育家斯坦利·霍尔(Granville Stanley Hall,1844—1924)从胚胎学的角度分析游戏,认为游戏活动是对人类文化发展的重现和复演,某些年龄段儿童的游戏会体现出诸如狩猎、游牧等人类发展早期阶

---

① 柏拉图. 柏拉图全集:三卷[M]. 王晓朝,译. 北京:人民出版社,2003:418.
② 康德. 判断力批判[M]. 邓晓芒,译. 北京:人民出版社,2002:147.
③ 陆正兰,李俊欣. 从"理性的人"到"游戏的人":游戏的意义理论研究[J]. 江西师范大学学报(哲学社会科学版),2020,53(5):59-65.
④ 约翰·赫伊津哈. 游戏的人:文化中游戏成分的研究[M]. 2版. 何道宽,译. 广州:花城出版社,2017:4-11.
⑤ ROGER C. Man, Play and Games[M]. Champaign: University of Illionois Press, 2001:9-10.
⑥ 席勒. 审美教育书简[M]. 张玉能,译. 南京:译林出版社,2009:48.
⑦ 陆正兰,李俊欣. 从"理性的人"到"游戏的人":游戏的意义理论研究[J]. 江西师范大学学报(哲学社会科学版),2020,53(5):59-65.
⑧ 尚俊杰,裴蕾丝. 重塑学习方式:游戏的核心教育价值及应用前景[J]. 中国电化教育,2015(05):41-49.

段的行为[1]。

(五) 学习论

第五种流派认为,游戏是生命体为了更好地适应现实生活而对自身技能开展的训练。古鲁斯认为游戏是人类和其他动物训练生存技能的重要方式,尤其是在动物的幼年时期,生命体为了生存,必须在幼年时期便开始不断训练、提升和完善自己适应外部复杂环境的能力,游戏便是对这种生存能力的训练[2]。这一观点至今仍然在神经科学与游戏的交叉领域研究中有所体现。瑞士发展心理学奠基人让·皮亚杰(Jean Piaget,1896—1980)认为游戏是人们学习新事物的方式,是巩固和延伸已有知识和技能的方法[3]。

(六) 情绪调节论

第六种流派认为,游戏是人们为了满足某种愿望或心理需求时开展的活动。奥地利精神病医师、心理学家、精神分析学派创始人西格蒙德·弗洛伊德(Sigmund Freud,1856—1939)认为儿童在自己的欲望无法得到满足时便会通过游戏的形式进行宣泄,或者调节被压抑的欲望[4]。苏联社会学家、心理学家列夫·维果茨基(Lev Vyogtosky,1896—1934)认为游戏是人们愿望的实现,在游戏中,孩子们利用他们的想象力摆脱眼前的情境约束。此外,维果茨基认为:"在游戏中,孩子总是表现得超越他的平均年龄,超出他的日常行为;在游戏中,他仿佛比自己高了一头。"[3]

尽管各流派学者对游戏的本质以及人们从事游戏活动的动机有着不同的解读,但这些观点在一定程度上揭示了游戏除娱乐属性外还具有更为深远的、多维的意义这一事实,人们更加全面地理解到游戏不仅仅是满足娱乐需求的工具,它在个体认知训练、情感表达,以及人类社会发展和文明演进等方面都具有独特的价值。这些学者对广义游戏概念的探索构成了如今数字时代功能游戏研究的理论基础,也是功能游戏得以广泛应用于教育、科普、军事、医疗等多个领域的根本原因。

二、狭义游戏的概念

美国游戏设计师、动画师、教育工作者 Katie Salen 和美国游戏设计师、独立游戏公司 GameLab 联合创始人 Eric Zimmerman 在其著作 *Rules of Play: Game Design Fundamental* 中将游戏活动划分为三个类型,如图 1-1 所示[4]。第一类是带有游戏心态的活动(Being Playful),这并不是指那些典型的游戏,而是指人们在精神上具有一种玩游戏的心态,并且将这种游戏心态注入日常活动中。人们为朋友取昵称、发明一些押韵的词汇调侃朋友、身着

---

[1] 刘琪,洪燕燕. 体育游戏对幼儿健康人格发展的探讨[J]. 山东体育学院学报,2006,22(06):66-68.
[2] 陆正兰,李俊欣. 从"理性的人"到"游戏的人":游戏的意义理论研究[J]. 江西师范大学学报(哲学社会科学版),2020,53(5):59-65.
[3] VYGOTSKY L. Interaction between Learning and Development[M]. New York: Scientific American Books, 1978:34-40.
[4] SALEN K, ZIMMERMAN E. Rules of Play: Game Design Fundamentals[M]. Cambridge, Massachusetts: The MIT Press, 2003:302-311.

俏皮的服装,或者使用俏皮的语气批评自己的兄弟姐妹等,这些活动都属于带有游戏心态的活动。第二类是具有游戏性质的活动(Ludic Activities),该词汇中的"Ludic"沿用自赫伊津哈在《游戏的人》中使用的拉丁语"Ludus"。小猫拍打毛线球、两名大学生相互抛接飞盘等日常生活中被人们视为"玩耍"的活动都属于这一类。第三类是游戏活动(Game Play),这种类型仅适用于已经被人们定义为"游戏"的活动,与前两类"非正式"的游戏活动不同,这类游戏活动是指一个"正式"的交互过程,人们在遵循特定规则的前提下进行游戏。起源于印度的《蛇梯游戏》(Chutes and Ladders)便属于这个类型,该游戏活动发生在由骰子、梯子、棋盘以及规则说明等严格的形式结构中。本节分析的"狭义游戏"便是指第三类游戏活动。

图 1-1 三类游戏活动

(图片来源:本书作者基于 Salen 与 Zimmerman 的图片自制。)

狭义游戏的概念也有多种定义方式。罗歇·凯卢瓦认为游戏具有六大特性:自由性(Free)、独立性(Separate)、不确定性(Uncertain)、非生产性(Unproductive)、规则约束性(Governed by rules)及伴信性(Make-believe)[1]。美国教育与社会学家克拉克·C·阿布特(Clark C. Abt)在 Serious Games 一书中将游戏界定为一种活动,其中两个或更多独立的决策者在一个有限的情境下试图实现他们的目标。阿布特认为,一种更加传统的定义方式是游戏是一种在规则限定的情境下,对手之间为了赢得目标而开展的竞争。[2] 美国游戏设计师克里斯·克劳福德(Chris Crawford,1950—)在其著作 The Art of Computer Game Design 中提出了游戏的四个主要特征:表现(Representation)、交互(Interaction)、冲突(Conflict)、安全(Safety)[3]。英国游戏设计顾问、作家、教师 Ernest Adams 在 Fundamentals of Game Design 一书中将游戏定义为一个模拟出来的真实环境,体验者遵照规则行动,尝试完成至

---

[1] CAILLOIS R. Man, Play and Games[M]. Champaign:University of Illinois Press,2001:9-10.
[2] ABT C C. Serious Games[M]. New York:Viking Press,1970:6.
[3] SALEN K, ZIMMERMAN E. Rules of Play:Game Design Fundamentals[M]. Cambridge,Massachusetts:The MIT Press,2003:77.

少一个既定的重要目标的游乐性活动。①② Adams 认为一款游戏的本质元素包含带有交互性质的玩(Play)、假定性(Pretending)、目标(A Goal)、规则(The Rules)这四个方面③。20 世纪具有卓越学术影响力的学者 Brian Sutton-Smith 在与 Elliot Avedon 共同撰写的 *The Study of Games* 一书中将游戏界定为一种人们自愿操控的一个系统的活动,其中,不同的游戏参与者因实力不同将产生竞争,所有参与者都受到规则的约束,游戏将产生一种不平衡的胜败结果④。丹麦游戏设计师、游戏理论研究者、教育工作者 Jesper Juul 在 *Half-real: Video Games between Real Rules and Fictional Worlds* 一书中认为,游戏具备明确的、特殊的规则,人们在体验游戏的过程中,游戏系统将产生未知的、能够被量化的游戏结果。体验者在游戏过程中将感受到一定程度的挑战,并且需要付出足够的努力才能够获得自己期望的游戏结果。不同的游戏结果将促使体验者产生不同的情感体验。⑤ Salen 和 Zimmerman 将游戏定义为一个让体验者在规则的约束下参与模拟的冲突,最终产生可量化的结果的系统。这两位研究者认为游戏包含六个方面的重要属性:系统(System)、体验者(Players)、虚构性(Artificial)、冲突(Conflict)、规则(Rules)、可量化的结果(Quantifiable Outcome)。⑥

上述学者对游戏概念界定的方式体现了游戏的如下重要特性:规则性、挑战与竞争性、目标性、佯信性、安全性等。本书探讨的功能游戏同样具有这些特性。具体而言,功能游戏具有明确的规则,体验者通过在游戏系统中执行特定任务或解决问题来达到某种功能性目标。同时,功能游戏通常带有一定的挑战性,并可以通过量化的结果来评估体验者的表现。此外,功能游戏不仅提供娱乐体验,还能够促进人们发展技能、掌握知识或改变行为,其模拟现实世界的虚拟游戏情境,支持体验者在没有任何安全风险的前提下进行试错和探索。

(一) 规则性

规则是游戏的本质特性③。Salen 与 Zimmerman 认为规则是游戏的重要组成部分,规则规定了体验者可以做什么和不能做什么,为游戏活动提供了基本框架⑦。Adams 认为每个游戏都拥有规则,规则具有多重功能。规则确定了游戏的目标,并明确了不同游戏行为、游戏事件的意义。此外,规则还规定了体验者的哪些行为是被允许的,并评估出哪些行为能够帮助体验者最快实现游戏目标。⑦

不同的游戏具有不同的规则,因此,规则能够凸显每一款游戏的独特性,并且将一款游戏与其他的游戏相区分。譬如,由美国 thatgamecompany 公司出品的游戏《风之旅人》(*Journey*)的规则不允许体验者操控游戏主角与其他角色发生碰撞和冲突,如图 1-2 所示;而由日本任天堂公司出品的《塞尔达传说:王国之泪》(*The Legend of Zelda: Tears of the*

---

① ADAMS E. Fundamentals of Game Design[M]. 3rd ed. California: New Riders, 2014: 3.
② ADAMS E, DORMANS J. 游戏机制:高级游戏设计技术[M]. 石曦,译. 北京:人民邮电出版社,2014: 1.
③ 同②3-11.
④ AVEDON E M, SUTTON-SMITH B. The Study of Games[M]. New York: John Wiley & Sons, 1971: 405.
⑤ JUUL J. Half-real: Video Games between Real Rules and Fictional Worlds[M]. Cambridge, Massachusetts: The MIT Press, 2011: 6-7.
⑥ 同①80.
⑦ 同②3-11.

Kingdom)的规则允许游戏主角与其他所有角色发生碰撞。

图 1-2 《风之旅人》不同角色之间无法发生碰撞

(图片来源:Steam 平台的游戏宣传图片。)

由于游戏与现实世界相互独立,因此游戏规则通常与现实世界的法则有所不同。罗歇·凯卢瓦认为游戏临时建立了新的规则,且只有这些规则能够在游戏中奏效,游戏在空间和时间上都受到了一定的约束和限制[①]。不过,不少功能游戏为了实现教育或科普功能,其游戏规则会尽可能贴近现实世界的运行法则。譬如,美国微软公司出品的《微软飞行模拟》(Microsoft Flight Simulator)系列的最新作品中,游戏世界的物理规则与现实世界相符;由美国艺电公司出品的《模拟城市》(SimCity)系列游戏,其城市规划和管理规则参考了真实的城市运作模式,如图 1-3 所示。

图 1-3 《模拟城市:我是市长》(SimCity Buildit)游戏场景

(图片来源:游戏官方网站的宣传图片 https://www.ea.com/zh-cn/games/simcity-buildit。)

---

① CAILLOIS R. Man, Plan and Games [M]. 3rd ed. Champaign: university of Illionois Press, 2001: 9-10.

游戏规则与游戏挑战存在直接关联。美国哲学家伯纳德·苏茨(Bernard Suits,1925—2007)在其著作《蚱蜢:游戏、生活与乌托邦》中提出,在游戏过程中,人们使用被规则允许的手段来达成某种特定的目标,游戏规则支持使用低效率的手段达成目标,而禁止使用高效率的手段。规则使游戏活动得以成立,因此人们必须接受游戏规则。[1] 苏茨提出的"低效率"是指游戏没有"捷径",游戏规则迫使体验者克服大量的挑战来实现目标,要求体验者在游戏过程中变得更聪明、更富有想象力,并更为熟练地掌握游戏技能[2]。

(二) 挑战与竞争性

挑战是游戏性的重要来源[3]。苏茨将游戏定义为人们自愿克服不必要的挑战的过程[4]。挑战产生冲突,这种冲突可以是体验者与游戏系统之间的,也可以是不同体验者在竞争过程中产生的。Salen与Zimmerman认为冲突是游戏的核心所在,所有游戏都体现了一种力量的较量,这种较量可以采取多种形式,包括合作、竞争、与游戏系统的单人对抗,以及多人之间的对抗[5]。克里斯·克劳福德也认为竞争与冲突在所有游戏中都存在。在与游戏交互的过程中自然会产生冲突。体验者主动实现某个游戏目标,而障碍物则防止体验者轻易地实现这一目标。冲突是所有游戏的内在要素,它可以是直接的或间接的,暴力的或非暴力的,但其存在于每个游戏中。[6]

以日本任天堂公司出品的《超级马里奥兄弟》(*Super Mario Bros.*)为例,游戏的目标是体验者控制马里奥从关卡的左侧移动至最右侧,而关卡中的食人花、沟渠、怪物等都是阻碍体验者实现目标的元素,这些元素形成游戏挑战,也促使体验者与游戏挑战之间产生冲突。再以芬兰游戏公司Supercell出品的游戏《部落冲突》(*Clash of Clans*)为例,如图1-4所示,该游戏直接将"冲突"一词作为游戏标题。游戏中的冲突包括单人之间的冲突与多人之间的冲突。每个体验者都需要建设并发展自己的部落,培养不同类型的士兵去攻打他人的部落,以掠夺金币、圣水等资源,从而更快地发展自己的部落。在体验者升级的过程中,每个人都将不断受到他人的攻击,并需要不断攻击他人的部落。这种不同体验者相互之间的冲突属于单人之间的冲突。而多人之间的冲突则体现在部落联赛上,即多名体验者组成一个团体与其他团体进行对抗。此外,游戏的等级系统促使不同体验者之间存在竞争。低等级的体验者通过不断发展自己的部落,不断在部落冲突之间取得更多的胜利,收获更多的经验值和勋章,从而提升自己在世界玩家群体中的排名。

---

[1] BERNARD S. The Grasshopper: Games, Life, and Utopia[M]. Boston: David R. Godine, 1990: 34.
[2] ADAMS E. Fundamentals of Game Design[M]. 3rd ed. California: New Riders, 2014: 3-11.
[3] ERMI L, MAYRA F. Fundamental Components of the Gameplay Experience: Analyzing Immersion[C]// Selected Papers of 2005 Digital Games Research Association's Second International Conference. Potsdam: University Press, 2005: 88-115.
[4] BERNARD S. Grasshopper: Games, Life, and Utopia[M]. Boston: David R. Godine, 1990: 34.
[5] SALEN K, ZIMMERMAN E. Rules of Play: Game Design Fundamentals[M]. Cambridge, Massachusetts: The MIT Press, 2003: 80.
[6] 同[5]77.

图 1-4 《部落冲突》游戏场景

(图片来源:游戏官方网站的宣传视频 https://coc.qq.com/。)

(三) 目标性

目标是将游戏与普通的玩耍相区分的重要元素。Adams 认为游戏必须拥有至少一个目标,一个缺乏目标的玩耍是不能等同于游戏的[1]。英国游戏研究者、历史学家 David Parlett 将"正式的游戏"与"非正式的游戏"进行了区分,他认为"正式的游戏"是由"目标"与"手段"构成的双重结构。"正式的游戏"是一场为了实现某种目标的竞赛。无论是个人还是团队,只有一方能够达成这一目标,因为目标的实现意味着游戏的结束。因此,正式的游戏必须只有一个胜者,而"获胜"便是游戏的"目标"。同时,"正式的游戏"还具有规则和在竞赛中获胜的手段。[2] Parlett 提出的"正式的游戏"涵盖了目标、竞争、规则、手段等元素。其中,目标是竞争和冲突的来源,不同体验者开展竞争的目的便是实现游戏的目标。

目标通常是游戏首先传达给体验者的信息,并由此引导体验者开展一系列有意义(能够推进游戏进程、实现目标)的行为。譬如,由日本任天堂公司出品的《塞尔达传说:旷野之息》(*The Legend of Zelda: Breath of the Wild*)的最终目标是击败灾厄盖侬并拯救海拉鲁王国,而这一目标促使体验者在开放世界中自由探索,完成各种挑战,提升角色能力,以最终实现目标。这一目标在游戏的初期通过游戏主角林克与海拉鲁国王的对话传达给了体验者。由芬兰 Frozenbyte 公司开发的游戏《三位一体》(*Trine*)最初通过叙事的方式向体验者传达了游戏目标。该游戏讲述了一个曾经繁荣的国家如今陷入了混乱,而体验者需要操控游戏主角来拯救这个世界(如图 1-5 所示)。游戏的最终目标会被分为一系列子目标,这些子目标牵引着体验者向最终目标推进。

---

[1] ADAMS E. Fundamentals of Game Design[M]. 3rd ed. California: New Riders, 2014: 3-11.
[2] DAVID P. The Oxford History of Board Games[M]. New York: Oxford University Press, 1999: 1.

图1-5 《三位一体》游戏场景
（图片来源：Steam平台的游戏截图。）

（四）伴信性

伴信性是指体验者暂时接受游戏虚拟世界的剧情背景与规则，即使它们与现实世界不同。体验者明知游戏是虚构的，但仍在体验时"假装相信"，从而获得沉浸感。正如Adams所述——游戏与现实世界之间存在一个边界，但是游戏创造的世界又是令人信服的[1]。譬如：体验《超级马里奥兄弟》时，人们接受马里奥能够踩踏敌人而不受伤，甚至能够跳跃至空中时改变运动方向，以及用脑袋撞击砖块时会出现金币；体验《三位一体》系列时，人们相信法师可以在空中画一个方形而创造出具有一定质量的立方体；体验美国宝开游戏公司出品的《植物大战僵尸》（Plants vs. Zombies）时，人们相信豌豆射手可以不断向前方发射豆子，以及倭瓜能够跳起来压死一个僵尸；体验美国Valve游戏公司出品的《传送门》（Portal）系列时，人们相信在一堵墙上开一枪，在另一堵墙上再开一枪，游戏主角便能够从一堵墙穿越至另一堵墙，如图1-6所示。这种"伴信"使游戏世界的规则变得合理，体验者也能够完全沉浸在这个虚拟世界当中，并因为一些并不真实的游戏内容而产生真实的情绪反应。

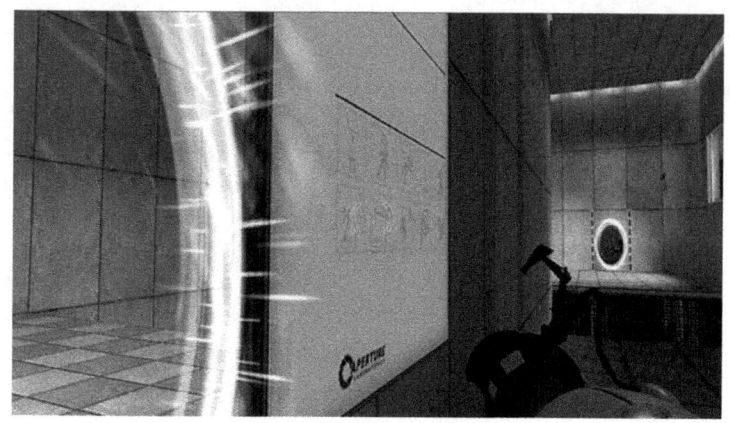

图1-6 《传送门》游戏场景
（图片来源：Steam平台的游戏宣传图片。）

---

[1] ADAMS E. Fundamentals of Game Design[M]. 3rd ed. California: New Riders, 2014: 3-11.

(五) 交互性与不确定性

交互性意味着体验者能够不断与游戏世界中不同的对象进行互动,从而改变游戏环境的状态,并以此推动游戏进程。游戏环境根据体验者的输入行为予以反馈。交互性赋予了体验者一定的自由度与控制权。与此同时,不确定性使体验者无法完全预测未来会发生的事件(如敌人的反应等),这使体验者每次进行游戏时都可能获得不同的体验,游戏也因此增强了娱乐性与重玩价值。

罗歇·凯卢瓦认为游戏的进程和结果都无法被事先确定,游戏提供了一定的自由度,允许人们开展富有创意的行为[①]。克里斯·克劳福德也认为,现实世界最令人着迷之处在于世间万物都被捆绑在一个复杂的因果关系网络中,这种万物相互影响的关系构成了这个世界不断发生变化的原因。而唯一能够合理地表现这种网络的方式便是支持人们探索该网络的每一个角落,支持他们触发各类事件并且观察由这些事件带来的结果。游戏提供了这种交互的元素,这便是游戏富有吸引力的重要原因。[②]

以《塞尔达传说:王国之泪》为例,游戏提供了一个广阔的世界供体验者探索,游戏世界中不同的植物、动物、人物、怪物都被捆绑在一个复杂的大型关系网中,体验者控制游戏主角林克在与不同的游戏对象交互时,不同的游戏对象在不同的情境下会给予体验者截然不同的反馈。譬如:倘若林克在白天身着骑士盔甲袭击怪物,那么处于清醒状态的怪物会对林克发起攻击,林克需要与怪物开展一段时间的近身战斗才可获胜;倘若林克在白天头戴太古面具接近怪物(如图1-7所示),那么怪物会将林克视为自己的伙伴而不会发起攻击,林克便可潜伏至怪物巢穴的内部发起偷袭;倘若林克在夜晚袭击怪物,怪物将处于睡眠状态,那么林克便可潜伏至怪物身边将其消灭。该游戏的交互性与不确定性鼓励体验者尝试在游戏环境的不同状态输入不同的行为,并观察游戏对象的不同反馈,由此探索游戏世界的乐趣。

图1-7 《塞尔达传说:王国之泪》中怪物不会攻击戴着太古面具的林克
(图片来源:网络平台体验者录制的游戏实时演示视频。)

---

① ROGER C. Man, Play and Games[M]. Champaign: University of Illionois Press, 2001: 9-10.
② SALEN K, ZIMMERMAN E. Rules of Play: Game Design Fundamentals[M]. Cambridge, Massachusetts: The MIT Press, 2003: 77.

（六）安全性

在现实世界中，冲突是危险的，它会带来伤害。而一款游戏提供的是心理层面的冲突和危险的体验，同时排除其在现实世界中的物理表现。[①] 安全性使设计师得以将一些恐怖的、危险的内容作为游戏主题，而这些主题甚至能够创造娱乐体验。譬如，由日本卡普空公司出品的《生化危机》（Resident Evil）系列创造了一个充满丧尸的环境，游戏的虚拟性支持体验者在没有实际生命危险的情况下体验紧张刺激的逃生过程。

安全性也是功能游戏的一个重要属性，使体验者能够在无风险的环境中学习某种技能并开展实践。譬如，《微软飞行模拟》系列支持人们在虚拟环境中体验真实的飞行操控，而无须承担现实中驾驶飞机的风险，如图1-8所示。一些军事类功能游戏支持士兵在安全的虚拟战场环境中进行战术演练，提高实战能力而无须面对真正的战斗危险。功能游戏提供一个安全的沉浸式学习体验，体验者不必承担错误带来的严重后果。

图1-8 《微软飞行模拟40周年纪念版》游戏场景
（图片来源：Steam平台的游戏宣传图片。）

第二节　功能游戏的概念

正如第一节所述，游戏的功能属性早已被哲学家、教育家和心理学家等各个领域的学者所认识。功能游戏不仅保留了游戏的娱乐性，还通过特定的游戏机制、叙事内容等元素，实现了教育、医疗、训练等更广泛的目标，赋予了游戏更深远的实践意义。

在探讨"功能游戏"的概念之前，需要首先了解"严肃游戏"的概念及其发展脉络。"严肃游戏"这一术语诞生于20世纪70年代，最早主要被应用在教育和军事领域。随着数字媒体技术和游戏设计理论的不断发展，严肃游戏逐渐展现了其在更多实际场景中的应用价值，并成为游戏研究中的重要分支。功能游戏作为严肃游戏的延续和扩展，理解"严肃游戏"的概念，对于深入探讨功能游戏的多重功能性和设计理念具有重要作用。

---

① SALEN K, ZIMMERMAN E. Rules of Play: Game Design Fundamentals[M]. Cambridge, Massachusetts: The MIT Press, 2003: 77.

功能游戏概论

一、从"严肃游戏"到"功能游戏"

(一)"严肃游戏"的定义

虽然严肃游戏已经具有了广泛的应用,但该术语的概念和界定方式仍然处于"百家争鸣"的状态。很多社会群体都对严肃游戏抱有兴趣,但是每一个群体都对严肃游戏存在不尽相同的理解[①]。

"严肃游戏"的英文是"Serious Games",它通常是指通过娱乐的方式实现企业培训、教育、健康管理、公共政策和战略传播等目标的计算机游戏或主机游戏[②③],此类游戏不将娱乐性、愉悦体验或趣味性视为主要目标[④],而是将游戏在其他领域的功能性视为主要目标[⑤]。

美国游戏行业公认的领军人物、著名严肃游戏倡导者 Ben Sawyer 将"严肃游戏"界定为能解决问题的游戏。严肃游戏的设计可对现实世界产生一定影响,因此不少游戏利用人们体验游戏时的开放态度来教会人们某种知识。游戏还提供了一个平台,使人们能在其中安全、低成本地测试某个问题的解决方案,而不必担心可能引发的不良后果。[④]

"严肃游戏"术语的提出者阿布特认为"严肃游戏"是指不以娱乐为主要目标的游戏,这类游戏在游戏机制与游戏叙事等元素中融入了明确的教育目标,在确保体验者能够自愿参与游戏并且能够在游戏环境中享有足够自由度的同时,在内容设计上转向了严肃性[⑥⑦]。

在 2003 年的国际游戏开发者协会(International Game Developers Association,IGDA)上,活动负责人罗卡(Rocca)将"严肃游戏"定义为"不以娱乐为主要目的的游戏"[⑧]。

2004 年,美国举办"严肃游戏峰会"[⑨],被誉为"严肃游戏之父"的诺阿·福斯坦(Noah Falstein)在会上表示,严肃游戏既非游戏,也非严肃,二者兼而有之。严肃游戏不以娱乐为主要目标,而是通过寓教于乐的形式,让体验者在游戏过程中接受信息,并获得兼具个性化、

---

① DANIEL C. Serious games: a broader definition[EB/OL]. (2005-05-14)[2024-12-29]. https://lostgarden.com/2005/05/14/serious-games-a-broader-definition/.

② SUSI T, JOHANNESSON M, BACKLUND P. Serious games—an overview[J]. Technical Report HS-IKI-TR-07-001, 2007, 73(10): 1-28.

③ ZYDA M. From visual simulation to virtual reality to games[J]. Computer, 2005, 38(9), 25-32.

④ ERNEST A, JORIS D. 游戏机制:高级游戏设计技术[M]. 石曦,译. 北京:人民邮电出版社,2014:257.

⑤ MICHAEL D, CHEN S. Serious games: games that educate, train, and inform. [M]. Massachusetts: Thomson Course Technology. 2006:21.

⑥ WILKINSON P. A brief history of serious games[C]//Entertainment Computing and Serious Games: International GI-Dagstuhl Seminar 15283, Dagstuhl Castle, Germany, Revised Selected Papers. Springer International Publishing, 2016: 17-41.

⑦ 刘亭亭,董思辑. 游戏论·文化的逻辑|鲍德里亚与医疗游戏的游戏药方[EB/OL]. (2022-01-15)[2024-12-28]. https://www.thepaper.cn/newsDetail_forward_16270092.

⑧ 今晚报. 媒体解析中国"严肃游戏"发展称尚处起步阶段[EB/OL]. (2013-09-22)[2025-01-11]. http://politics.people.com.cn/n/2013/0922/c70731-22992483.html.

⑨ 李林英,邹昕,王春梅. 严肃游戏:心理健康教育方法创新[J]. 北京理工大学学报(社会科学版),2012,14(05):151-156.

互动性和娱乐性的全新学习体验,进而激发学习者的创造力和创新意识。[1][2]

2009年,第一届严肃游戏(北京)创新峰会将"严肃游戏"界定为"对现实事件或过程的模拟,这种游戏不以娱乐为主要目的,而是采用寓教于乐的形式,让用户在游戏过程中接受一些信息,比如得到训练或治疗"。[3]

上述学者或组织机构对严肃游戏的界定反复强调了此类游戏"不以娱乐为主要目标",但是这并不意味着此类游戏不具备娱乐属性。正如研究者 David Michael 和 Sande Chen 在 *Serious Games: Games that Educate, Train, and Inform* 一书中特意强调,严肃游戏并非不具备娱乐性、不能营造愉悦体验或者不富有趣味性,而是此类游戏还包含其他的设计目标[4]。然而,由于"严肃游戏"中同时包含"严肃"与"游戏",并且这两个词汇在日常生活中的含义通常是相反的——游戏一般能给人们带来轻松与愉悦之感,这种感受与"严肃"存在很大区别。因此,"严肃游戏"容易在一定程度上遭到人们的误解,人们可能认为"严肃游戏"是缺乏娱乐性的。

2002年,Rosemary Garris、Robert Ahlers 和 James Driskell 这三位研究者对教育类严肃游戏进行了综述,他们在发表的论文中提到了"严肃游戏"这一术语暗含的矛盾性,还引用了赫伊津哈对严肃游戏的看法:"'趣味元素'是使游戏具有强烈的吸引力,并能令人专注其中的基础,而这与严肃性是截然相反的。将游戏用于严肃的目标时,人们必须意识到游戏(World of Play)与工作(World of Work)之间的紧张关系。因此,从某种意义上讲,'教学游戏'这一术语本身就是矛盾的。"[5]

(二)"功能游戏"的定义

与"严肃游戏"不同,"功能游戏"通过相对中性的表述,能够在一定程度上避免由"严肃"一词可能带来的误解。目前,无论在学术界还是业界,"严肃游戏"与"功能游戏"的概念暂未体现出本质区别,国内学术界有大量的研究者以"严肃游戏"为主题或关键词来开展该领域的研究,不少人使用"严肃游戏"和"功能游戏"指代相同的事物。譬如,腾讯公司将"功能游戏"定义为"严肃游戏或应用性游戏,它与传统娱乐性游戏有所区分,是以解决现实社会和行业问题为主要目的的游戏品类"[6]。

---

[1] 李林英,邹昕,王春梅. 严肃游戏:心理健康教育方法创新[J]. 北京理工大学学报(社会科学版),2012,14(05):151-156.

[2] 中国新闻网. 游戏创新峰会在京举行 首提"严肃游戏"概念[EB/OL]. (2009-12-18)[2025-01-10]. https://www.chinanews.com/cul/news/2009/12-18/2024616.shtml.

[3] 第一节严肃游戏(北京)峰会对"严肃游戏"的概念界定见该峰会官方网站:https://games.sina.com.cn/o/cisge/?from=wap#1.

[4] MICHAEL D, CHEN S. Serious games: games that educate, train, and inform[M]. Massachusetts: Thomson Course Technology. 2006:21.

[5] GARRIS R, AHLERS R, DRISKELL J. Games, motivation, and learning: a research and practice model[J]. Simulation & Gaming, 2002, 33(4):441-467.

[6] 腾讯微信公众号. 腾讯要做一批不一样的游戏[EB/OL]. (2018-02-24)[2025-02-04]. https://mp.weixin.qq.com/s?__biz=MzA3NDEyMDgzMw==&mid=2652948446&idx=1&sn=32353dba5750850d2b552b357611f87d&chksm=84d0cc30b3a74526d9170a3706a573518a3a544b00fc68002f56c461d6b65151fef6df8304c0&mpshare=1&scene=1&srcid=0224i70UKvt2adfeutB4AiqU#rd.

1. 功能游戏的三大特征

专注于数字娱乐领域的信息咨询和策略研究的中娱智库公司认为,功能游戏在多种不同领域的使用场景中具有功能性与应用性,此类游戏虽然不以娱乐为首要目的,但保留了传统游戏的本质特征[①]。中国游戏产业研究院社会价值研究中心发布的《2022 中国功能游戏行业报告》将"功能游戏"界定为"针对具体应用场景或解决具体问题设计研发的电子游戏产品。该品类较为系统地探索和体现了游戏社会价值"。该报告提出了功能游戏的三大特征:①跨界性,这是功能游戏的核心,功能游戏要求游戏与教育、医疗、工业生产等不同领域的需求进行结合;②多元性,该特性体现在游戏体验模式的多样性、游戏类型的多样性、游戏内容题材的多样性等方面;③场景化,功能游戏往往需要与具体的使用场景相结合,并为特殊的目标用户进行定制和开发。[②]

2. 广义与狭义的功能游戏

中国游戏产业调查分析研究机构伽马数据在《2018 年功能游戏报告》中从广义与狭义两个层面对功能游戏的概念进行界定,广义的功能游戏可被理解为"功能的游戏化",而狭义的功能游戏则是"游戏的功能化"[③]。广义的功能游戏的设计初衷便是解决某个领域的特殊问题,设计师将游戏设计元素应用于教育、培训等非娱乐领域,采用游戏化设计模式来实现这种功能。譬如,中国金山软件公司出品的《金山打字游戏》,其开发的初衷便是训练学生的打字技术;美国 CodeCombat 开发、中国网易公司代理的《极客战记》(*CodeCombat*),如图 1-9(a)所示,其开发的初衷是为了帮助青少年学习编程。此类游戏中的丰富的游戏场景和游戏角色都是为实现其教育目标而服务。狭义的功能游戏的设计初衷则并非解决社会或某个领域中的特殊问题,此类游戏仍将游戏的娱乐性置于更为核心的位置,只是设计师会有意地思考如何将游戏与教育、培训、康复治疗等非娱乐领域的应用相结合,从而在营造娱乐体验的同时还能够取得一些额外的成效。代表游戏有美国微软公司旗下 Mojang Studios 出品的《我的世界》(*Minecraft*),该游戏并非以教育为核心目标或设计初衷,但是该游戏能够有效促使体验者在游戏世界中学习不同类型的知识、创造不同的物品、开展不同的实验。此外,该游戏设计团队也在该游戏功能性的基础上,开发了《我的世界:教育版》(*Minecraft: Education Edition*),如图 1-9(b)所示,该版保留了原有游戏的核心机制,针对性地融入了更加系统性的学科知识。

3. 强功能游戏与弱功能游戏

功能游戏还可分为"强功能游戏"与"弱功能游戏"[④]。"强功能游戏"是指相较于游戏性,更强调功能性的游戏。此类游戏对现实世界的场景进行了高度还原,能够帮助体验者获得某个领域的专业知识和专业技能,因而此类游戏能够直接被用来解决现实世界的问题。强功能游戏能够直接服务于学校、军事单位等某个特定的机构。总部位于捷克布拉格的波

---

① 中娱智库. 国内首份功能游戏产业报告发布:社会价值优先,市场未来可期[EB/OL]. (2020-07-30)[2025-01-14]. https://baijiahao.baidu.com/s?id=1673628739967148989&wfr=spider&for=pc.
② 21 世纪经济报道. 2022 中国功能游戏行业报告:功能游戏在多领域初成规模市场潜力巨大[EB/OL]. (2023-02-14)[2025-01-09]. https://www.163.com/dy/article/HTIEAIBT05199NPP.html.
③ GameRes 游资网.《2018 年功能游戏报告》:网易为游戏正向价值的实践,带来怎样的思考[EB/OL]. (2018-07-10)[2025-01-09]. https://www.163.com/dy/article/DMBGSVSE0526DPBA.html.
④ 李方丽,孙晔. 功能游戏:定义、价值探索和发展建议[J]. 教育传媒研究,2019(01):65-68.

希米亚互动模拟（Bohemia Interactive Simulations）公司出品的军事类游戏 *Virtual Battle Space*（VBS）系列便属于强功能游戏，该游戏系列能够直接被军事单位用来训练士兵。"弱功能游戏"在游戏性和功能性之间较为偏重游戏性。此类游戏的功能性较弱，游戏的虚拟场景与现实世界的真实问题情境关联度较低，因而此类游戏只能间接地解决现实世界中的问题，体验者学习的主要是通识知识。与强功能游戏服务于某个机构不同，弱功能游戏主要服务于个人。比利时 Fishing Cactus 公司出品的《纸境奇缘：文字大冒险》（*Espistory Typing Chronicles*）、中国故宫博物院推出的《紫禁城祥瑞》（如图 1-10 所示）等游戏性较强，但也能够在一定程度上帮助人们学习知识，因此均属于弱功能游戏。体验者虽然能够通过这些游戏学习一些知识，培养一定技能，但是距离直接解决现实世界中的问题还存在一定距离。

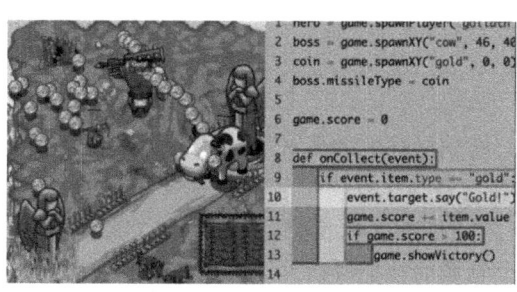 

(a)《极客战记》　　　　　　　　　　(b)《我的世界：教育版》

图 1-9　不同类型的功能游戏案例

（图片来源：《极客战记》游戏官网与 Microsoft Education 网站。）

图 1-10　《紫禁城祥瑞》游戏宣传图片[①]

（图片来源：故宫博物院网站的博物馆活动页。）

---

① 故宫博物院. 用"新方法"连接"新公众"——故宫博物院开展系列活动迎接"5·18 国际博物馆日"[EB/OL].(2018-05-18)[2025-01-18]. https://www.dpm.org.cn/classify_detail/246678.html?hl=%B2%A9%CE%EF%B9%DD.

在学术界大量研究者对"严肃游戏"与"功能游戏"的概念界定基础上,"功能游戏"可被理解为"除具备娱乐属性以外,还能够在军事、教育、医疗等其他非游戏领域具有特殊功能的游戏",这种"功能性"因不同领域的需求而存在区别:一款游戏被应用在军事领域时,能够基于逼真的虚拟战场空间和武器攻击效果辅助士兵,使士兵在安全的环境中开展军事演习;一款游戏被应用在教育领域时,能够基于具象的游戏元素辅助学习者,使学习者更直观地理解抽象的概念;一款游戏被应用在医疗领域时,能够基于富有激励作用的奖励系统辅助患者,使患者持之以恒地进行枯燥的康复训练。

二、"功能游戏"与"娱乐游戏"的异同

(一) 差异

从自由论的视角可以很好地理解功能游戏与娱乐游戏的差异。康德认为游戏是与被迫劳动相对立的自由活动①。人们在体验娱乐游戏时,是为了获得愉悦和快适体验这一"内在目的";而在体验功能游戏时,则不仅仅为了感受游戏带来的愉悦感,同时还为了某种"外在目的",如为了学习某个学科的知识或者培养某个领域的技能等。

从设计层面来看,功能游戏与娱乐游戏的差异在于,功能游戏的设计初衷包含明确的功能性目标,而娱乐游戏的设计初衷则不包含除娱乐体验以外的其他目标。倘若一位设计师在明确功能性目标的驱动下进行游戏设计,那么设计师可将自己的作品界定为"功能游戏"。相反,倘若设计师纯粹是为了塑造娱乐体验而创作游戏,并不具备任何通过游戏实现功能价值的初衷,那么设计师便可将自己的作品界定为"娱乐游戏"。这并非意味着功能游戏不具备娱乐属性,也并非意味着功能游戏会将功能属性置于第一优先级,娱乐属性则屈居在其功能属性之下。对于功能游戏而言,娱乐属性仍然是不可或缺的要素,甚至相较于功能属性更为重要。

(二) 共性

从产品层面来看,功能游戏与娱乐游戏存在一定的交集。一方面,功能游戏也具备娱乐属性,能够给体验者带来愉悦体验。人们能够以体验娱乐游戏的心态来参与功能游戏,享受由游戏自身带来的乐趣,同时在此过程中实现知识学习、技能训练或其他实际目的。另一方面,即便是被设计师界定为"娱乐游戏"的产品(游戏设计初衷仅包含娱乐性目标),这些游戏也可能具备一定的功能属性,甚至可以在军事、教育、医疗等领域中解决实际问题。譬如,美国 MicroProse 公司出品的《文明》(*Civilization*)系列、美国艺电公司旗下的 Maxis 出品的《模拟城市》系列在学界和业界都未被明确界定为"功能游戏",但是它们都曾经出现在课堂上,被分别用来教授历史和城市规划相关的知识②③。《文明》系列通过模拟历史进程,让体

---

① 陆正兰,李俊欣. 从"理性的人"到"游戏的人":游戏的意义理论研究[J]. 江西师范大学学报(哲学社会科学版),2020,53(5):59-65.
② HARTEVELD C. Triadic Game Design: Balancing Reality, Meaning and Play[M]. London: Springer-Verlag, 2011:5.
③ ERNEST A, JORIS D. 游戏机制:高级游戏设计技术[M]. 石曦,译. 北京:人民邮电出版社,2014:260.

验者在游戏中经历一个文明的兴衰,从而促进体验者对科技进步、经济发展、文化交流与政治决策的理解,如图1-11(a)所示。《模拟城市》系列则通过对城市建设、规划与管理的模拟,帮助体验者理解一座现代化城市运作与发展的基本规律,如图1-11(b)所示。这些特性使它们超越了纯粹的娱乐功能,成为一种有效的教学工具,甚至在实际的教育工作中可以发挥重要作用。

(a)《文明6》(Civilization VI)　　　　(b)《模拟城市:我是市长》(SimCity Buildlt)

图1-11　《文明6》与《模拟城市:我是市长》的游戏场景

(图片来源:Steam平台和TapTap平台的游戏宣传图片、宣传视频。)

再以总部位于法国的育碧公司出品的《刺客信条》(Assassin's Creed)系列为例,《刺客信条》系列虽然未被学界和业界普遍称为"功能游戏",但也有中学教师将该游戏作品引入课堂。譬如,某中学历史教师将《刺客信条:大革命》(Assassin's Creed: Unity)带入历史课堂,引导学生了解法国大革命时期社会底层人民的生活状况,如图1-12(a)所示。教师在课堂上通过游戏,带领学生参观虚拟的巴黎圣母院和巴士底狱等历史遗址,帮助学生直观地感受当时巴黎的社会环境与历史背景。通过这种方式,学生能够在教师的引导下,深入理解历史事件及社会背景,提升学生的历史学习兴趣。《刺客信条》系列的教育版《发现之旅》由多名历史学家、教授、专家共同策划,其游戏内容涵盖艺术、建筑、哲学、政治与宗教等多个主题,支持体验者自由探索数字化重现的古希腊、古埃及以及维京时代,在游戏世界中"亲自"参观古代建筑、感受文化气息。《发现之旅》系列也因此走入了历史课堂,如图1-12(b)所示。①

(a)《刺客信条:大革命》　　　　　　　(b)《发现之旅:古希腊》
　　　　　　　　　　　　　　　　(Assassin's Creed Odyssey: Discovery Tour-Ancient Greece)

图1-12　《刺客信条:大革命》与《发现之旅:古希腊》走进历史课堂

(图片来源:育碧中国官方网站以及其他网络平台。)

---

① 《发现之旅》系列的游戏信息见育碧中国官方网站 https://zh-cn.ubisoft.com/assassins_creed/discovery_tour。

功能游戏 概论

中国游戏科学公司出品的动作角色扮演游戏《黑神话:悟空》虽然主要定位为娱乐游戏,但其功能属性也逐渐受到关注。该游戏以中国传统神话和《西游记》为背景,通过游戏空间成功还原了中国山西省的多处古建筑,如图 1-13 所示,赋予了游戏独特的文化价值。体验者在探索游戏世界的过程中,能够对中国传统建筑艺术和历史遗产获得直观的感受。这使得《黑神话:悟空》在富有娱乐属性的同时也具有文化传播的功能。

(a)

(b)

图 1-13 《黑神话:悟空》通过游戏空间传播传统文化
(图片来源:Steam 平台的游戏宣传图片。)

第三节 功能游戏的发展历程

早在数字游戏诞生之前,一些哲学家和教育家就已经意识到游戏不仅仅是娱乐工具,还可以作为一种有目的的教育或培训手段。柏拉图曾提出如果一个男孩想要成为一个优秀的农夫或建筑师,那么他应该建造玩具房屋或玩一些农业活动相关的游戏,由他的导师提供与真实工具相似的小型工具模型……人们应该把游戏视为引导儿童兴趣和倾向的一种方式,以便他们在成年后能够胜任某种职业所需完成的任务[①]。类似的思想也在许多教育学家的理论中得到了体现,游戏在人类社会发展的早期阶段就被视为一种能够培养特定技能、促进学习和发展思维能力的有效方式。因此,功能游戏的思想在古代时便存在。并且,功能游戏的早期思潮主要集中在教育和培训领域,这在东西方国家中都有所体现。无论是古希腊哲学家柏拉图提倡通过游戏来培养孩子的职业技能,还是中国古代教育家孔子主张通过音乐、诗歌和舞蹈等游戏形式来陶冶学生的情操,游戏的教育功能早已在不同文化中得到认可。这些思想为后来的教育理论和实践奠定了基础,展示了游戏在促进学习和技能发展的潜力。

功能游戏的发展历程可以被概括为四个主要阶段。第一个阶段是功能游戏的早期思想与应用。在这一阶段,尽管游戏已被广泛应用于教育、培训等领域,但游戏的功能性并没有被系统化地讨论或定义。许多教育家和哲学家,如柏拉图和孔子,早已意识到游戏在培养技能和促进学习中的重要作用,但并未将其归类为"功能游戏"这一专有领域。第二个阶段是"功能游戏"或"严肃游戏"这一术语诞生的时期。在这一阶段,学者们开始更加明确地定义

---

① Angour A. Plato and Play: Taking Education Seriously in Ancient Greece[J]. American Journal of Play, 2013, 5(3): 293-307.

这一概念,将其与娱乐游戏区分开来,强调游戏在特定目的下的应用,如教育、医疗、军事训练等。随着相关理论的发展与实践的推动,功能游戏的设计与研究逐渐成为一个独立的学术领域。第三个阶段是功能游戏的兴起。在这一阶段,功能游戏在学术界、业界和政府机构都得到了广泛的关注和支持。学术界开始系统化研究功能游戏的设计原则、用户体验和应用效果,提出了诸多理论模型和评估方法;业界加速了功能游戏的开发与商业化,将其应用于教育培训、健康医疗、社会公益和品牌推广等多个领域;政策层面上,许多国家和地区出台了相关激励措施和支持计划,推动功能游戏的研发和应用,以促进社会效益和经济价值的实现。第四阶段是功能游戏领域的迅速发展。在这一阶段,一些头部游戏公司纷纷布局功能游戏领域,功能游戏产业成形。通过对这四个阶段的梳理,读者可以更好地理解功能游戏的演变过程以及其在现代社会中的重要意义。

一、功能游戏的早期思想与应用

在功能游戏发展的早期,学术界暂未出现"严肃游戏"或"功能游戏"这一术语,但是人们已经意识到游戏的功能属性,且将游戏应用在非娱乐领域的事实已经存在。公元前1400年流行于古埃及的 Mancala 游戏被视为人类历史上最早的关于游戏功能性的思考与应用之一,这款双人制回合策略游戏以种子或石子为道具,在地面、棋盘或其他具有成排的洞的面板上进行,目的是捕获对手的棋子,该游戏棋盘如图 1-14 所示。Mancala 能够帮助人们在食物、家畜的交易中更准确地计算数量。[①]

图 1-14 *Mancala* 棋盘
(图片来源:网络平台。)

诞生于公元7世纪的印度的查图朗(Chaturgana)被历史学家视为国际象棋的前身,也是有记录以来最早的对军事活动进行隐喻的棋类游戏之一,体现了功能游戏的早期设计理

---

① 中娱智库. 国内首份功能游戏产业报告发布:社会价值优先,市场未来可期[EB/OL].(2020-07-30)[2025-01-14]. https://baijiahao.baidu.com/s?id=1673628739967148989&wfr=spider&for=pc.

念,如图 1-15 所示①。

图 1-15 查图朗游戏
(图片来源:网络平台。)

(一) 早期游戏的教育功能

在人类文明漫长的发展过程中,人们很早就发现了游戏的教育功能。古希腊时期,苏格拉底、柏拉图和亚里士多德都强调了游戏在儿童教育中的重要性,他们认为教育不应当仅仅围绕智育教育展开,体育、音乐等游戏活动都是开展非智育教育的重要手段和途径,而这些方面的教育对人格的综合发展具有重要意义。柏拉图认为,游戏可以用来引导孩子的成长和发展,这一观点暗示了游戏的教育功能②。雅典城邦为了支持儿童进行有组织的游戏,特意建造了游戏场所。当儿童进入学校正式接受系统性教育以后,也仍然能够接受与游戏相关的体育、音乐等形式的教育。③柏拉图等人关于游戏功能性与目的性的讨论对当今教育游戏的设计与研究具有不可忽视的影响。

18世纪,西方教育界诞生了"兴趣说"这一教育观,大量教育家认为应当在教育过程中通过游戏来强化学生的学习动机④。美国哲学家、教育家、心理学家约翰·杜威(John Dewey,1859—1952)曾专门探讨了通过游戏进行教育的方法,他认为应当将游戏作为学校教育体系的一部分,也可以将游戏作为学生的课程作业⑤。意大利幼儿教育家玛利亚·蒙台梭利(Maria Montessori,1870—1952)认为游戏是幼儿在成长过程中必然会开展的活动,

---

① WILKINSON P. A brief history of serious games [C]//Entertainment Computing and Serious Games: International GI-Dagstuhl Seminar 15283, Dagstuhl Castle, Germany, Revised Selected Papers. Springer International Publishing,2016:17-41.
② ANGOUR A. Plato and Play: Taking Education Seriously in Ancient Greece[J]. American Journal of Play. 2013,5(3):293-307.
③ 裴蕾丝,尚俊杰. 回归教育本质:教育游戏思想的萌芽与发展脉络[J]. 全球教育展望,2019,48(08):37-52.
④ 郭戈. 西方兴趣教育思想之演进史[J]. 中国教育科学,2013(1):125-155.
⑤ 杜威. 学校与社会·明日之学校[M]. 赵祥麟,任钟印,吴志宏,译. 北京:人民教育出版社,2005:91-94.

并且在幼儿课程教学中应大量应用游戏或游戏化教育的形式来帮助学生发展各项技能——她会在幼儿的作息时间表中安排专门的游戏时间,并结合玩具和一些幼儿能够参与的游戏活动培养幼儿的创造力[1]。皮亚杰认为游戏能够通过重复的活动巩固人们的技能,并将儿童开展某种特殊游戏的能力作为评估其认知发展阶段的手段[2]。皮亚杰提出"游戏就是儿童的工作",这一理念在当代教育领域和功能游戏设计领域中仍然存在[3]。

中国古代哲学家和教育家孔子在其"乐教乐学"的教育理念中也提到了通过游戏来促进教育的观点。他强调通过诗歌、音乐和舞蹈等形式的游戏活动来培养学生的情感和思维能力。孔子提出"知之者不如好之者,好之者不如乐之者。"等教育理念,认为学习应当是充满乐趣的,应当通过富有趣味的游戏活动,激发学生的学习兴趣,进而鼓励学生对知识进行深入探索。此外,孔子还认为,在日常生活当中引入适当的游戏活动能够对个人的成长和发展起到积极的促进作用。[4]

(二)早期游戏的医疗功能

除了教育功能,人们很早就发现了游戏的疾病治疗功能。法国思想家、哲学家、教育家、文学家让-雅克·卢梭(Jean-Jacques Rousseau,1712—1778)曾强调成年人应当通过观察儿童的游戏来理解他们的心理状态。德国教育家弗里德里希·威廉·奥古斯特·福禄贝尔(Friedrich Wilhelm August Fröebel,1782—1852)认为游戏可被视为一种内心体验的表达方式,尤其是象征性或想象性的游戏[3]。卢梭和福禄贝尔都认为游戏是人们理解儿童心理状态的一种重要手段,这一理念在当今的医疗类功能游戏中仍具有广泛应用[5]。

首次公开发表的将游戏应用在儿童治疗方面的案例可追溯到西格蒙德·弗洛伊德在1909年发表的"小汉斯"案例(也被称为"小汉斯和大坏蛋"),该案例通过尝试在游戏中改变汉斯父亲对小汉斯某些行为的反应,实现治疗目标[6][7]。西格蒙德·弗洛伊德之女——奥地利儿童精神分析学家安娜·弗洛伊德(Anna Freud,1895—1982)延续了其游戏治疗法,并主要将游戏应用于治疗的准备阶段,作为发展儿童与治疗师关系的一种手段[8]。奥地利精神分析学家梅兰妮·克莱因(Melanie Klein,1882—1960)系统性建立了精神分析游戏疗法,并认为理解和解释儿童在游戏中所表现出来的心理需求和情绪状态是对其进行精神分析的前提,由于儿童难以如同成年人一般通过语言流畅地表达自己的心理需求,因此,游戏疗法

---

[1] 蒙台梭利. 发现孩[M]. 北京:中国妇女出版社,2011:162-172.
[2] BROADHEAD P. Developing an understanding of young children's learning through play: the place of observation, interaction and reflection[J]. British Educational Research Journal, 2006, 32(2):191-207.
[3] WILKINSON P. A brief history of serious games[C]//Entertainment Computing and Serious Games: International GI-Dagstuhl Seminar 15283, Dagstuhl Castle, Germany, Revised Selected Papers. Springer International Publishing, 2016:17-41.
[4] 裴蕾丝,尚俊杰. 回归教育本质:教育游戏思想的萌芽与发展脉络[J]. 全球教育展望,2019,48(08):37-52.
[5] MARTINS T, CARVALHO V, SOARES F, et al. Serious game as a tool to intellectual disabilities therapy: total challenge[C]// Serious Games and Applications for Health (SeGAH). 2011:1-7.
[6] 兰德雷斯. 游戏治疗[M]. 雷秀雅,葛高飞,译. 重庆:重庆大学出版社,2011:22-43.
[7] 曹中平,蒋欢. 游戏治疗的历史演变与发展取向[J]. 中国临床心理学杂志,2005,13(04):489-491.
[8] 马晓辉. 安娜·弗洛伊德心理健康思想解析[M]. 杭州:浙江教育出版社,2013:122-123.

能够帮助治疗师更好地理解儿童的心理状态[1]。20世纪30年代,大卫·利维(David Levy)发明了一种被称为"释放疗法"(Release Therapy)的结构化治疗模式,这种模式主要面向处在压力或其他特别情绪中的儿童。在治疗过程中,治疗师会将儿童置于自由玩耍的游戏环境中,随后治疗师会介绍与压力唤起情境有关的游戏资料,让儿童重新制定创伤事件并释放其对应的情绪。[2] 1955年,戈夫·汉姆贝格(Gove Hambidge)在利维理论的基础上,将这种儿童心理治疗方式发展为结构化游戏治疗[3]。20世纪50年代,美国心理学家、人本主义心理学的代表人物之一卡尔·兰塞姆·罗杰斯(Carl Ransom Rogers,1902—1987)发展并形成了来访者中心治疗法。罗杰斯的学生弗吉尼亚·爱思莲(Virginia Axline)在来访者中心治疗法的基础上发展了非指导性游戏疗法(Child-Centered Play Therapy,CCPT),该疗法在北美又被称为以儿童为中心的游戏疗法[4]。

20世纪后半叶,大量社会现象的出现导致人们对心理治疗的需求日益增长,基于游戏的治疗模式也得到了较快的发展。20世纪60年代,美国心理学家伯纳德·古尔尼(Bernard Guerney)和露丝·古尔尼(Louise Guerney)夫妇创建了亲子游戏治疗法,他们先对家长进行教育和训练,让家长掌握基本游戏治疗技巧,以便在家中对儿童开展游戏疗法[5]。20世纪80年代后,游戏治疗进入了迅速发展期,格式塔游戏疗法、阿德勒游戏治疗法、生态游戏疗法等大大拓展了游戏疗法的适用范围[6]。1982年,美国游戏治疗协会成立,将"游戏疗法"界定为"运用系统的治疗模式建立良好人际关系的过程。在这个过程中,受过培训的游戏治疗师运用游戏的治疗作用,帮助来访者预防或解决某些心理问题,以实现来访者更好的成长和发展"[4]。这些基于游戏的治疗方法包括精神分析法常用的木偶游戏、释放疗法常用的沙盘游戏、关系疗法常用的角色扮演游戏、亲子疗法常用的讲故事、结构化游戏疗法常用的积木游戏、非指导性的儿童中心疗法常用的角色扮演游戏等[2]。

(三)早期游戏的军事模拟功能

数字游戏在军事模拟和军事训练方面具有广泛的应用,不过在数字游戏诞生之前,通过游戏来进行战争模拟也具有悠久的历史。最早融入军事题材的游戏甚至可以追溯到文明诞生的初期。公元前2300年中国发明的围棋、公元前168年罗马的拉库利棋、公元7世纪起源于印度的查图朗、公元925年流行于维京人之间的板棋等,都可被视为最早的兵棋。这些兵棋将一些战争元素融入游戏中,譬如,查图朗包含大象、骑兵、战车、步兵等棋子,这些具象

---

① KLEIN M. The psychoanalytic play technique[J]. American Journal of Orthopsychiatry, 1955, 25(2): 223-237.

② 沈亮. 游戏治疗[EB/OL]. (2024-12-03)[2025-01-13]. https://www.zgbk.com/ecph/words?SiteID=1&ID=186810.

③ HAMBIDGE G. Therapeutic play techniques symposium[J]. American Journal of Orthopsychiatry, 1955, 25(3): 601-617.

④ 李慧曦,范静怡. 儿童游戏疗法历史回顾与研究述评[J]. 中国儿童保健杂志, 2016, 24(09): 943-945.

⑤ GUERNEY B. Filial therapy: Description and rationale[J]. Journal of Consulting Psychology, 1964, 28(4): 304-310.

的游戏元素都是对古代战争的一种抽象模拟和复现。①

1780年,普鲁士数学家、昆虫学家和游戏设计师约翰·黑尔维希推出了一款以战争为主题的棋类游戏,并使用千余块棋盘,将不同的地形用不同的颜色标记。1798年,普鲁士国防参议员格奥尔·莱斯维茨男爵在该棋类游戏的基础上,用由三千余块格子构成的棋盘对法国和比利时交界处的地形进行了抽象与模拟。1803年,黑尔维希设计了一个更接近现代战争的军事模拟类游戏,他设计了"步兵""骑兵""大炮"三种类型的棋子,并赋予它们不同的移动和进攻规则。三年后,冯·哈弗贝克上尉发明了普鲁士国家象棋,添加了"保镖",将"战车"和"士兵"分别变更为"大炮"和"步兵",如图1-16所示。①

图1-16 哈弗贝克设计的兵棋游戏
(图片来源:网络平台。)

1812年,莱斯维茨男爵发明了桌面游戏 Kriegsspiel(德文原义是"战争游戏"),以供普鲁士军队训练军官的战术素养。该游戏允许人们逐一尝试和摸索战术的功效和缺点,并给予了人们扮演敌军的机会,使人们得以从敌方的视角看待问题,从而全面深入地考虑战术策略。②1837年,普鲁士军队的参谋长莫尔特克将军将兵棋游戏作为普鲁士战争学院课程的一部分,从1858年至1881年,莫尔特克将军通过游戏对未来可能发生的战争进行模拟,让学员和军官对自己的战术策略进行"演习"和测试。在19世纪60年代的奥普战争中,兵棋游戏被用于战术模拟分析。随后的普法战争中,兵棋游戏还被用于军队后勤计划的模拟。①随着时间的推移,此类游戏被越加广泛地应用于军事模拟。

除教育、医疗、军事以外,在"严肃游戏"或"功能游戏"术语诞生之前,诞生了一些其他类型的功能游戏。譬如,1904年,由美国游戏设计师、作家、女权主义者 Elizabeth Magie 设计的《房东的游戏》(The Landlord's Game)是《地产大亨》(Monopoly)的前身,该游戏旨在揭示资本主义土地税收和房产租赁方式的危险③,并证明地产购买和租赁系统会不断加大地

---

① 熊硕. 兵器游戏的历史渊源——时间篇[EB/OL]. (2024-08-30)[2025-01-13]. https://mp.weixin.qq.com/s?__biz = MzI4OTkyNDgxNA = = &mid = 2247891631&idx = 5&sn = f794a16248786bba58bd06096199d9cc&chksm = ed0342b151eda8c7f494f232f7e329444f9c3a88c50b7d93ab8d4602edd12d119bbb9ffed7a4&scene=27.

② ERNEST A, JORIS D. 游戏机制:高级游戏设计技术[M]. 石曦,译. 北京:人民邮电出版社,2014:258.

③ WILKINSON P. A brief history of serious games[C]//Entertainment Computing and Serious Games: International GI-Dagstuhl Seminar 15283, Dagstuhl Castle, Germany, Revised Selected Papers. Springer International Publishing, 2016:17-41.

产拥有者和承租者之间的贫富差距——前者越来越富有,后者越来越贫穷。该游戏的游戏棋盘如图1-17所示①。

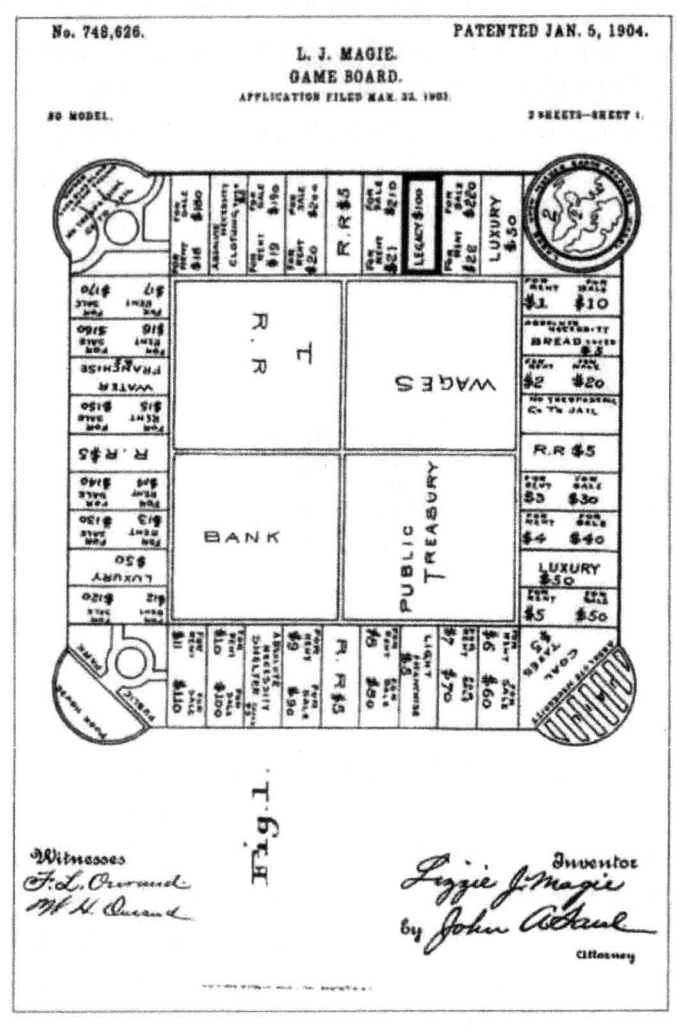

图1-17 《房东的游戏》的游戏棋盘①

(图片来源:《游戏机制:高级游戏设计技术》第258页展示的游戏原始专利图。)

1958年,总部位于美国纽约的跨国科技公司IBM(International Business Machines Corporation)推出IBM 704计算机,并发布了第一款完整的棋类游戏。设计师声称,这些电脑游戏都是科学家们为了研究计算机科学,特别是人工智能领域而创造的。这体现出数字游戏在诞生之初就具有某种功能属性。②

在"严肃游戏"术语诞生之前,即便人们早已意识到游戏的功能属性,并且会将游戏应用至教育或培训等非娱乐领域,但是学术界并未出现一个统一的、系统化的概念来明确界定这

---

① ERNEST A, JORIS D. 游戏机制:高级游戏设计技术[M]. 石曦,译. 北京:人民邮电出版社,2014:257.
② 中娱智库. 国内首份功能游戏产业报告发布:社会价值优先,市场未来可期[EB/OL]. (2020-07-30)[2025-01-20]. https://baijiahao.baidu.com/s?id=1673628739967148989&wfr=spider&for=pc.

些应用于教育、培训、军事等领域的游戏。直到20世纪中期,随着计算机技术的发展和游戏设计的逐步成熟,学者们才开始有意识地将游戏的功能属性与娱乐属性区分开来,并正式提出了"严肃游戏"这一概念。

二、"严肃游戏"术语的诞生

(一)阿布特与"严肃游戏"的提出

目前,对于"严肃游戏"这一术语,学术界公认是由阿布特于1970年在《严肃游戏》(*Serious Games*)一书中提出的[①]。阿布特的观点对现代严肃游戏的定义奠定了理论基础。不过,在这个历史时期,功能游戏领域并未取得显著的发展。阿布特在1985年对这本书进行更新和修订时,在书中特意回顾了功能游戏在这15年内的发展,并表示自己对功能游戏的发展态势感到失望,因为功能游戏完全处于迅速发展的娱乐游戏的阴影之下。[①]

(二)早期的严肃游戏作品

"严肃游戏"概念诞生的时期,出现了一些早期的功能游戏。20世纪60年代,世界人口增速过快,带来了一系列引发世界关注的社会问题。美国建筑师、发明家理查德·巴克敏斯特·富勒(Richard Buckminster Fuller,1895—1983)提出了一个大型模拟类游戏《世界游戏》(*World Game*)的设计构思,该游戏基于真实世界中能源、资源和粮食等数据,支持人们参与游戏来共同解决世界人口及资源分配等问题[②]。1972年,飞利浦的子公司米罗华在美国推出游戏设备奥德赛(Odyssey)。作为世界上最早的商业家用电子游戏机之一,奥德赛的广告强调了其作为教育工具的潜力,因此,它也被认为是最早的数字化严肃游戏[③]。明尼苏达教育计算机协会(Minnesota Educational Computing Consortium,MECC)于1973年发布教育游戏 *Lemonade Stand*,于1974年发布教育游戏《俄勒冈小径》(*The Oregon Trail*)。*Lemonade Stand* 是一款基于文本的商业模拟游戏,曾被应用于课堂教学。《俄勒冈小径》旨在对学生进行美国殖民者相关的历史知识教育,这款游戏至今都是一款较受欢迎的功能游戏,其界面如图1-18所示。[④] 20世纪80年代,部分国家的政府机构会通过游戏开展教育和培训工作。美国国务院使用游戏 *Balance of Power* 作为一种外交官的培训工具,该游戏以美国和苏联之间的政治斗争为主题[⑤]。这个时期,一些商业机构也开始将游戏应用在广告推销方面。1983年,总部位于美国亚特兰大的跨国企业可口可乐公司为了振奋销

---

① WILKINSON P. A brief history of serious games [C]//Entertainment Computing and Serious Games: International GI-Dagstuhl Seminar 15283, Dagstuhl Castle, Germany, Revised Selected Papers. Springer International Publishing, 2016: 17-41.

② 腾讯互娱社会价值探索. 游戏化在公共卫生及健康领域的应用[EB/OL]. (2020-04-07)[2025-01-20]. https://zhuimeng.qq.com/act/8211/a20220705gw/web202109/detail-news.html?newsid=10066813.

③ 中娱智库. 国内首份功能游戏产业报告发布:社会价值优先,市场未来可期[EB/OL]. (2020-07-30)[2025-01-15]. https://baijiahao.baidu.com/s?id=1673628739967148989&wfr=spider&for=pc.

④ DJAOUTI D, ALVAREZ J, JESSEL P, et al. Origins of serious games[J]. Serious games and edutainment applications, 2011: 25-43.

⑤ ERNEST A, JORIS D. 游戏机制:高级游戏设计技术[M]. 石曦, 译. 北京:人民邮电出版社, 2014: 260.

售员工的士气,针对其主要竞争对手"百事可乐"(Pepsi-Cola)开发了一款名为 *Pepsi Invaders* 的功能游戏①。这款游戏几乎可以被视为经典街机游戏《太空侵略者》(*Space Invaders*)的翻版,只是将《太空侵略者》中的飞船替换成了"百事可乐"的英文字母"P-E-P-S-I"②。在同一时期,还出现了专门被设计并运行于家用游戏机进行品牌推广的功能游戏 *Kool-Aid Man* 和 *Chex Quest* 等③。

图 1-18 《俄勒冈小径》游戏界面
(图片来源:网络平台。)

(三)严肃游戏广泛应用于军事领域

在功能游戏的发展过程中,军事训练一直是其重要的应用领域。在第二次世界大战期间,美国陆军总参谋部是最早使用战争类功能游戏的,其通过这些游戏来改善在民众心中的形象②。而自从第二次世界大战结束以来,美军仍一直在尝试通过军事类功能游戏进行军事训练。在阿布特于 1970 年首次出版著作 *Serious Games* 之前,美军就已经使用功能游戏进行军事效果模拟了。而当阿布特在 1985 年更新和修订这本著作时,已经出现了 400 款运行于计算机平台的战争模拟类游戏。③ 1948 年,美国约翰斯·霍普金斯大学陆军作战研究办公室(the Army Operations Research Office at Johns Hopkins University)开发了一款空中防御模拟游戏 *Air Defense Simulation*④,由于计算机图形图像技术的限制,这款游戏还

---

① LAAMARTI F, EID M, EL SADDIK A. An overview of serious games[J]. International Journal of Computer Games Technology, 2014, 2014: 358152.

② DJAOUTI D, ALVAREZ J, JESSEL P, et al. Origins of serious games[J]. Serious Games and Edutainment Applications, 2011: 25-43.

③ WILKINSON P. A brief history of serious games[C]//Entertainment Computing and Serious Games: International GI-Dagstuhl Seminar 15283, Dagstuhl Castle, Germany, Revised Selected Papers. Springer International Publishing, 2016: 17-41.

④ SMITH R. The long history of gaming in military training[J]. Simulation & Gaming, 2010, 41(1): 6-19.

只能呈现非常简单的视觉效果。随后，美军又在 1953 年开发了联合武器计算机模型 Carmonette，并于 1956 年投入使用。该模型在空中防御模拟的基础上进行了拓展，融入步兵、坦克、无线电通信等军事模拟内容。[①] 1981 年，雅达利公司的一个团队在经典街机游戏 *Battlezone* 的基础上，为美军开发了一款名为 *The Bradley Trainer* 的计算机模拟程序，用来训练新兵操控 Bradley 坦克[②]。在 *Battlezone* 中，体验者需要瞄准并射击敌人的战车。*The Bradley Trainer* 沿用这一游戏机制，并将其作为新型步兵战车的训练模拟器，同时将 *Battlezone* 中的虚拟炮弹替换为真实步兵战车携带的弹药，敌方战车的美术效果也能够在一定程度上反映现实世界中坦克的轮廓，如图 1-19 所示[③]。1996 年，美国海军陆战队使用游戏 *Marine Doom* 来训练士兵[④]。2001 年，由 Bohemia Interactive 集团发布的 *Operation Flashpoint* 是一款具有里程碑意义的功能游戏。它是首个允许体验者探索大规模典型虚拟地理环境的游戏，体验者可以自由使用任何手段、从任何方向、驾驶各种车辆或飞机来进攻虚拟敌人。*Operation Flashpoint* 为众多军事训练类功能游戏奠定了基础，包括后文将分析的 *DARWARS Ambush！* 和 *Virtual Battle Space*（VBS）系列等。[⑤] 2002 年，美国陆军发布第一人称射击游戏《美国军队》（*America's Army*）。这款游戏对军事训练和战争场景进行了模拟，它的另一个目的是对 16～24 岁的年轻人进行招募[③]。有研究者认为《美国军队》是"第一款成功且运行效果良好的功能游戏，并且获得了广泛的社会关注"[⑥]。

图 1-19　*The Bradley Trainer*

（图片来源：https://www.arcade-history.com/？n=bradley-trainer&page=detail&id=330。）

---

① WILKINSON P. A brief history of serious games[C]//Entertainment Computing and Serious Games：International GI-Dagstuhl Seminar 15283, Dagstuhl Castle, Germany, Revised Selected Papers. Springer International Publishing, 2016：17-41.

② LAAMARTI F, EID M, EL SADDIK A. An overview of serious games[J]. International Journal of Computer Games Technology, 2014, 2014：358152.

③ STONE R. Serious gaming—virtual reality's saviour[C]// Proceedings of Virtual Systems and MultiMedia Annual Conference (VSMM). 2005：773-786.

④ Wikipedia. "Marine Doom"[EB/OL]. (2024-12-21)[2025-01-24]. http://en.wikipedia.org/wiki/Marine Doom.

⑤ MORRISON P. Games for Tactical Training-A History of VBS2[J]. Serious Games and Their Use in NATO, 2013：1-12.

⑥ DJAOUTI D, ALVAREZ J. JESSEL P, et al. Origins of serious games[J]. Serious Games and Edutainment Applications, 2011：25-43.

三、功能游戏的兴起

(一) 功能游戏"元年"

2001年,欧洲科学院院士、丹麦皇家人文与科学院院士艾斯本·阿尔萨斯(Espen Aarseth)在第一本专注于数字游戏研究的学术期刊上发表了论文 *Computer Game Studies, Year One*(计算机游戏研究,元年)。阿尔萨斯将2001年视为数字游戏的"元年",这意味着随着首个具有同行评议的数字游戏研究期刊和国际学术会议的成立,数字游戏成为一个国际化学术领域。[1] 这标志着学术界为游戏研究这一领域正名,而这也对功能游戏领域的发展产生了显著的影响。

一年之后,2002年可被视为功能游戏的"元年"[2],此时商业游戏已经得到了迅速的发展[3]。这一年,Ben Sawyer发表了功能游戏领域的奠基性白皮书 *Serious Games: Improving Public Policy through Game-based Learning and Simulation*[4][5],提出需要在商业游戏和特殊领域的应用之间建立联系。这一年,位于美国华盛顿特区的伍德罗·威尔逊国际学者中心成立了"严肃游戏计划"(Serious Games Initiative),提出"严肃游戏计划专注于探索游戏在协助人们管理和领导公共部门方面的作用。该项目的部分任务,是建立数字游戏行业与教育、培训、健康和公共政策等领域之间的有效联系。"[5]这使得功能游戏在社会活动和医疗保健中的应用方面发挥了重要作用。这些因素使得"严肃游戏"这一术语开始被广泛传播。随后,在2004年,一个旨在探索功能游戏在解决社会问题方面潜力的非营利组织Games for Change成立[6]。同年,首届"健康游戏大会"(Games for Health)举办,重点探讨了功能游戏在医疗领域的潜力[7]。

美国作家、教育家马克·普伦斯基(Marc Prensky)在其著作《基于数字游戏的学习》(*Digital Game-Based Learning*)中,对游戏行业与教育培训行业进行了对比分析,并且在Electronic Entertainment Expo(E3)展会上发表了如下观点:"如今,培训者和接受培训的人员来自两个截然不同的世界。一群在数字时代之前成长、接受传统教育的培训者和教师,正在迅速且意外地与一群在数字世界中成长的学习者正面交锋,这群学习者的世界由《芝麻

---

[1] AARSETH E. Computer game studies, year one[J]. Game Studies, 2001, 1(1): 1-15.

[2] WILKINSON P. A brief history of serious games[C]//Entertainment Computing and Serious Games: International GI-Dagstuhl Seminar 15283, Dagstuhl Castle, Germany, Revised Selected Papers. Springer International Publishing, 2016: 17-41.

[3] CLEMENTS M T, OHASHI H. Indirect network effects and the product cycle: video games in the U.S., 1994-2002 [J]. The Journal of Industrial Economics, 2005, 53(4): 515-542.

[4] DJAOUTI D, ALVAREZ J. JESSEL P, et al. Origins of serious games[J]. Serious Games and Edutainment Applications, 2011: 25-43.

[5] SUSI T, JOHANNESSON M, BACKLUND P. Serious games: an overview[J]. Institutionen Fr Kommunikation Och Information, 2007, 73(10): 1-28.

[6] KLIMMT C. Serious games and social change why they (should) work. In: Ritterford M. (ed.). Serious games: mechanisms and effects [M]. New York: Routledge, 2009: 249-270.

[7] KAY H. Games for health conference 2004: issues, trends, and needs unique to games for health[J]. CyberPsychology & Behavior, 2005, 8(2): 103-109.

街》、MTV、快节奏电影和要求人们具有'瞬间反应能力'的数字游戏所塑造。"[1]

(二) 功能游戏稳步发展

从2002年开始,功能游戏开始稳步发展。这个时期出现了一系列军事类功能游戏。*DARWARS Ambush!* 由美国BBN Technologies公司于2004年开发,该游戏以 *Operation Flashpoint* 为基础,旨在为士兵提供一个灵活的训练环境,帮助他们学习关于装甲和步兵作战的重要经验。这款游戏被广泛认为是非常成功的。[2] VBS系列由Bohemia Interactive集团推出,该集团由分别位于美国、澳大利亚和捷克共和国的软件开发公司组成。该集团在的澳大利亚分公司Bohemia Interactive Australia(BIA)于2001年成立,于2004年发布了VBS1(VBS系列的第一代作品),并将该游戏交付给美国海军陆战队。美国海军陆战队使用VBS1的方式,类似于美国陆军使用 *DARWARS Ambush!* 的方式。BIA于2005年开始开发VBS2(VBS系列的第二代作品),于2008年交付给美国海军陆战队,并在同年推广到所有美国海军陆战队模拟中心,VBS2也迅速成为美国海军陆战队进行任务排练和战术训练的首选模拟工具,其游戏界面如图1-20所示。[2]

图1-20 VBS2游戏界面

(图片来源:网络平台。)

此期间产生的游戏《和平缔造者》(*PeaceMaker*)被视为一款重要的功能游戏作品(如图1-21所示)。该游戏始于2005年美国卡内基梅隆大学娱乐技术中心的一个小型团队项

---

[1] WILKINSON P. A brief history of serious games[C]//Entertainment Computing and Serious Games: International GI-Dagstuhl Seminar 15283, Dagstuhl Castle, Germany, Revised Selected Papers. Springer International Publishing, 2016: 17-41.

[2] MORRISON P. Games for Tactical Training-A History of VBS2[J]. Serious Games and Their Use in NATO, 2013: 1-12.

目,该团队的成员毕业后,有两名成员创办了一家游戏开发公司,并最终完成了这个项目。该游戏于2007年发布,对巴以冲突进行了模拟。在游戏中,体验者可以选择代表以色列或巴勒斯坦权力机构的领导人,做出与其职位相关的社会、政治或军事方面的决策。游戏类型为回合制策略游戏,游戏目标是解决两国的冲突,因此被宣传为"一款旨在促进和平的数字游戏"。该游戏在游戏界和大众媒体中都受到了好评,并获得了多个奖项。评论家称赞该游戏准确地再现了现实世界中两国的冲突,有助于人们更好地理解巴以冲突,具有重要的教育价值。①

图1-21 《和平缔造者》游戏界面

(图片来源:维基百科 https://en.wikipedia.org/wiki/PeaceMaker。)

(三) 功能游戏创造正向社会价值

在科普方面,美国未来学家、游戏设计师简·麦戈尼格尔(Jane McGonigal)所在的未来研究所(Institute for the Future)于2007年设计了一款名为《无油世界》(*World Without Oil*)的功能游戏,该游戏以现实世界中的石油危机问题为主题,要求体验者在没有石油的32周时间内生存下去。2010年,该研究所发布的功能游戏《唤醒》(*Evoke*)同样以现实世界中食物短缺、水资源危机等问题为主题,要求体验者在游戏中寻找解决这一系列能源危机问题的方案。全球2万多名体验者在完成任务的过程中,创造了大量疯狂但又极具创意的能源危机问题解决方案。②③

---

① BURAK A, KEYLOR E, SWEENEY T. PeaceMaker: a video game to teach peace [C]//Intelligent Technologies for Interactive Entertainment. Berlin, Heidelberg: Springer Berlin Heidelberg, 2005: 307-310.
② 腾讯互娱社会价值探索. 游戏化在公共卫生及健康领域的应用[EB/OL]. (2020-04-07)[2025-01-20]. https://zhuimeng.qq.com/act/8211/a20220705gw/web202109/detail-news.html? newsid=10066813.
③ 《无油世界》游戏官方网站, https://writerguy.com/wwo/metaabout.htm.

在医疗方面,瑞士儿童部门和苏黎世大学联合开发了一款名为 *Treasure Hunt* 的功能游戏,旨在面向儿童治疗焦虑、抑郁等心理疾病。设计师将认知行为疗法融入游戏机制,游戏中不同关卡的任务对应不同治疗阶段的目标。该游戏在治疗儿童心理疾病方面取得了积极的效果。①②

2008 年,美国华盛顿大学计算机科学和工程学系与生物化学专业的学生联合开发了一款名为 *Foldit* 的功能游戏。该游戏目标是在游戏中创造不同结构的蛋白质和游戏场景,如图 1-22 所示。人们在体验 *Foldit* 的过程中,实际上也在对科学进行探索和研究。③事实证明,非专业领域的广大体验者基于该游戏创造了令人可喜的"科研成果"。

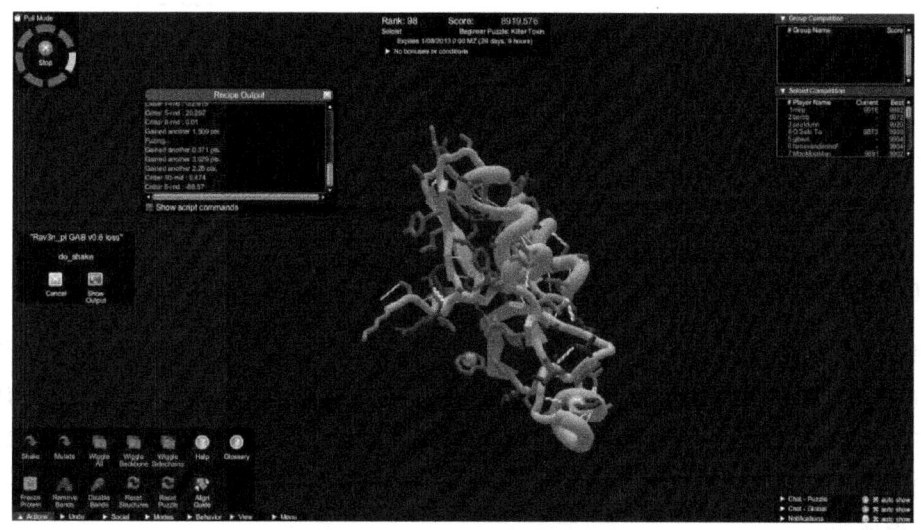

图 1-22 *Foldit* 游戏场景

(图片来源:维基百科 https://en.wikipedia.org/wiki/Foldit。)

两年后,自然科学领域的世界顶级期刊《自然》上发表的一篇论文声称,*Foldit* 的 57 000 名体验者为研究提供了有用的结果,该论文的作者处甚至出现了"Foldit 玩家"的字眼,如图 1-23 所示④。2011 年,*Foldit* 的体验者解读了 Mason-Pfizer 猴病毒逆转录病毒蛋白酶的晶体结构,这一令科学家都感到困难的问题在游戏中却被体验者们在十日内破解⑤。

---

① BREZINKA V. Treasure hunt-a psychotherapeutic game to support cognitive-behavioural treatment of children [J]. Verhaltenstherapie, 2007, 17(3): 191-194.

② 李林英,邹昕,王春梅. 严肃游戏:心理健康教育方法创新[J]. 北京理工大学学报(社会科学版),2012,14(05):151-156.

③ 今晚报闻. 媒体解析中国"严肃游戏"发展 称尚处起步阶段[EB/OL]. (2013-09-22)[2025-01-10]. http://politics.people.com.cn/n/2013/0922/c70731-22992483.html.

④ MARKOFF J. In a Video Game, Tackling the Complexities of Protein Folding[EB/OL]. (2010-08-04)[2025-01-10]. https://www.nytimes.com/2010/08/05/science/05protein.html.

⑤ KHATIB F, DIMAIO F, GROUP F C, et al. Crystal structure of a monomeric retroviral protease solved by protein folding game players[J]. Nature Structural & Molecular Biology. 2011, 18(10): 1175-1177.

> MENU ⌄ **nature**
>
> Letter | Published: 05 August 2010
>
> **Predicting protein structures with a multiplayer online game**
>
> Seth Cooper, Firas Khatib, Adrien Treuille, Janos Barbero, Jeehyung Lee, Michael Beenen, Andrew Leaver-Fay, David Baker ✉, Zoran Popović ✉ & Foldit players
>
> *Nature* **466**, 756–760(2010) | Cite this article
>
> 2748 Accesses | 619 Citations | 456 Altmetric | Metrics

图 1-23 *Foldit* 体验者对科学研究的贡献
（图片来源：网络平台）

（四）中国功能游戏的起步

相较于美国和欧洲部分国家，中国功能游戏的起步相对较晚。中国最早引入"严肃游戏"是在2009年的第一届严肃游戏（北京）创新峰会上，中国军事科学院少将查金路认为军事电子游戏在中国有着不可替代的独特作用，在战略训练、作战指挥、巷战战术、战术保障，以及国防军事知识普及、辅助军队训练等方面已经成为一支产业生力军，必将引领整个动漫产业的发展。①

上海市严肃游戏产业发展联盟于2010年正式成立，是国内首个专注于严肃游戏发展的产业联盟。其职能为整合产业发展资源，优化产业发展环境，促进建立完整的严肃游戏产业链；为严肃游戏产业的发展提出具有建设性的意见，为政府相关政策的出台提供相关依据；组织开展严肃游戏产业的研究工作，配合制定行业标准和规范，建立联盟成员间的交流平台。②

早在"严肃游戏"被正式引入中国之前，国内一些公司就已经开始布局功能游戏。以盛大游戏公司为例，该公司发布了与世界粮食计划署合作的《粮食力量》（2004）、《学雷锋》（2004）、《中华英雄谱》（2005），与株式会社 Actoz Soft 软件公司联合推出的《X-乒乓》（2008）等。③

2007年，由中国教育部授权，入选国家教育科学"十一五"规划课题成果的教育游戏

---

① 中国新闻网. 游戏创新峰会在京举行 首提"严肃游戏"概念[EB/OL]. (2009-12-18)[2025-01-10]. https://www.chinanews.com/cul/news/2009/12-18/2024616.shtml.

② 马子雷. 上海市严肃游戏产业发展联盟成立[EB/OL]. (2010-12-09)[2025-01-11]. https://nepaper.ccdy.cn/html/2010-12/09/content_40600.htm.

③ 刘红鹰. 盛大游戏对严肃游戏的判断和布局[EB/OL]. (2011-10-30)[2025-01-11]. https://www.techweb.com.cn/news/2011-10-30/1112121.shtml.

《PK英语》推出,这是中国首个面向中小学英语教育的自主创新功能游戏产品,如图1-24所示。《PK英语》收录了小学一年级至初中三年级教学大纲中的全部单词、词组、语法、句型,可提供2万余套模拟试题及真题试卷。《PK英语》已在全国150所中小学开展了试点。[①②]

图1-24 《PK英语》
(图片来源:网络平台。)

2011年,国产军事类功能游戏《光荣使命》发布,该游戏由中国人民解放军南京军区与光荣使命网络科技有限公司联合开发,是中国首款拥有自主知识产权的大型军事类功能游戏,主要用于部队进行军事训练,如图1-25所示。该游戏中的虚拟士兵角色全部装备国产武器,游戏场景包含直升机、坦克、装甲车等多种类型的大型车载武器。该游戏于2013年推出网络版,标志着国产军事类游戏首次实现全军联网对抗[③]。同年,首届"强军杯"《光荣使命》院校邀请赛在国防科学技术大学举办,国内多所高校和军事院校参赛[④]。

[①] 北京晚报. 首部英语游戏软件明年向中小学推广[EB/OL]. (2009-12-17)[2025-01-20]. https://news.sina.cn/sa/2009-12-17/detail-ikmyaawa2397094.d.html.

[②] 今晚报. 媒体解析中国"严肃游戏"发展 称尚处起步阶段[EB/OL]. (2013-09-22)[2025-01-20]. https://gov.hebnews.cn/2013-09/22/content_3496629_3.htm.

[③] 今晚报闻. 媒体解析中国"严肃游戏"发展 称尚处起步阶段[EB/OL]. (2013-09-22)[2025-01-20]. http://politics.people.com.cn/n/2013/0922/c70731-22992483.html.

[④] 中广军事. "强军杯"《光荣使命》竞赛在国防科大举办[EB/OL]. (2013-12-02)[2025-01-20]. http://www.81.cn/jsdm/2013-12/02/content_5672162.htm.

图 1-25 《光荣使命》游戏场景

(图片来源：网络平台。)

四、功能游戏的迅速发展

2017年召开的世界严肃游戏大会发布了《严肃游戏应用进展报告》，报告显示，全球基于游戏的学习产品在近五年内的复合年增长率超过 20%，预计到2022年，此类产品的收入将增加一倍，达到81亿美元[①]。腾讯研究院在2018年的评估结果显示，全球功能游戏市场需求逐渐显现，功能游戏已成为游戏产业的一个细分领域[②]。至此，国际功能游戏领域进入了迅速发展期。根据市场研究和行业报告发布公司 Mordor Intelligence 的报告可知，2025年全球功能游戏市场规模为176.4亿美元，预计到2030年将增至547.5亿美元，在2025—2030年这一预测期内的复合年增长率为25.43%。此外，在全球范围内，预计亚太地区会呈现最为强劲的增长率，如图1-26所示。[③]

（一）"功能游戏"术语的广泛应用

从2009年"严肃游戏"概念被引入中国之后，功能游戏一直以"严肃游戏""应用游戏"等词汇的方式出现。直到2018年，"功能游戏"这一术语才逐步被游戏产业及学术界认可。这一年，功能游戏成为国内游戏行业的热点，腾讯、网易、三七互娱、波克城市、盛趣等游戏公司纷纷布局功能游戏，媒体对功能游戏的关注度大幅上升，从1月份起新闻报道数量迅速增

---

① 中国新闻网. 创意设计和技术进步成科普游戏主要驱动力量[EB/OL]. (2019-03-27)[2025-01-14]. http://tradeinservices.mofcom.gov.cn/article/yanjiu/hangyezk/201903/80287.html.

② 中国新闻网. 伽马数据：功能游戏有望突破300亿？[EB/OL]. (2018-07-09)[2025-01-09]. https://baijiahao.baidu.com/s?id=1605497446258444794&wfr=spider&for=pc.

③ 统计数据见 Mordor Intelligence 官方网站：https://www.mordorintelligence.com/industry-reports/serious-games-market.

加①。2020年,中娱智库发布了国内首份系统性、全方位的功能游戏产业报告——《2020功能游戏产业报告》。报告显示,中国游戏市场规模首次超越美国,成为世界第一大游戏市场。② 2021年,功能游戏研究机构"中国游戏社会价值研究中心"正式成立③。一年后,《2022中国功能游戏行业报告》发布。该报告显示,功能游戏在诸多领域的布局已初具规模④。同年,在"中国国家版本馆首批网络数字版本入藏仪式"上,功能游戏《碳碳岛》《普通话小镇》《星火筑梦人》等入藏,这是中国功能游戏发展的一个重要里程碑⑤。

图1-26 Mordor Intelligence预测不同区域功能游戏市场的增长率
(图片来源:Mordor Intelligence网站报告"Serious Games Market"。)

(二)中国头部游戏公司布局功能游戏

在世界严肃游戏大会上,中国科协科普部负责人提出,我国公民的科学素质弱于发达国家,必须大力缩小这一差距。⑥ 这体现了政府对于科普教育的重视。由腾讯游戏发起,中国科协科普部支持指导的"2019游戏+科普峰会暨科普游戏联盟成立仪式"于2019年举办,宣告了"科普游戏联盟"正式成立,该联盟旨在通过研究、开发科普游戏,传播科学精神、科学思想、科学方法和科学知识,构建大众科学系统化认知体系。其中专家委员会包括中国科协科普部16位天文学、物理学等领域的专家,理事会包括30余家游戏公司。在该仪式上,科

---

① 中国新闻网.伽马数据:功能游戏有望突破300亿?[EB/OL].(2018-07-09)[2025-01-09]. https://baijiahao.baidu.com/s? id=1605497446258444794&wfr=spider&for=pc.
② 腾讯游戏追梦计划.2020年功能游戏产业报告[EB/OL].(2020-07-30)[2025-01-14]. https://zhuimeng.qq.com/web201912/report-details.html? newsid=11740548.
③ 央广网.2021中国游戏产业年会科技共生论坛:以游戏与科技"双引擎"推动数实融合发展[EB/OL].(2021-12-17)[2025-01-16]. https://baijiahao.baidu.com/s? id=1719356646775837682&wfr=spider&for=pc.
④ 21世纪经济报道.2022中国功能游戏行业报告:功能游戏在多领域出城规模 市场潜力巨大[EB/OL].(2023-02-14)[2025-01-09]. https://finance.eastmoney.com/a/202302142636226453.html.
⑤ 光明日报.首批网络数字版本入藏中国国家版本馆[EB/OL].(2023-01-06)[2025-01-16]. https://ent.cnr.cn/zx/20230106/t20230106_526115662.shtml.
⑥ 中国新闻网.创意设计和技术进步成科普游戏主要驱动力量[EB/OL].(2019-03-27)[2025-01-14]. http://tradeinservices.mofcom.gov.cn/article/yanjiu/hangyezk/201903/80287.html.

普游戏联盟发布了国内首份科普游戏报告《科普游戏行业发展研究报告2018》，对科普游戏历史、含义、意义做出了总结。①这些游戏公司也陆续发布了一系列的科普类功能游戏。

腾讯自2018年开辟"腾讯功能游戏"业务后，发布了《榫卯》《折扇》《纸境奇缘》《欧氏几何》《蓝桥咖啡馆》《家国梦》《故宫：口袋工匠》《佳期：团圆》《普通话小镇》《画境长恨歌》等科普类功能游戏。②网易游戏在《新倩女幽魂》《梦幻西游》《阴阳师》《逆水寒》等诸多娱乐游戏中融入传统文化元素③。三七互娱推出了航天科普公益平台《飞天梦想启航》、网络安全知识科普游戏《清风侠冲冲冲》、与黄山风景区联动的《寻道大千》、以海上丝绸之路为主题的《叫我大掌柜》、传播中国侠义精神和武术文化的 *Puzzles & Survival* 等。④波克城市在探索"游戏+"模式的过程中，推出了《垃圾分类大作战》《人民战"疫"总动员》《四史逐梦》等科普类功能游戏，以及《爆炒江湖》公益版本。2023年，新华网与波克城市联合制作、发行，上海天文馆作为特别合作伙伴，上线了航天题材科普类手游《我是航天员》。⑤米哈游公司也将传统文化元素融入《原神》《崩坏：星穹铁道》等游戏产品中⑥⑦。国内游戏公司出品的部分功能游戏如图1-27所示。

(a)《碳碳岛》　　　　(b)《逆水寒》　　　　(c)《我是航天员》

(d)《崩坏：星穹铁道》　(e)《叫我大掌柜》　　(f)《爆炒江湖》

图1-27　国内游戏公司出品的部分功能游戏

（图片来源：游戏官方网站。）

---

① 中国日报网. 腾讯牵头多方联合打造科普游戏联盟 科普游戏创意征集行动正式开启[EB/OL].（2019-03-28）[2025-01-11]. https://baijiahao.baidu.com/s?id=1629231215814775855&wfr=spider&for=pc.

② 腾讯游戏推出的作品见腾讯互娱社会价值探索官方网站：https://zhuimeng.qq.com/act/8211/a20220705gw/web202109/about.html#section1.

③ 经济网. 网易二季度财报：研发强度达15%，游戏技术正融入实体硬场景[EB/OL].（2022-08-19）[2025-01-14]. https://finance.eastmoney.com/a/202208192484993213.html.

④ 三七互娱. 三七互娱：探索"游戏公益+"新路径，共创社会价值[EB/OL].（2024-12-13）[2025-01-10]. https://mp.weixin.qq.com/s/VGDUTm5wrhWgjJea-EwKlg.

⑤ 波克城市. 波克科技刘忠生：以"游戏+"打造航天科普新思路[EB/OL].（2023-09-27）[2025-01-14]. https://baijiahao.baidu.com/s?id=1778174901300784520&wfr=spider&for=pc.

⑥ 环球网. 开放世界的人文灵韵《原神》×桂林联动纪录片发布[EB/OL].（2020-12-03）[2025-01-14]. https://baijiahao.baidu.com/s?id=1685042268085717518&wfr=spider&for=pc.

⑦ 中国新闻网.《崩坏：星穹铁道》携手古村落开启文旅新模式[EB/OL].（2023-04-27）[2025-01-14]. https://baijiahao.baidu.com/s?id=1764293087834969542&wfr=spider&for=pc.

（三）新冠疫情推动功能游戏发展

在新冠疫情期间，不少机构通过游戏进行科普。美国加州蒙特雷湾水族馆从 2020 年 3 月 12 日起就不再对游客开放，但是他们选择在《集合啦！动物森友会》（*Animal Crossing: New Hovizons*）中的虚拟博物馆中开展直播并继续向公众科普知识，如图 1-28 所示。而后，蒙特雷湾水族馆与菲尔德博物馆合作，在 Twitch 上直播讲解《集合啦！动物森友会》中的虚拟博物馆的海洋生物与化石，如图 1-29 所示。菲尔德博物馆的工作人员认为，该游戏中出现的动物、化石的信息均与现实世界中对应的物种保持一致，游戏中的一个霸王龙化石正是基于菲尔德博物馆中的标本塑造的。① 国内的良渚博物院于 2020 年 5 月 18 日（国际博物馆日）也在《集合啦！动物森友会》中开展了线上展览。将良渚博物院内与动物相关的内容及良渚文化的特色标识进行切割、像素化，导出二维码并在游戏中展览。良渚博物院的官方微博在国际博物馆日通过游戏展览等方式共获得 200 万左右的阅读量、约 2 000 次的互动量。②

图 1-28 蒙特雷湾水族馆宣布通过《集合啦！动物森友会》进行生物知识科普
（图片来源：网络平台。）

近年来，教育类功能游戏呈现显著增长的态势。2017 年，网易游戏获得了美国 Code Combat 中国区公立学校市场和在线个人用户市场的独家官方代理权，并将其在国内命名为《极客战记》。此外，网易游戏还设计了《有道卡搭》编程游戏，用户可以通过它设计属于自己的游戏作品，如图 1-30 所示。③

---

① 游民星空. 专业博物馆在《集合啦！动物森友会》中进行参观讲解 游戏获专家盛赞[EB/OL]. (2020-04-14) [2025-01-23]. https://www.gamersky.com/news/202004/1279741.shtml.

② 北京商报. 动森展览、古物拟人、快闪店 客流压力下地方博物馆再掀"圈粉之战"[EB/OL]. (2020-05-25)[2025-01-23]. https://m.caijing.com.cn/api/show? contentid=4667747.

③ 腾讯游戏追梦计划. 2020 年功能游戏产业报告[EB/OL]. (2020-07-30)[2025-01-16]. https://zhuimeng.qq.com/web201912/report-details.html? newsid=11740548.

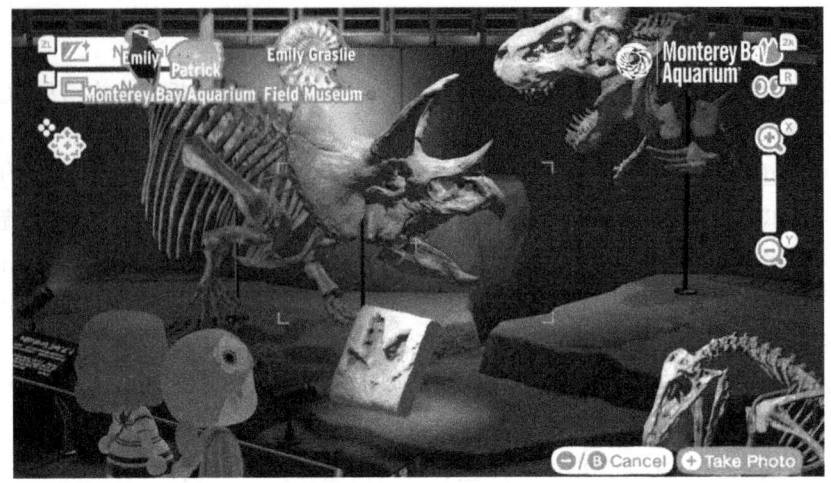

图 1-29 《集合啦！动物森友会》中的虚拟博物馆

（图片来源：网络平台。）

图 1-30 网易《有道卡搭》编程游戏

（图片来源：安卓应用商店的游戏宣传图片。）

在新冠疫情肆虐全球期间，许多国家停止了商业运营，各地学校也纷纷停课，教育工作者不得不采取数字平台进行线上教学，这在一定程度上强化了人们使用教育类功能游戏的需求。新冠疫情期间，美国麻省理工学院（MIT）的学生在游戏《我的世界》中建立了一座虚拟校园，目的是与无法参加校园活动的学生保持联系，如图 1-31 所示[1]。

美国宾夕法尼亚小学教师 Karey Killian 应用教育类功能游戏《我的世界：教育版》进行线上教学，如图 1-32 所示，她创建了一个"我的世界"频道，该频道如今已变为一个社区，全学区大约有 300 名学生互相帮助，并分享自己通过《我的世界：教育版》创作的作品[2]。

---

[1] 腾讯游戏追梦计划. 工科教育中的严肃游戏：现状、趋势和未来[EB/OL]. (2022-03-16)[2025-01-18]. https://zhuimeng.qq.com/act/8211/a20220705gw/web202109/detail-news.html?newsid=15687051.

[2] Microsoft News Center. 远程学习新常态——教育工作者寻求与学生建立联系有效手段[EB/OL]. (2020-05-11)[2025-01-18]. https://news.microsoft.com/zh-cn/features/.

图1-31　美国麻省理工学院学生在《我的世界》中创造的虚拟校园
(图片来源:网络平台。)

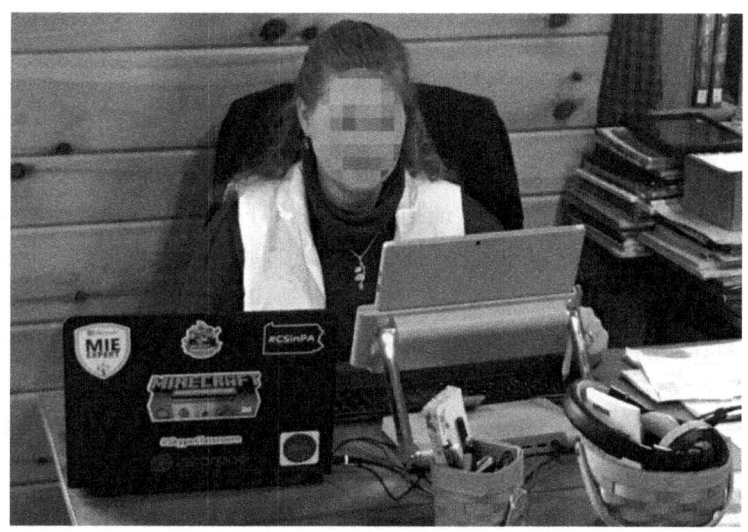

图1-32　美国宾夕法尼亚小学教师使用《我的世界:教育版》进行线上教学
(图片来源:网络平台。)

2021年5月,英国国家网络安全中心(National Cyber Security Centre,NCSC)推出面向7—11岁学习者的教育游戏 CyberSprinters,该游戏用于在小学、青年组织和俱乐部教授网络安全,如图1-33(a)所示。该游戏支持儿童在家中与成年人一起完成学习任务。[①] 新冠疫情期间,英国国家犯罪局(NCA)与英国网络安全挑战组织(Cyber Security Challenge UK)联合推出了网络安全教育游戏 CyberLand,该游戏涵盖的主题包括1990年推出的《计算机滥用法案》、防火墙、使用公共 WiFi 的风险以及识别钓鱼邮件的方法,如图1-33(b)所示。在学生返校之前,NCA组织了一场 CyberLand 挑战赛,体验者们需要扮演不同的角

---

① 英国国家网络安全中心.在家中儿童的新网络安全资源[EB/OL].(2022-03-28)[2025-01-18]. https://www.internetmatters.org/zh-CN/hub/esafety-news/new-cyber-security-resources-children-at-home/.

色,解决网络安全专业人员每天都会遇到的问题。这场挑战赛在全球范围内有成千上万名体验者参与,通过游戏,他们可以测试并提升其6网络安全知识。这使得该游戏成为迄今为止参与者范围最为广泛、最为多元的功能游戏之一。英国网络安全挑战组织董事会主席Robert Nowill 博士表示:"我们很高兴在今年疫情最严重的时期,继续与NCA保持长期合作关系。*CyberLand* 在英国非常受欢迎,成千上万玩家积极参与其中。"

(a) *CyberSprinters*　　　　　　　　(b) *CyberLand*

图 1-33　*CyberSprinters* 与 *CyberLand*

(图片来源:NCSC 官网、英国网络安全挑战组织官网。)

新冠疫情期间,医疗类功能游戏在远程医疗、健康管理和心理疏导等方面发挥了重要作用,帮助体验者进行自我检测、健康监测、心理调适,此类游戏在隔离期提供了有效的互动体验和情感支持。其中,医疗行业的"数字疗法"在此期间成为一个热门话题。国际数字疗法联盟(Digital Therapeutics Alliance,DTA)对数字疗法作出了明确定义:数字疗法(Digital Therapeutics,DTx)使用基于循证医学证据、经过临床评估的软件直接向患者提供医疗干预,以治疗、管理和预防各种疾病和紊乱。DTA 定义的数字疗法主要产品形式包括可穿戴设备类、AR/VR 类、游戏互动类、应用程序类这四大类,其中"游戏互动类"是指通过游戏参数设置帮助大脑神经细胞变得活跃,不断训练其信息处理的能力,并通过趣味的方式实时向用户反馈结果。①

2020 年,由美国 Akili Interactive 公司开发的用于治疗注意力缺陷多动障碍(Attention Deficit Hyperactivity Disorder,ADHD)的游戏 *EndeavorRx*(如图 1-34 所示)成为史上首个获得美国食品药物监督管理局(Food and Drug Administration,FDA)批准的基于游戏的数字疗法。体验者的任务是驾驶宇宙飞船穿越不同的关卡。68%的家长称,在接受两个月的治疗后,孩子的 ADHD 有所改善。73%的孩子认为该游戏提升了他们的专注力。②

2008 年便已问世的功能游戏 *Foldit* 在新冠疫情期间上线了一个全新的谜题"1805b: Coronavirus Spike Protein Binder Design",该谜题向体验者直观地展示了新冠病毒的刺突蛋白结构。游戏的目标是邀请体验者思考和创作与刺突蛋白结合的蛋白质结构,从而阻断病毒与人类受体结合。该游戏汇聚了全球超过 25 个团队,860 名体验者的蛋白质设计,最终 *Foldit* 官方网站公布了 99 个具有潜力的待定方案,如图 1-35 所示。③

---

①　艾瑞数智. 2023 年中国数字疗法行业研究报告[EB/OL]. (2023-11-22)[2025-01-19]. https://baijiahao.baidu.com/s? id=1783200118217275143&wfr=spider&for=pc.

②　EndeavorRx 游戏的介绍和数据源自其官方网站:https://www.endeavorrx.com/.

③　腾讯互娱社会价值探索. 游戏化在公共卫生及健康领域的应用[EB/OL]. (2020-04-07)[2025-01-20]. https://zhuimeng.qq.com/act/8211/a20220705gw/web202109/detail-news.html? newsid=10066813.

图 1-34 儿童通过 *EndeavorRx* 游戏进行 ADHD 干预
（图片来源：游戏官网。）

图 1-35 *Foldit* 体验者在游戏中设计的与新冠病毒刺突蛋白结合的蛋白质结构
（图片来源：*Foldit* 游戏官方网站。）

位于英国伦敦的独立游戏工作室 Ndemic Creations 开发的以传染疾病为主题的策略类游戏《瘟疫公司》(*Plague Inc.*)虽然并未被业界和学界冠以"严肃游戏"或"功能游戏"的称谓，但它能够在一定程度上科普疾病传染和防控相关的知识。该游戏于 2012 年首次发布于 App Store 平台，游戏目标是将某种病原体传播至世界各地并消灭人类。在病原体传播的过程中，人类科学家会研发解药，同时各国政府会出台一系列政策和措施来阻碍病原体的传播。游戏中不同的病原体具有不同的进化方式，如图 1-36 所示。2020 年 1 月 14 日—2 月 12 日，《瘟疫公司》的全球下载量达到 751 万次，近 30 天内全球收入超过 5 000 万元。之后，Ndemic Creations 向世界卫生组织捐款 25 万美元，以协助世卫组织尽快研制 COVID-19 疫苗。在此期间，该游戏引入了"救世主"模式，该模式与传统的"扩散病毒"截然相反，体验者此次需要控制病毒的传播。为了使游戏达到更高的科学水平，游戏开发团队邀请世卫组织与全球疫情警报和反应网络(GOARU)专家进行合作。[①]

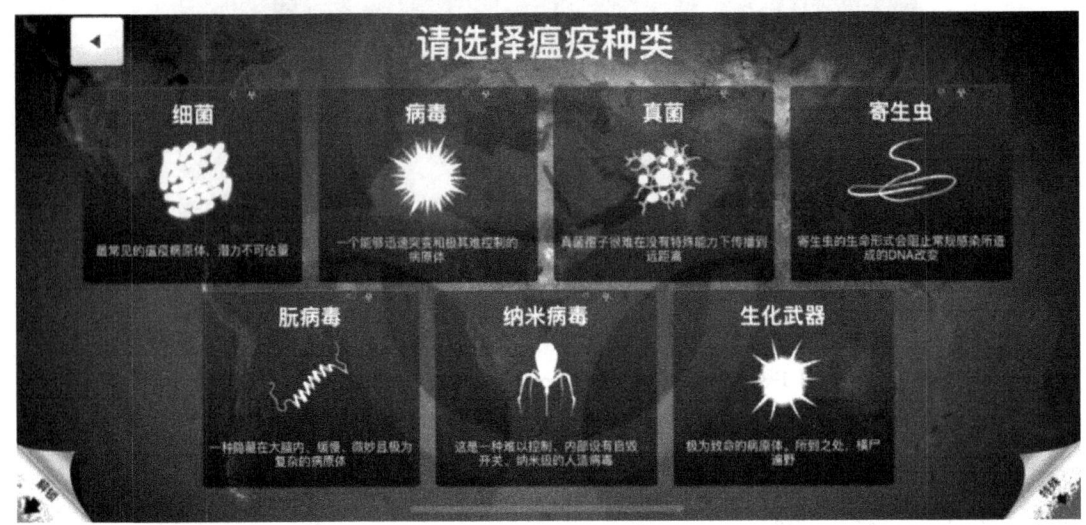

图 1-36 《瘟疫公司》游戏界面
(图片来源：游戏截图)

(四) 功能游戏的跨领域应用与合作

伴随着功能游戏的不断发展，功能游戏的设计与研发不再专属于游戏行业，不少游戏企业与学校、医院、军事单位等机构进行合作，游戏设计专家与其他领域的学者进入同一个团队共同创作功能游戏。由此，功能游戏走向跨学科、跨行业的融合创新。

荷兰游戏开发团队 Grendel Games 与格罗宁根大学医学中心(UMCG)的胃肠病学家和胃肠外科医生共同研发了专门训练外科医生控制腹腔镜的功能游戏 Underground。该游戏运行于 Wii U 主机，配备了专门的腹腔镜控制器，这些控制器内置了 Wii 遥控器，如图 1-37 所示。体验者通过使用完全模仿真实腹腔镜仪器行为的控制器进行操作，从而培养在真实医疗工作中使用腹腔镜的技能。[②]

国内也有多家游戏公司与其他行业的机构合作共创功能游戏。2021 年，米哈游与上海交通大学医学院附属瑞金医院开展战略合作，共建"瑞金医院脑病中心米哈游联合实验室"。基于游戏的数字疗法支持患者在家中进行干预，并且能够降低传统药物治疗带来的副作用。[③] 2022 年，波克城市与温州医科大学眼视光背景团队共同研发并推出的功能游戏《快乐视界星球》是游戏行业首款获得国家药品监督管理局资格认证的游戏化数字治疗软件，如图 1-38 所示。该游戏将国际认证的弱视治疗方式通过游戏的形式呈现出来，供 12 周岁以下的斜弱视及双眼视功能异常的儿童康复训练使用，实现了游戏技术与专业医疗技术的

---

① GAMELOOK.《瘟疫公司》将推出"拯救世界"新游戏模式[EB/OL].(2020-03-26)[2025-01-19]. http://www.gamelook.com.cn/2020/03/382282.

② BURTT G. Underground: the original laparoscopic surgery training game[EB/OL].(2024-11-25)[2025-01-18]. https://grendelgames.com/underground/.

③ 环球网. 瑞金医院与米哈游成立联合实验室[EB/OL].(2021-03-25)[2025-01-14]. https://m.baidu.com/bh/m/detail/ar_9179305487491157155.

跨界融合。①

图 1-37 *Underground* 体验场景
（图片来源：Grendel Games 官网 Underground 的宣传视频。）

图 1-38 《快乐视界星球》
（图片来源：波克城市官方网站。）

2022年，在第15个世界孤独症关注日，三七互娱推出中国首款面向孤独症儿童的辅助训练的功能游戏《星星生活乐园》。游戏通过图像和文字模拟现实生活中不同的社交情境，并且为儿童提供社交资料与一些有助于儿童开展社交活动的提示，以增强孤独症儿童对社交情境的理解，帮助他们在面临真实的社交情境时做出适当的行为。② 同年，三七互娱与广东省中医院合作，共同推出《小神农寻百草》，该游戏旨在科普中医药知识，其游戏场景如图1-39所示。该游戏创作团队在广东省中医院药学展厅参观考察的过程中，选择了十种药材作为游戏的科普内容。

2023年，波克医疗项目组和同济大学附属养志康复医院共同研发的《定制式链接记忆》(*Link Memory*)获由国家药品监督管理局颁发的国家二类医疗器械注册证，该游戏旨在帮助患有认知功能障碍的老年人进行康复训练③。

---

① 游戏日报. 这款"游戏"能治儿童弱视，游戏行业首个 NMPA 资格认证诞生[EB/OL]. (2022-04-18)[2025-01-09]. https://mp.weixin.qq.com/s/h2dVZUQ3P_eZga2rG3lSkQ.
② 《星星生活乐园》游戏介绍信息来自三七互娱官方网站 https://www.37wan.net/autism.html.
③ 游戏日报. 波克医疗《定制式链接记忆》获批二类医疗器械注册，可改善 AD[EB/OL]. (2023-12-04)[2025-01-19]. https://m.baidu.com/bh/m/detail/ar_9942419625991979623.

图1-39 《小神农寻百草》游戏场景
(图片来源:网络平台体验者录制的游戏实时演示视频。)

2023年,由盛趣游戏研究院孵化成立的数字药物科技公司数药智能,自主研发了适用于6~12岁ADHD儿童的辅助治疗和康复训练数字药物——《注意力强化训练软件》,该游戏获得国家药品监督管理局二类医疗器械证,有效填补了国内ADHD数字疗法领域的空缺[①]。在2023 ChinaJoy展会上,数药智能展示了一款针对孤独症儿童而制作的康复训练数字疗法产品《AI星河》,该游戏根据儿童的特点和康复需求提供个性化、智能化的社交康复训练方案[②]。盛趣游戏与浙江大学共建的"浙江大学传奇创新研究中心"推出了一款治疗ADHD的功能游戏《强化训练号》,游戏场景如图1-40所示。该游戏在国家儿童健康与疾病临床医学研究中心、浙江大学医学院附属儿童医院开展了临床试验。研究数据表明,该游戏具有显著改善的ADHD效果。[③]

与此同时,军事类功能游戏的范围也在不断拓展,除了战场仿真、模拟训练等传统领域,还涵盖了战场医务人员的培训、战术指挥的决策训练,以及后勤保障和资源管理等多个方面。这些新兴的应用场景使得军事类功能游戏不仅可以战斗模拟,还能深入军事行动的各个环节,为军事训练提供更全面的支持。2022年,总部位于新墨西哥州的咨询公司Applied Research Associates(ARA)的Virtual Heroes部门,在美国陆军DEVCOM士兵中心的资助下,推出了对美国陆军医务人员进行烧伤医疗培训的功能游戏 *BurnCare Virtual Trainer*,如图1-41所示。该游戏融入美国陆军外科研究所的专业知识,并使用BioGears生理学引擎进行数据验证。[④]

[①] 澎湃新闻. 填补国内空白,首款ADHD"电子处方药"获批[EB/OL]. (2023-04-04)[2025-01-19]. https://www.thepaper.cn/newsDetail_forward_22568929.

[②] 上海市网络游戏行业协会. 首届游戏赋能展将亮相2023 ChinaJoy[EB/OL]. (2023-07-24)[2025-01-14]. https://www.oga.org.cn/newsinfo/6198137.html.

[③] 金融界. 盛趣游戏联合上海师范大学开发《脸·谱》等5款功能游戏[EB/OL]. (2021-08-26)[2025-01-14]. https://baijiahao.baidu.com/s?id=1709141989579851416&wfr=spider&for=pc.

[④] BurnCare Virtual Trainer 的游戏介绍来自Google Play网站:https://play.google.com/store/apps/details?id=com.VH.BurncareApp.

图 1-40 《强化训练号》游戏场景
（图片来源：网络平台。）

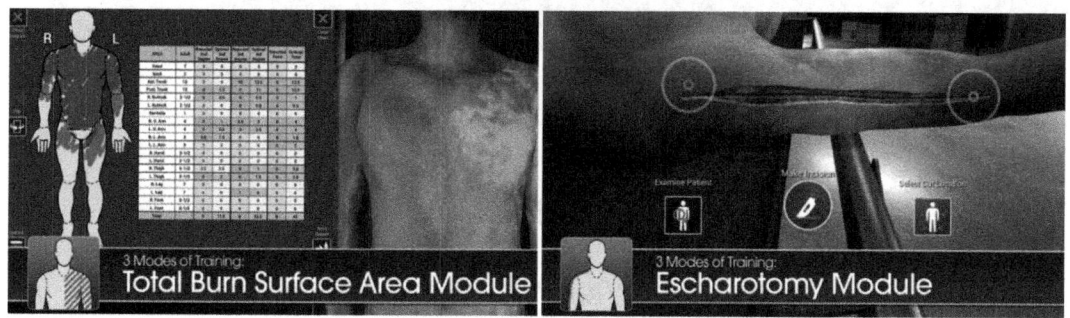

图 1-41 *BurnCare Virtual Trainer* 游戏场景
（图片来源：Google Play 平台的游戏宣传图片。）

（五）功能游戏的技术革新

伴随着计算机图形图像技术和游戏引擎技术的发展，功能游戏整体呈现出更加逼真的体验。以军事类功能游戏为例，此类游戏通常对数字媒体技术具有更高的要求：需要逼真的图像渲染，并配合复杂的物理引擎和 AI 行为模型。游戏不仅要真实再现战斗场景中的武器、装备和敌对行动，还必须精准模拟兵员、资源、气候等多重因素对战局的影响。现代军事类功能游戏相比于以往有显著的技术突破，能够更加逼真地模拟武器效果和战场地形，提升训练和模拟的真实感与有效性。《微软飞行模拟》系列（如图 1-42 所示）便能够体现这一点。该系列的第一个版本于 1982 年发布，最新的作品于 2024 年 11 月发布。该游戏支持人们学习驾驶不同类型的飞机，虽然是以民用飞机为主，但也融入了军用战斗机。此外，该游戏还包含一些搜救任务，因此具备一定的军事训练的功能，支持飞行员或期望成为飞行员的人进行模拟训练。体验者需要使用模拟器指挥飞机完成空中任务。该游戏采用了卫星捕获的真实世界地形数据，因此能够对现实世界进行模拟和复现。① 该游戏基于先进的计算机图形图像技术，在很大限度上复现了现实世界中不同国家的地区场景，使人们得以在游戏虚拟世界中对真实世界中的飞行体验进行模拟。

图 1-42　《微软飞行模拟 2024》游戏场景
（图片来源：微软官方网站。）

第四节　功能游戏的分类

功能游戏可从多个维度进行分类。按照功能游戏的作用与目标，功能游戏可被分为三类：知识传递、技能训练、态度与行为转变。"知识传递"是指此类游戏具有明确的教育目标和教育内容，体验者在此类游戏中需要学习特定的学科知识；"技能训练"主要针对一些特定领域的专业技术，此类游戏能够对现实世界的真实场景进行模拟，支持体验者在游戏虚拟世界中对某些技能进行训练和巩固；具有"态度与行为转变"功能的游戏能够促使人们在现实生活中转变某种意识或行为，譬如帮助人们改善饮食习惯或作息规律等②③。

在功能游戏的作用与目标的基础上进一步拓展，研究者 Djaouti 等将功能游戏按照三

---

① 腾讯游戏追梦计划. 工科教育中的严肃游戏：现状、趋势和未来[EB/OL]. (2022-03-16)[2025-01-18]. https://zhuimeng.qq.com/act/8211/a20220705gw/web202109/detail-news.html？newsid=15687051.
② STEWART J, BLEUMERS L, VAN J, et al. The potential of digital games for empowerment and social inclusion of groups at risk of social and economic exclusion：evidence and opportunity for policy[J]. Joint Research Centre, European Commission, 2013.
③ 杨媛媛，季铁，张朵朵. 文化遗产在严肃游戏中的设计与应用[J]. 包装工程，2020，41(04)：312-317.

个维度划分,提出了"G/P/S"分类法。其中"G"代表"Gameplay"(游戏性),是指基于规则的游戏体验方式,该维度源自娱乐游戏的分类方式;"P"代表"Purpose"(目的),是指游戏的功能性目标,譬如信息传播、培训等;"S"代表"Scope"(范围),是指游戏的应用范围,包括游戏的市场(军事、宗教、政府等)、核心目标用户群体(普通大众、专业人士等)[①]。

还有的研究者从其他方面对功能游戏进行分类。Jantke等提出了一种功能游戏的三维分类方法:第一维是数字游戏作为计算机软件的属性;第二维考虑游戏的类型;第三维涉及体验者与游戏的具体互动方式[②]。Ratan等从四个维度对功能游戏分类:第一维是游戏传递的"主要教育内容",譬如学术方面的知识、社会发展方面的知识、健康方面的知识等;第二维是游戏的"主要学习方式",譬如体验者在游戏中训练技能或解决某种问题等;第三维是游戏目标用户的年龄范围;第四维是游戏的运行平台[③]。Laamarti等从应用领域(Application area)、游戏活动(Activity)、模态(Modality)、交互方式(Interaction style)、游戏运行环境(Environment)这五大维度对功能游戏进行分类,如图1-43所示[④]。

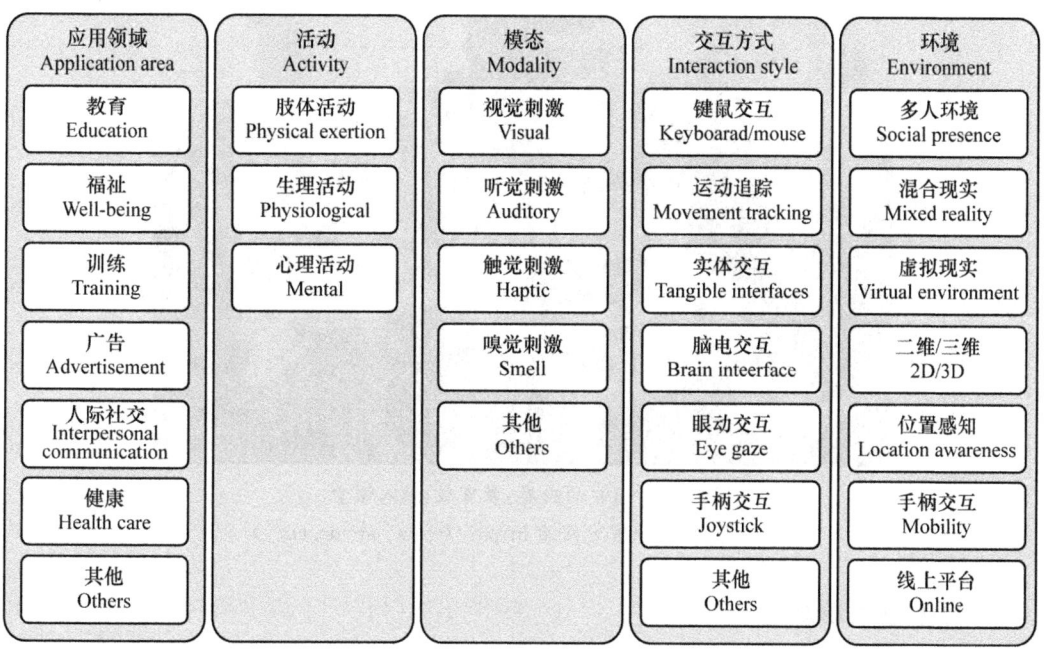

图 1-43 Laamarti 等提出的功能游戏分类
(图片来源:作者基于 Laamarti 等在论文中呈现的图片自制。)

---

① DJAOTI D, ALVAREZ J, JESSEL J. Classifying serious games: the G/P/S model[M]. Handbook of research on improving learning and motivation through educational games: Multidisciplinary approaches. IGI Global, 2011: 118-136.

② JANTKE K P, GAUDL S. Taxonomic contributions to digital games science[C]// Proceedings of the 2nd International IEEE Consumer Electronic Society Games Innovations Conference, 2010: 1-8.

③ RATAN R, RITTERFELD U. Classifying serious games[M]//Serious games. New York: Taylor & Francis, 2009: 32-46.

④ LAAMARTI F, EID M, EL SADDIK A. An overview of serious games[J]. International Journal of Computer Games Technology, 2014: 358152.

一、基于应用领域的分类

（一）教育类游戏

教育类游戏主要以知识传授、思维、技能培养为目标，帮助体验者在富有趣味的游戏活动过程中掌握各类专业学科的知识，做到寓教于乐。教育类游戏的优势在于能够通过交互机制与沉浸式体验强化体验者的学习动机，促使其主动参与学习过程。教育类游戏通过即时反馈机制，帮助体验者实时了解自己的学习进展，并调整学习策略。与传统的教育方式相比，教育类游戏不仅为学习者提供了一个有趣和富有挑战的学习平台，也为教育者提供了一种新型的教学工具。典型案例有编程教育游戏 *Swift Playgrounds*、融入 STEM 跨学科教育模式的游戏《我的世界：教育版》等（如图 1-44 所示）。

图 1-44 《我的世界：教育版》融入课堂
（图片来源：游戏官方网站 https://www.edumc.cn/。）

（二）科普类游戏

科普类游戏旨在向公众传播自然科学、社会科学及其他领域的基本知识与前沿技术。此类游戏将复杂的科学知识转换为直观易懂、富有趣味的游戏内容，帮助体验者在轻松愉快的游戏过程中加深对抽象知识的理解。这类游戏不仅能够满足大众对知识的渴求，还能够通过富有趣味的游戏体验激发人们的好奇心，提升体验者对科学知识的学习兴趣。科普类游戏通过创新的互动方式和视觉呈现，使得科学知识更加贴近生活。体验者在游戏中不仅能够学习理论知识，还能模拟科学实验，探索未知的科学世界，甚至亲身体验历史上的重大科学发现。随着数字媒体技术的不断进步，不少科普类游戏融入了虚拟现实、增强现实等技术，增强了游戏的沉浸感，为体验者提供了更加生动的学习体验。如南非游戏公司 Free Lives 开发的以环境保护为主题的《伊始之地》(*Terra Nil*)，美国游戏公司 Schell Games 开发的科普传统烹饪技艺的《丢失的食谱》(*Lost Recipes*)等（如图 1-45 所示）。

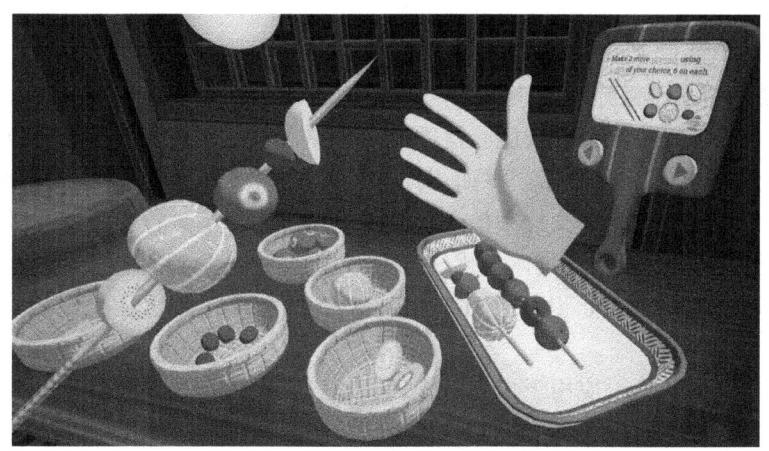

图 1-45 《丢失的食谱》游戏场景

(图片来源:游戏官方网站 https://lostrecipes.schellgames.com/。)

(三) 军事类游戏

军事类游戏主要用于军事训练、战术模拟等。此类游戏可复现地面、空中、海上等多种战斗场景,还可对诸如反恐维和任务等复杂的战术活动进行模拟。这类游戏通过对复杂的作战环境进行模拟和复现,促使士兵在没有实际风险的情况下完成不同类型的战术任务,提升战术技能和应急反应能力,培养作战意识以及团队协作能力。军事类游戏不仅可对士兵进行训练,军事指挥官也可借助此类游戏进行战略规划和战术分析。军事类游戏的最大优势在于高仿真和低风险,能有效节约时间和资源,提升训练效率。典型案例有美军的 VBS 系列训练系统,其游戏场景如图 1-46 所示。

图 1-46 VBS4 游戏场景

(图片来源:游戏官方网站 https://bisimulations.com/products/vbs4。)

（四）医疗类游戏

医疗类游戏应用于医疗和健康领域，旨在通过游戏帮助体验者提高健康意识，或进行康复训练，或提升专业医护人员的技能。这类游戏能够在不依赖传统医疗环境的情况下，为患者提供个性化的治疗和康复方案。譬如，荷兰休闲游戏开发商 Spil Games 开发的手术模拟游戏 Operate Now Hospital 支持医护人员通过虚拟手术环境进行操作练习，帮助医护人员学习不同类型疾病手术过程的具体步骤，减少实际操作中的风险和失误。《快乐视界星球》专门为治疗儿童弱视而设计，让儿童在富有趣味和挑战的游戏过程中提高视力，改善眼部健康。

此外，医疗类游戏还可应用于慢性病管理、心理健康治疗以及健康教育等方面。譬如，日本任天堂公司出品的《健身环大冒险》(Ring Fit Adventure)等游戏通过模拟运动和健身场景，帮助体验者进行日常锻炼，增强身体素质。国际心理治疗高级研究所的 Oana David 设计的 REThink 等面向心理疾病治疗的游戏，通过特殊的游戏机制与叙事内容，辅助患者缓解焦虑、抑郁等症状，提供心理疏导和情绪调节的功能，该游戏场景如图 1-47 所示。医疗类游戏的优势在于其成本低、参与度高以及可重复使用，且能够在保护患者隐私的同时，为患者提供个性化的治疗体验，激发患者的积极性和依从性。

图 1-47　REThink 游戏场景

（图片来源：Google Play 平台的游戏宣传图片。）

上述这四大类功能游戏中包括未被学术界和业界冠以"功能游戏"或"严肃游戏"称谓，但同样具有功能属性的游戏。譬如，《塞尔达传说：王国之泪》涵盖了逼真的物理规则，该游戏有被用在美国马里兰大学的机械工程专业课堂上；波兰 11 bit Studios 游戏公司出品的《这是我的战争》(This War of Mine)基于叙事内容促使人们对战争进行深刻的反思，该游戏被芬兰政府认可，成为大学的电子教材；《刺客信条》系列的历代作品复现了不同国家的著名历史建筑,中国某中学的历史教师将该系列的部分游戏场景带入课堂。

在这四大类功能游戏中,教育类功能游戏和科普类功能游戏存在一定交集。教育类功能游戏的范围聚焦于专业学科的教育应用方面,中小学的语文教育游戏、数学教育游戏、编程教育游戏、物理教育游戏等都属于这个范畴。此类功能游戏的目标在于辅助体验者更好地学习专业学科的知识,或者培养专业技能。体验者通过游戏获得的知识与技能能够直接应用于现实生活中的考试中。因此,教育类功能游戏的核心用户通常是正在接受义务教育或高等教育的学生群体,或者正在参加某专业培训的学员。科普类功能游戏则是指向非专业学习者传授某个专业领域的专业知识的功能游戏。譬如:针对非计算机专业的普通大众科普编程知识;针对非医务工作者科普基本的医学知识,帮助人们在日常生活中能够更好地进行健康管理,并应对突发疾病;针对普通民众科普法律知识,帮助人们增强法律意识。

二、基于游戏体验模式的分类

根据游戏体验的模式,游戏可被分为动作类游戏、体育类游戏、探索类游戏、策略类游戏、模拟类游戏、角色扮演类游戏、解谜类游戏等[1][2]。不少游戏融合了多种游戏体验的模式。以具有心理问题疗愈功能的《塞尔达传说:旷野之息》与具有机械工程知识教育功能的《塞尔达传说:王国之泪》为例,这两款游戏的开放世界中呈现了沙漠、天空、水体、森林、洞穴、城市等多种类型的复杂空间,形成了探索类游戏的体验模式;体验者扮演主角林克,经历拯救塞尔达公主的故事,形成了角色扮演类游戏的体验模式;在体验者探索游戏世界,完成主线任务的过程中,需要与随处可见的怪物进行战斗,体验者需要熟练掌握骑马、射箭、近身攻击等多种战斗方法,如此形成了动作类游戏的体验模式;游戏世界中百余座神庙呈现了大量丰富多变的谜题,如此形成了解谜类游戏的体验模式。

(一) 动作类游戏

动作类游戏通常要求体验者通过较快的反应速度、较高的精准度和熟练的动作技巧击败敌人,解决难题,完成任务。大多数动作类游戏涵盖大量的敌对角色或障碍物,体验者需要通过攻击、躲避等方式克服高强度的动作技能挑战。此类游戏往往具有逼真的物理效果和流畅的操作体验。《超级马里奥兄弟》等平台跳跃游戏、日本卡普空公司出品的《街头霸王》(Street Fighter)系列等格斗游戏、美国动视暴雪公司出品的《使命召唤》(Call of Duty)系列等第一人称射击游戏、日本卡普空公司出品的《鬼泣》(Devil May Cry)系列等第三人称动作冒险游戏均属于动作类游戏。

由美国 Akili Interactive 公司出品的医疗类功能游戏 EndeavorRx 旨在改善 ADHD。该游戏采用了动作类游戏的体验模式,要求体验者在游戏中划船和打怪兽。难度不断提升的动作技能挑战要求体验者将注意力聚焦于游戏关卡中,游戏通过这种方式来改善体验者

---

[1] ARSENAULT D. Video game genre, evolution and innovation[J]. Eludamos: Journal for Computer Game Culture, 2009, 3(2): 149-176.

[2] HEINTZ S, LAW E. The game genre map: a revised game classification[C]//Proceedings of the 2015 Annual Symposium on Computer-Human Interaction in Play. London United Kingdom. ACM, 2015: 175-184.

的注意力缺陷问题。《快乐视界星球》也主要采用动作类游戏的体验模式,体验者需要在探索游戏场景的过程中射击敌人并收集宝石。游戏中高强度的动作技能挑战要求体验者将视线聚焦于游戏主角、敌人和宝石等游戏物品上,游戏场景具有不同色相与饱和度。游戏便是通过这种方式来对弱视儿童进行治疗的。由新西兰奥克兰大学的研究人员和临床医生团队设计的面向青少年抑郁症与焦虑症干预的功能游戏 SPARX 融入了角色扮演类游戏和动作类游戏等游戏体验模式,体验者需要在七个关卡中依次打败象征愤怒、焦虑等消极情绪的怪物。该游戏的角色设计如图 1-48 所示。

图 1-48　SPARX 游戏角色
(图片来源:网络平台。)

不少军事类功能游戏也采用动作类游戏的体验模式。由中国人民解放军南京军区和光荣使命网络公司联合推出的《光荣使命》融合了动作类游戏、探索类游戏与角色扮演类游戏的体验模式。体验者需要扮演一名普通士兵,在广阔、复杂而危险的战场上进行探索,并完成一系列战斗任务,如图 1-49(a)所示。体验者需要具备快速的反应能力,良好的空间定位能力,并能够熟练操作枪械、手榴弹等不同类型的武器。波兰游戏工作室 Titan Gamez 出品的 UBOAT: The Silent Wolf 融合了动作类游戏、解谜类游戏和角色扮演类游戏等体验模式。体验者扮演的潜艇指挥官需要对潜艇的各个系统进行管理,出现故障时及时找到问题的根源并进行维修,在敌人出现时能够迅速形成作战方案并将其歼灭,如图 1-49(b)所示。譬如,当敌机出现时,体验者需要来到潜艇的甲板处并对敌机发射导弹。

(二) 体育类游戏

体育类游戏将体育活动或体育竞技元素融入游戏中,旨在通过模拟真实的体育活动或竞技赛事,促使体验者积极锻炼身体,提升运动技能。这类游戏既可以通过虚拟环境模拟体育活动,也可以结合体感控制器和穿戴设备等,使体验者在现实空间中的动作直接同步至虚拟世界中,体验真实运动和竞技活动带来的乐趣。体育类游戏不仅可以提供娱乐和竞技体验,还可以增强体验者的身体素质,改善体验者的健康状况,培养体验者的团队合作精神等。

  日本任天堂公司出品的 Nintendo Switch Sports 对网球、保龄球、排球、羽毛球、足球、击剑和高尔夫进行了模拟,如图 1-50 所示。基于 Joy-Con 手柄的体感运动信息捕捉功能,体验者能够通过身体的实际动作来控制游戏中的虚拟运动员。譬如:在进行网球和羽毛球比赛时,体验者通过在现实空间中挥动手中的控制器来模拟挥拍动作;在足球比赛中,体验者可将 Joy-Con 手柄绑在大腿上,通过在现实空间中抬腿来控制虚拟运动员踢球。同时,游戏支持多人同屏对战和在线竞技,这进一步增强了游戏的社交属性,让体验者在享受运动乐趣的同时,也能与他人进行激烈的竞技对抗。

(a) 《光荣使命》

(b) UBOAT: The Silent Wolf

图 1-49 《光荣使命》与 UBOAT: The Silent Wolf 的游戏宣传图片
(图片来源:游戏官方网站与 Steam 平台的游戏宣传图片。)

图 1-50 Nintendo Switch Sports 对部分体育活动的模拟
(图片来源:游戏官方网站的宣传图片。)

(三) 探索类游戏

  探索类游戏是一种以探索和体验虚拟世界为主的游戏类型。此类游戏通常具有广阔的开放世界、较高的自由度以及非线性叙事模式,可以激发体验者对未知空间的好奇心与探索欲望。体验者的核心任务是探索广阔的游戏空间,发现隐藏的内容,解锁新的区域,收集物品,或者揭示游戏世界的背后故事。探索类游戏往往提供一个庞大的开放世界,体验者可以自由探索并完成各种类型的主线、支线任务,典型案例有《刺客信条》系列、《古墓丽影》(Tomb Raider)系列、《塞尔达传说》(The Legend of Zelda)系列等。部分探索类游戏要求体验者在一个充满挑战的开放世界中生存下去,通过寻找资源、创建物品并建立庇护所,典型案例有《我的世界》等。还有部分探索类游戏侧重于通过叙事内容引导体验者探索游戏世界,其具有丰富的叙事元素和多样的角色设计,典型案例有美国顽皮狗公司出品的《最后生还者》(The Last of Us)等。

以《刺客信条》系列的教育版《发现之旅》系列为例,《刺客信条》系列包含大量的动作元素,而《发现之旅》系列则聚焦于探索和学习。游戏对古希腊、古埃及和维京时代的著名历史建筑进行了数字化再现,体验者能够在游戏世界中自由漫游,如身临其境般地探索这些历史遗迹,如图1-51所示。通过虚拟的历史环境,体验者不仅可以欣赏古代文明的建筑艺术和文化遗产,还能了解与这些遗迹相关的历史故事。在游戏中,体验者可以根据自己的兴趣选择不同的路线和任务,探索古代城市、神庙、市场等场景,深入了解古代人的生活方式和宗教信仰。沉浸式的探索体验促使人们自主学习和理解不同民族的历史与文化。

图1-51 《发现之旅》系列游戏场景
(图片来源:育碧中国官方网站的游戏宣传图片、宣传视频。)

(四)策略类游戏

策略类游戏通常要求体验者制订长期发展计划,做出战术决策,提出有效资源管理方法。体验者需要运用逻辑思维能力、洞察力与分析力、问题解决能力以达成特定任务目标。策略类游戏的核心是对局势的理解和掌控,因此,体验者的成功往往依赖于其制定的策略、分配的资源、调动的单位。

不少军事类功能游戏采用了策略类游戏的体验模式。譬如,由 Command Development Team 开发的 Command: Modern Operations(如图1-52所示)的游戏内容涵盖从第二次世界大战后一直到2020年之前的超过600个战役和军事行动,包括朝鲜战争、殖民战争、越南战争、中东冲突、古巴危机、马岛战争、两伊战争等。体验者需要调遣飞机、舰船、潜艇、地面部队及设施、卫星,以及战略武器。在每一场战役中,体验者都需要根据特殊的敌对势力、作战环境等元素,做出战略决策,而不同的战略决策将导致战争走向不同的结局。

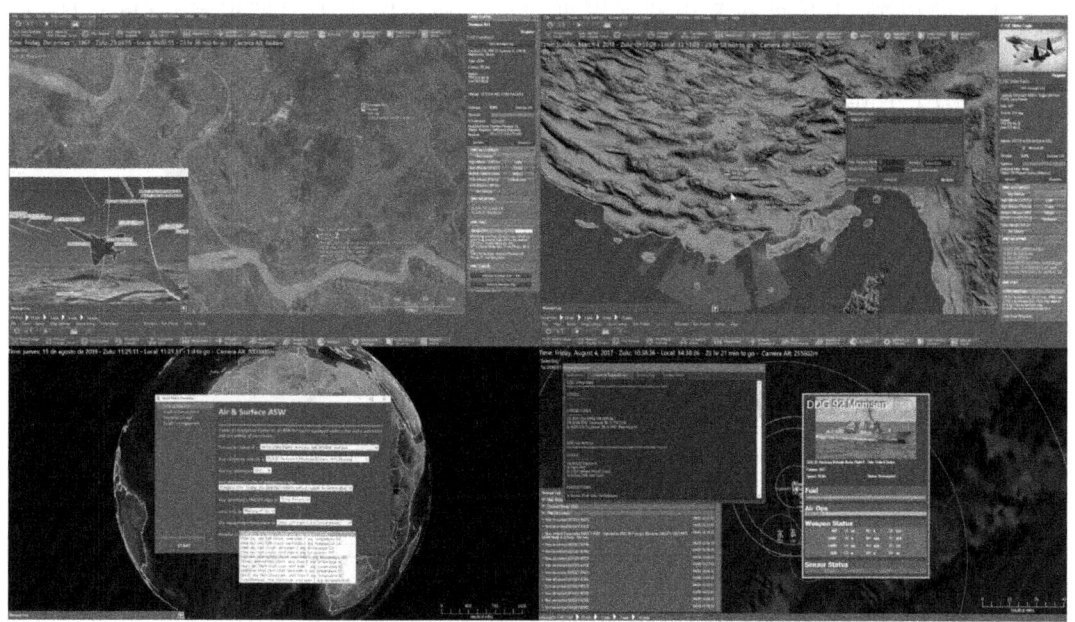

图 1-52　*Command: Modern Operations* 游戏界面
（图片来源：Steam 平台的游戏宣传图片。）

（五）模拟类游戏

模拟类游戏通过虚拟环境模拟现实世界中特定的活动、系统或情境。此类游戏通常提供较高的自由度,支持体验者在虚拟世界中开展多种操作,对不同的角色和物品进行管理,在不同的情境下做出决策。模拟类游戏常常以现实生活中的某些活动或系统为蓝本,尽可能真实地再现其运作机制。模拟类游戏往往包含复杂的系统,体验者在其中做出的每个决策都会对游戏中的环境产生影响。游戏中的系统可能涉及经济管理、资源调配、社会互动、生态平衡等多个方面,体验者需要在不断变化的环境中做出适当的反应。模拟类游戏通常提供较高的自由度,体验者能够自主选择不同的游戏模式、发展方向,并采取不同的问题解决方法。体验者并不一定需要完成某个特定的任务目标,而是可以探索和体验多种可能的路径。

部分模拟类功能游戏以城市建设与管理为主题,《模拟城市》系列是一个典型案例。体验者在这类游戏中扮演城市规划者或市长的角色,负责设计、建设和管理城市的基础设施,进行资源分配,满足民众的各项需求。在城市的发展过程中,体验者还需要解决诸如交通拥堵、能源短缺等问题。以"碳中和"为主题的科普类功能游戏《碳碳岛》便采用了模拟类游戏的体验模式,体验者需要规划和建设一座城市,并在经济发展与环境保护之间保持平衡。以环境保护为主题的《伊始之地》也采用了这种游戏模式,体验者需要将一片贫瘠的土地转变为绿洲,因此,需要在有限的资源下思考如何规划建设,才能够使得游戏世界在再生能源的支持下不断向好发展。

部分模拟类功能游戏以专业技能的训练为主题。譬如,《微软飞行模拟》系列对现实世界中飞行员驾驶不同型号的飞机进行了模拟。该游戏提供了高精度的飞行体验,甚至能够模拟现实世界中不同的机场、航线和天气情况;VBS系列等军事类功能游戏通过对真实武器和战地的模拟,士兵可在其中开展军事训练;《外科医生手术模拟器》(Open Heart Surgery 3D)等医疗类功能游戏通过对外科手术的高度模拟和仿真,体验者可学习和掌握不同疾病的手术治疗过程,如图1-53所示。

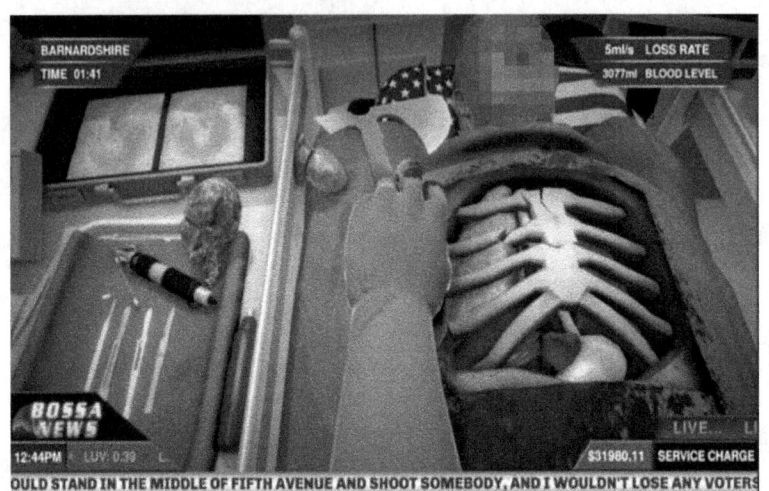

图1-53 《外科医生手术模拟器》游戏场景
(图片来源:游戏截图。)

(六)角色扮演类游戏

角色扮演类游戏是一种体验者扮演虚拟角色,在游戏世界中完成一系列任务并经历不同叙事内容的游戏类型。体验者通过控制游戏主角,与游戏世界中的其他角色和物品进行互动,从而完成任务,解决问题,提升能力,并在该过程中体验游戏角色的成长。角色扮演类游戏通常注重剧情的发展、角色的个性化塑造、任务的多样性以及体验者不同选择对叙事结局的影响。

角色扮演类功能游戏是在传统角色扮演类游戏的基础上,融合了教育、培训或其他功能性目标。角色扮演类功能游戏通常通过模拟现实情境,让体验者扮演特定角色,体验特定任务和决策过程,进而达到预定的功能性效果。以教育为例,角色扮演类功能游戏能够用于历史教育,通过让体验者扮演历史人物或进入历史事件,来学习历史知识并体验当时的情境。《刺客信条:发现之旅》系列便采用了角色扮演机制,体验者可以在游戏中扮演不同的角色并融入某个历史时期的游戏情境中。体验者可以在角色扮演的过程中学习古希腊、古埃及等文明的故事。以战争为主题的游戏《这是我的战争》将体验者设定为战争中的难民,并围绕一群普通人在战争中的生存故事展开。该游戏通过角色扮演机制,促使体验者从平民的视角体验战争给人类社会带来的影响,帮助体验者理解战争的残酷和人性的复杂,如图1-54所示。

(七)解谜类游戏

解谜类游戏是一种以挑战体验者逻辑思维能力、洞察力、推理能力等心智技能为核心的游戏类型。此类游戏向体验者呈现了一系列谜题,要求体验者通过发掘线索、分析信息、组合物品等来解开谜题。解谜类游戏可以提供纯粹的谜题挑战,也可以融合角色扮演、探索等其他类型的游戏体验模式,营造更为丰富的游戏体验。不少教育类功能游戏便通过解谜类游戏的形式,鼓励体验者在游戏中运用逻辑推理、创造性思维和问题解决技能。这类游戏通常设计了多样的谜题和任务,通过由浅入深的难度递进,引导体验者在解决问题的过程中学习新的知识和技能。

图 1-54 《这是我的战争》游戏场景
(图片来源:Steam 平台的游戏宣传图片。)

芬兰人 Petri Purho 设计的物理教育游戏《蜡笔物理学》(*Crayon Physics*)采用了解谜类游戏的体验模式。该游戏富有创意的谜题要求体验者在完成关卡任务的过程中应用力学原理,如图 1-55(a)所示。游戏谜题围绕着如何利用不同形状、不同体积的物体来解决问题。每个关卡都设置了独特的任务和挑战,体验者通过调整不同物体的位置、角度,甚至组合不同的物体来实现游戏目标。此类游戏谜题可以加深体验者对重力、摩擦力、加速度、杠杆平衡原理等物理学概念的理解,鼓励体验者在实际操作中应用物理知识来探索问题的解决方法。

《极客战记》教授青少年编程知识,采用了解谜类游戏与角色扮演类游戏这两种体验模式,体验者通过编写代码操控游戏中的英雄角色在地牢中进行探险、解谜,并与敌人对抗,如图 1-55(b)所示。该游戏不仅要求体验者根据关卡中敌人、宝箱、路径等要素思考谜题的解决策略,同时还要求体验者应用条件判断、循环、变量、函数等计算机基础概念来建构算法、编写程序。在关卡渐进的过程中,游戏谜题的挑战难度不断提高,体验者在解谜的过程中将逐步掌握更为复杂的编程技巧。

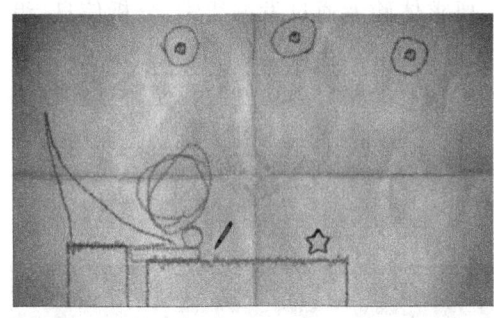 

(a)《蜡笔物理学》　　　　　　　　　　　　(b)《极客战记》

图 1-55　《蜡笔物理学》与《极客战记》

(图片来源:Steam 平台游戏的宣传图片与游戏截图。)

三、基于游戏平台的分类

根据游戏的运行平台,功能游戏可被分为街机游戏、主机游戏、家用计算机游戏、移动游戏、虚拟现实游戏等。此外,部分功能游戏跨越了多个平台。

(一)街机平台游戏

街机平台能够提供仿真的交互体验,适合运行与反应训练、康复训练相关的功能游戏。一些街机平台的驾驶训练游戏采用与真实车辆相同比例的方向盘、脚踏板、换挡器等,使体验者能够在安全的环境下熟悉汽车驾驶室各个部件的操作方式,如图 1-56 所示。

图 1-56　模拟汽车驾驶的街机

(图片来源:京东商城。)

(二)主机平台游戏

游戏主机通常具备高性能的计算能力,并且可基于手柄或特殊的体感设备强化游戏的交互体验。日本任天堂公司 Nintendo Switch 主机平台的《健身环大冒险》结合 Joy-Con 手柄与健身环进行体验,如图 1-57 所示。人们使用绑带将 Joy-Con 手柄绑在大腿上,手柄将捕捉体验者抬腿、跳跃、深蹲等动作;将 Joy-Con 手柄固定在健身环上,从而捕捉体验者的上臂运动。此外,健身环还能够提供阻力来刺激人们的肌肉组织。《健身环大冒险》基于主机的特殊输入设备,对人们进行运动治疗,普通人也可基于此进行日常健身运动和肌肉训练。

图 1-57　Nintendo Switch 主机平台的《健身环大冒险》游戏场景
(图片来源:游戏官方网站的宣传视频。)

(三)家用计算机平台游戏

家用计算机能够借助鼠标、键盘或其他外接设备,支持较为复杂的操作行为。医学模拟类功能游戏、编程教育类功能游戏等便适合运行于家用计算机平台上。譬如:《极客战记》要求体验者编写代码来控制游戏中的英雄角色,相较于智能移动平台或主机平台,人们通过家用计算机的键盘能够更为轻易地完成写代码这一任务,如图 1-58(a)所示;VBS 系列等军事类功能游戏利用计算机强大的信息处理能力,能够模拟真实的战场环境,帮助军人进行战术演练和决策训练。该游戏通过高分辨率的图像和鼠标、键盘等能够精确捕捉体验者输入行为的设备,为用户提供高度沉浸的训练体验,如图 1-58(b)所示。

(四)智能移动平台游戏

智能移动平台的便携性使其适用于碎片化学习,若结合摄像头、触摸屏、陀螺仪、GPS 等移动设备的特性,还可实现特殊功能。化学教育类功能游戏 *Happy Atoms* 运行于智能移动平台,体验者可以使用结合了实体的化学分子建模工具拼接组装成不同的分子。通过平板电脑的摄像头对实体分子模型进行拍照和扫描,游戏便能够识别体验者的拼接是否正确,并且使用图片、动画、文字等方式展示该分子结构相关的知识,如图 1-59 所示。

功能游戏 概论

(a)《极客战记》

(b) VBS3

图 1-58 《极客战记》与 VBS3
（图片来源：《极客战记》游戏官方网站与 U. S. Army Europe and
Africa 发布于 YouTube 的"Virtual Battle Space3"视频。）

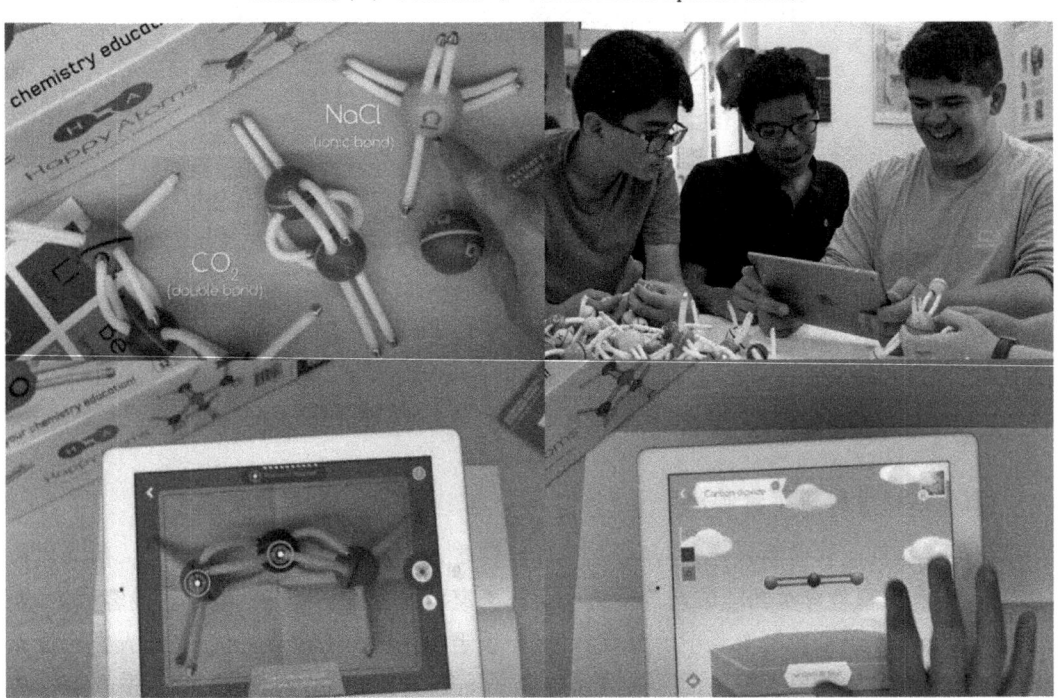

图 1-59 *Happy Atoms* 实体分子建模工具与游戏界面
（图片来源：YouTube 平台的游戏宣传视频"Getting Started with Happy Atoms"。）

（五）虚拟现实平台游戏

虚拟现实设备能够营造高度沉浸的游戏体验，适用于高度仿真的军事模拟类功能游戏，以及面向康复训练、心理治疗等领域的功能游戏等。以 *Snow World* 为例，这款游戏应用于皮肤烧伤患者的清洗治疗，如图 1-60(a)所示。这款游戏获得了美国华盛顿大学研究人员与疼痛专家的认可。皮肤烧伤患者在治疗时需要承受剧烈的疼痛，而这款游戏则使皮肤烧伤患者置身于南极的冰雪世界，需要其向不断前行的企鹅扔雪球，如图 1-60(b)所示。研究结果表明，皮肤烧伤患者沉浸在游戏中时，疼痛减轻了 35%～50%，与中等剂量的阿片类止痛药的效果大致相同。[①]

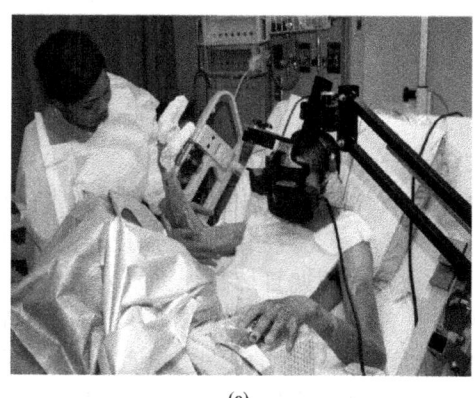
(a)

(b)

图 1-60　使用 *Snow World* 减轻皮肤烧伤患者的疼痛与游戏场景
（图片来源：网络平台。）

（六）跨平台游戏

部分功能游戏跨越了多个游戏平台。《刺客信条》系列推出的教育版《发现之旅》系列同时支持 Xbox One、PlayStation 游戏主机以及家用计算机。编程教育游戏 *Swift Playgrounds* 同时发布于家用计算机平台和智能移动平台，如图 1-61 所示。该游戏不仅提供了需要体验者通过编程来完成任务的游戏关卡，还提供了 Swift 编程语言及 SwiftUI 的教学资料。体验者可同时结合家用计算机与智能移动平台这两个平台进行编程学习——使用智能移动平台展示教学资料，使用家用计算机进行编程学习。

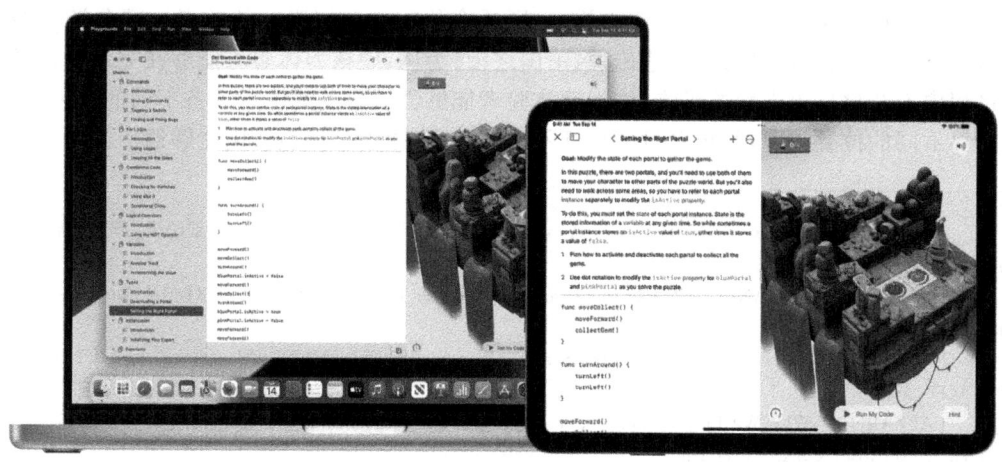

图 1-61　家用计算机平台和智能移动平台的 *Swift Playgrounds*
（图片来源：游戏官方网站。）

---

①　TIMOTHY K. SnowWorld melts away pain for burn patients, using virtual reality snowballs[EB/OL]. (2018-02-24)[2025-02-02]. https://www.geekwire.com/2018/snowworld-melts-away-pain-burn-patients-using-virtual-reality-snowballs/.

四、基于目标群体的分类

(一) 界定目标群体的重要性

无论是娱乐游戏还是功能游戏,设计师都需要聚焦于游戏的核心用户群体。在《About Face 4:交互设计精髓》一书中,作者 Alan Cooper(美国软件设计师与程序员)等强调了用户研究的重要性,并提出了基于"人物模型"(Persona)的用户研究方法。在产品设计过程中,设计师需要明确"用户的行为如何?他们怎么思考?他们的预期目标是什么?为何制订这种目标?"[1]不同的用户群体(如儿童、老年人、慢性病患者、刚入伍的军人等)具有不同的特点和需求。譬如,儿童倾向动画更为丰富、游戏挑战难度相对较低的游戏,老年人可能需要简洁的用户界面,而正在学习某个专业的大学生则需要逼真的模拟效果。为了确保功能游戏能够满足其核心用户群体的需求,设计师需要采取一系列以用户为中心的设计策略。为不同用户群体提供个性化的功能游戏体验不仅能够增强游戏的吸引力,还能够提高用户的参与度和依从性,从而实现更加良好的游戏效果。

(二) 游戏目标群体的类型

学术界有众多学者对游戏体验者进行了分类[2]。Bartle[3]将游戏体验者分为成就型、杀手型、社交型与探索型。Lazzaro[4]和 Barry IP 等[5]将其分为硬核型、休闲型等。Tseng[6]将其分为激进型(或称好胜型)、社交型、不活跃型。Yee[7][8]将其分为成就型、社交型、沉浸型。在游戏创作过程中,设计师需要在聚焦于游戏体验者的类型后,根据该核心目标群体的特征和动机选择合适的游戏平台和游戏体验类型。譬如,《黑神话:悟空》适合硬核型体验者,日本任天堂公司出品的《集合啦!动物森友会》更适合休闲型和社交型体验者,《刺客信条》系列适合硬核型和探索型体验者,《风之旅人》则适合休闲型和探索型体验者。部分游戏服务于多种类型的体验者。以《塞尔达传说:王国之泪》为例,硬核型体验者能够在完成主线任务的过程中不断挑战更强大的怪物;休闲型体验者能够尝试给游戏主角装备不同的服装,在虚拟世界不同的位置拍照,收集食材并烹饪不同的料理;探索型体验者则能够遍历游戏开放世

---

[1] ALAN C, ROBERT R, DAVID C, et al. About Face 4:交互设计精髓[M]. 倪卫国,刘松涛,薛菲,等,译. 北京:电子工业出版社,2015:49.

[2] HAMARI J, TUUNANEN J. Player types: a meta-synthesis[J]. Transactions of the Digital Games Research Association, 2014: 29-53.

[3] BARTLE R. Hearts, Clubs, Diamonds, Spades: Players Who Suit MUDS[J]. Journal of MUD research, 1996, 1(1): 1-27.

[4] LAZZARO N. Why We Play Games: Four Keys to More Emotion Without Story[C]// Game Developers Conference. San Jose: USA. 2004: 1-8.

[5] IP B, JACOBS G. Segmentation of the games market using multivariate analysis[J]. Journal of Targeting, Measurement and Analysis for Marketing, 2005, 13(3): 275-287.

[6] TSENT F C. Segmenting online gamers by motivation[J]. Expert Systems with Applications, 2011, 38: 7693-7697.

[7] YEE N. Motivations for Play in online games[J]. CyberPsychology and Behavior. 2007(6): 772-775.

[8] YEE N, DUCHENEAUTN, NELSON L. Online gaming motivations scale: development and validation[C]// Proceedings of the SIGCHI Conference on Human Factors in Computing Systems. Austin Texas USA ACM, 2012: 2803-2806.

界的每一个角落,不断发现新的隐藏洞穴。《哈利波特:魔法觉醒》亦是如此,硬核型体验者能够不断与更强大的对手进行卡牌对战,持续提升个人的经验值与等级;休闲型体验者能够让游戏主角穿着不同的服装,购买不同的猫头鹰,在游戏世界的不同位置拍照打卡;探索型体验者能够在游戏世界中不断游览,欣赏不同位置的美景;社交型体验者能够在游戏中不断结交新的朋友,在"舞会"模式中与朋友共舞。

在此基础上,还需要根据功能游戏的目标群体特定的需求和使用场景进行进一步的细分。界定功能游戏的目标群体时,设计师不仅需要考虑体验者的情感需求,还需要考虑其学习目标、学习动机与认知能力。设计师需要深刻理解目标群体的特征,以便通过适当的游戏设计元素来提高游戏的趣味性与有效性。譬如,编程教育游戏《极客战记》的目标群体为青少年,并且游戏还将"青少年"进一步拆分为5~8岁和8岁以上这两个群体。针对不同年龄段的体验者,游戏采用不同形式的编程语言:面向5~8岁的体验者,游戏采用了图像式编程语言,如图 1-62 所示;而面向 8 岁以上的体验者,游戏则采用真实的 Python 或 JavaScript 等编程语言,如图 1-63 所示。

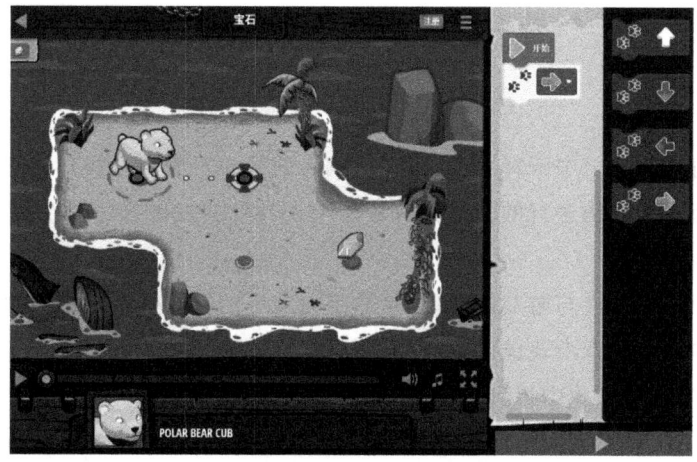

图 1-62 《极客战记》少年版的图像式编程语言
(图片来源:《极客战记》官方网站。)

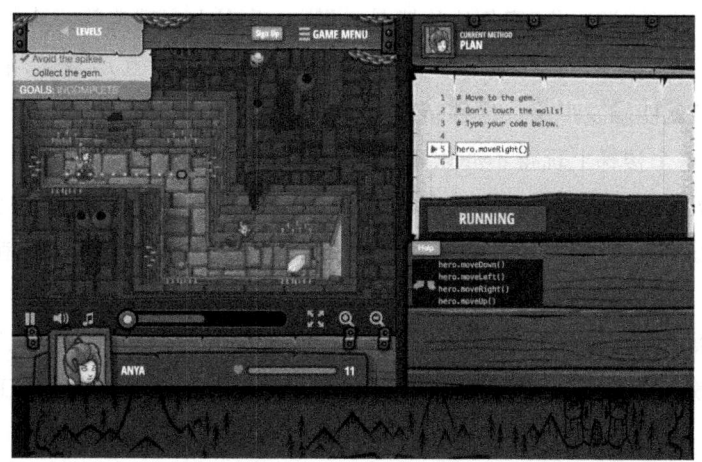

图 1-63 《极客战记》面向 8 岁以上体验者使用的编程语言
(图片来源:《极客战记》。)

第二章 教育类游戏

第一节 教育游戏概述

一、教育游戏的定义

什么是教育?《辞海》中解释:广义指以影响人的身心发展为直接目的的社会活动;狭义指由专职人员和专门机构进行的教育。教育是个人与社会发展必不可少的手段,随社会的进步而发展[①]。

教育游戏兼具教育性与游戏趣味性,是数字游戏中的特殊类型之一,也是功能游戏在教育领域的具体应用。教育游戏能够针对特定的教学目标,通过有趣的任务挑战和反馈机制等,使得体验者在潜移默化中得到思想的启迪、能力的提升。

需要注意的是,教育游戏不同于"游戏化教育"(Gamification Education)。"游戏化"是指试图采取类似于游戏的机制,应用到不被看作游戏的活动当中,目的是改变人们的行为方式或为乏味的工作增添趣味性[②];教育游戏则是将教学知识与游戏机制深度融合,以传授知识为核心。生活中的"游戏化"案例比比皆是。譬如,曾有人在瑞典第一大城市斯德哥尔摩的一个地铁口处,将楼梯改装成钢琴的模样,每一节台阶都装有互动装置,乘客上下楼梯时每踩一节"琴键"就能触发声响。这种新颖的设计形式让众多群众前来体验打卡,无论大人还是小孩,都在这个楼梯上玩得不亦乐乎。*PaGamO*(如图 2-1 所示)是"游戏化"在教育领域的一个典型案例。该游戏由台湾学者叶丙成教授研发,游戏中有超过 40 种不同的地形,体验者通过学习知识建造岛屿,通过答题来击败 Boss,这种有趣的学习机制吸引了学习者参与学习。

教育游戏秉承"寓教于乐"(Edutainment)的原则,将教学内容和游戏机制深度结合,既能体现游戏的教育价值,又能帮助教育机构、教育人员更好地开展教育教学工作。

---

① 《辞海》. https://www.cihai.com.cn/home.
② ERNEST A, JORIS D. 游戏机制:高级游戏设计技术[M]. 石曦,译. 北京:人民邮电出版社,2014:259-260.

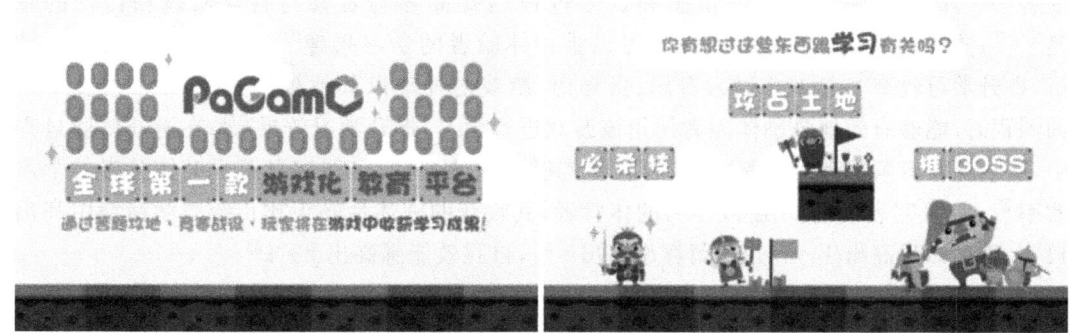

图 2-1 *PaGamO* 宣传图片

(图片来源：*PaGamO* 官方网站。)

二、教育游戏的功能与意义

国内外学者都十分重视游戏在教育中的重要作用。中国古代思想家、政治家、教育家孔子(公元前551—公元前479)认为"乐"是学习的最高境界[①]；捷克民主主义教育家、西方近代教育理论的奠基者扬·阿姆斯·夸美纽斯(Jan Amos Komenský,1592—1670)认为游戏能够给儿童带来快乐、锻炼身心[②]；福禄贝尔认为，游戏是激发儿童创造性和自主性的最优方式[③]。《地平线报告》预测，游戏在近几年可能会在教育中普及，成为主流的新兴技术，并在一定程度上反映教育发展的趋势。加拿大学者巴格利对连续8年(2004—2012年)的预测报告进行梳理，指出预测的三十七种新兴技术中被证实的有七种，其中就有"基于游戏的学习"[④]。北京大学教育学院教授尚俊杰也曾多次指出游戏具有极高的教育价值，其中游戏动机、游戏思维以及游戏精神是核心[⑤]。

有一些国家如教育强国芬兰十分重视快乐学习(Joy Learning)，强调要让孩子在乐趣中成长；美国、澳大利亚等国家十分重视对教育游戏价值的挖掘。这些都充分体现了游戏的教育价值。具体来说，教育游戏具有以下三大功能。

(一)提升学习效率

相比于传统教育形式，游戏是有效的学习工具[⑥⑦⑧]，因为游戏可以促进体验者对概念的

---

① HUANG C C. Mencius' educational philosophy and its contemporary relevance[J]. Educational Philosophy and Theory, 2014, 46(13): 1462-1473.

② 莫利桃. 西方自然主义教育家的游戏理论及其当代启示[D]. 长沙：湖南师范大学, 2014.

③ 焦依平, 朱成科. 福禄贝尔与蒙台梭利两种儿童教育观之比较[J]. 教育科学研究, 2017(11): 70-73.

④ 乔恩·巴格利. 全球教育地平线：离我们到底有多远[J]. 北京广播电视大学学报, 2012, 17(06): 29-34.

⑤ 尚俊杰, 裴蕾丝. 重塑学习方式：游戏的核心教育价值及应用前景[J]. 中国电化教育, 2015(05): 41-49.

⑥ GIRARD C, ECALLE J, MAGNAN A. Serious games as new educational tools: how effective are they? A meta-analysis of recent studies[J]. Journal of Computer Assisted Learning, 2013, 29(3): 207-219.

⑦ ANNETTA L A, MINOGUE J, HOLMES S Y, et al. Investigating the impact of video games on high school students' engagement and learning about genetics[J]. Computers & Education, 2009, 53: 74-85.

⑧ SHUTE V, RAHIMI S, SMITH G, et al. Maximizing learning without sacrificing the fun: stealth assessment, adaptivity and learning supports in educational games[J]. Journal of Computer Assisted Learning, 2021, 37(1): 127-141.

理解[1][2][3],同时影响学习者的情感和认知过程[4],提高参与者参与科学实践和讨论的意愿[5][6][7];游戏中保持适度的挑战难度可以维持体验者的学习兴趣[8],激发体验者的内部动机,提升学习效率[9];游戏中融入音乐、指导语,游戏之外辅以其他教学方法,并涉及多个培训课程时,能够有效地激励体验者使用该游戏进行学习,提升学习效果[10][11];在游戏体验过程中,要求体验者解释他们的答案,或者教师传授正确的解释,也能够显著提升体验者的学习效率[12]。有研究表明,使用游戏学习的体验者,其收获的陈述性知识比传统教学情境中高出11%,程序知识高出14%,知识留存率高出9%,自我效能感高出20%[13]。

(二) 培养关键能力

教育游戏可以锻炼体验者的思维能力、战略规划能力[14][15]、团队协作能力、领导力[16][17][18],

---

[1] HICKEY D T, INGRAM-GOBLE A A, JAMESON E M. Designing assessments and assessing designs in virtual educational environments[J]. Journal of Science Education and Technology, 2009, 18(2): 187-208.

[2] KLOPFER E, SCHEIN TAUB H, HUANG W, et al. The simulation cycle: combining games, simulations, engineering and science using *StarLogo TNG*[J]. E-Learning and Digital Media, 2009, 6(1): 71-96.

[3] MORENO R, MAYER R E. Engaging students in active learning: the case for personalized multimedia messages[J]. Journal of Educational Psychology, 2000, 92(4): 724.

[4] TENNYSON R D, JORCZAK R L. A conceptual framework for the empirical study of instructional games. In O'Neil HF, Perez RS (Eds.), Computer games and team and individual learning[D]. UK: Oxford University.

[5] BARAB S A, SCOTT B, SIYAHHAN S, et al. Transformational play as a curricular scaffold: using videogames to support science education[J]. Journal of Science Education and Technology, 2009, 18: 305-320.

[6] GALAS C. Why whyville? [J]. Learning and Leading with Technology, 2006, 33(6): 30.

[7] MCQUIGGAN S W, ROWE J P, LESTER J C. The effects of empathetic virtual characters on presence in narrative-centered learning environments[C]//Proceedings of the SIGCHI Conference on Human Factors in Computing Systems. Florence Italy. ACM, 2008: 1511-1520.

[8] LAAMARTI F, EID M, ABDULMOTALEB E S. An overview of serious games [J]. International Journal of Computer Games Technology, 2014: 1-15.

[9] ZENG J, PARKS S, SHANG J. To learn scientifically, effectively, and enjoyably: a review of educational games [J]. Human Behavior and Emerging Technologies, 2020, 2(2): 186-195.

[10] LAAMARTI F, EID M, ABDULMOTALEB E S. An overview of serious games [J]. International Journal of Computer Games Technolog, 2014: 1-15.

[11] WOUTERS P, VAN NIMWEGEN C, VAN OOSTENDORPET H, et al. A meta-analysis of the cognitive and motivational effects of serious games[J]. Journal of Educational Psychology, 2013: 249-265.

[12] KILLINGSWORTH S S, CLARK D B, ADAMS D M. Self-Explanation and Explanatory Feedback in Games: Individual Differences, Gameplay, and Learning[J]. International Journal of Education in Mathematics, Science and Technology, 2015, 3(3): 162-186.

[13] SITZMANN T. A meta-analytic examination of the instructional effectiveness of computer-based simulation games[J]. Personnel Psychology, 2011, 64(2): 489-528.

[14] HOU H T, FANG Y S, TANG J T. Designing an alternate reality board game with augmented reality and multi-dimensional scaffolding for promoting spatial and logical ability[J]. Interactive Learning Environments, 2023, 31(7): 4346-4366.

[15] HOU H T. Augmented reality board game with multidimensional scaffolding mechanism: a potential new trend for effective organizational strategic planning training[J]. Frontiers in Psychology, 2022, 13: 932-328.

[16] 杨政乾,陈泽凡,刘嘉,等.基于游戏的领导力训练[J].心理技术与应用,2019,7(08):485-494.

[17] SOUSA M J, ROCHA Á. Leadership styles and skills developed through game-based learning[J]. Journal of Business Research, 2019, 94: 360-366.

[18] LOPES M C, FIALHO F A P, CUNHA C J C A, et al. Business games for leadership development[J]. Simulation & Gaming, 2013, 44(4): 523-543.

这些都是现代社会中不可或缺的能力①。有研究表明,在游戏中表现较好的体验者,在未来的工作中也会展现较强的能力②。

(三) 提供个性化教育方案

教育游戏为有个性化需求的体验者提供支持。譬如:针对阅读困难或障碍者、孤独症患者、特纳综合征患者、神经损伤者等群体提供更加适宜的学习机会和训练条件③④;针对不同学习习惯、学习背景的体验者提供个性化的学习方案。此外,教育游戏在优化教学的方式方面也极具潜力⑤⑥。

第二节　教育游戏的起源与发展

一、教育游戏的思想起源

教育游戏的思想起源最早可以追溯到原始社会时期的玩乐和学习活动。在人类发展初期的自然经济社会⑦,物资匮乏,人类以氏族或群落为单位聚居,通过劳动和游戏传承生存技能与传统习俗⑧,这便是教育的初始形态。据记载,在我国大兴安岭北部地区生活的以游牧为生的鄂温克族人就通过狩猎模拟游戏来培养下一代的狩猎技能⑨,通过模仿游戏的形式传授给后代必备的生存技能。譬如:在战争爆发前,人们会跳战争舞以祈求胜利;人们还会围着石头跳舞,以祈祷来年好收成等⑨。人类就是这样通过独具特色的习俗让氏族或群落的永续发展。

早期的游戏活动源自生活,并为教育发展做了内容和形式上的准备⑩。可以说,游戏活动在教育之前就已出现,成为当时社会教育功能的主要承载形式。游戏活动的产生也催生了人类社会的文化多样性,为未来正式教育的出现提供了丰富的内容来源。⑩

---

① 科斯特. 2005 快乐之道:游戏设计的黄金法则[M]. 姜文斌,杨阳,周晶晟,等,译. 上海:百家出版社,2005:36-40.

② REEVES B, MALONE T W, O'DRISCOLL T. Leadership's online labs[J]. Harvard Business Review, 2008, 86(5): 58-66.

③ 赵玥颖,孙丹儿,尚俊杰. 国际教育游戏实证研究综述——基于2018—2022年的文献分析[J]. 开放教育研究, 2023, 29(05): 106-120.

④ KESLER S R, SHEAU K, KOOVAKKATTU D, et al. Changes in frontal-parietal activation and math skills performance following adaptive number sense training: Preliminary results from a pilot study[J]. Neuropsychological Rehabilitation, 2011, 21(4): 433-454.

⑤ FU Q K, LIN C J, HWANG G J, et al. Impacts of a mind mapping-based contextual gaming approach on EFL students' writing performance, learning perceptions and generative uses in an English course[J]. Computers & Education, 2019, 137: 59-77.

⑥ HOOSHYAR D, PEDASTE M, YANG Y, et al. From gaming to computational thinking: an adaptive educational computer game-based learning approach[J]. Journal of Educational Computing Research, 2021, 59(3): 383-409.

⑦ 宋卫琴,岑乾明. 马克思人的发展"三形态"理论渊源、演进及本质[J]. 甘肃社会科学, 2011(6): 88-91.

⑧ 罗明东. 教育发展阶段新论[J]. 学术探索, 2011(3): 129-134.

⑨ 华爱华. 幼儿游戏理论[M]. 上海:上海教育出版社, 1998: 2-3, 5-6.

⑩ 裴蕾丝,尚俊杰. 回归教育本质:教育游戏思想的萌芽与发展脉络[J]. 全球教育展望, 2019, 48(08): 37-52.

二、教育游戏的发展

(一) 萌芽期

奴隶社会时期,出现了专门开展教育工作的职业教师、教育机构,教育体系此时初现雏形[①]。这一时期的教育与游戏联系更加紧密,游戏活动开始突破早期教育承载形式的束缚,成为学校教育的重要内容,并且游戏活动所带来的心理体验也开始受到关注[②]。工业革命之后,物质生活逐渐充盈,人与人之间的关系不再依赖集体的力量。此时,以物质为中介,以金钱为纽带的社会关系逐渐形成[③]。在此背景之下,西方教育学界涌现出大批倡导教育"兴趣说"的学者[④]。譬如:卢梭主张从儿童的爱好出发进行教育,强调教学方法需要与兴趣相结合[④];约翰·杜威提出"教育即生活"的观点,学生要在"做中学"。他认为游戏应当纳入学校课程体系中,因为在教师引导下更容易产生更好的教育效果[⑤⑥]。

这一阶段,已经出现了一些非数字化的教育游戏作品。譬如:英国人达顿发明的桌面游戏《沃克的新地理游戏:展示欧洲之旅》,法国人巴塞特发明的《关于法国君主制历史和时间的新游戏》,英国人沃利斯发明的科学教育游戏《天文学的乐趣》(如图 2-2 所示)等[⑦]。

图 2-2 《天文学的乐趣》
(图片来源:网络平台。)

---

① 刘应竹. 古代希腊教师问题研究[D]. 武汉:华中师范大学,2007.
② 裴蕾丝,尚俊杰. 回归教育本质:教育游戏思想的萌芽与发展脉络[J]. 全球教育展望,2019,48(08):37-52.
③ 罗明东. 人类社会教育发展三形态论[J]. 云南师范大学学报(哲学社会科学版),2005,37(1):1-8.
④ 郭戈. 西方兴趣教育思想之演进史[J]. 中国教育科学(中英文),2013(1):125-155.
⑤ 丁道勇. 警惕"做中学":杜威参与理论辩正[J]. 全球教育展望,2017,46(8):3-21.
⑥ 杜威. 民本主义与教育[M]. 邹恩润,译. 北京:东方出版社,2013:220-222.
⑦ 澎湃. 桌游简史:19 世纪欧洲的教育主题游戏——为了乐趣而学习?[EB/OL]. (2021-4-12)[2025-2-10]. https://m.thepaper.cn/baijiahao_12125580.

（二）起步期

20世纪70年代，民用教育游戏开始出现，并通过重复性操作的方式帮助体验者学习[1]。20世纪80年代，中国开始探索数字游戏的生产实践[2]。邓小平于1984年提出"计算机的普及要从娃娃抓起"，引起社会各界高度重视[3]。这一时期，出现了以学习计算机知识为主要目的的"中华学习机"、日本任天堂公司的FC游戏机（即FAMILY COMPUTER，又称"红白机"）。北京金盘公司从1994年开始陆续制作发行了9款与教育相关的游戏，其中6款为"国防教育系列游戏"，2款为"学电脑系列游戏"。1997年，北京欣力量软件研究所推出《佳儿成龙记》，如图2-3所示[4]。该游戏通过智力题、数学题、脑筋急转弯等知识问答的方式将古诗、历史知识融入游戏之中。尽管这一时期的教育游戏机制相对简单，但在一定程度上为教育游戏未来的发展指明了方向。

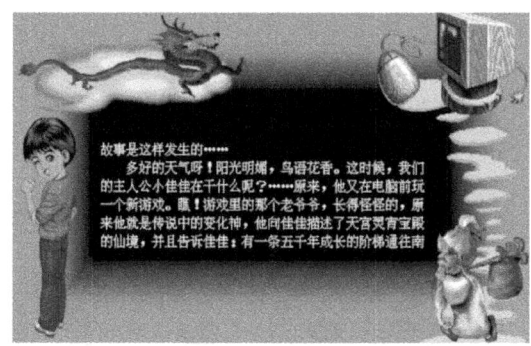 

图2-3 《佳儿成龙记》
（图片来源：游戏截图。）

此后，随着技术的进步和教育理念的更新，教育游戏开始迅速发展。有研究者对1980—2002年间诞生的953款功能游戏进行了梳理，发现其中65.8%的作品都是教育游戏[5]。

（三）繁荣期

21世纪以来，教育在个人和社会发展中的作用日益重要，学校教育除了完成知识传授的任务，还开始重视对学生的思维、情感、价值观等精神世界的构建，教育从"以知识为中心"向"以学生为中心"转变。在此背景下，许多学者开始关注数字游戏的教育价值，尝试探索基于游戏媒介来实现学科知识的整合。Young等[6]系统梳理教育类严肃游戏的发展脉络，指

---

[1] 曹鹭. 三种基本学习理论与教育游戏的设计[J]. 开放教育研究，2022，28(05)：29-38.
[2] 澎湃. 从学习机到编程课：中国教育游戏的卅五载追梦历程[EB/OL].（2020-08-06）[2025-2-10]. https://m.thepaper.cn/baijiahao_8604189.
[3] 新民晚报. 邓小平在这里提出"计算机的普及要从娃娃抓起""对话上展"主题展今起对公众开放[EB/OL].（2024-05-04）[2025-02-18]. https://baijiahao.baidu.com/s?id=1798084647250646974&wfr=spider&for=pc.
[4] 贺佳欣. STEM教育理念下初中信息技术游戏化教学活动设计与应用研究[D]. 延安大学，2022.
[5] DAMIEN D, et al. Origins of serious games[J]. Serious games and edutainment applications，2011：25-43.
[6] YOUNG M F, SLOTA S, CUTTER A B, et al. Our princess is in another castle[J]. Review of Educational Research，2012，82(1)：61-89.

出严肃游戏对历史学习、语言教育、体育教学等内容有明显促进作用。针对旅游教育的现存问题,部分研究者设计了一款软件,使得学生能够在课堂中使用该软件进行实地参观体验[①]。Francesco Bellotti 等[②]研发了一款创作工具,以解决教师缺乏教学游戏制作工具的问题,教师能够根据不同教学目标来设置不同的类型教学游戏。Daphne Bavelier 等[③]通过研究动作类数字游戏,指出游戏可以提高大脑认知能力;Juho Hamari 等[④]指出游戏的挑战机制增加了用户黏性的同时提高了学习效率,强调游戏与教学结合能给学习者带来较积极的影响。此外,教育游戏中的挑战难度应当随着学习者能力的提高而提升。

除教育游戏以外,还有学者提出"游戏化"这种"轻"结合方式[⑤],腾讯扣叮、Scratch、Kodu 等学习平台就是游戏化学习的代表。《百词斩》APP 中的一起背模块(如图 2-4 所示)通过完成组队打卡、单词对战、寻找同桌等活动获得铜板积分和装扮奖励;MOOC 平台置入可视化的个人学习进度条[⑥]等。这些巧妙的"游戏化"设置为枯燥无味的学习注入了活力,大幅提高了体验者的学习自主性。

图 2-4 《百词斩》APP 中的一起背模块
(图片来源:《百词斩》APP 游戏界面。)

---

① DRUIN A. Mobile technology for children: designing for interaction and learning[M]. Amsterdam:Elsevier, 2009.
② BELLOTTI F, BERTA R, DE GLORIA A, et al. A serious game model for cultural heritage[J]. Journal on Computing and Cultural Heritage, 2012, 5(4): 1-27.
③ BAVELIER D, SHAWN GREEN C. The Brain Boosting Power of Video Games[J]. Scientific American, 2016, 315(1): 26-31.
④ HAMARI J, SHERNOFF D J, ROWE E, et al. Challenging games help students learn: an empirical study on engagement, flow and immersion in game-based learning[J]. Computers in Human Behavior, 2016, 54: 170-179.
⑤ 尚俊杰,李芳乐,李浩文."轻游戏":教育游戏的希望和未来[J]. 电化教育研究, 2005, 26(1): 24-26.
⑥ 石晋阳,陈刚. 教育游戏化的动力结构与设计策略[J]. 现代教育技术, 2016, 26(6): 27-33.

美国专注于教育技术市场的研究机构 Metaari 发布的《Metaari：2019—2024 全球教育游戏市场研究报告》调查结果显示：2024 年，教育游戏收入将增长三倍以上，远超 240 亿美元。全球教育游戏市场如今正处于繁荣期。① 在教育游戏蓬勃发展的当下，需要更理性地看待教育与游戏的关系。时至今日，游戏已成为人们生活的一个重要组成部分，教育更需要学会与数字游戏共存，乃至共生。

第三节　游戏与专业学科教育

本节将分析游戏在不同专业学科教育中的具体应用。专业学科教育主要是指在中考、高考等环节需要考核的科目，包括语文、数学、英语、历史、政治、地理、化学、物理、生物。除这些升学必考科目以外，本节还将分析游戏在信息技术教育和美育中的应用。虽然编程、美术、音乐等科目目前仍然是辅助科目，甚至有部分学生是进入大学后才开始进行系统学习的，但随着社会飞速发展，信息技术教育、美育等内容早已进入中小学甚至学龄前儿童的教育当中。

亚利桑那州立大学 Sasha Barab 教授的团队设计开发的游戏 *Quest Atlantis* 可以进行科学、语文、艺术和社会等学科的教育②。哈佛大学的 River City 项目、麻省理工学院的 Game-to-Teach 项目、香港中文大学的 EduVenture 项目等都将游戏与专业学科的教育进行了结合③。在国内，2018 年腾讯宣布全面布局"功能游戏"，计划推出包括科学普及、理工思维锻炼在内的五大类型产品。除企业以外，一些高校也相继对教育游戏进行研究与开发，如北京师范大学脑与数学认知实验室研制的数学教育游戏《小猪收苹果》④，北京大学教育学院学习科学实验室设计的数学教育游戏《怪兽消消》⑤等。

在学段方面，早期专业学科相关的教育游戏应用主要面向小学教育阶段⑥。近些年来，面向中学和高等教育阶段的案例逐渐增多⑦。在学科方面，尚俊杰及其团队梳理了 2008—2012 年间的教育游戏研究案例，发现当前教育游戏应用于计算机与信息技术、语言、数学、物理学科的较多，应用于地理、政治、音乐等学科的较少⑦。

一、游戏与语言教育

（一）语文教育

在语文教育方面，拼音、识字、成语和诗词类教育游戏较为常见，面向群体多为幼儿、小

---

① 见"腾讯互娱社会价值探索中心"的转载：https://zhuimeng.qq.com/social_value/v3/article_03/index.html.
② 马红亮. 教育网络游戏设计的方法和原理：以 Quest Atlantis 为例[J]. 远程教育杂志，2010，28(1)：94-99.
③ 尚俊杰，裴蕾丝. 重塑学习方式：游戏的核心教育价值及应用前景[J]. 中国电化教育，2015(5)：41-49.
④ 程大志. 发展性计算障碍的认知机制及其干预训练[D]. 北京：北京师范大学，2014.
⑤ 裴蕾丝，尚俊杰. 学习科学视野下的数学教育游戏设计、开发与应用研究——以小学一年级数学"20 以内数的认识和加减法"为例[J]. 中国电化教育，2019(01)：94-105.
⑥ 程君青，朱晓菊. 教育游戏的国内外研究综述[J]. 现代教育技术，2007，17(07)：72-75.
⑦ 尚俊杰，肖海明，贾楠. 国际教育游戏实证研究综述：2008 年—2012 年[J]. 电化教育研究，2014，35(01)：71-78.

学阶段的学生。其中拼音类教育游戏包括《洪恩拼音》《熊猫拼音》《玩转拼音》等。游戏通过儿歌、动画、图形卡片等趣味形式教学生学习拼音。具体来说有以下形式：①游戏通过反复诵读教会学生拼音字母的发声方式；②游戏通过联想常见物体教会学生识记拼音的字形；③游戏通过描画的方式教会学生拼音的书写笔画；④游戏通过趣味练习帮助学生巩固知识。以天津洪恩完美未来教育科技有限公司的《洪恩拼音》（如图2-5所示）为例，在游戏中，每个拼音字母是一个独立关卡，若体验者顺利通过"玩""认""调""说""练""写"等环节，则认为完成闯关，达到了拼音认知的效果。"玩"模块中，体验者在屏幕右侧拉动装置发射"子弹"撞击对面的目标后，发出"a"的声响，通过游戏形式让学生初步了解拼音；"认"模块中，以动画的形式详细讲解"a"的相关知识，如形状、发声方式、使用方式等；"调"模块中，结合火车上下山坡的动画，讲解"a"的四种发音音调，随后体验者可以通过单击屏幕收集拼音以检验学习效果；"说"模块中，体验者需要准确发出"a"的读音来帮助拼音精灵打败路途上的小怪兽；"练"模块中，体验者需要根据听到的声音选择正确的字母，以此来帮助拼音精灵打败入侵的怪兽，或放置孔明灯；"写"模块中，通过儿歌动画教会体验者规范的书写方式。

图 2-5 《洪恩拼音》游戏界面
（图片来源：游戏截图。）

识字类教育游戏包括《洪恩识字》（如图2-6所示）、《熊猫博士识字》（如图2-7所示）[①]等。此类游戏的教育方式主要包括：①游戏提供字帖功能，要求学生通过临摹，正确地书写汉字；②游戏通过语音播放汉字对应的发音；③游戏通过听写任务，要求学生听到某个汉字的发音后，书写对应的汉字；④游戏通过图片或动画展示汉字代表的含义。以天津洪恩完美未来教育科技有限公司的《洪恩识字》为例，游戏共包括"玩""认""练""写"四个模块。在"玩"模块，游戏通过一些可交互的物品或者播放动画，来展示某个汉字的含义。譬如，一扇门有四个木块，这四个木条恰好拼成"开"字，当这四个木条被拆开后，门便被打开了，如图2-6(a)所示。游戏通过这一交互过程直观展示了"开"的含义。在"认"模块，游戏展示图片并要求学生识别对应的汉字。譬如，将三座山峰放在一起，要求学生识别图片所对应的

---

① 鲁翩翩. 2.5D字体在儿童识字教育APP中的应用研究[D]. 湖北美术学院，2022.

"山"字,如图 2-6(b)所示。在"练"模块,游戏通过听写练习,要求学生在听到某个汉字的发音后,在多个汉字中选择正确的,如图 2-6(c)所示。在"写"模块,游戏要求学生通过临摹,正确书写某个汉字,如图 2-6(d)所示。

(a) "玩"模块　　　　　　　　　　　(b) "认"模块

(c) "练"模块　　　　　　　　　　　(d) "写"模块

图 2-6　《洪恩识字》四个教学模块

(图片来源:App Store 上游戏的宣传视频。)

图 2-7　《熊猫博士识字》的关卡选择界面和关卡完成界面

(图片来源:游戏截图。)

成语类教育游戏包括《成语猜猜猜》《成语消消》等。此类游戏多通过看图猜成语、成语接龙、成语找错、看图猜成语等形式帮助体验者学习成语知识。以中国成都宝宝天地科技有限公司的《成语猜猜猜》(如图 2-8 所示)为例,游戏分为"看图猜成语""成语接龙""成语消除"等基础模块,此外还可以做任务或选择连线对练。在"看图猜成语"模块中,体验者需要根据提示图片选择正确的成语;在"成语接龙"模块中,体验者需要选择屏幕下方的单个文字,将成语填充完整;在"成语消除"模块中,体验者需要按顺序选择四个字以组成正确的成语。每次顺利猜出成语都会获得金币奖励,并显示成语的解释和出处,以帮助体验者更深入地理解成语。

诗词类教育游戏包括《子曰诗云》《诗词发烧友》《诗词消消乐》等。游戏的教育方式主要包括:①游戏提供部分诗词,要求体验者通过填字成词的形式完成挑战;②游戏将完整的诗句打乱顺序，要求体验者通过连线或填词等形式将诗句连接完整；③游戏提供图片提示，要求体验者根据图片写出正确诗词等。《诗词发烧友》（如图2-9所示）就是一款以诗词歌赋为主题的益智解谜类手机游戏，该游戏涵盖从先秦到近现代各个时期的诗词作品，包括填字成诗、每日答题、超级飞花、看图猜诗和诗词连线等五类玩法。《子曰诗云》（如图2-10所示）是《人民日报》客户端与腾讯功能游戏合作推出的独立解谜游戏，共七章，体验者需要通过组合汉字、单字连诗的形式完成挑战。游戏的第一章是"山"，围绕着"山合"这一意向展开，体验者需移动部首以组成汉字，进而一笔连成诗句。

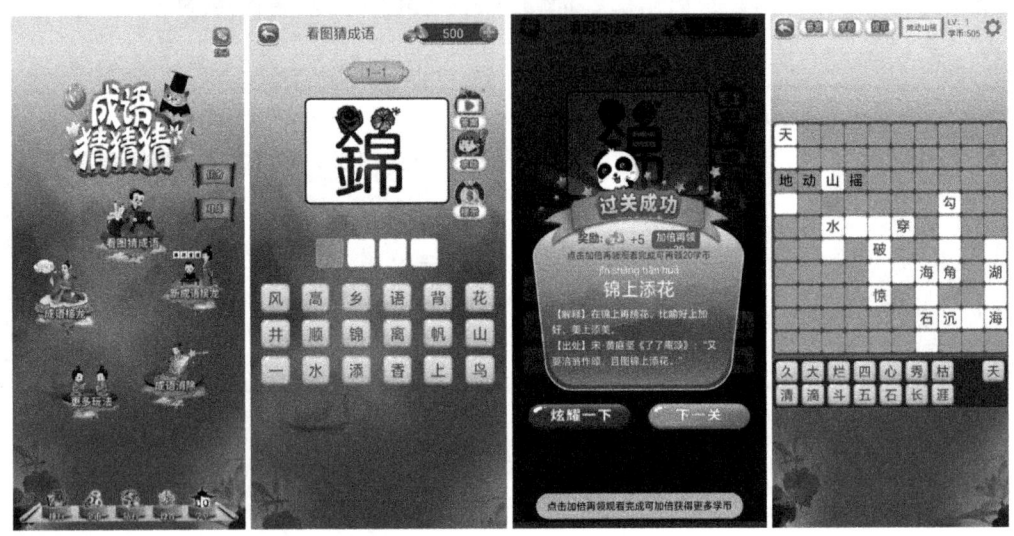

图2-8 《成语猜猜猜》的关卡选择界面和关卡完成界面
（图片来源：游戏截图。）

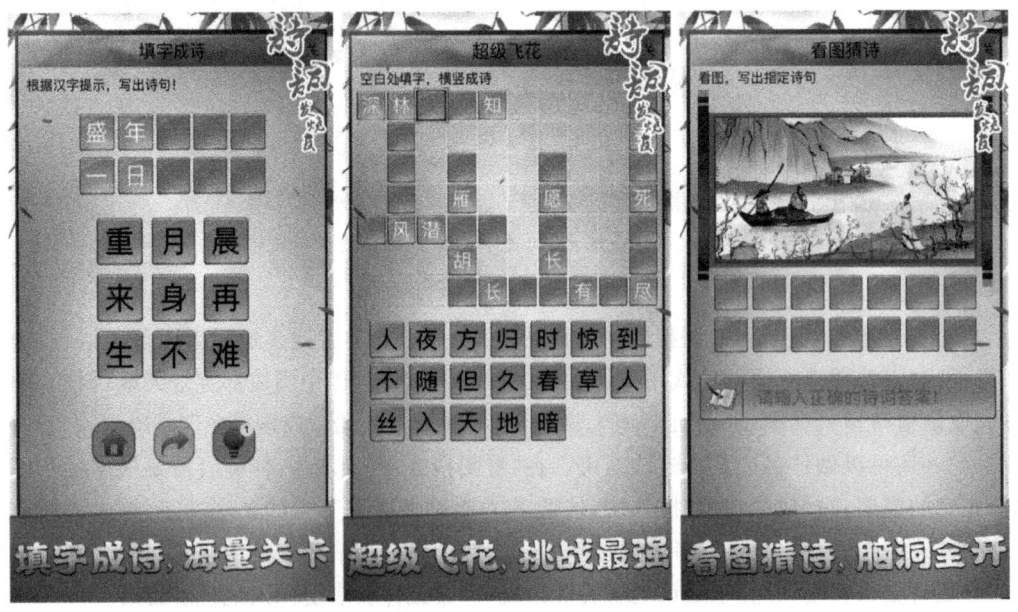

图2-9 《诗词发烧友》游戏界面
（图片来源：Honor应用商场的游戏宣传图片。）

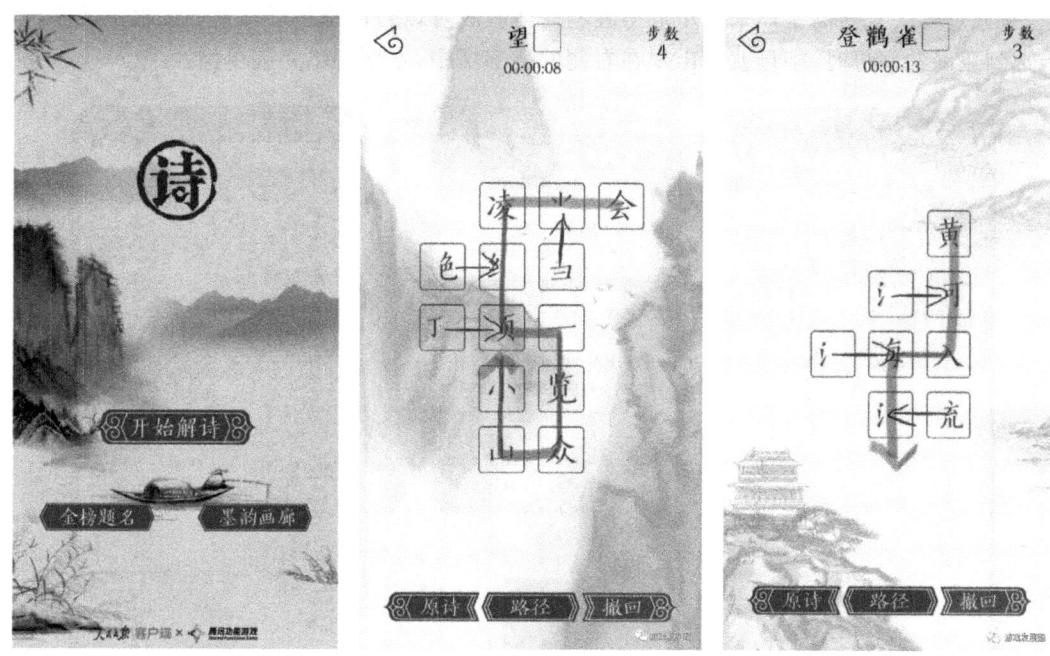

图 2-10 《子曰诗云》游戏开始界面及第一章游戏场景
（图片来源：TapTap 平台的游戏宣传图片。）

（二）英语教育

在英语教育方面，针对单词拼写、英语阅读、英语口语等方面的教育游戏比较常见。单词拼写类教育游戏包括《百词斩》、《摩尼学英语》、SpellBoard（如图 2-11 所示）、《字母人》(Typoman)等。游戏中常见的教学方式为：①游戏给出一个或一组单词供学习者背记，随后要求学习者通过听读音、图片提示等选出正确的英语单词；②游戏给出图片提示或中文提示，要求学习者拼写出正确的英语单词；③游戏给出英文词汇，要求学习者选出正确的中文意思。以 3355 小游戏公司的《摩尼学英语》为例，如图 2-12 所示。游戏开始前，该游戏界面会显示 21 个英文单词及其图片，学习者快速识记后，选择"开始游戏"，进入单词默写游戏。游戏要求学习者利用屏幕上的虚拟键盘，根据游戏给出的图片准确且快速地完成单词拼写挑战，学习者顺利完成一个英文单词拼写后便会获得相应的积分奖励。

此外，还有几款更富有艺术性的单词拼写教育游戏，它们在前文所述的游戏教育形式之上融入了一些解谜元素，让游戏的趣味性更加丰富，譬如《字母人》《神奇金字塔：重生》(Amazing Pyramids: Rebirth)等。德国 Brainseed Factory 工作室推出的《字母人》共分三章，其中有五种怪物，分别为谎言(LIE)、贪婪(GREED)、仇恨(HATE)、厄运(DOOM)、恐惧(FEAR)，它们各自代表不同的含义和指向。体验者在游戏中扮演一个由字母拼成的小人，通过拼写单词与机关互动，解决各种谜题并最终战胜敌人，如将"Trap"变为"Strap"来解除陷阱。游戏采用极简的艺术风格，营造了独特的氛围，如图 2-13 所示。《字母人》将英文字母与谜题相结合为学习者带来了新颖而丰富的游戏体验，不少学习者表示在查找通关攻略的过程中潜移默化地识记了很多陌生词汇。《神奇金字塔：重生》由美国 Oleg Sereda 开发，于 2021 年正式发售，如图 2-14 所示。游戏中体验者要带领科学家在撒哈拉沙漠里行走,并通过解决复杂的字谜来逐步取得胜利。体验者可以自由选择屏幕左侧边框中的字母,当选到正确的字母时,字母就会出现在右侧的金字塔中,直到拼出完整单词。

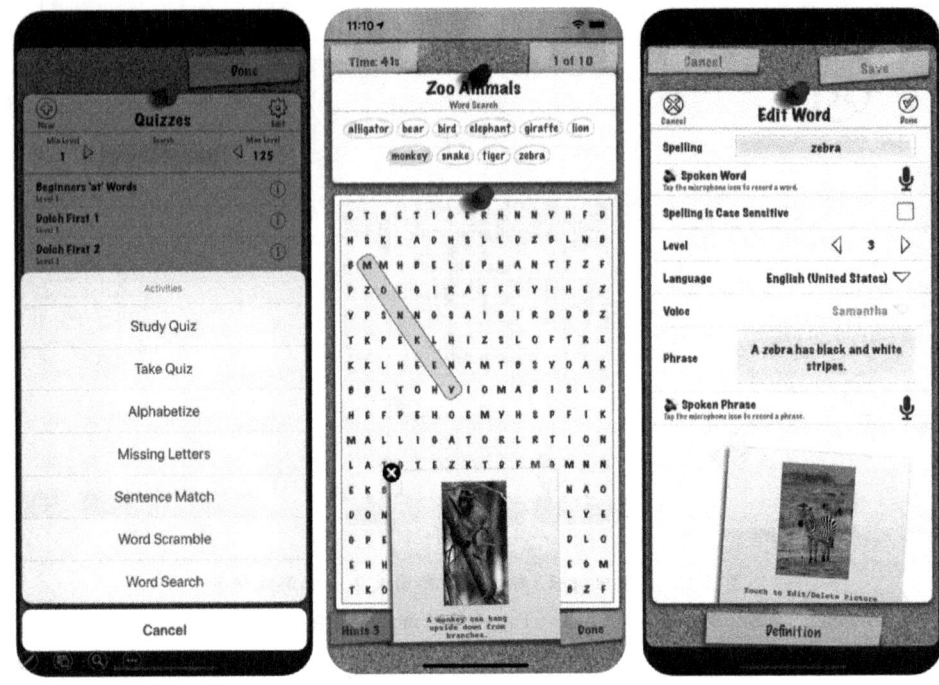

图 2-11　*SpellBoard* 游戏界面

(图片来源:Apple Store 的游戏宣传图。)

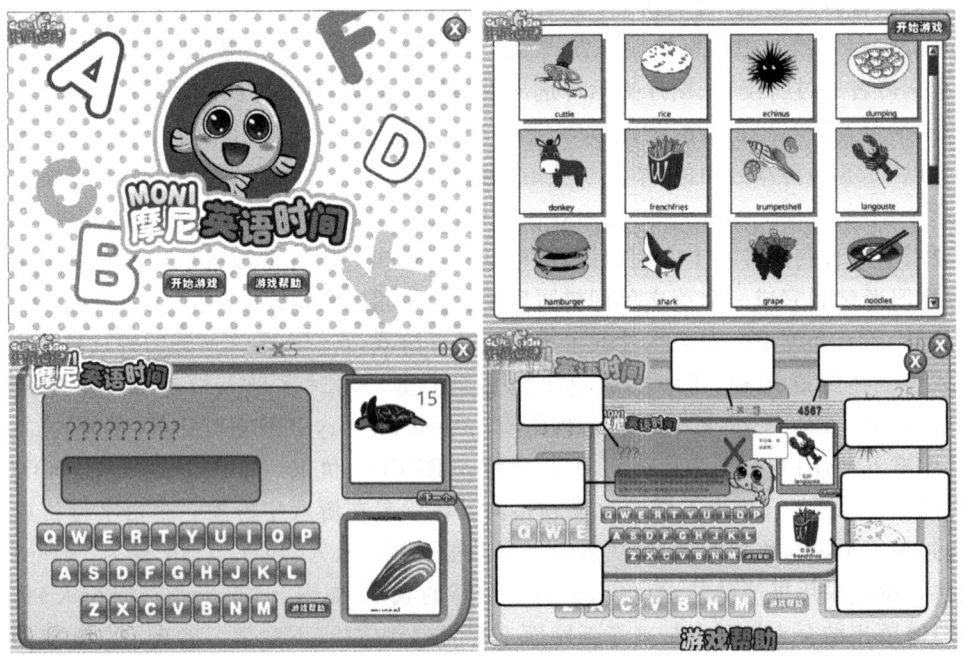

图 2-12　《摩尼学英语》游戏界面

(图片来源:游戏截图。)

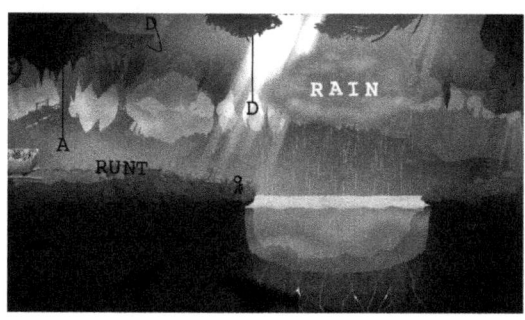 

图 2-13 《字母人》游戏界面

（图片来源：Steam 平台的游戏宣传图片。）

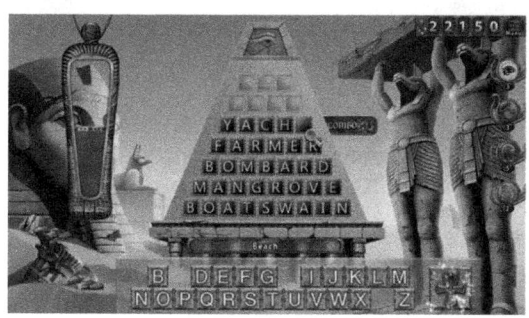 

图 2-14 《神奇金字塔：重生》游戏界面

（图片来源：游戏截图。）

英语阅读类教育游戏，如由教育技术公司 Begin Learning 开发的 Learn with Homer 是一款针对 2~7 岁儿童的英语启蒙软件，该软件通过丰富的微课、互动游戏，帮助儿童在玩乐中提高英语阅读能力和词汇量，同时培养儿童的英语学习兴趣。该软件中的游戏内容十分丰富，包括拼读、单词、诗歌、儿歌、故事、历史、科学等，且还有画画、录音等功能。游戏包含五个模块：Learn to Read、Brain Games、Discovery the World、Story Time、Song & Rhymes。此外，游戏中还有一只宠物 Wickle，儿童需要努力学习，赚得金币照顾宠物。

英语口语类教育游戏包括《洪恩 ABC》、《流利学语言》(*Influent Language Learning Game*)、《英语节奏新说唱》(*Beat Talk*)等。美国 Three Flip Studios 研发的《流利学语言》专为语言学习设计，如图 2-15 所示。体验者在虚拟环境中通过单击物品，学习单词、发音和含义，互动方式生动有趣，且该游戏支持 20 种语言的学习。不过，该游戏的单词量有限，主要涉及生活用品词汇。日本任天堂公司出品的《英语节奏新说唱》同样是一款英语口语教育类游戏，如图 2-16 所示。游戏过程中，体验者需要紧跟动态变化的游戏节奏，准确朗读屏幕上的英语单词或短语，以提升英语听力和口语能力。《英语节奏新说唱》内容丰富，包含从基础词汇到日常对话的多种语言材料，适合不同水平的英语学习者。该游戏界面直观友好，操作简便，使得学习过程轻松愉悦。

图 2-15 《流利学语言》游戏界面
(图片来源:Steam 平台宣传图。)

图 2-16 《英语节奏新说唱》游戏界面
(图片来源:Switch 平台游戏截图。)

二、游戏与数理教育

数理教育游戏是指应用在数学、物理、化学、生物等学科教育中的游戏,此类教育游戏数量较多,尤其是面向数学、物理的教育游戏,其体验模式丰富多样。而在受众方面,此类游戏几乎覆盖从幼儿园至高中全部阶段的学生群体。

(一) 数学教育

面向数学的教育游戏有《数字怪兽》、《龙箱算数入门》、《大金刚算数》、《欧氏几何》*Pythagorea*、*Pythagorea 60°*、*XSection*、*Tchisla: Number Puzzle*、《微积历险记》等。这类游戏的教学方式主要有:①游戏呈现一定数量的物体,要求体验者根据所给内容完成四则运算,选出正确答案后即可进入下一关;②游戏将数学知识与游戏机制深度融合,要求体验者在游戏中运用某项数学知识完成挑战;③需要体验者具备一定数学知识储备,在游戏中通过解谜的形式完成任务,从而帮助体验者复习、巩固知识,加深对抽象概念的理解。

西班牙教育游戏公司 Didactoons Games SL 研发的《数字怪兽》(*Monster Numbers*)就是第一种教学方式的典型代表,它是一款适合儿童的数学教育游戏,如图 2-17 所示。该游戏可以根据学生的学习需求自动调整内容难度,教学内容涵盖小学加、减法运算,乘法运算,数列及除法运算等知识模块。学生需要通过跑、跳、数数、完成四则运算等来获得胜利。此外,法国 DragonBox 公司开发的《龙箱算数入门》(*DragonBox Numbers*)将加、减法的相关知识与游戏谜题深度融合。当体验者对多个怪兽执行"加法"命令时,怪兽会变为身高是多个怪兽身高之和的新怪兽;当体验者执行"减法"命令时,怪兽会裂变成两个怪兽,这两个怪兽身高之和就是之前怪兽的身高[①],如图 2-18 所示。

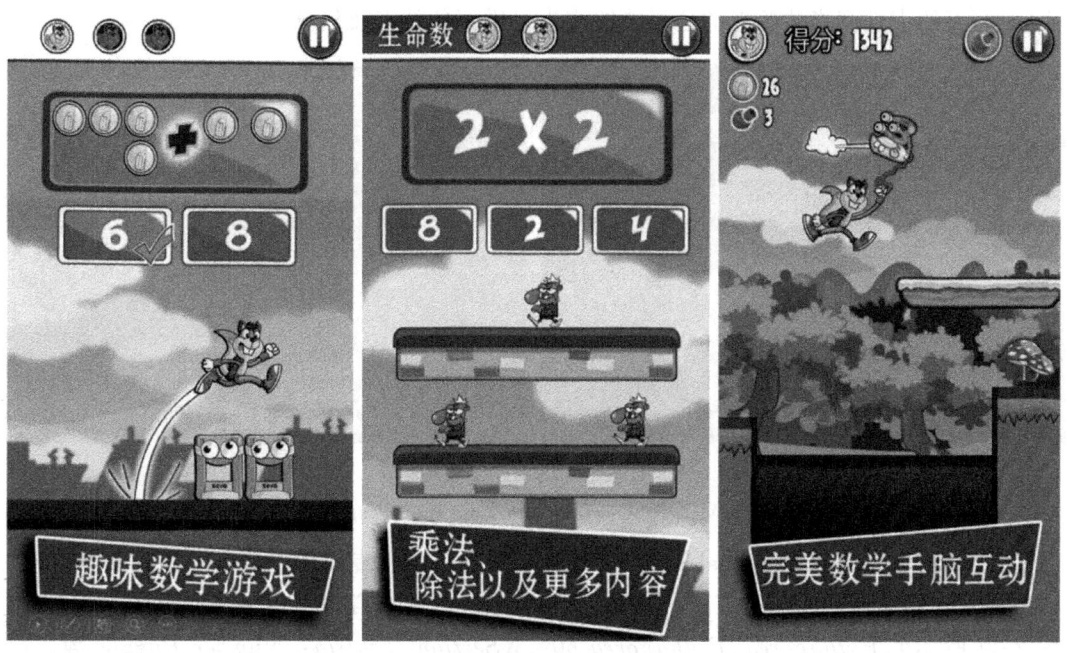

图 2-17 《数字怪兽》游戏界面
(来源:TapTap 网站的游戏宣传图片。)

---

① 陈柏君. 基于数字游戏的知识类信息传播策略研究[J]. 中国传媒大学学报(自然科学版),2021,28(06):73-80.

图 2-18 《龙箱算数入门》游戏界面
(来源:游戏截图。)

美国 MIT STEP 实验室的 Shadowspect 是一款专注于几何学的教育游戏,它深入探索了二维与三维几何体之间的内在联系,如图 2-19 所示。游戏过程中,体验者需要运用想象力和形状构建技巧来解决建模问题,从而展现他们对几何概念的深入理解以及空间推理能力。游戏的任务设计既开放又具约束性:开放性体现在体验者可以采用多样化的策略来解决问题,而约束性则指体验者的选择能够产生可供评估的有效信息。

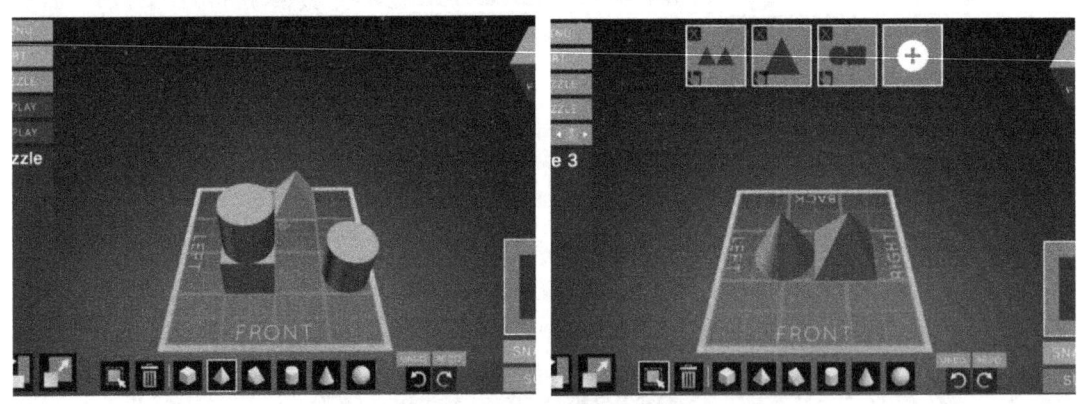

图 2-19 Shadowspect 游戏界面
(图片来源:MIT Scheller Teacher Education Program 官网。)

俄罗斯 Horis International Limited 团队也研发了大量专门用于数学学习的教育游戏,这些游戏多用于课后检测环节,且需要体验者具备一定的数学知识储备,如《欧氏几何》(如图 2-20 所示)、Pythagorea、Pythagorea 60°、XSection、Tchisla:Number Puzzle 等。以 XSection 为例,该游戏中的每个关卡都是关于立体几何的题目,体验者需要作图完成。该游戏教会体验者如何从三维欧几里得空间中感知多面体、直线和平面的二维表示,如图 2-21 所示。

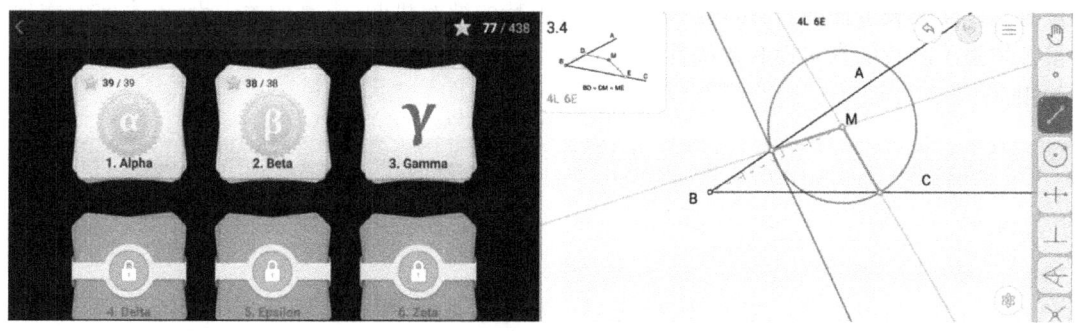

图 2-20 《欧氏几何》游戏界面
(来源:TapTap 网站的游戏宣传图片。)

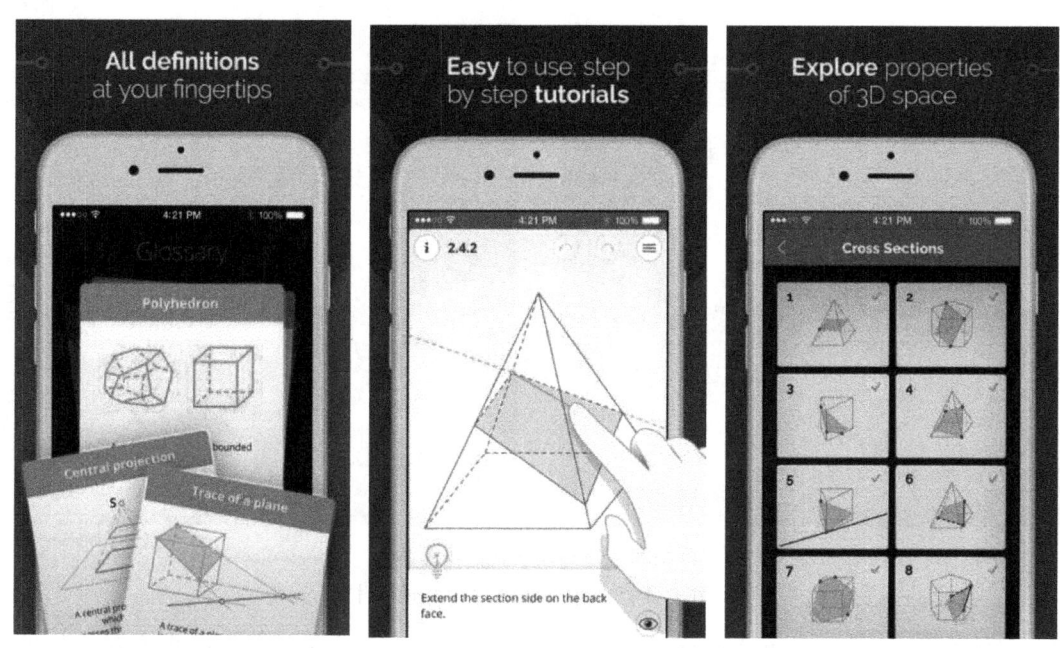

图 2-21 XSection 游戏界面
(来源:TapTap 网站的游戏宣传图片。)

(二) 物理教育

面向物理学科的教育游戏有《蜡笔物理学》、《量子移动》、SURGE: The Fuzzy Chronicles、Brain it On、Physics World、Ooglians 等,目前较成熟的物理类游戏多是针对某个特定知识点而设计的教育游戏。譬如,侧重于重力、摩擦力知识的 Physics World、《蜡笔物理学》,侧重于量子计算领域的教育游戏《量子移动》,侧重于牛顿三大运动定律知识点的 SURGE: The Fuzzy Chronicles。

《蜡笔物理学》由芬兰独立游戏开发者 Petri Purho 制作,于 2008 年获得独立游戏节最高奖项"塞尤玛斯·麦克纳利奖",该游戏界面如图 2-22 所示。体验者在游戏中需要使用蜡笔画出各种形状,这些形状会变成具有实际体积和质量的物体,并遵循重力、碰撞、摩擦等物理原理进行运动。体验者要利用这些物体,通过合理的设计,将小球推到目标点(五角星的位置），以完成关卡任务。《蜡笔物理学》通过独特的游戏机制、丰富的关卡设计、真实的物理模拟增强了游戏的真实性和挑战性，以及体验者对物理学的理解，从而帮助体验者学习物理知识。

图 2-22　《蜡笔物理学》游戏界面
（图片来源：Steam 平台的游戏宣传图片。）

《量子移动》(Quantum Moves)是一款由丹麦奥胡斯大学科学家研发的物理教育游戏，其设计灵感源自量子计算领域的一个真实问题：如何在维持原子量子态稳定的前提下，利用激光高效地在量子阱（一种类似鸡蛋盒的装置）之间传输原子，游戏界面如图 2-23 所示[①]。在游戏中，体验者要在遵循量子力学规律的同时操控"液体"原子，这种"液体"原子是对微观粒子波动的直观展现，可以帮助体验者通过游戏的形式感受量子世界的奇妙。该游戏引入了"量子隧道"的概念，允许体验者利用量子隧穿效应，使原子从一个量子阱"穿越"至另一个量子阱。这一过程既考验了体验者的策略与技巧，又可以让体验者深入学习并感悟到量子物理的奇异现象。每当体验者成功探索出有效的原子搬运策略时，游戏便能将这些策略转化为解决真实科学问题的潜在方案，从而为科学家的量子物理研究提供数据参考。如第一章所述，Nature 中的一些研究结果表明，即便是非物理学背景的体验者也能在游戏中展现出惊人的表现，这进一步证明了《量子移动》在物理教育与科学传播方面的价值。

---

① SØRENSEN J J W H, PEDERSEN M K, MUNCH M, et al. Exploring the quantum speed limit with computer games[J]. Nature, 2016, 532(7598): 210-213.

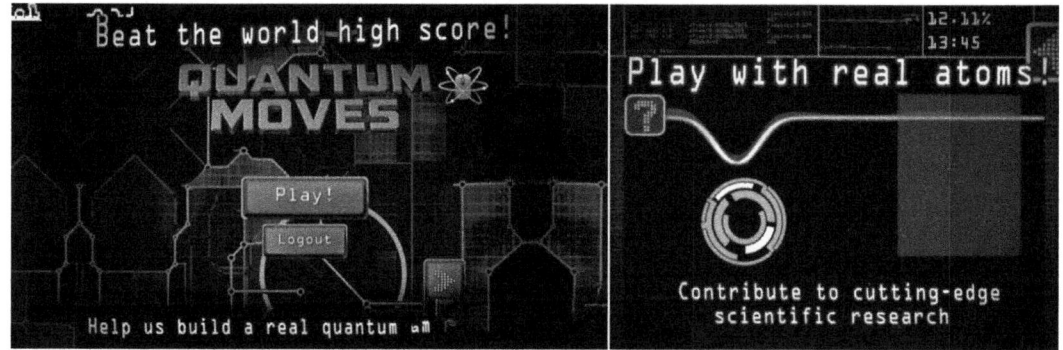

图 2-23 《量子移动》游戏界面
（图片来源：游戏截图。）

SURGE: The Fuzzy Chronicles 是一款帮助中学生学习牛顿三大运动定律的教育游戏，由美国范德堡大学 Clark 等研发[1][2]。游戏中，体验者扮演一名太空探险家，在太空中航行，体验者通过操控时间轴上的放置命令来驾驶宇宙飞船绕过障碍物，并试图从邪恶的 Pricklies 组织手中拯救 Fuzzies。游戏总共包括 35 个任务，随着剧情推进，游戏将融入不同的物理知识。游戏各个阶段的任务都将在星形地图上显示，每一颗星代表一个任务。每个关卡包含一个起点和一个任务目标（传送门），体验者必须到达该目标才能成功通关。前 11 个任务中，体验者需要预判施加力来改变飞船的速度和方向，主要涉及牛顿第一定律的相关知识；第 12～16 个任务中涉及寻找外星朋友（Fuzzies），以及改变飞船质量，体现了牛顿第二定律；第 17～23 个任务中涉及运送外星朋友，发射时飞船会被推向力的相反方向，这体现了牛顿第三运动定律；最后 12 个任务中使用了前面关卡不同元素的组合，同时添加了新的游戏元素，作为游戏过程中的障碍和挑战。除此之外，游戏研发团队还根据实验结果不断迭代该系列的后续作品。

（三）化学教育

应用于化学教育的游戏包括《原子大合体》（*Sokobond*）、《项目化学》（*Project Chemistry*）、《有机化学合成模拟器》（*MOLEK-SYNTEZ*）等。这类教育游戏常见的教学方式有：①游戏给定任务目标，要求体验者通过连线或合理摆放来组合成某种化学分子；②游戏未给定任务目标，体验者可自行开展元素组合探究；③游戏提供可视化的观察环境，体验者可以选择某一种元素并观察其结构特征，游戏据此辅助体验者理解、识记不同元素的结构。

游戏开发者 Alan Hazelden、Harry Lee 等人开发的独立游戏《原子大合体》（*Sokobond*）是一款以化学元素合成为主题的教育游戏，游戏界面如图 2-24 所示。游戏中，体验者需要将不同的化学元素准确排列，组合成特定的化学分子，让体验者在解谜的过程中学习化学知识。该游戏支持多种操作系统，包括 Windows、macOS 等。该游戏目前已在 Steam 平台发布。

---

[1] ADAMS D M, CLARK D B. Integrating self-explanation functionality into a complex game environment: Keeping gaming in motion[J]. Computers & Education, 2014, 73: 149-159.

[2] BARNES J, HARTEVELD C. When is a game not a Game? [C]//Proceedings of the Games Learning and Society Center Conference. 2017, 101.

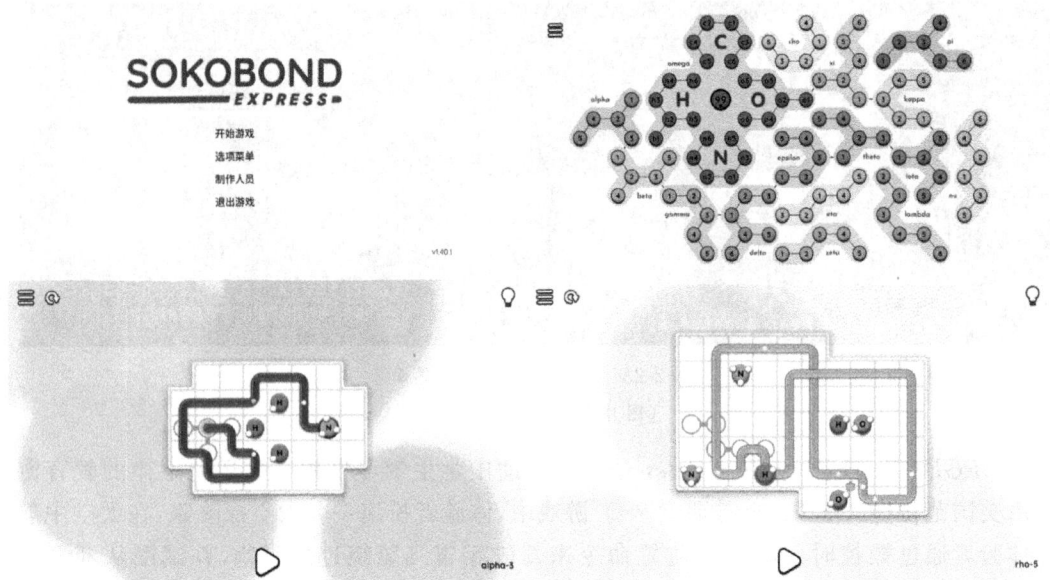

图 2-24 《原子大合体》游戏界面
(图片来源:游戏截图。)

《项目化学》(*Project Chemistry*)是一款化学模拟游戏,由独立游戏开发者 Ata Türkoğlu 和 Canberk Demir 共同制作发行,游戏界面如图 2-25 所示。游戏中包含全部 118 种化学元素及众多分子,体验者可以观察电子围绕原子核的运行方式,分子键的形成和定位模式。游戏提供沙盒模式、任务模式供体验者选择:在沙盒模式中,体验者可自由组合分子,观察它们之间的反应;在任务模式中,体验者需要按要求合成分子以完成挑战,检验自己的化学学习情况。

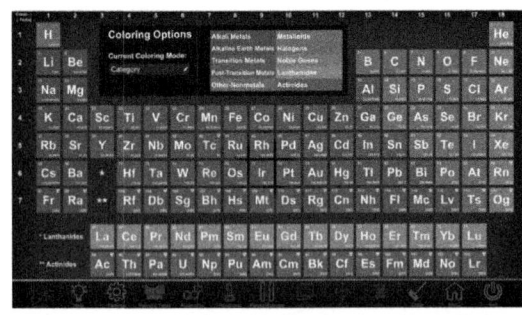 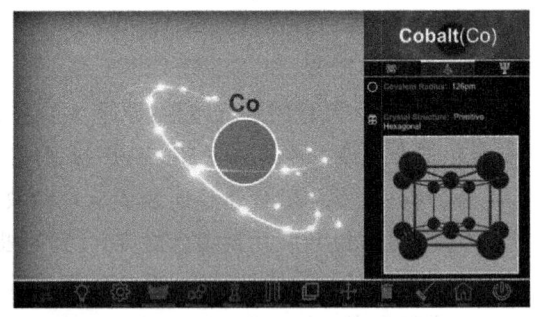

图 2-25 《项目化学》游戏界面
(图片来源:游戏截图。)

(四) 生物教育

国外现有的用于生物课程学习的教育游戏数量不多,教育形式多为通过搭建虚拟的环境,让体验者在游戏中利用生物知识来完成任务挑战;国内真正用于学习生物知识的教育游戏案例相对更少,教育形式也较为单一,《答题英雄——细胞生物学》是由某中学教师研发的一款通过知识问答的形式帮助学生记忆生物知识的教育游戏。

美国 MIT STEP 实验室研发的 *UbiqBio* 是一系列的休闲手机游戏,旨在促进高中生在遗传学、蛋白质合成、进化和食物网领域的深度学习和探索。*UbiqBio* 包含四个以生物学为主题的系列游戏。这些游戏能在人们等公交车或课间等碎片时间进行体验。教师能够访问游戏数据,了解学生取得的进步或可能遇到的困难,有助于优化和迭代未来的课程内容。*Beetle Breeders* 是其中一款游戏,学生在游戏中学习孟德尔遗传学的同时,还要经营一家甲虫饲养公司[①];*Weatherlings* 则是一款卡牌对战游戏,卡牌上的角色与战斗发生时的天气条件相关联。以 *Weatherlings* 为例,研究人员挑选 20 名学生开展测试,学生在测试后表示有兴趣了解更多的学术内容,特别是天气和气候。结果表明,*Weatherlings* 成功地吸引了学生并激励他们进一步了解生命科学相关的内容。[②]

Cellverse 是一款面向高中生的细胞生物学教育游戏,由美国 Education Arcade 和 MIT Game Lab 联合开发,并得到 Oculus 的支持,游戏体验场景如图 2-26 所示。游戏需要两人共同合作完成,一名体验者扮演"科学家"操控实验条件,另一名体验者扮演"工程师"佩戴 VR 设备进入细胞内部修复问题,通过协作解决细胞中存在的问题。通过虚拟环境模拟真实细胞的结构和功能,体验者可以探索线粒体、细胞核等的运作机制。

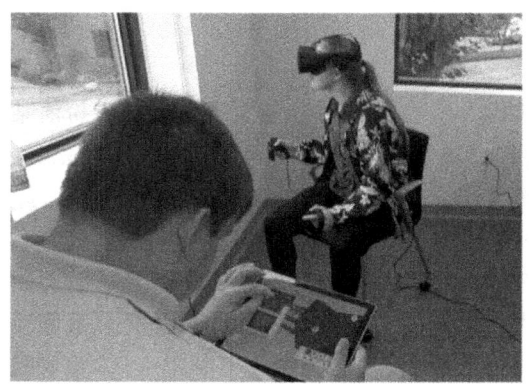

图 2-26 *Cellverse* 体验场景

(图片来源:MIT Scheller Teacher Education Program 官网。)

国内某中学教师开发的独立游戏《答题英雄——细胞生物学》(游戏界面如图 2-27 所示)是一款结合细胞生物学知识的答题冒险游戏,类似于"智力问答闯关",体验者需要使用所学知识正确回答问题后才能完成挑战顺利通关。游戏中有近 1 000 道问答题,包含的生物学知识有细胞的基本分类、细胞的构成元素、细胞的基本结构与功能、酶的功能和特性、显微镜的使用方法等。

---

① PERRY J. Beetle Breeders: Ubiquitous Games for Learning Biology[J]. In Society for Information Technology & Teacher Education International Conference, 2011, 1: 2205-2206.

② KLOPFER E, SHELDON J, PERRY J, et al. Ubiquitous games for learning (UbiqGames): weatherlings, a worked example[J]. Journal of Computer Assisted Learning, 2012, 28(5): 465-476.

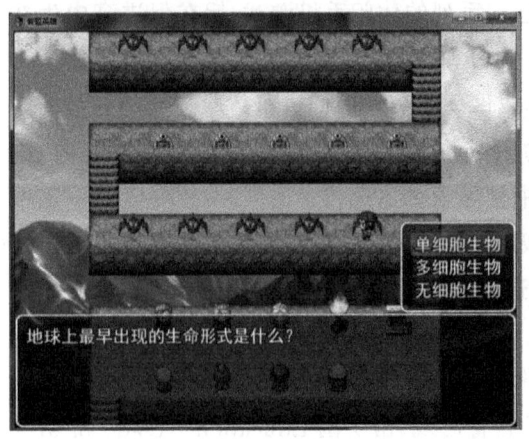

图 2-27 《答题英雄——细胞生物学》游戏界面
（图片来源：Steam 平台的游戏宣传图片。）

三、游戏与文科教育

（一）政治教育

现存政治类教育游戏数量不少，但教育形式较为相似，游戏中大多采用让体验者扮演某种角色来应对政治事件，做出决策的形式。譬如，《民主制度 4》、The HeartBeat、Convene The Council、This Is the President、Suzerain 等。

由美国 SuperPAC 公司开发，THQ Nordic 发行的 This Is the President 是一款具有政治教育意义的角色扮演游戏，游戏界面如图 2-28 所示。游戏中，体验者扮演新当选的美国总统，需要充分利用职权做出各种决策。这些决策涉及国内政策、法律制定、外交关系等多方面，这些决策将直接影响国家的发展和游戏局势的走向。譬如：在政策制定上，体验者需要决定投入多少教育资金，教育资金会影响人才的培养；在法律制定上，体验者需要权衡税收改革法案，税收关乎财政和民生；在外交上，体验者需要在贸易谈判中决定是否签署协定，从中了解国际贸易规则和国际关系对本国经济发展的影响。

在游戏中，体验者需要与竞争对手、媒体机构周旋，甚至与外国领导人展开激烈的政治斗争，这要求体验者具备高超的政治手腕和思维策略，以应对各种挑战。面对对手的质疑，需巧妙回应，掌握如何在复杂的舆论环境中维护自身立场；和媒体互动时，把握信息发布，维护自身形象，掌握政治传播技巧。游戏中还涉及美国宪法的修改和制定等问题，体验者需要通过批准或反对相关法案来推动或阻碍宪法结构的改变。体验者可据此了解宪法的运作和权力制衡机制。This Is the President 通过模拟美国总统的决策过程，将抽象的政治知识融入游戏，让体验者如身临其境般地体验政治世界的复杂。

（二）历史教育

应用于历史学科的教育游戏种类较少，现存历史类教育游戏的教学方式大多分为三种：①将游戏置于真实的历史背景下，随着时间推进，游戏进程也严格遵循历史发展线索展开，如 Making History 系列、《三国志》系列、《大航海时代》系列等;②通过计算机技术真实呈现某一时期的环境样貌、历史文化等,为学习者提供如身临其境般的感受,如《发现之旅》系列等;③将历史知识与游戏机制、游戏挑战等核心元素相融合,使得体验者在潜移默化中学习历史知识,譬如《法老王》(Pharaoh)、《文明》系列、《俄勒冈之旅》等。

美国 Factus Gamess 公司的 Making History 是专为历史课程设计的一系列教育游戏,用于教授高中生第一次世界大战、第二次世界大战的相关知识,让学生更加投入地参与到学习过程中[①],目前该系列游戏已经在美国数百个教室中使用。包括 Making History: The Calm & The Storm Gold Edition、Making History Ⅱ: The War of the Worlds、Making History: The Great War、Making History: The Second World War、Making History: The First World War 等。其中,最早发布的 Making History: The Calm & The Storm Gold Edition 游戏定位在二战时期,体验者可以选择从法国、英国、美国等国家开始游戏,游戏场景如图 2-29 所示;Making History II: The War of the World 于 2010 年 6 月发布,游戏中体验者可以在世界地图上选择某个参与了二战的国家进行游戏,"创造"历史;Making History: The Great War 于 2015 年 1 月发布,游戏中,体验者将带领自己的国家加入第一次世界大战的历史洪流中,并要想尽办法在战争中生存下来,游戏沿着一战的时间线发展,并提供与该时代相关的历史背景知识供体验者学习。

图 2-28 *This Is the President* 游戏界面
(来源:Steam 平台的游戏宣传图片。)

 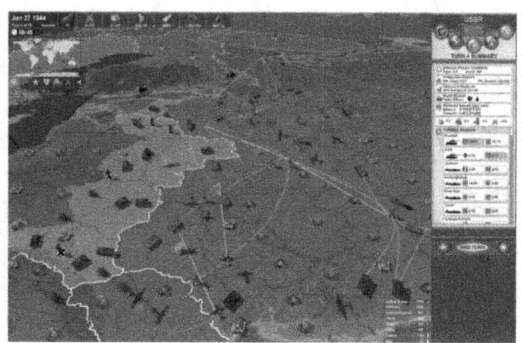

图 2-29 *Making History: The Calm & The Storm Gold Edition* 游戏场景
(来源:Steam 平台的游戏宣传图片。)

---

① WATSON W R, MONG C J, HARRIS C A. A case study of the in-class use of a video game for teaching high school history[J]. Computers and Education,2011,56(2):466-474.

《发现之旅》系列是由位于加拿大的育碧蒙特利尔工作室研发的系列历史文化教育游戏,包括《发现之旅:古埃及》(Assassin's Creed Origins: Discovery Tour-Ancient Egypt)《发现之旅:古希腊》(Assassin's Creed Odyssey: Discovery Tour-Ancient Greece)《发现之旅:维京时代》(Assassin's Creed Valhalla: Discovery Tour-Viking Age)。以《发现之旅:古埃及》为例,它是《刺客信条:起源》(Assassin's Creed Origins)的衍生版本,游戏场景如图 2-30 所示。游戏按照 1∶1 的比例真实还原古埃及托勒密王朝末期的场景,包括孟菲斯城、亚历山大城及周边地区。游戏中的知识内容均由历史学家和埃及考古学家制作,包含了最新的考古学成果,这使得游戏在教育领域具有较高的价值,教师可以直接用于课堂教学活动当中。游戏共设有 75 个游览点,如木乃伊、大金字塔、克里奥帕特拉女王的生活等,这些游览点从不同方面来展现托勒密王朝时期的古埃及。此外,该游戏还支持多种语言选择,包括日语、英语、法语等,以满足不同国家和地区体验者的学习需求。

图 2-30 《发现之旅:古埃及》游戏场景
(来源:Ubisoft 平台的游戏宣传图片。)

(三) 地理教育

应用于地理学科的教育游戏主要有三种形式:①游戏设定充分尊重史实,体验者通过游戏了解城市、海洋、陆地等信息,如《大航海时代》系列;②游戏通过计算机图形图像技术还原真实世界的地形、地貌特征,为学习者提供识记条件或要求学习者准确识别所在区域位置,如 *WorldGuessr*、*GeoExpert* 等;③针对某个特定地理知识,游戏提供简单的地理学科教学辅导,如帮助七年级学生用于课后知识复习的 VR 教育游戏《小岛拯救计划》[①],或者在游戏中对太阳系进行模拟,以辅助学生学习"太阳系构成""地球的自转与昼夜更迭"等地理知识[②]。

美国 Sierra Chica Software SL 公司的 GeoExpert(应用界面如图 2-31 所示)是一款地理教学工具,通过该应用,体验者可以了解不同国家和地区的位置、国旗样式、河流走向、山脉等信息。该应用提供了学习和测试两种模式,以帮助有不同需求的体验者提升学习效果。Coder Gautam 工作室开发的 *WorldGuessr* 是一款可在浏览器和移动设备体验的地理教育游戏。该游戏中,体验者会被随机放置在世界上的某一个区域,体验者需要根据周围环境(如建筑风格、地理特征等)和视觉线索(如广告牌、路标、文化语言等)来判断自己所在的位置。

图 2-31　GeoExpert 应用界面
(来源:TapTap 平台的游戏宣传图片。)

四、游戏与美育

美育游戏是指教育游戏在音乐、美术、创意实践等课程中的应用,这类教育游戏可以提升学生的审美感知、艺术表现等艺术素养。

(一) 音乐教育

目前常见的音乐教育游戏主要包含三种类型:①通过游戏的形式激发体验者的学习兴趣,为体验者学习基础乐理知识提供指引;②游戏向体验者介绍乐器的分类、特征等元素,增强体验者对不同乐器的了解程度;③部分游戏面向有一定乐理基础的体验者,其提供一种模拟创作的环境,体验者在游戏中可以自由编曲。

My First Classical Music 是《我的第一本古典音乐启蒙书》的配套 APP,由国际古典音乐权威品牌 NAXOS 制作,专为 4 岁以上儿童设计(如图 2-32 所示)。其通过 APP 与绘本

---

① 郭雪淳. 基于 VR 的教育游戏在初中地理教学中的开发与应用[D]. 南昌:江西科技师范大学,2021.
② 甘靖凯. 游戏化学习理念下初中地理教学游戏开发[D]. 北京:中央民族大学,2021.

相结合的形式,吸引儿童阅读内容的同时,对儿童学习古典音乐进行启蒙教育。

图 2-32　*My First Classical Music* 游戏界面
(来源:App Store 平台的宣传图片。)

日本 YATATOY 公司的 *Loopimal*(如图 2-33 所示)通过"次序/排序",让儿童能够创造和组合出多样化的旋律与节奏,从而培养他们的音乐创造力和节奏感。而瑞典 Toca Boca AB 公司的 *Toca Band*(如图 2-34 所示)则通过游戏的形式让儿童接触并了解不同的音色、节拍以及其他音乐元素的组合方式,且游戏中的多个角色和音效均具备较高的辨识度,有助于提升儿童对音乐元素的认识能力。

图 2-33　*Loopimal* 游戏宣传图片
(来源:yatatoy 平台的游戏介绍。)

图 2-34 *Toca Band* 游戏宣传图片
（来源：yatatoy 平台的游戏介绍。）

美国 Bamboo Kids 公司的 *Tiny Orchestra*（如图 2-35 所示）通过游戏的形式引导儿童识别来自世界各地的 18 种乐器（包括低音提琴、鼓、钢琴等），同时锻炼儿童对不同乐器的辨别能力。此外，儿童还可以组建属于自己的管弦乐队，了解不同乐器组合演奏的音乐效果。

图 2-35 *Tiny Orchestra* 游戏界面
（来源：Apple Store 平台的游戏宣传图片。）

独立游戏制作者 Zhang HaiLong 的《音乐家》（*Musician*）面向有一定乐理知识的体验者，体验者可以自由导入 MIDI 格式的音乐文件，演奏喜爱的乐曲，并根据教程谱写属于自己的乐章（如图 2-36 所示）。游戏提供了包括 MIDI 编辑、谱面设计等丰富的音乐创作工具。通过游戏，体验者可以学习音乐知识、开展音乐创作，并且还能与其他体验者合作创作。

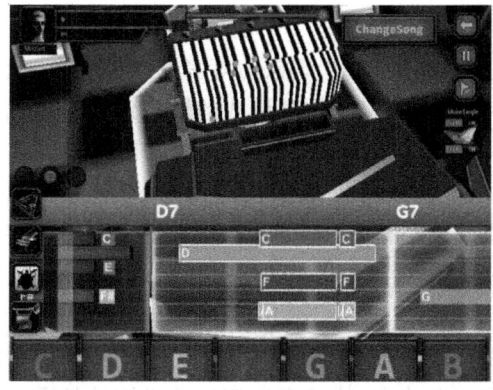 

图 2-36 《音乐家》游戏界面
（来源：Steam 平台的游戏宣传图片。）

法国育碧公司的 *Rocksmith*+（如图 2-37 所示）同样是一款以乐器学习为主题的音乐教育游戏，体验者可以随时随地学习吉他和钢琴。游戏中拥有数千首原声录音歌曲，体验者可以自由体验这些歌曲，并且还能通过它来学习演奏技巧。此外，游戏还有视频教学和练习模式两种功能选择，非常适合想要学习吉他或钢琴的人。

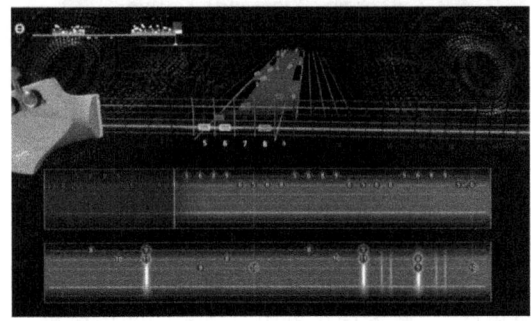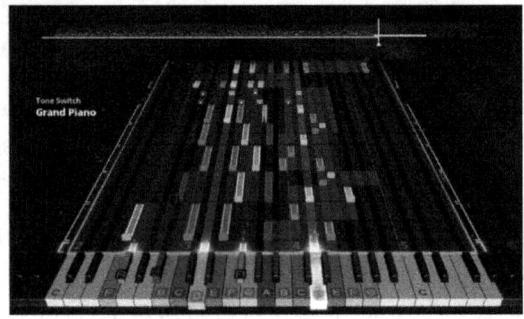

图 2-37　*Rocksmith*+吉他和钢琴练习界面

（来源：Ubisoft 平台的游戏宣传图片。）

美国 Harmonix 音乐公司的 *Fuser*（如图 2-38 所示）是一款模拟音乐创作的游戏。游戏为体验者提供了一个自由的音乐创作平台，体验者可以随意拆解、组合以及调节音乐元素，锻炼音乐创作能力。游戏还包含多种类型和风格的音乐，以满足不同体验者的需求。

图 2-38　*Fuser* 游戏场景

（图片来源：游戏截图。）

（二）美术教育

美术教育游戏各具特色，涵盖了绘画、色彩、形状、创造力、想象力等多方面的教育，能够满足不同年龄段和兴趣偏好的体验者的学习需求。现存美术教育游戏的形式包括①游戏内容与美术知识的深度结合使体验者在游戏过程中可以学习丰富的美术知识，提升对美术作品的审美鉴赏能力；②游戏以教育为目的，通过视频讲解等形式直接讲授艺术原理、绘画技巧等；③游戏其本身并没有把艺术教育作为游戏的核心目标，但在为体验者带来愉悦的游戏体验的同时，还能使体验者在游戏中不断发现和欣赏美的事物，在潜移默化中提升艺术素养。

成都轻橙时代网络科技有限公司的《名画展》（如图 2-39 所示）是一款包含丰富艺术教育元素，将游戏内容与美术知识深度结合的游戏。游戏中，体验者扮演的美术馆馆长需要收集名画，努力争取扶持基金，并征服 35 所美术馆的馆长和世界各地的观众。游戏包含百余幅来自不同流派的画作，体验者可以深入了解每幅作品的风格、内容和背景故事。同时，体验者还可以了解不同画系风格的特点，每种风格画作的代表作品及其画家的故事。此外，游戏还包含知识问答与互动环节，体验者需要对画作具有一定的了解，才能够成功答对问题并领取奖励，这有助于巩固体验者的美术知识。通过游戏，体验者可以在欣赏名画的同时提升自己的艺术审美水平，学习丰富的美术知识。

图 2-39 《名画展》游戏界面

（来源：Steam 平台的游戏宣传图片。）

游戏制作人陈星汉和团队 thatgamecompany 制作的《光·遇》（游戏场景如图 2-40 所示）是一款能够培养体验者艺术素养的游戏作品。在视觉艺术呈现方面，该游戏画面精美，色彩搭配和谐，为体验者营造了如梦如幻的云端世界。游戏中晨岛的迷雾、云野的绿意、雨林的繁茂等，都展现出了较高的艺术水准。音乐与音效方面，游戏中的配乐悠扬且动听，音效设计细腻入微，蜡烛燃烧的声音、风吹草动的声音等，都增强了游戏的真实性与艺术感。游戏中，体验者可以自由搭配装扮，展示自己的个性与创意。这些设计都从一定程度上激发了体验者的想象力与创造力。

图 2-40 《光·遇》游戏场景

（来源：TapTap 平台的游戏宣传视频。）

除此之外，能在潜移默化中培养体验者艺术素养的游戏作品还有很多（如图 2-41 所示）：以"不可能图形"为灵感，展现精美视觉错觉的《纪念碑谷》；受艺术家 Egon Schiele 影响，参考《汪达与巨像》的建筑风格、《风之旅人》的极简主义以及《千与千寻》等电影中的角色而设计的游戏作品 *Gris*；采用手绘风格，通过颜色交替和明暗对比来表现年轻人丰富的情感世界，营造沉浸式氛围的 *Florence*；通过四等分矩形场景和层层谜题，演绎诡秘之美的《画中世界》等。这些被称为"第九艺术"的游戏作品为体验者带来愉悦的游戏体验的同时，还使体验者在游戏中不断发现和欣赏美的事物，潜移默化中促进艺术素养的提升。

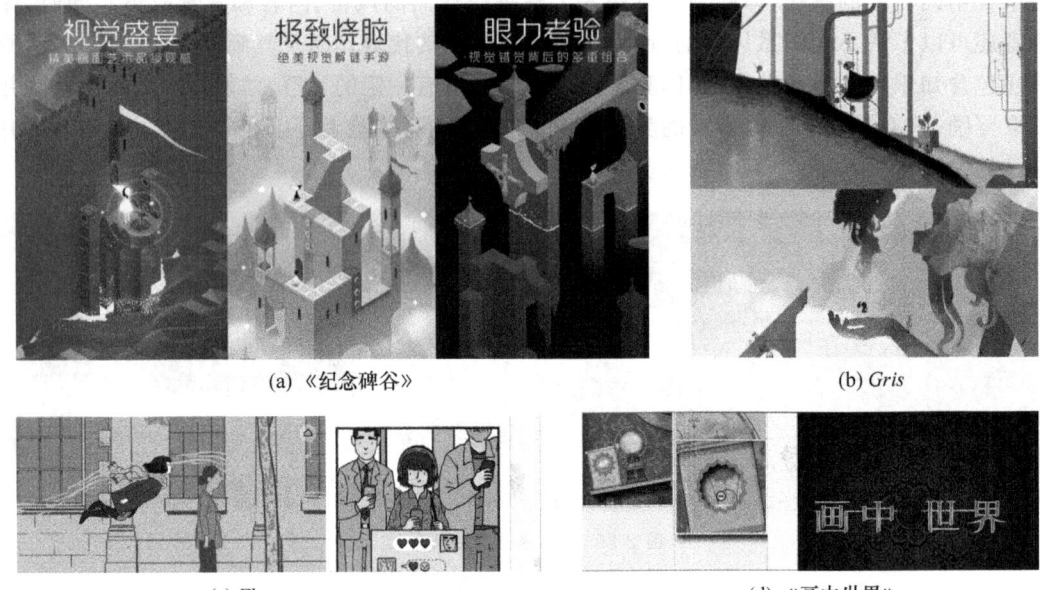

(a)《纪念碑谷》　　　　　　　　　　　　(b) *Gris*

(c) *Florence*　　　　　　　　　　　　(d)《画中世界》

图 2-41　能够提升体验者艺术素养的部分游戏作品
（图片来源：游戏截图。）

（三）创意实践教育

创意实践类教育游戏通过富有趣味的游戏体验培养学生的创新意识和创造能力，包括观察能力、空间想象力、思维发散能力、创造能力等。现有的能够提升学生创意实践能力的教育游戏案例不少，其常见的教育形式是游戏预先设定游戏机制，但是会给予体验者一定的发挥空间进行想象和创造。譬如，一些沙盒建造类游戏《粉末游戏》《盖瑞模组：体素世界》《战争模拟器》《我的世界》《上帝模拟器》等。还有一些不是专门为提升创意能力设计，但是体验者的其他能力（如空间想象力）在游戏的过程中能够得到提升的游戏。譬如，《我爱拼模型》《空间想象力》等。

沙盒游戏是所有游戏品类中具有较高自由度和创造空间的游戏类型之一，其要求体验者有足够的奇思妙想才能享受其中。从某些方面来说，这类游戏激发了体验者的创意实践能力。几乎所有沙盒游戏都可以根据内容模组和运行规则的不同被分为两类。譬如，在由日本 DAN-BALL 公司开发的《粉末游戏》中〔如图 2-42(a)所示〕不同的粉末就是内容模组，而粉末之间的反应公式就是运行规则，体验者可以创造风、火、雨甚至生物来探索虚拟世界，体验者的创造能力在游戏中可以得到极大的施展空间。再譬如，中国香港 TwentySeven 工作室制作的《甜瓜游乐场》〔如图 2-42(b)所示〕基于"布娃娃"物理结构来触发游戏场景中的不同机关；英国 Facepunch Studios 的《盖瑞模组：体素世界》〔如图 2-42(c)、(d)所示〕拥有更丰富的内容模组和更有深度的运行规则，并且支持通过 Mod 模组的方式进行再添加。这些游戏都对体验者的设计巧思和创造能力提出了较高的要求。

中国香港 Minimonster Game Limited 团队的《我爱拼模型》（*Pocket World 3D*）是一款可以锻炼体验者空间想象能力的休闲游戏（如图 2-43 所示）。游戏中，体验者需要细致观察模型材料的细节与零件卡口的形状，通过旋转与拖动部件完成组装。拼装过程中，体验者要仔细观察模型部件的细节部分,如边缘线条、凹凸结构等,以确保模型的准确性。游戏以三维模型的形式展现了世界各地的风景名胜与标志性建筑,体验者通过不断解锁新的模型,可以体验到对世界各地风景名胜、特色建筑进行组装的乐趣。

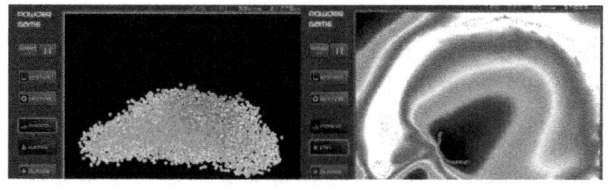

(a) 《粉末游戏》　　　　　　　　　　　　　(b) 《甜瓜游乐场》

(c) 《盖瑞模组:体素世界》　　　　　　　　(d) 《盖瑞模组:体素世界》

图 2-42　部分创意实践类的教育游戏界面

(图片来源:游戏截图。)

图 2-43　《我爱拼模型》游戏界面

(图片来源:TapTap平台的游戏宣传图片。)

五、游戏与信息技术教育

信息技术教育是指培养学生的信息素养(包括信息的获取、处理、利用和创新等方面能力),以适应信息化社会的人才需要。目前面向信息技术的教育游戏主要分为计算机基础教育(如打字)、计算机编程教育和计算思维培养等。

(一) 计算机基础教育

游戏在计算机基础教育领域的应用案例以训练打字技能为主。冒险类游戏《纸境奇缘》(如图 2-44 所示)是腾讯功能游戏于 2018 年发布的作品,体验者可以在游戏中提高自己的打字速度和拼写能力。游戏中,体验者扮演一名在由纸折成的世界中战斗的女孩,随着探索的深入,蕴含魔法力量的神秘词汇随之显现。游戏里的大部分操作都需要通过打字来完成,这对于熟悉键盘布局,提高手指灵活性和反应速度都有很大的帮助。此外,Freeplay LLC 团队的《快乐打字员》(如图 2-45 所示)、金山软件的《金山打字通》、长沙谦锦信息技术有限公司的《打字高手》等游戏都通过不同的游戏机制和关卡设计,帮助体验者提升对键盘的熟悉程度。

图 2-44 《纸境奇缘》游戏场景
(图片来源:Steam 平台的游戏宣传图片。)

(二) 计算机编程教育

游戏在编程教育领域具有显著的教育价值与社会影响力。编程能够帮助人们获得批判性思维、概念辨析能力、问题解决能力等,这些对于人们综合素养的发展十分重要[1][2]。然

---

① MALLIARAKIS C, SATRATZEMI M, XINOGALOS S. Educational Games for Teaching Computer Programming[M]//Karagiannidis C, Politis P, Karasavvidis I. Research on E-Learning and ICT in Education: Technological, Pedagogical and Instructional Perspectives. New York: Springer, 2014: 87-98.

② PAPADAKIS S. Apps to Promote Computational Thinking Concepts and Coding Skills in Children of Preschool and Pre-primary School Age[M]//Khosrow-Pour M, Clarke S, Jennex M, et al. Research Anthology on Computational Thinking, Programming, and Robotics in the Classroom. Hershey: IGI Global, 2022: 610-630.

而,在传统编程教育中,学校往往面临学生学习动机弱、旷课率高的问题①,因为学生常常认为编程是一项乏味而令人畏惧的任务②。尤其是在初次接触编程时,学生很容易因挫折感和枯燥感而中断学习,甚至最初对编程抱有热情的学生,也可能在随后的编程过程中感受到编程的困难而放弃③。编程学习的困难导致大量学生缺席编程课程④⑤。在 20 世纪 60 年代,人们就已经开始尝试通过游戏进行编程教育。进入 21 世纪,随着 Scratch、Alice 等图像式编程语言的出现,以及教育游戏整体进入繁荣时期,编程教育游戏开始获得社会各界关注,大量相关游戏开始涌现。⑥⑦

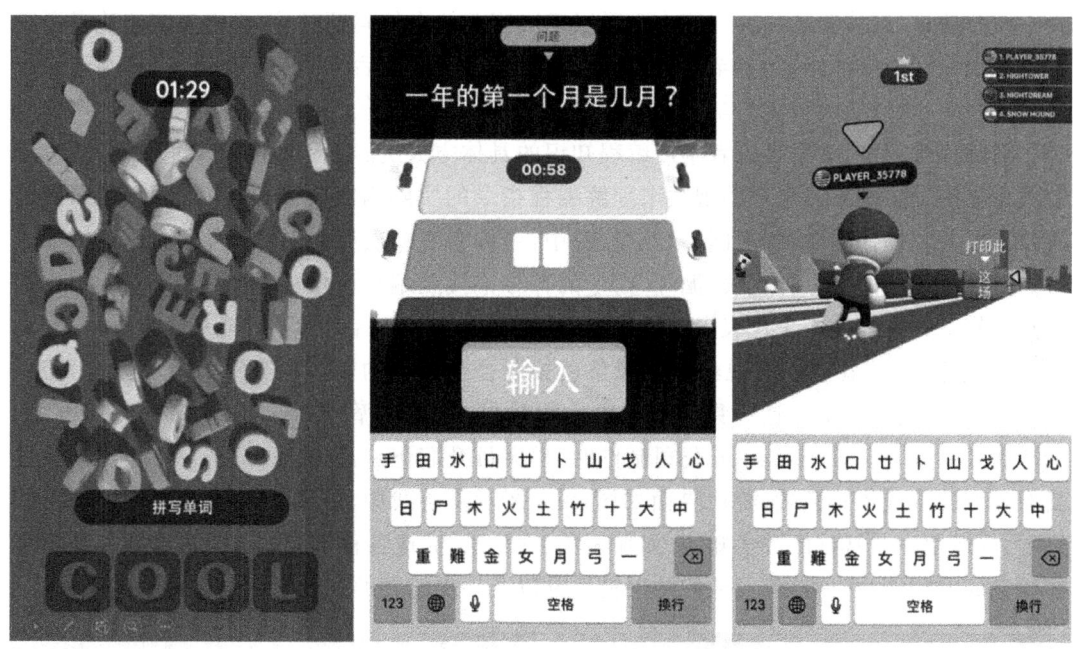

图 2-45 《快乐打字员》游戏场景
(图片来源:TapTap 平台的游戏宣传图片。)

---

① ZHAO D, MUNTEAN C, CHIS A, et al. Game based learning: enhancing student experience, knowledge gain, and usability in higher education programming courses[J]. IEEE Transactions on Education, 65(4): 502-503.

② LEONG F. Fine grained detection of programming students' frustration using keystrokes, mouse clicks and interaction logs[J]. Open Journal of Social Sciences, 2016, 4(9): 9-18.

③ MOHANA S. Increasing intrinsic motivation of programming students: towards fix and play educational games[J]. Issues in Informing Science and Information Technology, 2018, 15: 69-77.

④ BERGIN S, REILLY R. The Influence of motivation and comfort level in learning programming[C]// Proceedings of the 17th Annual Workshop of the Psychology of Programming Interest Group. Brighton: University of Sussex, 2005: 293-304.

⑤ ALHAZBI S. ARCS-Based Tactics to improve students' motivation in computer programming course[C]// Proceedings of the 10th International Conference on Computer Science & Education (ICCSE 2015). New York: Institute of Electrical and Electronic Engineers, 2015: 317-321.

⑥ LYE S, KOH J. Review on teaching and learning of computational thinking through programming: what is next for K-12? [J]. Computers in Human Behavior, 2014, 41: 51-61.

⑦ 裴蕾丝,尚俊杰. 电子游戏与教育研究的脉络和热点分析——基于科学引文数据库(WOS)百年文献的计量结果[J]. 远程教育杂志, 2015, 33(02): 104-112.

目前,较为常见的编程教育游戏的形态为:①游戏由多个互相连通的关卡组成,每个关卡包含了若干谜题,这些谜题需要体验者通过编程予以解决,当成功解决当前问题后,游戏将为体验者开辟新的场景,或者推进新的故事情节,如 *CodeCombat*、*Human Resource Machine*、*Code Monkey*;②游戏拥有一个虚拟角色,体验者编写的程序直接作用于该虚拟角色上,虚拟角色不断与游戏世界开展互动,如 *Lightbot: Code Hour*、*Box Island*;③体验者在完成任务的过程中积累分数,也可能收获特殊物品,体验者甚至可以选择更难的任务,且更难的任务将带来更多的分数;④游戏具有惩罚系统,若体验者编写了错误的程序则可能损失一些分数;⑤当体验者的编程能力不足以解决当前关卡的问题时,游戏将为该体验者开辟一条挑战难度更低的路径,直至体验者具备更强的编程能力后再回归主路径;⑥游戏通常具备提示系统,可以替代传统教学中的教师角色来指引体验者①。

在编程教育游戏中,体验者学习编程知识的具体方式为:在程序运行的过程中,通过对游戏世界中发生的具体事件的观察来理解编程指令的实际内涵。譬如,深圳墨齐致知网络科技有限公司制作的《编程王国:米亚夺宝》中,当体验者初次接触"循环执行指令"时,体验者需要按照游戏的提示将代表"循环"指令的符号拖拽至编程区域中,并且在"循环"指令的视觉符号下方再拖拽一个代表虚拟角色向前行走的指令,最后为"循环"指令设置循环次数。在运行程序时,体验者能够观察到虚拟角色按照自己设置的循环次数不断重复向前行走。于是,体验者便能够根据这些具体的程序运行效果来理解"循环"指令的含义和使用方法。加拿大 Tomorrow Corporation 公司制作的《程序员升职记》(*Human Resource Machine*)也具有类似的游戏体验模式,游戏界面如图 2-46 所示。游戏中,体验者要通过编写指令控制机器,并运用一些基础的数学知识(如加减法、乘除法)完成各种挑战。这一过程不仅锻炼了体验者的编程能力,更培养了他们的逻辑思维以及解决问题的能力。

 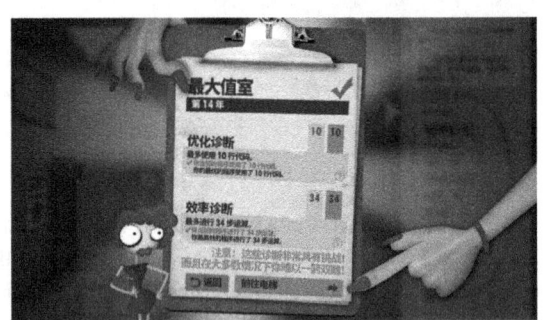

图 2-46 《程序员升职记》游戏界面

(图片来源:Steam 平台的游戏宣传图片。)

现存编程教育游戏体现出不同的编程语言形态(图像式、文本式、代码式)、不同的游戏类型(解谜类、探险类、沙盒类)和对不同编程技能的培养②,如图 2-47 所示。部分编程教育

---

① COELHO A, KATO E, XAVIER J, et al. Serious game for introductory programming[C]//Serious Games Development and Applications. Heidelberg:Springer, 2011:61-71.

② VAHLDICK A, MENDES A J, MARCELIND M J. A review of games designed to improve introductory computer programming competencies[C]//2014 IEEE Frontiers in Education Conference (FIE) Proceedings. New York:Institute of Electrical and Electronic Engineers,2014:1-7.

游戏聚焦于对某种编程语言的教学,体验者在游戏中学习和使用的编程语言、语法知识与现实生活的实际编程工作是直接对应的。美国 CodeCombat 公司 *Code Combat* 支持 JavaScript、CoffeeScript 等六种编程语言,涵盖编程基本语法、循环等主题。美国苹果公司研制的 *Swift Playgrounds* 要求体验者应用 Swift 编程语言编写程序。这两款游戏的核心目标都是帮助体验者掌握某种编程语言。部分编程教育游戏则采用图文式编程语言,其目的并不在于帮助体验者学习编程语言与语法知识,而是帮助体验者理解编程的完整流程并培养其计算思维。不少编程教育游戏采用与 Scratch 类似的图文式编程语言,体验者需要将代表不同编程指令的图片拖拽并拼贴在一起。《疯狂兔子:编程学院》《编程王国:米亚夺宝》、*The Foos* 等编程教育游戏都具备这个特点。此外,还有的编程教育游戏采用按钮与下拉框的形式实现非代码式编程,《异常》便是一个典型代表。

(a) *Code Combat*

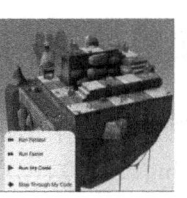
(b) *Swift Playgrounds*

(c)《疯狂兔子:编程学院》

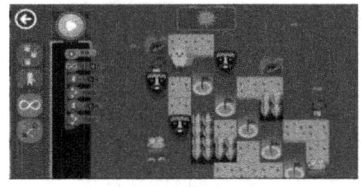
(d)《编程王国:米亚夺宝》

(e) *The Foos*

(f)《异常》

图 2-47　部分编程教育游戏作品
(图片来源:游戏截图。)

(三) 计算思维教育

计算思维是一种思维活动,通过运用计算工具和方法求解问题[①]。目前,越来越多的学者开始关注并强调培养计算思维对新时代人才教育的重要作用,包括英国、澳大利亚在内的多个国家也将计算思维教育纳入信息技术课程之中[②]。在此背景下,一些以培养计算思维为目的的教育游戏应运而生。

以《卓姆比尼人》(*Zoombinis*)(游戏场景如图 2-48 所示)为例,它是一款卡通冒险游戏,由美国 TERC(Technology Education Research Centers)公司制作。游戏中的谜题和任务多种多样,要求体验者具备灵活的思维和快速解决问题的能力[③]。体验者需要不断试错,最终找到解决问题的正确方法,这个过程不仅提升了体验者的解决问题能力,还培养了他们的耐心和毅力。研究结果表明,该游戏可以作为小学生、中学生练习计算思维的工具。[③]

---

① 范文翔,张一春,李艺. 国内外计算思维研究与发展综述[J]. 远程教育杂志,2018,36(02):3-17.
② 肖广德,高丹阳. 计算思维的培养:高中信息技术课程的新选择[J]. 现代教育技术,2015,25(07):38-43.
③ 苏晗宇,侯兰,尚俊杰. 在游戏中培养计算思维——《Zoombinis》的游戏设计与教育应用探析[J]. 中小学信息技术教育,2024(11):90-92.

图 2-48 《卓姆比尼人》游戏场景

(图片来源:Steam 平台的游戏宣传图片。)

第四节 游戏与跨学科教育

本节将分析游戏在跨学科教育中的具体应用。STEAM 教育,即 Science(科学)、Technology(技术)、Engineering(工程)、Art(艺术)、Mathematics(数学)[①],源于美国,是在 STEM 教育基础之上发展而来的,是以培养学生的跨学科思维能力、创新思维能力以及解决实际问题能力为目的的教育理念和教育模式。STEAM 教育是注重实践的教育,是基于项目和问题的教育[②],是利用资源和工具开展的教育,是在真实情境下的探究式教育以及多主体共同参与的教育[③]。

20 世纪初,随着工业革命的发展和科技的进步,西方国家认识到科学、技术和工程对于提升国家竞争力和社会发展的重要作用,提出了跨学科的教育需求。随着时代的发展,人们逐渐认识到艺术在培养学生综合素养中的重要性[④],因此,将艺术融入 STEM 教育,并形成了 STEAM 教育[⑤]。近年来,STEAM 教育有演变为 STREAM 教育的趋势[⑥],STREAM 教育是在 STEAM 教育基础之上增加读(Reading)/写(Writing)能力[⑦],使学生能够满足文字撰写以及与人交流的需要。

如今,很多国家开始重视并布局 STEAM 教育:2010 年,美国在白宫启动了首届全国 STEM 游戏设计大赛(National STEM Video Game Challenge)[⑧];2015 年,澳大利亚发布《STEM 学校教育国家战略 2016—2026》(National STEM school education strategy 2016—

---

① 郝玉婷,王丹,张雅晴. 学科核心素养视域下 STEAM 教育与地理实践力的融合[J]. 科教导刊,2022(09):25-27.
② 刘慧. 基于 STEAM 教育理念的中职《3D 打印》课程教学模式研究[D]. 广西师范大学,2021.
③ 范文翔,张一春. STEAM 教育:发展、内涵与可能路径[J]. 现代教育技术,2018,28(03):99-105.
④ TALJAARD J. A review of multi-sensory technologies in a Science, Technology, Engineering, Arts and Mathematics (STEAM) classroom[J]. Journal of Learning Design,2016,9(2):46.
⑤ 赵慧臣,陆晓婷. 开展 STEAM 教育,提高学生创新能力——访美国 STEAM 教育知名学者格雷特·亚克门教授[J]. 开放教育研究,2016,22(5):4-10.
⑥ 王瑶,王儒萌. STEAM 理念下的幼儿创新教学探析[J]. 小学科学(教师版),2019(1):66.
⑦ 范文翔,张一春. STEAM 教育:发展、内涵与可能路径[J]. 现代教育技术,2018,28(03):99-105.
⑧ 董子钰. 教育游戏在《艺术概论》课程中的应用研究[D]. 西安:西安音乐学院,2021.

2026)[①],要求确保每位学生都能掌握 STEM 的基础知识和技能,并鼓励他们挑战更高难度的 STEM 课程;2023 年,芬兰发布《STEM 国家战略和行动计划》(Finnish National STEM Strategy and Action Plan)明确要求加快 STEM 教育的发展[②]。

除国家战略层面之外,众多科研院所也纷纷布局 STEAM 教育领域。2009 年 9 月,美国纽约市新建了一所 Quest to Learn School,该学校是美国第一所将教育游戏融入整体教学设计的公立中学,学生使用的游戏由专门的研究机构 Institute of Play 中顶尖教育家和游戏理论家研发;MIT STEP 实验室研发了大量 STEM 游戏,其中 MIT Scheller 教师教育计划和 The Education Arcade 专注于利用新型教育技术创造有趣且有效的学习体验。在国内,有中国教育技术协会教育游戏专业委员会等专业组织专注于这一新兴领域。近年来,在北京大学教育学院尚俊杰教授的带领下,该组织推出了各种线上和线下的游戏化教学方案,为教师使用游戏开展教学提供了便利。此外,国内一些大型游戏公司,如网易、腾讯等也在尝试将教育和游戏结合起来,以期在未来的广阔市场中占据一席之地。

现阶段跨学科教育游戏数量丰富,学科交叉较为繁杂。为方便系统梳理,本节根据 STEAM 教育的五个核心领域(科学、技术、工程、艺术、数学)以及游戏的跨学科特性,将跨学科教育游戏分为科学探索类、技术应用类、工程创造类、人文艺术类、数学思维类。需要注意的是,很多跨学科教育游戏涉及科学、技术、工程、艺术、数学中的多个领域,本节将以游戏的主要涉及领域为基准对其进行归类。

一、科学探索类

科学探索类跨学科教育游戏主要围绕自然科学知识,如化学、物理、生物、天文等,通过游戏促进多学科知识融合,增强学生对科学原理的认识,激发学生的科学探索精神。

(一) 基于物化科学的跨学科游戏

教育应用提供商 Edoki Academy 团队的 *Crazy Gears*(游戏界面如图 2-49 所示)是一款探索物理规律的教育游戏,其面向 6~12 岁儿童。该游戏通过趣味互动培养儿童的逻辑思维,并教授儿童基础的机械工程知识。游戏中,体验者需要通过组合齿轮、链条、滑轮、杠杆等机械部件,解决一系列关卡中的谜题,最终触发机关,完成任务。通过这款游戏,体验者能在自由探索宇宙的过程中,将物理、天文知识与数学计算相结合,有效提升跨学科综合素养。

美国 Giant Army 公司的《宇宙沙盒》(*Universe Sandbox*)是一款沙盘类游戏。该游戏采用真实的物理引擎模拟重力、轨道运动等物理现象,游戏场景如图 2-50 所示。该游戏没有固定的结局,体验者可以自由发挥,创造出属于自己的宇宙,并探索其中的奥秘。该游戏涵盖天文学、物理学、数学等多个科学领域的知识,体验者可以通过该游戏学习宇宙中天体的运动规律,观察和了解大量的物理现象。同时,体验者在创造星球、星系等过程中,需要考

---

① 北京科学教育研究院. 澳大利亚:发布 STEM 教育国家战略[EB/OL]. (2015-12-16)[2025-2-9]. https://www.bjesr.cn/ywbm/jyfzyjzx/gjjy/2018-06-27/43381.html.

② 连婷婷. STEM 教育能力何以提升——《芬兰国家 STEM 战略和行动计划》的解读与启示[J]. 教育进展,2024(5):1329-1336.

虑不同质量和体积的物体之间的作用力,这在一定程度上锻炼了体验者的工程思维和解决复杂问题的能力。此外,在游戏创造不同的天体运动效果时,体验者不仅需要掌握物理学相关知识,还需要应用数学计算能力。同时,在游戏中,体验者还可以创造美丽的星系、星球等来展现自己的审美观念和创作能力。基于此,体验者能够通过该游戏学习和应用多学科的知识与技能。

图 2-49 *Crazy Gears* 游戏界面

(图片来源:App Store 平台的游戏宣传视频。)

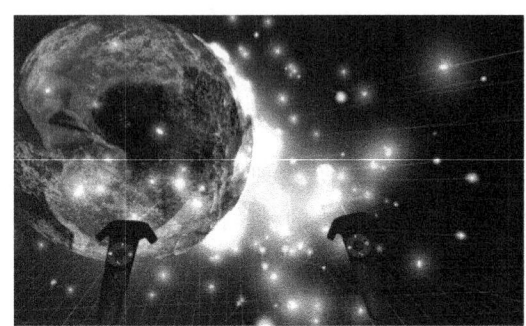 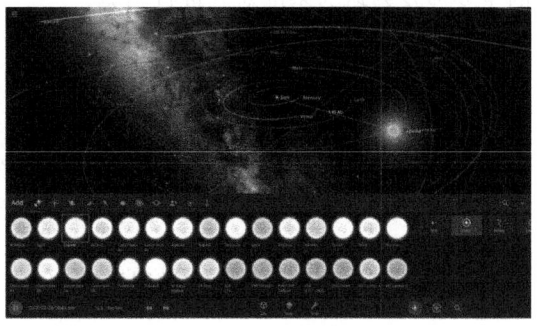

图 2-50 《宇宙沙盒》游戏场景

(图片来源:Steam 平台的游戏宣传图片。)

美国 Zachtronics 工作室的《太空化学》(*SpaceChem*)是一款融合化学、编程、工程学等诸多学科知识的跨学科教育游戏。在游戏中,体验者需要运用编程技巧,利用各类符号与元件创造化学反应,这不仅考验体验者对化学知识的掌握程度,更在无形中锻炼了体验者的编程思维和问题解决能力。此外,体验者还需将工程实践中的诸多实际问题纳入思考范畴,诸如原料的获取、产品的研发、反应器的合理设计等,这种将科学思维与工程实践巧妙融合的游戏设计不仅丰富了游戏的内涵与深度,更在潜移默化中提升了体验者的综合科学素养。

(二) 基于生命科学的跨学科游戏

美国华盛顿大学计算机系和生物化学系联合制作的 *Foldit* 是一款富有特色的分子生物学游戏,涉及生物学、化学、数学等多学科领域知识。游戏将复杂的蛋白质折叠问题转化为趣味解谜挑战,让体验者在参与科学研究的同时培养跨学科素养。第一,游戏可以促进体验者对分子科学与生物学的理解。通过折叠操作理解氨基酸链如何形成稳定结构,以及结构如何影响生物活性(如酶催化机制)。学习氢键、疏水作用等分子间力的平衡,追求"低能量稳定构象"。第二,游戏可以帮助体验者学习科学探究方法。体验者通过调整蛋白质结构后观察系统评分(能量值变化),模拟科学研究流程,并在多次尝试中总结高效折叠策略(如α螺旋的常见位置)。第三,游戏可以提升体验者系统问题解决能力。体验者可以在三维空间中旋转、拖拽分子链,通过反复调整局部结构逐步逼近全局最优解,从而提升空间想象力和几何思维。第四,游戏可以提升体验者的团队协作和批判性思维能力。多人模式中,体验者可共同优化蛋白质结构,学习分工合作。通过社区讨论对比不同解法,理解科学争议以及证据评估。该游戏适合有一定化学、生物学知识的体验者进行体验,通过游戏能够激发体验者对结构生物学、药物设计、医学等领域的兴趣。

美国 MIT STEP 实验室和 Education Arcade 联合开发的 STEM 教育游戏 *Radix Endeavor*(如图 2-51 所示)专注于生物学与数学的跨学科教育。体验者需要在一个模拟地球环境的虚拟世界中,运用所学的生态学、进化论、遗传学、代数、几何、概率、统计知识来完成各项任务。游戏中,体验者能模拟某一特定生物经过多代繁衍,逐步适应环境变化的全过程。*Radix Endeavor* 将科学、技术、工程和数学等跨学科知识深度融合于游戏中,并非如同传统教育模式一样采用文字等形式显性而直接地向体验者传授数学与科学知识,而是提供了一种实验平台,支持体验者在富有趣味的游戏中边实践边学习跨学科知识[①]。

图 2-51 *Radix Endeavor* 游戏中,体验者模拟虫子繁殖并查看其后代的特征
(图片来源:Clarke 等[②]发表的论文。)

美国游戏工作室 Computer Lunch 开发的《细胞到奇点》(*Cell to Singularity*)是一款科

---

① LOUISA R, et al. Tipping the scales: classroom feasibility of the Radix endeavor game[J]. Serious Games and Edutainment Applications: Volume II, 2017: 225-258.

② CLARKE-MIDURA J, ROSENHECK L, HAAS J, et al. The radix endeavor: designing a massively multiplayer online game around collaborative problem solving in STEM[J]. Computer-Supported Collaborative Learning Conference, CSCL, 2013, 2: 237-238.

学模拟游戏,涉及生物学、物理学、数学等多学科领域的知识,游戏界面如图2-52所示。游戏中,体验者从最简单的单细胞生物发展到多细胞生物、鱼类、爬行动物、哺乳动物、灵长类动物及其他生物,通过资源管理和科技升级,逐步推动生命从海洋到陆地、从恐龙时代到人类文明,甚至向未来人工智能和宇宙空间探索延伸。游戏通过可视化时间轴、进化树系统和动态知识卡片,将40亿年的生命演化史浓缩为可互动的沉浸体验。体验者在游戏中可以学习大量生命科学知识:①体验者通过"点击生成核苷酸—构建DNA链"的游戏,直观了解遗传信息的传递逻辑;②游戏中进化树分支需要体验者平衡突变率和环境压力,向体验者展示"适者生存"的含义;③在灵长类动物的进化阶段,体验者需要通过组合不同基因片段解锁新的物种;④游戏在"奇点"阶段设置伦理选择题,引导体验者反思科技与生命的边界。除此之外,游戏还将生物学知识与地质年代、物理熵增定律、数学指数增长模型等概念相结合,通过"模拟—迭代—反思"的循环机制,将生命科学教育转化为可操作的实验,促进体验者进行跨学科知识的学习。

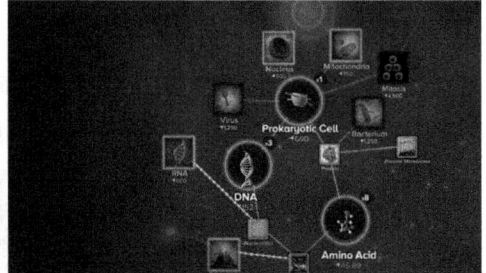

图2-52 《细胞到奇点》游戏界面

(图片来源:Steam平台的游戏宣传图片。)

(三)基于环境科学的跨学科游戏

环境科学涉及生物学、化学、地理学、生态学等多个学科领域。近年来,随着环境问题的复杂化和多样化,越来越多的人开始关注并尝试从不同角度运用多学科知识来寻求解决方案,而教育游戏便成为人们探索环境问题解决方法的手段之一。现有的环境科学类教育游戏多采用模拟真实生态环境、互动体验、融入科学知识等方式,帮助体验者在娱乐中学习并掌握环境科学知识。譬如,通过直观展示工业活动对自然环境长期影响的 *Econauts*,通过种植植物、养殖动物等方式来平衡生态系统的 *Eco*,通过管理资源等方式来确保生存与发展的 *Tragedy of the Commons* 等。

美国MIT STEP实验室的 *Tragedy of the Commons* 是一款涉及环境科学、经济学、社会学等多学科知识的教育游戏。游戏的设计灵感源自一个广为人知的经济理论——"公地的悲剧"[①]。游戏中,体验者需要通过购置船只来钓鱼,但是游戏场景中的钓鱼点数量及鱼群规模均受到限制,这要求体验者必须认真考虑如何充分利用有限的环境资源,并认识到资源管理和可持续发展的重要性。同时,每个体验者的决策不仅会影响资源的可持续性,还会影响其他体验者的利益,这模拟了现实中的资源竞争与合作。这一过程也能让体验者对公

---

① HARDIN G. The tragedy of the commons: the population problem has no technical solution; it requires a fundamental extension in morality[J]. science, 1968, 162(3859): 1243-1248.

共资源管理过程中涉及的经济问题和社会问题有所了解,促使体验者应用跨学科的知识和思维来解决复杂问题。

二、技术应用类

技术应用类的跨学科教育游戏侧重于教授体验者某些更具实用性的技能,如数字媒体技术、机器人技术等。

(一) 基于数字媒体技术的跨学科游戏

数字媒体技术范围较广,包括图形设计、动画制作、视频编辑、音频处理、交互设计等领域。基于数字媒体技术的跨学科教育游戏数量较少,常见的游戏方式包括游戏提供设计游戏、制作动画、创作音乐以及构建场景的工具,供体验者自行发挥想象,如 *Dreams*、*Super Dungeon DIY*、*Mario Maker 2*、*LittleBigPlanet* 系列等。

Dreams(游戏场景如图 2-53 所示)是由英国 Media Molecule 制作的一款创意开发游戏,2020 年发布于 PS4 平台,涉及艺术学、文学、编程等多学科知识。该游戏的形式是:①游戏提供了强大的三维建模工具,体验者可以自行创建角色、道具、场景等,学习建模技巧;②体验者可以通过关键帧为角色和物体制作动画,学习动画制作的基本流程(如时间轴控制、动作设计等),设计动画触发条件(如按下按钮时播放动画等),学习通过交互系统来控制不同动画的播放;③游戏内置了音乐创作工具,体验者可以使用多种乐器对应的音效来创作音乐,学习音乐制作的基本技巧;④通过可视化编程工具,体验者可以设计游戏机制,学习基本的编程概念;⑤体验者可以分享自己的作品,或从社区中下载他人的资源进行二次创作;⑥通过反馈,体验者可以不断改进自己的作品,学习如何优化设计和提升质量。

图 2-53 *Dreams* 游戏场景

(图片来源:游戏截图。)

(二) 基于机器人技术的跨学科游戏

基于机器人技术的跨学科教育游戏融合科学、技术、工程、语言等多学科知识[1],通过富有趣味的游戏体验提高人们的学习动机和创造力。譬如:与机器人交互并完成各种任务的

---

[1] 王瑜,林建芬,石广兴,等. STEM 理念下初中机器人课程教学模式探究[J]. 教育信息技术,2022(S1):45-48.

Little Learning Machines；学习机器的工作原理，并建立自动化生产线的《学习工厂》(*Learning Factory*)；通过编写代码修理机器人的 *Robospital*、*RoboCo*；通过设计和建造机器人，深入了解自动化技术基础知识的《组装车间》(*Main Assembly*)等。

美国 Filament Games 工作室的 *RoboCo*（如图 2-54 所示）是一款以设计和建造机器人为主题的教育游戏，涉及工程、设计、编程等多个学科领域。在游戏中，通过设计和建造机器人，体验者可以学习基本的工程和设计原理，培养工程思维和创新能力；体验者在设计和优化机器人时，需要应用物理和数学知识，如力学、几何和代数；通过完成各种任务，如将三明治送给用餐者、准备浪漫晚餐、展示帅气舞步等，体验者可以掌握一些运用机器人技术来解决实际问题的方法。此外，游戏中还能使用 Python 语言控制机器人，因此，体验者也可以通过游戏学习基本的编程概念并培养计算思维。

图 2-54　*RoboCo* 游戏宣传图片
（图片来源：游戏官方网站。）

三、工程创造类

随着素质教育理念的推广，社会对于培养学生综合素质的需求日益增加。受时间、地域等客观因素的影响，工程创造类的跨学科教育游戏因其具有寓教于乐的特点成为培养学生创新思维、实践能力和团队协作能力等综合素质的重要途径。这类游戏通常在虚拟环境中为体验者提供了多样化的材料和工具，要求体验者进行设计和创造，从而解决一些实际问题。此类游戏涉及机械、建筑或系统工程等相关知识，对现实世界某些领域的工程实践过程进行模拟。

（一）基于建筑工程的跨学科游戏

建筑工程是指通过规划、设计和施工等，创建基础设施或建筑物等的过程。此类教育游戏包括设计和建造桥梁的《桥梁建筑师》(*Poly Bridge*)，通过建造和设计不同的物品来培养体验者工程思维的《我的世界：教育版》、*Lego Worlds* 等。

以瑞典 Mojang Studios 开发的《我的世界：教育版》（游戏场景如图 2-55 所示）为例，该游戏为体验者提供了丰富的学习内容和高度自由的创造空间，涉及工程、科学、技术等多个学科领域。譬如，在游戏中，通过使用木材、石头、土块、金属等材料，体验者可以构建房屋或机械装置等。建造过程中，体验者需要了解材料的物理特性，掌握结构力学原理，确保空间布局的合理性，这涉及物理、工程、建筑等学科知识的应用。此外，体验者在游戏中可以通过自由挖掘和建造,探索新的建造方法与设计风格,提升创意设计能力。游戏中还内置了指导教程,帮助体验者掌握基础的建造技巧与理论知识。目前,该游戏已经进入世界各地多所学校的课堂中。

图 2-55 《我的世界:教育版》游戏场景
(图片来源:Steam 平台的游戏宣传图片。)

(二) 基于交通工程的跨学科游戏

交通工程是指规划、设计、运营和管理交通系统,涉及道路、铁路、航空、水运等多种交通方式,需要结合工程学、城市规划、环境科学、经济学和社会学等多学科领域的知识。此类游戏常见的教育方式是模拟现实世界交通网络、交通工具的设计与建造,帮助体验者在虚拟环境中学习科学、技术、工程、艺术等知识,培养体验者的创造力与问题解决能力。譬如,模拟汽车设计与制造的《自动化:汽车公司大亨》(*Automation: The Car Company Tycoon Game*),模拟飞行器建造的 *SimplePlanes*,模拟载具设计的 *Trailmakers*、*Stormworks: Build and Rescue* 以及建造各种机器的 *Scrap Mechanic* 等。

英国 Camshaft Software 公司的《自动化:汽车公司大亨》是一款专注于汽车设计与制造的模拟经营游戏,涉及机械工程、工业设计、经济学、管理学等多个学科的知识,具有一定的跨学科教育价值,游戏场景如图 2-56 所示。游戏深度模拟汽车工业的各个环节。譬如,体验者可以设计发动机的每个细节,包括气缸数量、排量、燃油类型、进气系统等。在调整参数后,体验者需要平衡功率、扭矩、燃油效率和排放,这加强了体验者对机械工程和动力系统的理解。体验者可以设计底盘结构、悬挂类型(如独立悬挂或非独立悬挂)以及转向系统,从而学习如何优化车辆的操控灵活性和舒适度。体验者可以选择变速箱类型(手动、自动、CVT 等)并调整传动比,了解传动系统对车辆性能的影响。游戏还提供了车辆性能与物理模拟功能,体验者可以通过加速、制动、转弯等来评估车辆的性能,从而理解车辆的重量分布、轮胎摩擦系数对车辆驾驶体验的影响。游戏使用逼真的物理引擎模拟车辆的驾驶过程,帮助体验者直观地理解力学原理在汽车设计中的应用。此外,游戏模拟了不同类型汽车(如经济型轿车、豪华跑车、越野车等)的市场需求,体验者需要根据目标市场的偏好设计车辆,从而训练市场分析与产品定位的技能。《自动化:汽车公司大亨》通过高度拟真的汽车设计与制造,帮助体验者掌握交通工具设计的核心技能,包括工程优化、性能测试、美学设计、成本控制和市场分析等,提升了体验者的跨学科知识整合与复杂问题的解决能力,为体验者提供了全面的交通工具设计学习体验。

(三）基于环境工程的跨学科游戏

环境工程是指运用工程技术和相关学科的原理和方法,合理规划、有效保护和改善环境质量的实践活动,涉及环境科学、工程学、生态学、艺术学等多个学科的知识。随着全球环境问题的日益严峻和人们对环境保护意识的不断提高,环境工程面临着新的发展趋势和挑战。基于环境工程的跨学科教育游戏也受到人们关注,目前市场上存在少量能够帮助体验者学习相关知识的跨学科教育游戏,譬如,利用各种废品来创造机械产品的《废品机械师》《Scrap Mechanic》,学习环境规划、资源分配的《异星工厂》(Factorio)、《模拟城市》(SimCity)系列等。

以瑞典 Axolot Games 工作室制作的《废品机械师》(游戏场景如图 2-57 所示)为例,该游戏融合了工程建造、物理模拟等跨学科知识。在生存模式中,体验者需要收集木材、金属、燃料等资源来建造机械,这促使体验者思考如何高效利用资源。体验者可以通过回收和再利用废弃零件来建造新的装置,这体现了环境工程中废物管理和循环经济的原则。此外,体验者还需要运用物理学、材料科学和机械工程知识来设计装置,解决资源短缺、能源效率低下等复杂问题。虽然《废品机械师》并非专门的环境工程模拟工具,但它通过工程导向的游戏体验模式,帮助体验者学习环境工程相关的知识与技能。

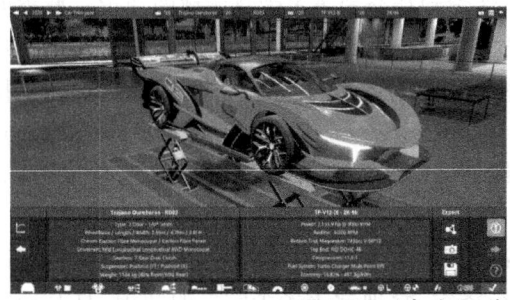 

图 2-56 《自动化：汽车公司大亨》游戏场景

(图片来源：Steam 平台的游戏宣传图片。)

图 2-57 《废品机械师》游戏场景

(图片来源：Steam 平台的游戏宣传图片。)

四、人文艺术类

人文艺术类的教育游戏是指可以增加人文艺术相关学科的知识储备(文学、历史、哲学、艺术、宗教、伦理学等领域的基础知识),注重价值观、创造力、社会责任感、艺术表达能力和审美水平的教育游戏。

（一）基于文学艺术的跨学科游戏

美国 5TH Cell 公司制作的《涂鸦冒险家：无限》(*Scribblenauts Unlimited*)是一款侧重于提升体验者语言艺术、创造性思维能力的解谜类游戏，涉及英语、物理等学科的知识，游戏场景如图 2-58 所示。游戏中，体验者写下任意英语单词，这些单词将变为实物，助力体验者解谜，这能够提升体验者的英语词汇量和拼写能力。体验者可以自由组合物品，创造故事场景（如"火山＋冰淇淋＝熔岩冰淇淋喷泉"），激发创意。游戏中除了涉及大量的物理常识，如用"火"点燃"木头"、用"雨"熄灭"火焰"，还融入了物理学中的重力、摩擦力等相关概念。这使得体验者在扩大英语词汇量的同时，还能够同步学习一些基础的物理知识，达到跨学科学习的目的。

图 2-58 《涂鸦冒险家：无限》游戏场景
（图片来源：Steam 平台的游戏宣传图片。）

（二）基于历史文化的跨学科游戏

西班牙 Joan Sabé Martínez 制作的 *Didactic Jesus Game*（游戏界面如图 2-59 所示）是一款以基督教信仰为核心的角色扮演类游戏，涉及耶稣相关的历史、宗教文化知识。游戏以耶稣的生平为主线，通过场景还原（如伯利恒、耶路撒冷）和任务设计，展示了 1 世纪中东地区的社会结构、宗教习俗和政治环境。体验者可通过扮演耶稣及其相关人物（如玛丽亚、约瑟夫、使徒等），亲身体验《圣经》中记载的关键事件，如传道、受难与复活。游戏要求体验者根据《福音书》的记载做出选择，如躲避希律王的追杀、应对法利赛人的质疑等。这种互动机制可以帮助体验者理解真实历史事件的背景。游戏通过文本、视频资料和叙事内容，深入讲解基督教的核心教义（如爱、宽恕、救赎），并引导体验者思考其现实意义。譬如，体验者需要在游戏中实践耶稣的教诲，帮助弱者或抵抗诱惑等。游戏中还有作为旁白的"教师"角色，解释耶稣言行的意义，并提供阶段性测试以评估体验者对内容的理解。

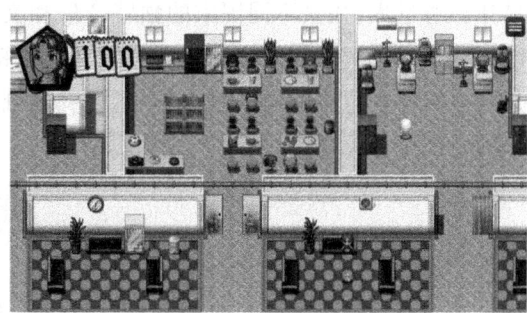

图 2-59 *Didactic Jesus Game* 游戏界面
（图片来源：Steam 平台的游戏宣传图片。）

(三)基于视觉艺术的跨学科游戏

包含视觉艺术元素的跨学科教育游戏数量较多,包括教授基础艺术理论知识的《艺术:赞助人》,培养绘画技巧的 color. method. ac、Art Academy,鼓励开展艺术实践的 Concrete Genie、《纽扣的游戏:天才服装设计师》、《梦想设计家》等。

美国 Triseum 公司制作的《艺术:赞助人》是一款专注于艺术领域的跨学科教育游戏,涉及艺术、历史和经济学等多个领域,游戏场景如图 2-60 所示。游戏完整呈现了 15 世纪文艺复兴时期,游戏中体验者需要扮演一位艺术收藏家,经营国际贸易并资助艺术家,这一过程可以帮助体验者深入了解文艺复兴时期的历史、艺术知识、经济状况等。游戏中呈现了116 件传世艺术品,包括 73 幅绘画、33 座雕塑和 10 座建筑。譬如,意大利雕塑家、画家、建筑家米开朗基罗·博那罗蒂(Michelangelo Buonarroti,1475—1564)的《大卫》,意大利画家、科学家、工程师达·芬奇(Leonardo da Vinci,1452—1519)的《维特鲁威人》等。通过资助艺术家并解锁这些艺术品,体验者能够了解丰富的艺术知识,包括不同艺术流派、艺术家风格、作品特点等,这对于提升体验者的艺术鉴赏能力以及丰富体验者的历史知识具有积极作用。同时,游戏还能在一定程度上提升体验者的资源分配、财务管理能力。

图 2-60 《艺术:赞助人》游戏场景

(图片来源:Steam 平台的游戏宣传图片。)

(四)基于音乐表演的跨学科游戏

美国 Melody Book LLC 公司制作的 Jazzy World Tour 是一款专为儿童设计的音乐教育游戏,涉及多个国家的音乐风格、饮食文化、地理信息等元素。游戏中,体验者将跟随两只猫咪环游世界,探索不同国家的独特音乐和文化,玩转各类乐器。通过环游世界,体验者可以在玩乐中了解不同国家的地理位置和文化特色,接触到世界各地的乐器和音乐风格,提升其音乐素养和审美能力。除了音乐,游戏还融入了各国的饮食、动物等,让体验者在轻松愉快的氛围中拓宽视野。

五、数学思维类

数学思维类的跨学科教育游戏以数学知识为核心,涉及几何、代数等多方面内容。相关教育游戏较多。譬如,学习数学基础知识的 Lure of the Labyrinth、《数学世界 VR》,探索二维与三维几何图形之间内在联系的 Shadowspect 等。

（一）基于代数运算的跨学科游戏

美国 Skill Prepare LLC 公司的《数学世界 VR》是一款获得 STEM 教育认证的 VR 教育游戏，该游戏以培养数学思维为核心，旨在训练体验者数学运算、问题解决、空间推理、反应速度、注意力与专注力等技能[①]。游戏包含"斧头投掷""弓箭手""打鼹鼠"等 12 个小游戏，如图 2-61 所示，体验者在游戏体验的过程中能够学习和应用数学知识。譬如，在"弓箭手"游戏中，游戏给出一道数学题目"$4*2=?$"，体验者需要快速识别和理解所给数字，并进行乘法算术运算，之后还需要运用 VR 设备，在尽可能短的时间内瞄准并射击标有正确答案的靶子，在一定程度上提升了体验者的数字识辨、乘法计算的能力。"嘉年华飞镖""迷你高尔夫"等游戏则让体验者在竞技运动中感受数学的魅力。"多人彩蛋射击"等游戏支持团队参与，体验者可以与朋友携手挑战数学难题，共同提升数学能力。此外，每个小游戏都有多个难度层级，体验者可以根据自己的水平逐步挑战。

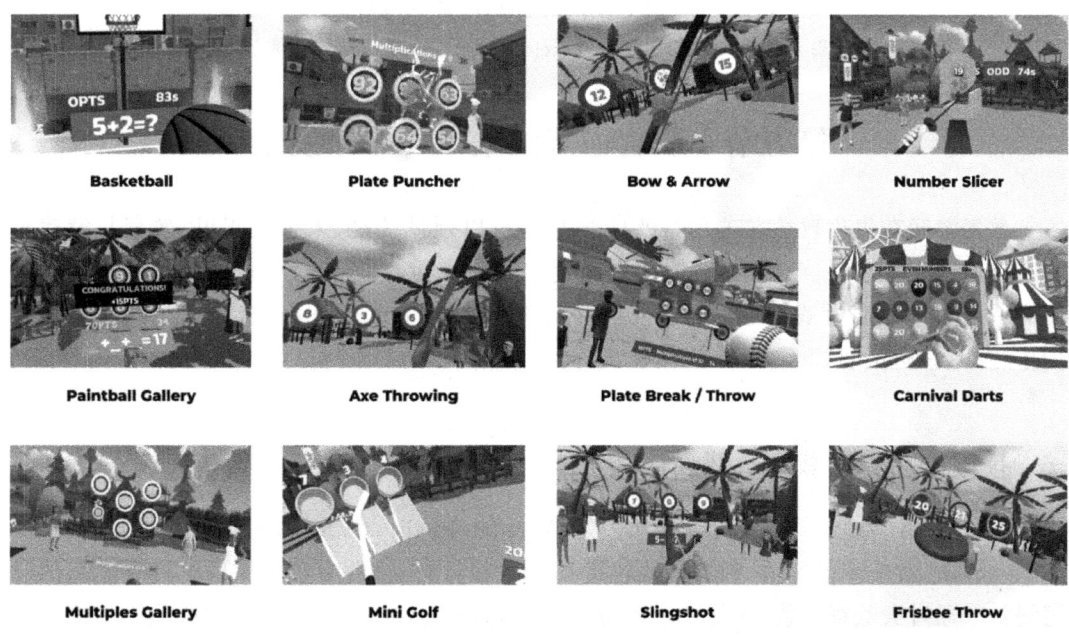

图 2-61 《数学世界 VR》的 12 个小游戏
（图片来源：游戏官方网站的宣传图片。）

（二）基于数学思维的跨学科游戏

美国 MIT STEP 实验室的 Lure of the Labyrinth（如图 2-62 所示）是一款侧重于数学知识的教育游戏，其课程设计参照了美国国家数学教师委员会（NCTM）的标准，为体验者提供了一个可以像数学家一样深入思考和解决问题的平台。游戏中，体验者通过解决数学谜题，掌握抽象的数学概念；通过阅读故事情节和角色的对话内容，培养阅读理解能力和叙

[①] 见《数学世界 VR》游戏官方网站：https://skillprepare.com/math-world-vr/。

事分析能力;通过探索迷宫,培养空间认知能力和方向感。游戏还支持多人合作模式,体验者可以和朋友一起解决谜题,培养团队合作和沟通能力。游戏以数学概念的教育与数学思维的培养为核心,在一定程度上融入了跨学科教育的理念,旨在提升体验者解决复杂问题的综合素养。

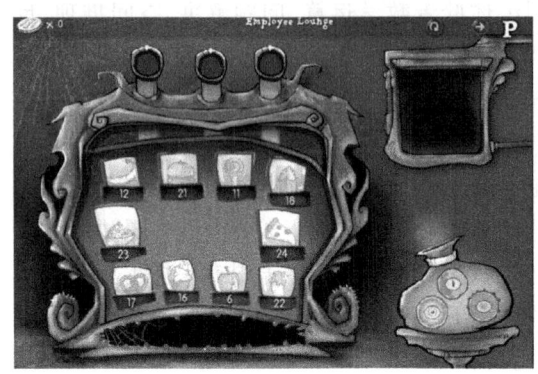 

图 2-62　*Lure of the Labyrinth* 游戏场景

(图片来源:MIT Scheller Teacher Education Program 官网。)

第五节　教育游戏的前景与未来发展

教育游戏在优化教学方式方面极具潜力[1],可以预见的是,未来几年里,教育与游戏这两个领域的优势互补、深度融合、协同创新仍将是研究重点[2]。教育的本质看游戏,游戏的内涵看教育[2],教育游戏终将实现学生自由地学习热爱的知识、积极主动地思考、享受学习的乐趣[3]这一远大目标。

一、技术创新引领教育游戏新体验

科技是第一生产力,随着虚拟现实(Virtual Reality,VR)、增强现实(Augmented Reality,AR)等技术的发展,教育游戏将更具沉浸感与交互性,为学生提供更具真实感的学习场景。通过大数据、人工智能(Artificial Intelligence,AI)等技术,教育游戏能够根据学生的学习进度以及能力水平进行个性化调整,为学生提供更加精准的学习方案和建议反馈。

(一) 构建沉浸式学习环境

VR、AR 技术的发展,使教育游戏能够提供更具沉浸感的学习体验,进一步拓展其在教

---

[1]　HOOSHYAR D, PEDASTE M, YANG Y, et al. From gaming to computational thinking: an adaptive educational computer game-based learning approach[J]. Journal of Educational Computing Research, 2021, 59(3): 383-409.

[2]　裴蕾丝,尚俊杰. 回归教育本质:教育游戏思想的萌芽与发展脉络[J]. 全球教育展望, 2019, 48(08): 37-52.

[3]　尚俊杰,裴蕾丝. 重塑学习方式:游戏的核心教育价值及应用前景[J]. 中国电化教育, 2015(5): 41-49.

育领域的应用场景[1]。其中，VR技术支持体验者如身临其境般地参与游戏，如Chan等[2]研发了一款基于VR技术的学习系统，体验者通过观看投影在墙面上的舞蹈动作来进行练习。AR技术则将虚拟元素与现实世界的影像相结合，为体验者提供虚实结合的互动体验，如Hsiao等[3]设计了一款基于AR技术的生态系统教育游戏EARLS，该游戏能够让学生在锻炼身体的同时学习科学知识，充分调动学生参与游戏的积极性。这些技术突破了传统教育游戏的体验模式，使人们能够在一个高度沉浸式的或虚实结合的环境中自由开展学习活动。这些技术也为开发者提供了更大的创意空间，促使人们设计出更加丰富多样的教育游戏内容。

（二）定制个性化学习方案

随着AI、大数据及学习分析（Learning Analytics）技术的不断成熟，功能游戏未来在教育领域的应用将更加广泛和深入[4][5]。技术的进步使得功能游戏能够结合游戏关卡的自动化生成技术，这不仅能够实现丰富多样的教育效果，还能够根据学习者的学科背景、学习习惯、思维模式、知识水平等进行自适应设计[6][7]，从而实现千人千面的智慧教育效果。现阶段，为了实现个性化自适应学习[4]，许多学者尝试研究了不同的自适应学习模型[4]，其中常见的形式有三种。一是基于自然语言处理技术的教育应用。北京师范大学的部分研究者开发了一款智能育人软件《AI好老师》[8]，通过自然语言交互，让计算机"听懂"人类语言，从而辅助教学。不少中文教育应用也已经可以通过语音识别技术、文字识别技术帮助体验者学习中文知识[9]。二是基于自动化关卡设计技术的教育应用。自动化的关卡设计可以根据学生的学习进度和能力水平，调整学习任务的难度以及类型。譬如，研究者Verma等[10]开发的游戏Chemo-ocrypt就是根据体验者状况智能调整游戏关卡，从而匹配体验者当前的化学知识水平。StikPixels公司开发的游戏《占领白墙》（Occupy White Wall）是一款基于AI技术的多人电脑在线游戏，体验者可以在游戏中扮演观众、艺术批评家等角色，游戏过程是Art Discovery AI驱动的，它能分析出体验者的喜好并且根据分析结果自行调整关卡的内容[11]。三是基于多模态分析的教育游戏。此类游戏能够通过面部识别、情绪检测或者眼球追踪技

---

[1] 王辞晓，李贺，尚俊杰. 基于虚拟现实和增强现实的教育游戏应用及发展前景[J]. 中国电化教育，2017(8)：99-107.

[2] CHAN J C P, LEUNG H, TANG J K T, et al. A virtual reality dance training system using motion capture technology[J]. IEEE Transactions on Learning Technologies, 2011, 4(2): 187-195.

[3] HSIAO K F, CHEN N S, HUANG S Y. Learning while exercising for science education in augmented reality among adolescents[J]. Interactive Learning Environments, 2012, 20(4): 331-349.

[4] 肖睿，肖海明，尚俊杰. 人工智能与教育变革：前景、困难和策略[J]. 中国电化教育，2020(4)：75-86.

[5] 尚俊杰. 人工智能为个性化学习插上翅膀[J]. 湖北教育（教育教学），2025(1)：1.

[6] 丁蔚欣，郝美惠，肖文斐，等. 物理类教育游戏及其教学应用[J]. 物理教学，2024，46(11)：9-12.

[7] HOOSHYAR D, MALVA L, YANG Y, et al. An adaptive educational computer game: Effects on students' knowledge and learning attitude in computational thinking[J]. Computers in Human Behavior, 2021, 114: 106575.

[8] 陈鹏鹤，彭燕，余胜泉. "AI好老师"智能育人助理系统关键技术[J]. 开放教育研究，2019，25(02)：12-22.

[9] 王治敏，王一帆，徐悦. 国际中文教育智能技术应用及趋势研究[J]. 华文教学与研究，2025(1)：9-21.

[10] VERMA V, CRAIG S D, LEVY R, et al. Domain knowledge and adaptive serious games: exploring the relationship of learner ability and affect adaptability[J]. Journal of Educational Computing Research, 2022, 60(2): 406-432.

[11] 王颖洁. 美术游戏的历史、价值与经验[J]. 美育学刊，2023，14(01)：70-79.

术采集体验者的信息来适时调整游戏内容。譬如,Emerson 等[1][2]通过捕捉体验者的面部表情、追踪其眼动轨迹等多模态数据来评估体验者在游戏中获得的体验效果,并据此改善教学效果,为体验者提供个性化的学习支持。

二、市场需求与政策支持的双重驱动

随着各学科技术与理论的持续进步,"学习"日益受到社会各界的广泛关注[3],我国新一轮课程改革明确提出关注学生的个体差异、实现个性化学习、强化教育实践性与互动性、深化跨学科整合以及推动教育公平的具体要求[4],这为教育游戏的设计与研发提出了更高的要求。此类游戏凭借在促进探究学习、自主学习及协作学习方面的独特优势,被赋予了重大的教育使命[5][6]。与此同时,政府和教育部门开始重视游戏在教育领域的应用,并出台相关政策推动其健康发展。一些游戏企业也尝试开发更多有益于青少年成长的功能游戏。在此背景下,教育机构、游戏开发者和行业专家将进一步加强合作,共同促进更具有教育意义和功能性的游戏产品的诞生。

---

[1] EMERSON A, CLOUDE E B, AZEVEDO R, et al. Multimodal learning analytics for game-based learning[J]. British Journal of Educational Technology, 2020, 51(5): 1505-1526.

[2] 赵玥颖,孙丹儿,尚俊杰. 国际教育游戏实证研究综述——基于2018—2022年的文献分析[J]. 开放教育研究,2023,29(05):106-120.

[3] 尚俊杰,裴蕾丝. 重塑学习方式:游戏的核心教育价值及应用前景[J]. 中国电化教育,2015(05):41-49.

[4] 何克抗. 现代教育技术与创新人才培养(上)[J]. 电化教育研究,2000,6:3-7.

[5] SQUIRE K. Replaying history: Learning world history through playing Civilization III[D]. Indiana: Indiana University, 2004.

[6] 尚俊杰,蒋宇,庄绍勇. 游戏的力量:教育游戏与研究性学习[M]. 北京:北京大学出版社,2012:50-52.

第三章 科普类游戏

第一节 科普游戏概述

一、科普游戏的定义

科普游戏是一种融合教育功能与娱乐元素的游戏形式,其核心目标是通过游戏向大众传播科学知识、科学方法、科学思想以及科学精神①。科普游戏作为功能游戏的一个分支,聚焦于知识传播领域②。它主要借助数字游戏(或实体游戏)的形式来传播科学知识,是开发科普资源、契合教育理念变革、拓展教学方法,并最终提升科普效果的重要手段③。相较于传统教育工具,科普游戏凭借其互动性、任务驱动机制以及趣味性元素,极大地增强了科学传播的生动性与可接受性。通过将科学原理与实验模拟有机嵌入游戏情境,科普游戏不仅能够显著提高体验者的参与度,还能够有效激发其学习动机与兴趣,从而为科学知识的传播与普及提供一种更具吸引力和实效性的途径。

二、科普游戏与教育游戏的差异

科普游戏和教育游戏作为两种重要的功能游戏类型,在不同的教育环境中发挥着不可忽视的作用。尽管它们的目标都在于促进学习和知识传播,但它们在设计目标、任务设计、目标受众等方面存在一定差异。

(一)设计目标的差异

科普游戏与教育游戏的最大区别在于它们的设计目标。科普游戏的核心目标是通过互动和娱乐的方式普及科学知识,尤其是向大众传播科学原理,并激发大众对科学的兴趣。相较于强调学术深度,科普游戏更注重跨学科的科学普及④。

---

① 任福君,翟杰全. 科技传播与普及概论[M]. 北京:中国科学技术出版社,2012:39.
② 本刊编辑部. 科普文化产业发展专家谈——《科普研究》学术沙龙(第4期)纪要[J]. 科普研究,2012,7(04):10.
③ 周荣庭,方可人. 关于科普游戏的思考——探寻科学普及与电子游戏的融合[J]. 科普研究,2013,8(06):60-66.
④ 万勇,周毅. 基于层次分析法的科普游戏用户体验评价系统研究[C]//人机交互国际会议论文集. Cham:Springer Nature Switzerland,2024:338-353.

功能游戏 **概论**

"科普游戏的主要目标是促进公众科学素养的提升,通过交互性强、参与度高的方式激发他们的科学兴趣"①。譬如,墨西哥 Squad 公司开发的《坎巴拉太空计划》(*Kerbal Space Program*)就是一款典型的科普游戏,游戏场景如图 3-1 所示。该游戏通过引导体验者设计火箭并模拟太空任务,使体验者在游戏过程中深入学习物理学原理以及航天领域的相关知识。

游戏中,体验者需扮演太空机构负责人,设计并发射火箭、航天器,指挥宇航员完成探索太阳系的任务。体验者必须理解牛顿运动定律、万有引力、轨道速度等物理概念,才能成功将航天器送入稳定轨道;需要计算推重比(Thrust-to-Weight Ratio,TWR)、比冲(Specific Impulse)等参数,优化火箭设计以实现目标;需要具备系统化的问题解决能力与工程设计能力,通过反复试错,分析任务失败的原因(如燃料不足、结构强度不足);需要注意科学与工程知识的融合,譬如,设计航天器需要同时考虑物理规律(轨道计算)和工程可行性(结构稳定性)等。

《坎巴拉太空计划》虽然涉及复杂的科学原理,但游戏将其转化为直观的游戏体验。这不仅让体验者在娱乐中掌握工程设计、轨道力学和数据分析能力,还能培养体验者对科学探索的好奇心、系统性思维和问题解决能力。《坎巴拉太空计划》的核心目标是通过趣味任务激发体验者对科学的兴趣,而非深入掌握某一学科的知识②。因此,科普游戏设计时通常侧重于通过趣味性和互动性来激发体验者的科学探索兴趣,而不要求深入掌握复杂的科学知识。

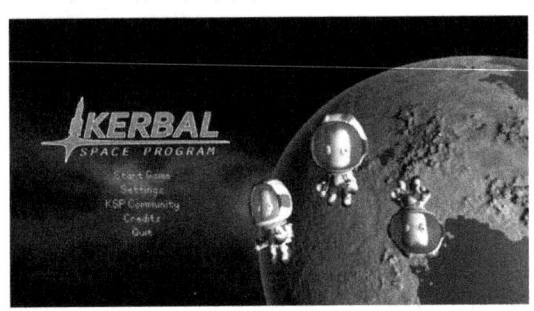 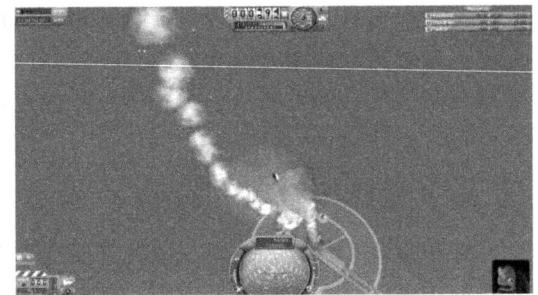

图 3-1 《坎巴拉太空计划》游戏场景
(图片来源:游戏截图。)

与此不同,教育游戏的设计重心聚焦于特定学科领域的知识传递。此类游戏通常以促进学生在某一学科中实现深度理解与实践应用为最终目标。教育游戏的设计目标"通常侧重于学术深度,帮助学生通过精心设计的游戏任务掌握特定学科的核心知识"③。教育游戏通常围绕着特定的学科目标进行设计,如数学、历史、语言等。任务设置往往具有系统性和

---

① STILGOE J, LOCK S J, WILSDON J. Why should we promote public engagement with science?[J]. Public Understanding of Science, 2014, 23(1): 4-15.

② GEE J P. What video games have to teach us about learning and literacy[J]. Computers in Entertainment, 2003, 1(1): 20.

③ SQUIRE K. From content to context: videogames as designed experience[J]. Educational Researcher, 2006, 35(8): 19-29.

学术性,旨在辅助学生构建学科知识体系并提升其实际应用能力。譬如,由美国 TERC 公司开发,Viva Media 公司发行的《卓姆比尼人》通过解谜任务帮助学生理解数学概念(游戏场景如图 3-2 所示),该游戏的重点是提升学生的学科能力[1]。

图 3-2 《卓姆比尼人》游戏场景

(图片来源:游戏截图。)

(二) 任务设计的差异

科普游戏的任务设计通常跨越多个学科领域,涵盖物理、化学、生物学等自然科学的基本概念,但并不深入探讨每个学科的细节。其任务设计重点是通过科学实验、虚拟探索等方式引导体验者观察科学现象,激发体验者对科学的兴趣。譬如,由美国 Dynamix 公司开发,并由 Sierra Entertainment 发行的《不可思议的机器》(*The Incredible Machine*),如图 3-3(a)所示,通过模拟物理实验和机械原理,帮助体验者了解基本的物理学概念,且该游戏适合各年龄段的体验者[2]。科普游戏"通过模拟物理、化学、生物等领域的基本概念,使体验者能够接触并理解科学的基本原理"[3]。因此,科普游戏的任务设计不仅具有跨学科性,而且通常更注重娱乐性和趣味性。

与此相对,教育游戏的任务设计通常聚焦于某一学科的深度学习。譬如,数学类教育游戏可能会设计一些复杂的计算任务,历史类教育游戏可能会模拟历史事件的分析与理解,语言类教育游戏则侧重于词汇、语法和语言应用能力的提升。譬如,由美国 JumpStart 公司开发的《超级数学冲击波》(*Math Blaster*)这款教育游戏,如图 3-3(b)所示,设计了多个数学任务,目的是通过解决数学问题,促进学生对数学概念的深入理解,进而提升其数学素养与解题能力[1]。教育游戏的设计目的是帮助学生在特定学科中积累知识,提升学术水平,而非仅仅激发他们的兴趣。

---

[1] PRENSKY M. Digital game-based learning[J]. Computers in Entertainment, 2003, 1(1): 1-4.

[2] WAN Y, ZHOU Y. Research on user experience evaluation system of popular science games based on analytic hierarchy process[C]//Proceedings of the International Conference on Human-Computer Interaction. Cham: Springer Nature Switzerland, 2024: 338-353.

[3] CLARK D, NELSON B, SENGUPTA P, et al. Rethinking science learning through digital games and simulations: genres, examples, and evidence[C]//Learning Science: Computer Games, Simulations, and Education Workshop. Washington, DC: National Academy of Sciences, 2009: 1-71.

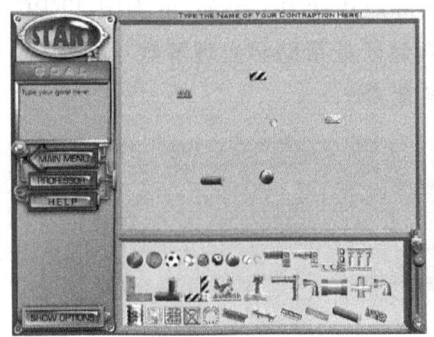 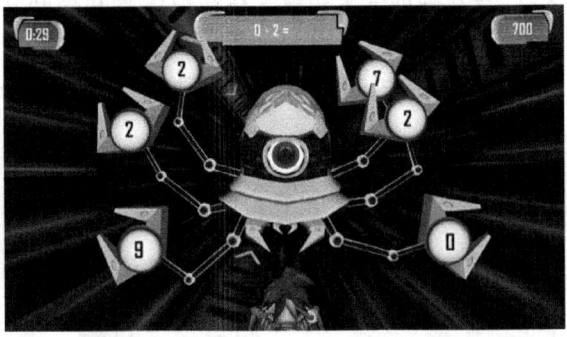

(a)　　　　　　　　　　　　　　(b)

图 3-3　《不可思议的机器》和《超级数学冲击波》游戏界面

（图片来源：游戏截图。）

（三）目标受众的差异

目标受众的差异是科普游戏与教育游戏之间的重要区别。科普游戏的目标受众通常较为广泛，不仅包括学生，还涵盖了普通公众。其设计目的不仅是让学生学习知识，还要普及科学，增强全社会公民的科学素养。科普游戏的核心特征在于它的跨学科性和包容性，其不局限于特定学科，而是让体验者在轻松愉快的游戏中了解科学概念。正如在论文 Why should we promote public engagement with science? 中，几位研究者提出"科普游戏旨在通过娱乐性和互动性促进公众对科学的理解与参与"[①]。即科普游戏的目标是吸引不同背景和兴趣的群体，让他们在没有学术压力的情况下享受科学带来的乐趣。譬如，《不可思议的机器》通过简单的物理实验和机械原理模拟，让体验者在轻松愉快的环境中探索科学，该游戏适合大众群体。

相比之下，教育游戏的目标受众通常为需要掌握特定学科知识的学生。教育游戏主要服务于教育系统，帮助学生在学校的学习过程中进一步掌握学科内容并提高知识的应用能力。譬如，美国 TERC 公司开发的《卓姆比尼人》（如图 3-4 所示）旨在帮助学生理解数学概念并培养逻辑推理能力，适合学校课堂教学和课外学习。教育游戏更加注重教育的严谨性，设计上通常会明确以课程标准为导向，任务设置和评价标准与学校的教学大纲和目标相契合。

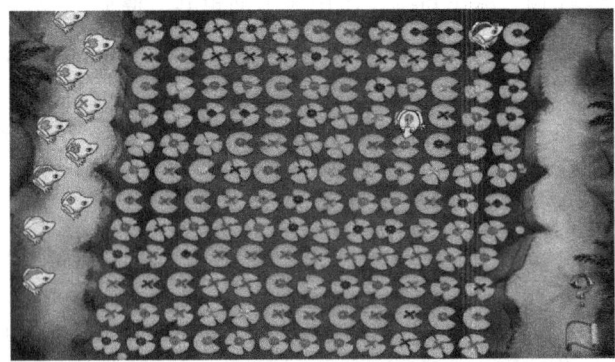

图 3-4　《卓姆比尼人》游戏界面

（图片来源：游戏截图。）

---

① STILGOE J, LOCK S J, WILSDON J. Why should we promote public engagement with science? [J]. Public Understanding of Science, 2014, 23(1): 4-15.

（四）学习效果和参与度

科普游戏的学习效果往往难以量化，它的主要作用是激发体验者的科学兴趣，促进科学探索和知识普及。科普游戏通过轻松有趣的方式吸引体验者，帮助他们在没有压力的环境中学习和接触科学知识。这种方式更注重娱乐性和科学启蒙，旨在增加体验者的长期学习兴趣，而非立即获得深刻的学术理解。

而教育游戏则更注重知识的应用和巩固。"教育游戏通过系统性的任务设计，帮助学生在特定学科中获得深刻的理解和能力"[1]。教育游戏通过一系列任务帮助学生掌握学科概念，并通过及时反馈和逐步推进的难度设计确保学生不断进步。在这种背景下，教育游戏不仅要激发学生的学习兴趣，还要提高学生的学术成绩和解决实际问题的能力。

科普游戏与教育游戏虽在某些方面存在相似性，但它们的设计目标和重点存在一定差异。科普游戏的核心目标是通过娱乐和互动的形式普及科学知识，激发体验者对科学的兴趣和好奇心。其设计原则强调娱乐性与知识传播的平衡，目的是使体验者在轻松的游戏环境中接触并理解科学概念，而不是追求学术深度[2]。这些游戏注重激发体验者的好奇心，保持他们对科学持续探索的兴趣[3]。

与科普游戏的目标不同，教育游戏则更加注重在特定学科领域内的知识传授。教育游戏旨在帮助学生深度理解数学、历史等学科知识并学会实际应用。教育游戏通常围绕具体的学科知识点进行设计，任务和活动的安排也更注重学术内容的深入，以确保学生能够通过实际操作和练习进一步理解学科知识并提高对学科知识的应用能力[4]。

《崎岖游巡》（*Rugged Rovers*）是由伦敦科学博物馆开发的一款二维科普游戏（游戏界面如图3-5所示），旨在提高体验者解决问题的能力和独创性。游戏以机器人和太空旅行为主题，要求体验者自主设计探测车，并在具有高度挑战性的星球环境中对其性能进行测试与验证。通过游戏，体验者可以了解基本的工程原理和设计思维，激发体验者对科学和工程的兴趣。该游戏适合大众体验和学习。

美国微软公司开发的《我的世界：教育版》是《我的世界》的教育版本，已在多个国家和地区获得认证，并成为正式的电子教材，游戏界面如图3-6所示[5]。该游戏保留了原版的创造性和开放性，同时针对教育场景进行了优化。学生可以在游戏中合作建造建筑、探索未知，并解决难题，接触物理、数学、地理、历史等多学科知识。游戏配备了学习与评估系统，教师可以灵活设置任务和目标，实时观察学生表现。此外，游戏可以提供反馈，帮助教师评估学生的学习效果，提升教学质量。该游戏适用于课堂教学和学习场景。

---

[1] SQUIRE K. From content to context: videogames as designed experience[J]. Educational Researcher, 2006, 35(8): 19-29.

[2] WAN Y, ZHOU Y. Research on user experience evaluation system of popular science games based on analytic hierarchy process[C]//Design, User Expeniece, and Usability. Cham: Springer Nature Switzerland, 2024: 338-353.

[3] GEE J P. What video games have to teach us about learning and literacy[J]. Computers in Entertainment (CIE), 2003, 1(1): 20.

[4] GE X, IFENTHALER D. Designing engaging educational games and assessing engagement in game-based learning[M]//Gamification in Education: Breakthroughs in Research and Practice. Hershey, PA: IGI Global, 2018: 1-19.

[5] 见《我的世界：教育版》官方网站：https://minecraft.fandom.com/wiki/Minecraft_Education.

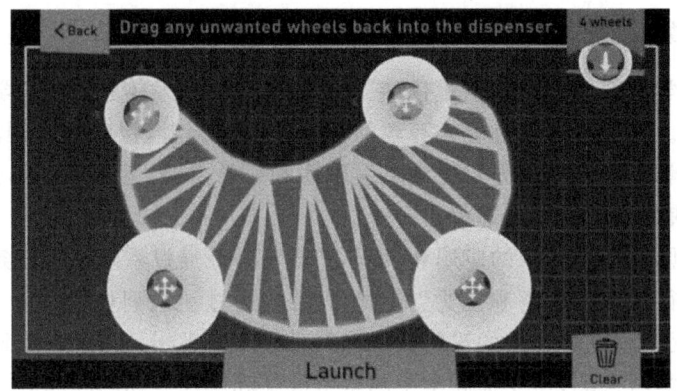

图 3-5 《崎岖游巡》游戏界面
（图片来源：游戏截图。）

图 3-6 《我的世界：教育版》游戏界面
（图片来源：游戏官方网站的宣传视频。）

三、科普游戏的表现形式

目前，国内尚未形成统一的科普游戏分类标准。不同学者从多种角度对其进行了探讨和分类，但由于科普游戏的多样性和融合性，单一的分类方式往往难以全面涵盖其特征。譬如：中国教育专家杜文馨[1]将科普游戏简化为解谜、模拟和益智三大类，突出了游戏的教育功能和学习性；中国科普与教育研究者田蕊等[2]根据美国移动端科普类网络游戏的特点，将科普游戏划分为用户体验型、用户参与型和用户教育型三类，强调了不同体验者的参与方式和教育目的等。由于一款科普游戏常常融合了多种元素，难以仅用单一标准来界定。因此，本章在保持原有观点的基础上，将常见的科普游戏分为三大类：实体类科普游戏、数字类科普游戏和虚实融合类科普游戏。数字类科普游戏进一步细分为计算机游戏、智能移动游戏

---

[1] 杜文馨. 科普游戏兴奋点研究及其对科学教育的启示[D]. 重庆：西南大学，2018.
[2] 田蕊，周建强. 美国移动科普网游发展模式分析及启示[J]. 科普研究，2015，10(4)：29-34.

和虚拟现实游戏。

（一）实体类科普游戏

实体类科普游戏通过实体物品与体验者互动,能够在空间中为体验者提供直观的科学体验,常见于科技馆和博物馆等科普场所,即利用模型展示、实验装置等形式,帮助体验者直观理解科学原理。这类游戏通常聚焦于某一学科的特定知识点,传播的科学内容较为具体。

上海自然博物馆开发了多种形式的科普桌面游戏,其中包括"来玩吧"系列的自制折叠书,这些作品在科普桌面游戏方面进行了创新。譬如,《病毒知多少》这款桌面游戏(如图3-7所示)通过手工折叠书的形式,帮助孩子们深入了解病毒的概念。游戏内容涉及病毒的形态、传播途径以及增强免疫力的方法等,涵盖11个相关主题。游戏通过剪切、粘贴、制作转盘、抽取口袋等互动方式,激发孩子们的动手能力,并通过参与式学习加深孩子们对病毒的理解。同时,游戏通过对知识点进行有机整合,构建起具有内在联系的知识框架,促使孩子们形成系统化的认知结构。

图 3-7 科普桌面游戏《病毒知多少》
（图片来源：电子书籍页面截图。）

2023年,上海科技馆发布原创科学桌游《大熊猫国家公园》,如图3-8所示。《大熊猫国家公园》以连通栖息地为核心机制,巧妙地将大熊猫国家公园的建设初衷转化为游戏目标,将科普知识与游戏的内在运行逻辑紧密结合,使科学传播与游戏体验相得益彰。在游戏中,体验者扮演的动物学家需要通过勘测地形、划分栖息地、建设生态廊道等方式,为大熊猫及其他珍稀动物创造适宜的生存环境。这种设计让体验者在游戏过程中了解生态保护的重要性,增加对栖息地破碎化等问题的认知。

《失落的宇宙》(*The Lost Universe*)是美国国家航空航天局(NASA)于2024年3月5日发布的首款科普桌面角色扮演游戏,如图3-9所示。该游戏以流浪行星Exlaris为背景,融合了科学与幻想元素,旨在通过互动式的游戏体验,提升体验者对宇宙科学的兴趣并进一步理解宇宙科学。

游戏设定在Exlaris星球,这颗行星原本位于类似地球的宜居带,拥有智慧生命和"魔法"力量。然而,随着黑洞的接近,Exlaris的轨道发生剧变,导致其成为一颗自由漂浮的行星。在此过程中,哈勃太空望远镜被召唤至Exlaris,科学家们也随之失踪。由体验者扮演的冒险者团队需在剑与魔法交织的世界中揭开这一系列事件背后的真相。

《失落的宇宙》巧妙地将科学概念融入游戏情节和任务中，体验者在游戏过程中可以自然地接触并理解这些概念。譬如，游戏中涉及了重力透镜效应、真空能量、红移与蓝移等天文学和物理学原理，体验者在解决谜题和任务时需运用这些科学知识，从而提高了游戏的教育价值。此外，游戏详细介绍了哈勃太空望远镜的外观、功能以及其在天文学研究中的重要性。体验者在游戏中将深入了解哈勃太空望远镜的设计和工作原理，提升对太空探索历史的认识[①]。

图 3-8　科普桌面游戏《大熊猫国家公园》
（图片来源：网络平台的游戏宣传视频。）

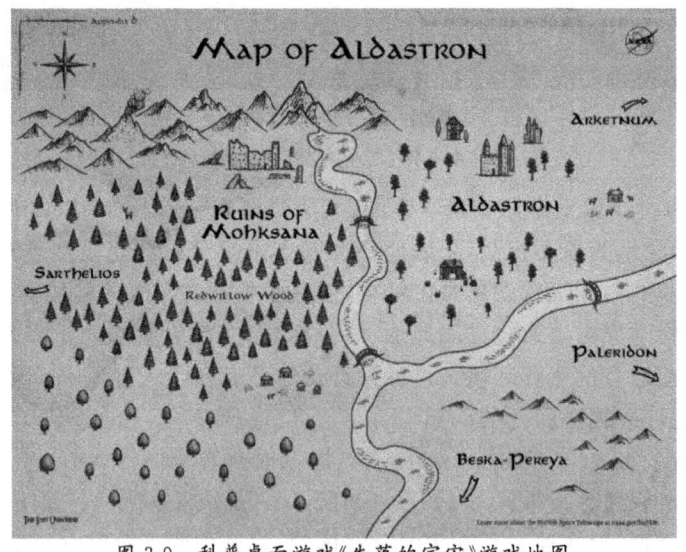

图 3-9　科普桌面游戏《失落的宇宙》游戏地图
（图片来源：NASA 官网。）

---

①　NASA. The Lost Universe-NASA Science[EB/OL].（2024-07-22）[2025-02-10]. https://science.nasa.gov/mission/hubble/multimedia/online-activities/the-lost-universe/.

(二) 数字类科普游戏

相较于传统的桌面游戏,数字游戏更为强调真实的模拟体验。体验者在掌握科学知识的过程中不仅能深入理解相关科学原理,还能获得更生动、更全面的游戏体验。计算机游戏通常适用于较为复杂的科学内容展示,能够处理更丰富的图形和交互。智能移动游戏因其便捷性和普及性,适合体验者利用碎片化时间体验。虚拟现实游戏则利用 VR 技术提供给体验者沉浸式的学习环境,使体验者能够在虚拟世界中进行科学实验、探索和学习,从而可以大幅增强游戏的沉浸感与互动性。

1. 计算机游戏

计算机游戏以强大的图形处理能力和交互功能为核心,适用于复杂科学内容的展示。其特点在于能够呈现高质量的视觉效果和丰富的交互体验。计算机游戏适合对科学概念进行深度解析和模拟,为用户提供系统性的学习体验,尤其适合需要长时间专注和深度思考的学习场景,因为其能够有效提升用户对复杂科学知识的理解和掌握。

OLogy 是美国自然历史博物馆(American Museum of Natural History,AMNH)为孩子们创建的互动科学教育网站,旨在通过游戏、活动、视频和科学家访谈等多样化形式,让孩子们探索科学世界。网站内容涵盖了多个科学领域,包括生物学、天文学、环境科学等,适合各个年龄段的孩子,如图 3-10 所示。

图 3-10 OLogy 上的游戏分类
(图片来源:OLogy 官网截图。)

OLogy 通过虚拟互动的形式,鼓励孩子们动手开展实验,从而培养他们的实践能力和批判性思维。在这些游戏中,孩子们需要通过解决科学难题来解锁新区域或完成任务,从而巩固所学的科学知识。*Dive Into Worlds Within the Sea* 游戏界面如图 3-11 所示。这种跨学科的学习内容可以帮助孩子们建立全面的科学知识体系,促进他们对科学的深刻理解。

OLogy 特别注重不同年龄段的学习需求,网站上的内容根据年龄层次分级,使得低年龄段的孩子可以轻松理解和参与游戏,而高年龄段的孩子则可以挑战更复杂的任务,进一步提升自己的科学素养。*Layers of Time* 游戏界面如图 3-12 所示。此外，OLogy 适配多种设备，既可以在家用计算机上访问，也可以在智能手机或平板电脑上体验，这使得孩子们可以随时随地参与科学学习。

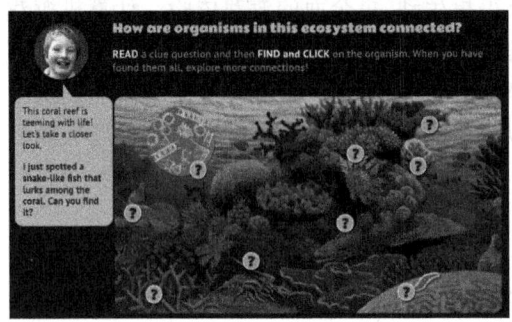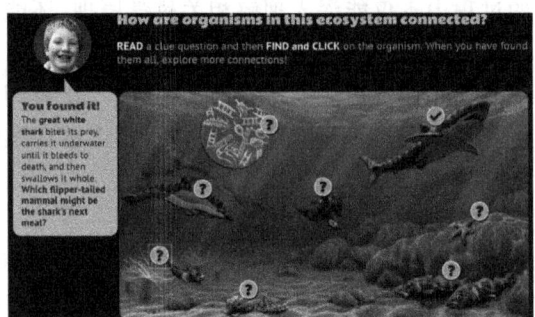

图 3-11 *Dive Into Worlds Within the Sea* 游戏界面
（图片来源：OLogy 网站的游戏截图。）

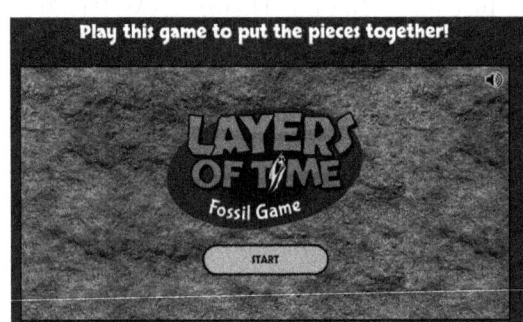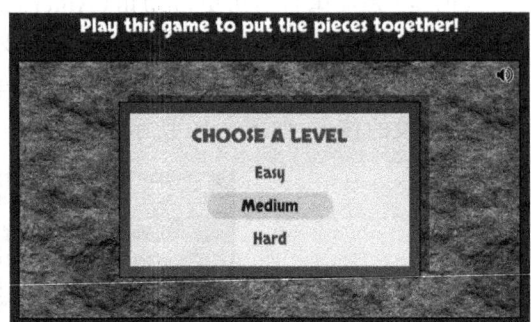

图 3-12 *Layers of Time* 游戏界面
（图片来源：OLogy 网站的游戏截图。）

"自然探索在线"是上海自然博物馆推出的一系列在线科普游戏，其结合了该博物馆的丰富馆藏资源和科学知识，通过游戏的方式激发青少年对自然科学的兴趣，提升他们的科学素养。目前，"自然探索在线"共有 12 种在线互动科普项目，如图 3-13 所示，游戏内容涵盖了自然科学的多个领域，如昆虫学、生态学、地质学、天文学等。体验者可以学习昆虫的分类、生态系统的平衡、矿物的特性、宇宙的奥秘等知识。此外，"自然探索在线"还涵盖物理学、环境保护和生态保护等主题，全面拓展了青少年对自然科学的认知范围。

"自然探索在线"推出的游戏《垃圾特工队》以回收生活垃圾为核心内容，涉及垃圾分类、垃圾处理、垃圾回收再利用等方面的知识。体验者通过操作代表不同垃圾桶的"毛球"吃掉不同的垃圾，从而熟悉垃圾分类的知识，游戏界面如图 3-14 所示。游戏不仅提供了丰富的垃圾分类知识，还可以通过模拟实际场景，指导体验者如何在日常生活中正确地进行垃圾分类和处理，具有重要的教育意义。

2. 智能移动游戏

智能移动平台的功能游戏以其便捷性和广泛的用户基础为优势，用户可以利用碎片化时间进行体验。其特点在于操作简便、易于获取，用户可以随时随地利用短暂的空闲时间进行体验。这种平台的游戏设计通常注重简洁性和趣味性，能够快速吸引用户的注意力，适合进行科普知识的快速传播和简单科学概念的介绍,有助于提高公众的科学素养和学习兴趣。

由美国公司 Laminar Research 开发和发行的 *X-Plane* 是一款模拟飞行知识与技能的游戏,游戏界面如图 3-15 所示。该游戏以其高度仿真的飞行模拟获得了美国联邦航空管理局的认可,认为该游戏能够大幅降低飞行训练的成本。*X-Plane* 包含轻型飞机、商用飞机、军用飞机等多种机型,且几乎覆盖全球地景。对大多数体验者而言,*X-Plane* 就像是一个虚拟的飞行学校,体验者可以在其中学习飞行技巧,且不必花费高昂的费用。同时,该游戏具备较高的扩展性。体验者可以添加自己设计的飞机或地景,从而激发人们创新和探索的热情。

图 3-13　上海自然博物馆官网上的"自然探索在线"页面
(图片来源:上海自然博物馆官网截图。)

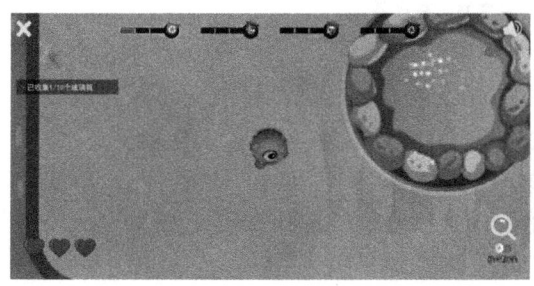 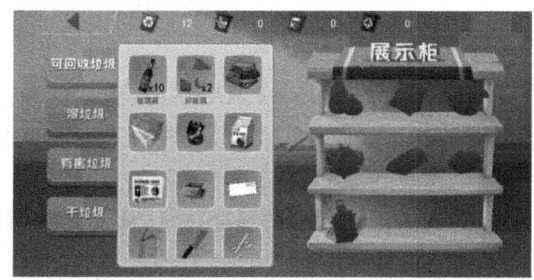

图 3-14　《垃圾特工队》游戏界面
(图片来源:游戏截图。)

功能游戏 概论

图 3-15　X-Plane 游戏界面

（图片来源：游戏截图。）

2020年，腾讯公司推出了一款名为《一起寻找医学突破》的 H5 游戏，游戏界面如图 3-16 所示。游戏中，体验者需要通过单指旋转图案，将碎片拼合成不同的疫苗结构。该游戏不仅操作简单，而且非常有趣。体验者可以在娱乐中了解病原微生物的结构，并学习一些相关的医学知识。

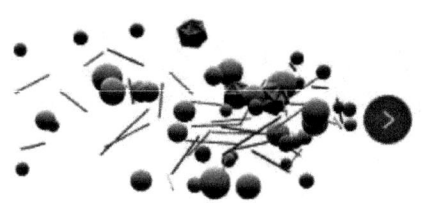

单指360°旋转图案
将碎片往中间靠拢

图 3-16　《一起寻找医学突破》游戏界面

（图片来源：游戏截图。）

Apollo's Moon Shot AR 是由美国航空航天局开发的一款以 AR 技术为基础的手机游戏，游戏界面如图 3-17 所示。该游戏重现了 20 世纪 60 年代 NASA 探索太空的计划，体验者可以体验到如"土星五号"火箭的发射过程，甚至可以进入"阿波罗 11 号"指挥舱，感受其内部的豪华设计。借助 AR 技术，体验者能够随时随地体验这些场景，不受限于特定的场地或设备。

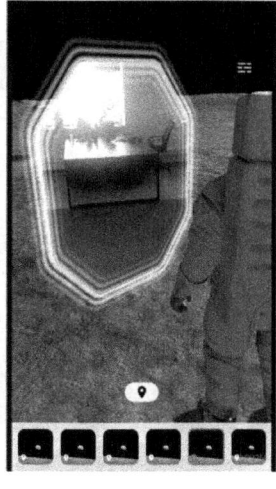

图 3-17 *Apollo's Moon Shot AR* 游戏界面
（图片来源：史密森尼频道。）

3. 虚拟现实游戏

虚拟现实游戏利用 VR 技术，为体验者提供沉浸式的学习环境。其特点是通过高度逼真的虚拟场景和交互体验，使体验者仿佛置身于真实的科学实验或探索场景之中，体验到线上无法比拟的效果。这种沉浸式体验尤其适合进行科学实验、探索和学习，能够有效增强体验者的学习兴趣和参与感，提升学习效果，帮助体验者更直观地理解和掌握科学知识，达到更好的科普效果。

由中国艺术科技研究所开发的 VR 游戏《田忌赛马》是一款融合了非物质文化遗产皮影戏的沉浸式互动游戏，游戏场景如图 3-18 所示。在这款游戏中，体验者不仅能够领略皮影戏的独特视觉风格，还能深度参与故事的演绎过程，获得沉浸式的互动体验（如图 3-19 所示）。

《田忌赛马》巧妙地将皮影戏艺术元素融入其中，赛马场景中的皮影风格城墙、河流和赛道等细节不仅增强了视觉表现力，还促使体验者在互动过程中逐步理解皮影戏这一传统艺术形式的独特表现手法。游戏的互动性确保体验者在娱乐的同时，能够轻松地接触并吸收皮影戏背后的文化知识。通过游戏的互动性和情境化设计，体验者不仅能了解皮影戏的艺术特征，还能在参与剧情的过程中，深入理解《田忌赛马》这一经典故事的历史文化背景。这种基于游戏的文化传播方式，不仅激发了体验者对传统艺术的兴趣，还有效促进了他们对中国传统文化的认知与理解，是传统文化教育与现代科技的有效结合[①]。

英国 lalworks 公司开发和发行的《逃离恐龙岛》是一款第一人称 VR 解密冒险游戏（见图 3-20）。游戏以荒岛逃生为背景，体验者误闯入充满史前怪兽的恐龙岛，需面对迅猛龙和霸王龙的追捕。体验者在探索过程中可以了解到不同恐龙的特征和习性。譬如，体验者可以了解到迅猛龙的群体狩猎行为和霸王龙的强大攻击力。游戏中，体验者可以 360°自由探索环境，寻找逃生路线，最终呼叫救援，成功脱险。通过沉浸式 VR 体验，体验者能如身临其

---

① 张晴. 中国博物馆在展览中运用虚拟现实技术的互动表达与语言转化——以 VR 皮影游戏"田忌赛马"的开发与应用为例[J]. 中国博物馆，2020，37(02)：121-126.

境般地感受这场紧张刺激的冒险。

图 3-18 《田忌赛马》游戏场景
（图片来源：中国艺术科技研究所官网。）

 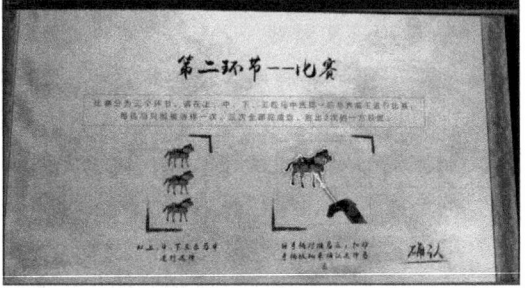

图 3-19 《田忌赛马》游戏环节截图
（图片来源：中国艺术科技研究所官网。）

图 3-20 《逃离恐龙岛》游戏场景
（图片来源：游戏截图。）

（三）虚实融合类科普游戏

实体虚拟融合类科普游戏将现实世界与虚拟世界巧妙结合，通过科技手段增强学习体验。这类游戏通常借助 AR 或 VR 技术,将体验者置身于一个既能触摸实物,又能体验虚拟互动的环境中。譬如,体验者通过手机扫描实物展品,屏幕上便会生成相关的虚拟元素或动画,给体验者带来更加直观和沉浸的体验。

《紧握世界》(Hold the World)是由 Sky VR 公司与英国自然历史博物馆合作开发的一款 VR 互动体验科普游戏,游戏场景如图 3-21 所示。通过这款游戏,体验者将有机会与 BBC 著名导演大卫·爱登堡(David Attenborough)一起"现身"英国自然历史博物馆。游戏利用 VR 技术,让体验者能够如身临其境般地体验英国自然历史博物馆内的珍贵展品,探索自然历史和生态知识,同时与 David 进行虚拟的互动,增加游戏的沉浸感和教育性。

图 3-21 《紧握世界》游戏场景
(图片来源:游戏截图。)

2023 年,中国科技馆与中国石化联合推出的《一滴油的奇妙旅行》互动科普展重点展示了能源化工领域的最新科技成果。与传统的静态展示不同,该展览特别强调通过互动科普游戏来激发观众的探索兴趣。

该展览的亮点之一是推出了融入游戏化设计的"零碳星球之旅"元宇宙科普小程序,其利用数字孪生技术将实体展厅与虚拟空间融合,为人们提供了全新的互动体验。在虚拟世界中,体验者可以创建个人数字身份,化身为"超能研究员",与虚拟角色"小石头"一起开启一段能源探索之旅。通过这一系列关卡,体验者不仅可以解锁能源和化工科技的知识,还能在虚拟场景中进行探索,体验从石化科研站到未来能源实验室等中的多重任务(如图 3-22 所示)。

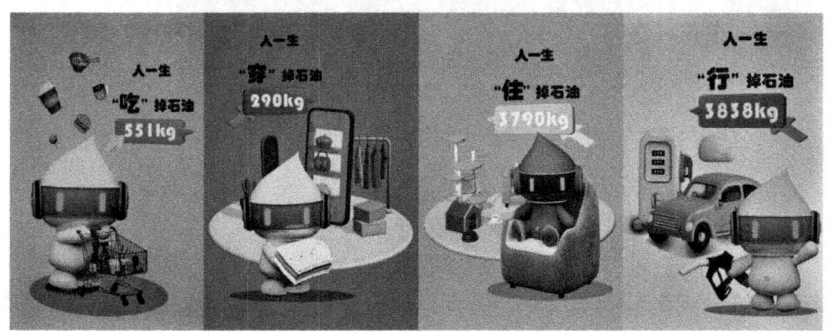

图 3-22 《零碳星球之旅》宣传图片
(图片来源:中国石化公众号。)

随着互联网技术的快速发展,未来的科普游戏将呈现更加多样化的形态。这些不同形式的游戏既独立存在,又相辅相成,展现了前所未有的广阔前景,推动了科学教育朝着无边界、全面发展的方向迈进。

四、科普游戏的应用领域

(一) 自然科学知识科普

自然科学是研究自然界的物质结构、性质和运动规律的科学,旨在通过观察、实验和理论分析等方法揭示自然现象背后的科学原理。它主要包括物理学、化学、生物学、天文学、地质学等具体学科,涵盖了从微观粒子到宏观宇宙的研究内容[①]。

游戏支持学生在轻松愉快的环境中学习与自然科学相关的知识,如物理、化学等。科普游戏通过任务驱动的交互式学习方式,使学生在解决问题的过程中掌握科学原理。这种方式能够提高学生的学习兴趣,帮助他们更好地理解和记忆抽象的科学概念。

马来西亚的 ACE Ed-Venture Studio 与印度尼西亚开发团队 Artoncode 合作完成的游戏《化学小子》(ChemCaper)是一款专为青少年设计的化学科普游戏,游戏界面如图 3-23 所示,其将元素周期表、化学反应等内容融入游戏。在游戏中,学生需要进行角色扮演,并通过解决化学难题和任务来推动游戏进展,从而逐步掌握化学的基本概念。这种任务驱动型的游戏设计让学生在解决实际问题的过程中潜移默化地学习化学原理,从而提升他们的思维能力。

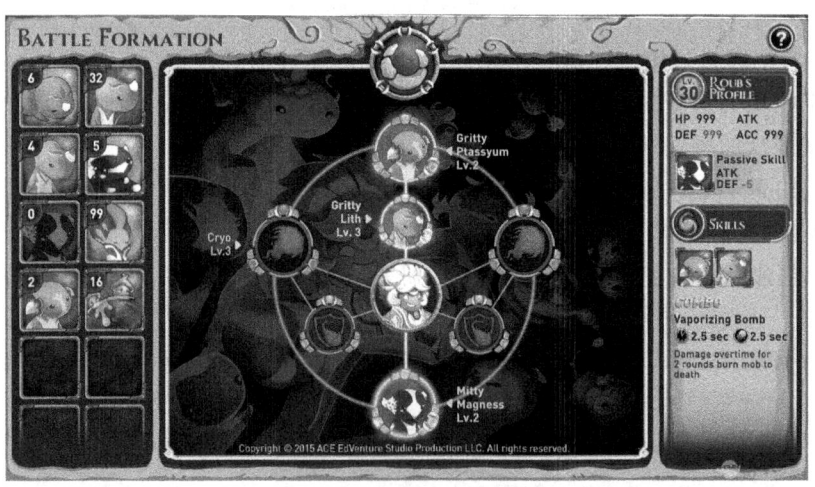

图 3-23 《化学小子》游戏界面
(图片来源:游戏截图)

(二) 社会科学知识科普

社会科学是研究人类社会及其行为、关系和发展的科学,旨在通过系统的研究方法来理

---

① 杨玉辉. 一种新的自然科学分类方法[J]. 科学技术与辩证法,2006,23(5):14-17.

解社会现象和社会规律①。其主要包括经济学、社会学、政治学、法学、心理学、人类学等具体学科,涵盖社会结构、经济活动、政治制度、法律规范、心理行为等多方面的研究内容②。

科普游戏在社会科学领域的应用同样较为广泛,尤其是在健康科普、文化遗产和历史教育等方面。通过将社会科学的知识转化为互动的、富有趣味的游戏形式,科普游戏能够帮助体验者更好地理解和掌握较为抽象的概念。

在健康科普领域,科普游戏能够帮助体验者理解医学和生物学的基本原理。通过对某些特殊病症的模拟,游戏将医学知识与治疗技术以交互的形式呈现给体验者,体验者在完成游戏任务的实践过程中充分掌握这些知识。譬如,中国网易游戏公司开发的游戏《工作细胞》通过模拟人体细胞的工作机制,帮助体验者理解人体组织的生物学原理,游戏界面如图 3-24 所示。在这款游戏中,体验者需要扮演不同类型的细胞角色,参与免疫反应、代谢过程等活动,了解不同类型疾病的发病原理。

图 3-24 《工作细胞》游戏界面
(图片来源:游戏截图。)

此外,一些科普游戏将文化遗产和历史知识作为核心内容,借助游戏机制引导体验者理解和保护文化遗产。此类游戏通过考古探险、历史人物扮演等元素,使体验者能够如身临其境般地感受历史文化,进而提升其对历史的认知水平。譬如,法国育碧公司开发的《刺客信条》系列游戏(如图 3-25 所示)将历史事件和考古元素融入游戏,体验者在虚拟世界中重温历史,探索古代文明的遗迹。尽管《刺客信条》系列游戏本身并未被界定为功能游戏,但其在传播传统文化方面具有一定的科普价值。该游戏增强了体验者对历史的学习兴趣,可以帮助体验者更加直观地了解历史事件和文化遗产的价值,引起体验者对文化遗产保护的关注。

---

① NEUMAN L. Social Research Methods: Qualitative and Quantitative Approaches[M]. 8th ed. Thousand Oaks: Sage Publications, 2017: 14.
② 柴成鱼. 社会科学中的概念问题研究[D]. 太原:山西大学, 2010.

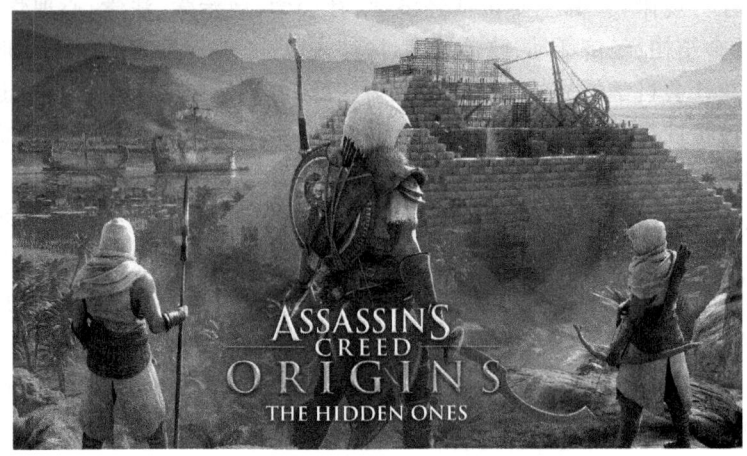

图 3-25 《刺客信条：起源》游戏界面
（图片来源：Steam 平台的游戏宣传图片。）

第二节 科普游戏发展历程

一、起源与早期发展

20 世纪 70 年代，"严肃游戏"（Serious Games）这一概念首次被提出，目的是打破传统游戏的娱乐局限，将游戏作为一种教育工具应用于科学传播和学习[1]。美国研究人员阿布特在其经典著作 Serious Games 中提出了通过游戏设计来传递教育和科学信息的理念，并指出游戏能够促进学习动机和参与感。这一观点为科普游戏的诞生奠定了理论基础[2]。

随着计算机技术的发展，尤其是 20 世纪 80 年代末期，电子计算机的普及和计算机图形图像技术的诞生使游戏的形式和内容发生了巨大的变革[3]。20 世纪 80 年代中期至 90 年代初，数字游戏开始逐步融入科学知识[4]，利用电脑模拟实验和虚拟场景可以帮助体验者理解科学原理。譬如，由美国 Dynamix 公司开发，并由 Sierra Entertainment 发行的经典游戏《不可思议的机器》(1992)便是一款鼓励体验者利用物理原理解决难题的游戏（如图 3-26 所示）。体验者需要通过构建物理装置来实现特定的目标。游戏通过谜题设计将复杂的物理学原理与娱乐性任务相结合，为体验者提供了一个生动的科学探索平台。

与此同时，科普游戏的设计理念逐渐从单纯的知识传递转向更加注重体验者的互动性和参与感。传统的课堂教育往往以教师为中心，知识传授的过程较为单向；而科普游戏则通

---

[1] 王小明，张光斌，宋睿玲. 科普游戏：科普产业的新业态[J]. 科学教育与博物馆，2020，6(3)：154-159.

[2] 钱学胜，徐仁彬. 严肃游戏与科普学习目标融合的框架研究与应用实践[J]. 科学教育与博物馆，2021，7(3)：184-189.

[3] BELL G, WINDER D. The computer revolution in the gaming industry[J]. ACM Computing Surveys, 1997, 29(2): 225-240.

[4] JONES M. The evolution of educational games: from entertainment to instructional content[J]. Educational Technology, 1999, 39(3): 31-35.

过互动的方式,使体验者在解决问题的过程中主动参与科学实验,提升体验者的学习兴趣和探索欲望。

图 3-26 《不可思议的机器》游戏界面
(图片来源:游戏截图。)

二、成熟与多样化

进入 21 世纪后,随着互联网、宽带技术的普及和数字媒体技术的进步,数字科普游戏逐渐成为一种教育工具[1]。数字游戏为体验者提供了更加丰富的学习场景和互动模式,同时也使科学教育的形式变得更加多样化。游戏用来教育的场景越来越多,它开始突破课堂限制,进入家庭、社区、博物馆等,成为一种普及科学知识的重要手段。

此时的科普游戏不再只是为了知识的传播,更多的是通过任务驱动、角色扮演等内容,激发体验者的好奇心和参与热情。研究者和教育工作者如 Gee[2] 和 Papastergiou[3] 开始关注游戏对学习动机的影响,并指出游戏设计中的情节、挑战、奖励等元素可以大幅提高体验者的学习动机。这一时期,科普游戏设计逐渐注重如何通过游戏的叙事结构和交互机制,让体验者在解决任务的过程中自然而然地掌握科学知识。

譬如,由冰岛的游戏开发商 CCP Games 开发和发行的《星战前夜》(EVE Online)是一款复杂度较高的网络游戏,游戏界面如图 3-27 所示。虽然其主要目标是娱乐,但其内嵌的经济学、物理学等概念使其具备了科普性质。在游戏中,体验者需要管理资源、研究科学技术、控制复杂的经济系统等,这些任务要求体验者理解和应用一定的科学原理。因此,尽管该游戏主要定位为娱乐游戏,但其复杂的任务和知识内容使它具备了一定的科普功能,尤其对于学习经济学、物理学和天文学有一定帮助。

---

[1] ARNAB S, CLARKE J. Serious games and learning: a literature review[J]. Journal of Educational Technology & Society, 2013, 16(2): 45-56.

[2] GEE J P. What video games have to teach us about learning and literacy[J]. Computers in Entertainment (CIE), 2003, 1(1): 20.

[3] PAPASTERGIOU M. Digital game-based learning in high school computer science education: impact on educational effectiveness and student motivation[J]. Computers & Education, 2009, 52(1): 1-12.

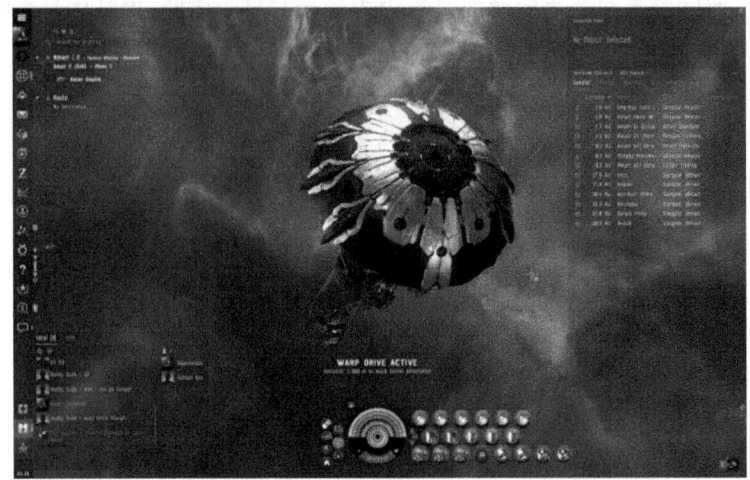

图 3-27 《星战前夜》游戏界面
（图片来源：游戏截图。）

由美国 Maxis 公司开发，美国艺电公司（Electronic Arts，EA）发行的《模拟城市》（*SimCity*）系列，游戏界面如图 3-28 所示，其要求体验者规划和管理城市的各个方面，包括能源、资源分配、公共设施建设等。通过模拟城市的生态、社会和经济系统，体验者可以学习到城市发展中的各种科学原理，特别是与环境科学、资源管理和社会学相关的知识。《模拟城市》不仅让体验者体验到城市建设的复杂性，还通过模拟不同政策的效果，帮助体验者理解生态平衡、社会发展等复杂的科学概念。

图 3-28 《模拟城市：梦想之都》游戏界面
（图片来源：游戏截图。）

三、现代发展与创新

21 世纪初，随着 VR、AR 和 AI 技术的不断发展，科普游戏迎来了全新的发展机遇。新技术的加入使得游戏不仅可以更准确地模拟科学现象，还可以提供更加沉浸式的学习体验。譬如，利用 VR 技术，科普游戏可以将体验者置身于一个完全虚拟的科学世界，体验者能够亲身参与到科学实验或探索中，从而加深对科学原理的理解。

由爱尔兰司 Immersive VR Education 开发和发行的 *Titanic VR* 是一款 VR 科普游戏，游戏界面如图 3-29 所示。体验者可以沉浸在沉船事件的虚拟场景中，了解沉船的历史背景，并对该事件进行科学分析。在游戏中，体验者将作为一名历史学家或研究员，亲自参与对泰坦尼克号的调查工作。游戏展示了泰坦尼克号沉没的原因，并让体验者探索沉船过程中的科学原理，如浮力和温度对船体材料的影响等。

图 3-29　*Titanic VR* 游戏界面
（图片来源：游戏截图。）

由美国 The Body VR LLC 公司开发和发行的 *The Body VR: Journey Inside a Cell* 是一款通过 VR 带领体验者进入人体内部的科普游戏，游戏界面如图 3-30 所示。在这款游戏中，体验者将通过 VR 技术进入一个人的身体，探索细胞、血液、骨骼等各种生物学系统。通过如身临其境般的体验，体验者不仅了解了人体是如何运作的，还学习了细胞的结构、基因的功能等生物学知识。该游戏有效地将抽象的生物学知识转化为直观且易于理解的互动体验。

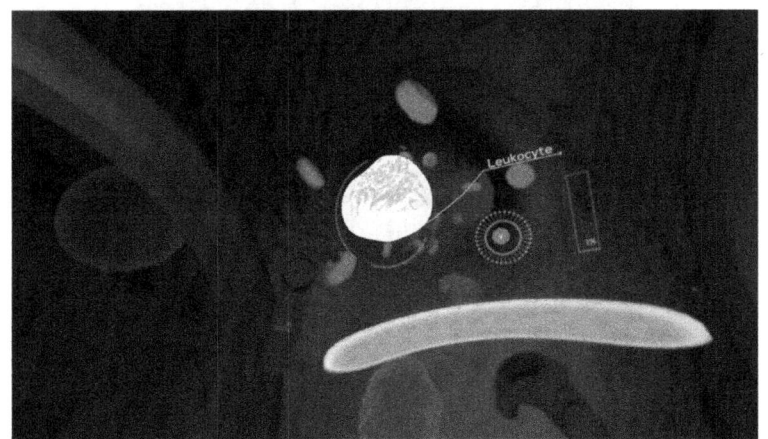

图 3-30　*The Body VR: Journey Inside a Cell* 游戏界面
（图片来源：游戏截图。）

通过大数据和人工智能技术，游戏能够根据体验者的兴趣和学习进度自动调整内容和难度，以适应不同体验者的学习需求。譬如，由美国 TERC 公司开发，Viva Media 公司发行的《卓姆比尼人》是一款结合了数学和程序设计等学科内容的游戏，在帮助体验者理解复杂的数学问题的同时，通过其智能化的设计，允许体验者以不同的方式完成任务，从而达到个性化学习的目的。

随着科技的进步,现代的科普游戏不仅仅是一种静态的学习工具,还是动态的学习平台,能够根据体验者的参与和反馈调整学习策略和内容①。通过游戏的交互机制,体验者可以在自主探索中发现并解决科学问题,提升体验者的创造力和解决问题的能力。

四、全球化趋势

随着科普游戏在教育领域的广泛应用,许多国家和地区开始注重科普游戏的开发和推广。科普游戏不仅在学校等教育机构中得到了应用,还在博物馆、科普活动、公共教育等领域发挥了重要作用。

墨西哥团队开发的《冒险海洋》(Aventura Marina)是一款旨在提升博物馆观众互动体验的功能游戏,特别针对青少年群体设计。开发团队的具体成员包括墨西哥加利福尼亚自治大学(Autonomous University of Baja California,UABC)的研究人员,以及Caracol Museo de Ciencias博物馆的工作人员②。该游戏通过模拟海洋环境,带领体验者参与海洋保护和科学探索的任务。体验者在游戏中需完成一系列任务,譬如,探索海洋生态、了解海洋生物,并参与保护海洋资源的活动。

近年来,中国在科普游戏领域取得了显著进展。中国科学技术馆众多科技展览馆积极引入科普游戏,并将其作为互动展示的重要组成部分。譬如,上海科技馆开发了《拼图寻鸟之旅》微信小游戏,该游戏以拼图的形式呈现来自21个国家和地区的数百种鸟类摄影作品,游戏界面如图3-31所示。体验者在完成拼图的过程中,能够获取鸟类的生态知识及其保护意义。游戏不仅增强了展览的互动性,还提升了科普教育的效果,使体验者在娱乐活动中潜移默化地学习科学知识。

图3-31 《拼图寻鸟之旅》游戏界面
(图片来源:游戏截图。)

---

① 张光斌,宋睿玲,王小明. 科普游戏导论:游戏赋能科学教育[M]. 北京:电子工业出版社,2021:246.
② CORDOVA-RANGEL J, CARO K. Designing and evaluating aventura marina: a serious game to promote visitors' engagement in a science museum exhibition[J]. Interacting with Computers, 2023, 35(2):387-406.

五、中国科普游戏的发展脉络

中国科普游戏的发展历程可划分为四个阶段,各阶段都具有独特性与发展重点[①]。从理论奠基到高质量发展,科普游戏在科学知识传播与娱乐体验营造这两个方面不断演进,为公众提供了多元化的科学教育模式。第一阶段是理论奠基与稳步探索,围绕"严肃游戏"概念的提出与游戏产品的初步实践,奠定科普游戏的理论基础。第二阶段是框架构建与稳步发展,科普游戏设计理论框架逐步完善,初步形成实践体系。第三阶段是市场拓展与产业形成,科普游戏的市场规模不断扩大,产业格局逐渐清晰。第四阶段是高质量发展与生态构建,推动科普游戏高质量发展,构建系统化科普游戏生态体系。

(一)理论奠基与初步探索(1970—2009 年)

2004 年,美国华盛顿召开的第一届"严肃游戏高峰会议"以及 2008 年首届中国科普动漫游戏大赛的举办[②],标志着科普游戏逐渐进入公众视野。在这一阶段,诸如由武汉一家互动数字教育中心制作的《热血救助员》(如图 3-32 所示)等科普游戏逐步兴起。

图 3-32 《热血救助员》游戏海报
(图片来源:游戏官方网站。)

(二)框架构建与稳步发展(2010—2014 年)

科普游戏的理论框架逐步得到加强和发展。2010 年,北京举办了第二届严肃游戏创新峰会,为科普游戏的进步奠定了基础。接着,2011 年,第九届中国国际网络文化博览会在展会上增设了"严肃游戏创新峰会"专门板块,进一步促进了科普游戏的发展。代表性作品包括由中国科协青少年科技教育专门委员会主办的首款大型科普网络游戏《青少年玩世博》,以及深圳市灵游互娱股份有限公司发行的答题社交手机游戏《脑力达人》(游戏界面如图 3-33 所示)。

---

① 张光斌,宋睿玲,王小明. 科普游戏导论:游戏赋能科学教育[M]. 北京:电子工业出版社,2021:160-214.
② 王小明,张光斌,宋睿玲. 科普游戏:科普产业的新业态[J]. 科学教育与博物馆,2020,6(3):154-159.

图 3-33 《脑力达人》游戏界面
（图片来源：游戏截图。）

（三）市场拓展与产业形成（2015—2018 年）

科普游戏的市场规模不断拓展。2015 年，腾讯推出了 GAD 腾讯游戏开发者平台，并同时推出了"科普中国-玩转科学"频道。这一举措标志着科普游戏逐步进入游戏市场。2016 年，中国科协发布了《中国科协科普发展规划（2016—2020 年）》并成立了腾讯游戏学院，为科普游戏的创新和发展提供了更为专业的支持[①]。与此同时，国内头部游戏企业也在积极响应，陆续推出了大量科普游戏。譬如，腾讯公司发行的《微积历险记》，如图 3-34(a)所示；以及《电是怎么形成的》，如图 3-34(b)所示。

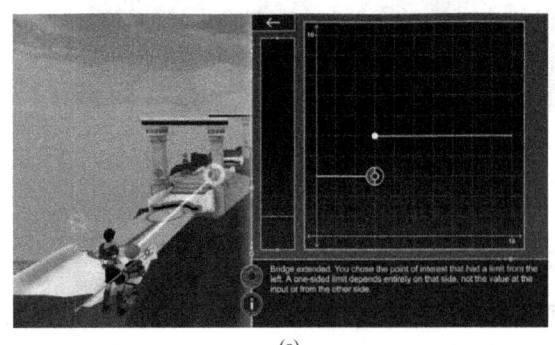

(a) (b)

图 3-34 《微积历险记》和《电是怎么形成的》游戏界面
（图片来源：游戏截图。）

（四）高质量发展与生态构建（2019—2023 年）

2019 年，由腾讯游戏发起并在中国科协科普部的支持指导下，"2019 游戏＋科普峰会暨

---

① 中国新闻网.创意设计和技术进步成科普游戏主要驱动力量[EB/OL].(2019-03-27)[2025-01-14]. http://tradeinservices.mofcom.gov.cn/article/yanjiu/hangyezk/201903/80287.html.

科普游戏联盟成立仪式"在北京国家会议中心隆重举行,标志着科普游戏联盟的正式成立,科普游戏迈向高质量发展的新阶段。联盟致力于通过对科普游戏的研究与开发,传播科学精神、思想、方法和知识,构建大众科学系统化的认知体系。在峰会上,联盟还发布了国内首份科普游戏报告——《科普游戏行业发展研究报告2018》,对科普游戏的历史、定义、价值以及国内外发展现状进行了系统性总结,并针对行业发展过程中存在的问题提出了相应的对策与建议①。同一年,腾讯游戏发布了"追梦计划"②,其涵盖了多个重要项目,如数字文化传承、国家科技教育以及社会公益等,进一步推动科普游戏的发展。其中的代表作品包括《榫接卯和》(介绍中国传统木工榫卯结构),游戏界面如图3-35所示,以及微信小游戏《穿越虫洞》(用于测试运动感知力)。2023年,以"新时代科普游戏发展趋势"为主题的研讨会在上海科技馆举行,重点从"平台、模式、产业"三个维度出发,深入分析科普游戏行业在发展过程中遇到的问题,并探讨相应的解决策略③。

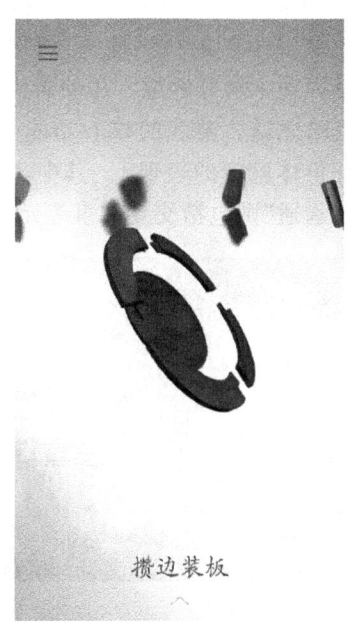

图3-35 《榫接卯和》游戏界面

(图片来源:游戏截图。)

从概念提出到产业发展,中国科普游戏在科学传播与娱乐体验的结合中不断前行,为公众提供了更加多元化的科学教育模式。

---

① 中国日报网. 腾讯牵头多方联合打造科普游戏联盟 科普游戏创意征集行动正式开启[EB/OL]. (2019-03-28)[2025-01-11]. https://baijiahao.baidu.com/s?id=1629231215814775855&wfr=spider&for=pc.
② 腾讯互娱.《关于功能游戏－腾讯互娱社会价值探索》[EB/OL]. (2022-07-05)[2025-02-10]. https://zhuimeng.qq.com/act/8211/a20220705gw/web202109/about.html#section4.
③ 中国日报.《乐元素成首家入驻上海科技馆科普游戏平台企业》[EB/OL]. (2023-03-02)[2025-02-10]. http://caijing.chinadaily.com.cn/a/202303/02/WS6400384fa3102ada8b2316f0.html.

第三节　自然科学类科普游戏

一、游戏与数理知识科普

数理知识是许多学科的基础，尤其在物理、工程和计算机科学等领域有着广泛应用[①]。通过游戏的形式，数理知识能够以更直观易懂的方式呈现给学生。数学和物理类的科普游戏旨在通过实际应用来帮助学生理解抽象的概念。譬如，将数学公式融入解谜类游戏的谜题中，从而帮助学生加深对数学概念的理解；物理模拟类游戏则可以通过虚拟的实验室让学生参与物理实验，进一步帮助他们理解力学、电磁学等领域的相关概念。

在物理知识科普方面，《完全黑暗》（*Total Darkness*）是由英国科学博物馆开发的一款面向 KS2 和 KS3 阶段学生的互动科普游戏，旨在提升学生的科学理解力和探索能力，游戏界面如图 3-36 所示[②]。游戏要求体验者基于科学原理来解开谜题。体验者需要基于电学知识来恢复游戏虚拟环境中的电力，解开城镇的黑暗之谜。游戏的核心功能是带有"科学风格"的评估，从"创造力""好奇心""沟通"三方面评价体验者的表现[③]。其中，"创造力"和"好奇心"涵盖实验、多工具使用和环境探索等元素，"沟通"则包括交互叙事等元素。

图 3-36　《完全黑暗》游戏界面
（图片来源：游戏截图。）

《坎巴拉太空计划 2》（*Kerbal Space Program 2*）是由美国 Intercept Games 开发，Private Division 于 2023 年 2 月 24 日发行的太空飞行模拟游戏，具有较强的挑战性和教育意义，游戏场景如图 3-37 所示。为了确保游戏内容的真实性与专业性，开发团队从专家、学者处寻求了意见，包括华盛顿大学航空航天部副主席 Uri Shumlak 博士、天体物理学家、资深的坎巴拉太空计划 YouTube 创作者 Scott Manley，以及另一位天体物理学家 Joel Green 博士。体验者需要设计火箭、航天器并进行太空旅行。该游戏考验体验者的物理知识（如轨

[①] 蔡德勒. 数学指南：实用数学手[M]. 北京：科学出版社，2010：12.
[②] 王宇. 以用户为中心的理念在科普游戏设计研发中的应用——以《完全黑暗》为例[J]. 科学教育与博物馆，2024，10(2)：59-65.
[③] Science Museum Group. Total Darkness [EB/OL]. (2018-05-31) [2025-02-07]. https://totaldarkness.sciencemuseum.org.uk/.

道力学、牛顿定律等），每一个游戏任务都要求体验者充分理解物理学中的力学原理才可完成。此外，游戏还要求体验者理解航天工程中的复杂数学原理[①]。

图 3-37 《坎巴拉太空计划 2》游戏场景
（图片来源：游戏截图。）

《电是怎么形成的》是由腾讯游戏公司推出的一款物理科普游戏，旨在通过模拟真实的电力实验场景，让体验者在互动体验中深入理解电的形成原理，游戏界面如图 3-38 所示。游戏包含四个虚拟实验室，分别对应电解质发电、水力发电、火力发电和太阳能发电这四种基本的发电方式。体验者需要利用不同的物理学原理完成各种实验任务。譬如：在电解质发电实验中，体验者可以将不同的金属电极插入电解质溶液（如可乐）中，观察在化学反应过程中产生的电流；在水力发电实验中，体验者则需要利用水流驱动发电机，通过调整水流速度和发电机的结构产生电力。此外，游戏还提供了"科学视图"功能，体验者可以直观地观察电流、磁场和化学反应，进而帮助体验者理解电的形成过程。同时，游戏中有详细的图示和实验记录，可以方便体验者随时回顾和总结所学的知识。

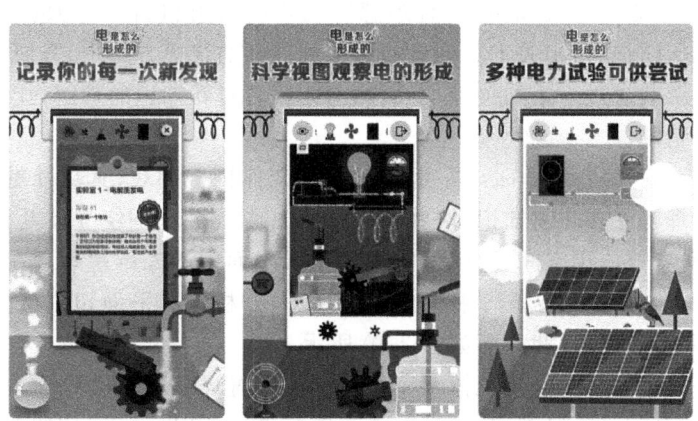

图 3-38 《电是怎么形成的》游戏界面
（图片来源：游戏截图。）

在数学知识科普方面，《欧氏几何》是一款由俄罗斯团队 Horis 开发，2018 年经腾讯引入中国市场的几何解谜游戏。该游戏以欧几里得的《几何原本》为理论根基，并凭借独特的

---

① KAWTHALKAR A, SHAH M, PRACHCHHAK I. Modeling and simulation of a direct-ascent anti-satellite missile using Kerbal Space Program (KSP)[J]. Aerospace Systems, 2022, 5(2): 285-299.

尺规作图游戏机制,成为数学知识科普的优质载体,为体验者开辟了系统学习欧氏几何知识的新途径。

游戏设有120个难度逐步递增的关卡,体验者需运用直尺、圆规等工具来完成挑战,游戏界面如图3-39所示。评分机制基于L(线)和E(欧几里得构造图形)这两种步骤,要求体验者以最少的步骤解决问题。在这一过程中,体验者并非盲目尝试,而是需要依据几何原理,通过严谨的逻辑推导来规划每一步操作,从而在挑战关卡的过程中,不断加深体验者对几何知识的理解,并逐步掌握几何图形的构建规律与运用。

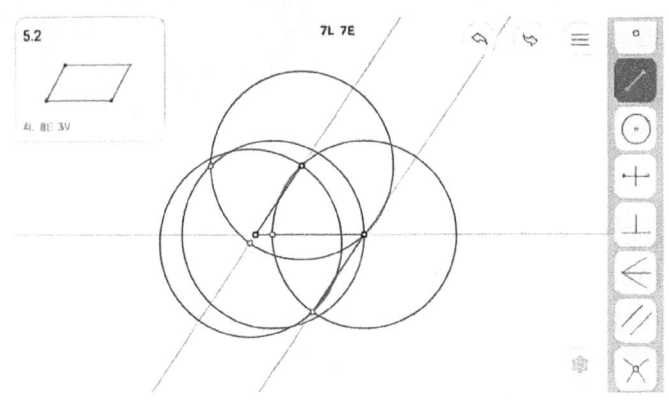

图3-39 《欧氏几何》游戏界面
（图片来源：游戏截图。）

《欧氏几何》的交互系统在科普方面有着较大的优势。体验者可以自由地拖动、缩放和调整几何图形,从多个角度观察图形的变化,亲身体验几何元素之间的相互关系。譬如,在绘制三角形时,通过改变边长和角度,直观感受三角形内角和始终为180°这一性质。当体验者学习新的几何结构时,相关工具会自动添加到界面的快捷方式中,方便体验者在后续关卡中反复调用。游戏通过一系列关卡,不断加深体验者对新知识的理解,让体验者在实践中领悟几何知识的精髓。

Antony Lavelle开发的*XSection*是一款立体几何科普游戏,其巧妙融合娱乐与教育,助力体验者深度理解立体几何知识,培养空间思维。游戏关卡围绕立体几何问题展开。在解题过程中,体验者要应用空间思维能力,想象三维多面体的二维呈现效果。譬如,遇到正方体截面问题时,体验者需在脑海中构建三维模型,分析不同平面切割产生的二维截面形状,以此锻炼空间想象力,游戏界面如图3-40所示。

该游戏的一大优势是配套知识体系完善。游戏内置详细的辅助教学模块,体验者若对几何定义或概念存疑,可随时查询。譬如,倘若体验者忘记"异面直线"的概念,在该辅助教学模块进行搜索后就能获取其定义、判定方法及例题解析,从而及时巩固知识。*XSection*凭借独特的游戏机制和辅助教学模块,将抽象的立体几何知识转变为有趣的互动体验。无论是学生还是数学爱好者,都能在轻松的游戏氛围中提升对立体几何的认知。

在医学知识科普方面,《肿瘤医生》是一款由成都阿法贝特科技有限公司开发的模拟医生游戏,旨在通过游戏的形式普及肿瘤病理及治疗技术。游戏由晚期肺癌患者张乾发起,并基于真实的肿瘤治疗方案设计。体验者在游戏中扮演肿瘤医生,在患者经济收入有限和康复信心下降的情况下,根据患者当前的体力和免疫力,采取合适的治疗方案。游戏对现实情况下患者在治疗过程中生化指标的变化进行模拟,体验者需通过化疗、放疗、手术、靶向药等多种治疗方法组合成有效的方案,尽最大努力挽救患者的生命。

游戏包含一系列的关卡,每一关对应不同的患者,体验者需根据患者的病情制订特殊的治疗方案,如图 3-41 所示。每个关卡开始时,体验者会收到患者的详细信息,包括病情、身体状况等,需据此选择合适的治疗工具。

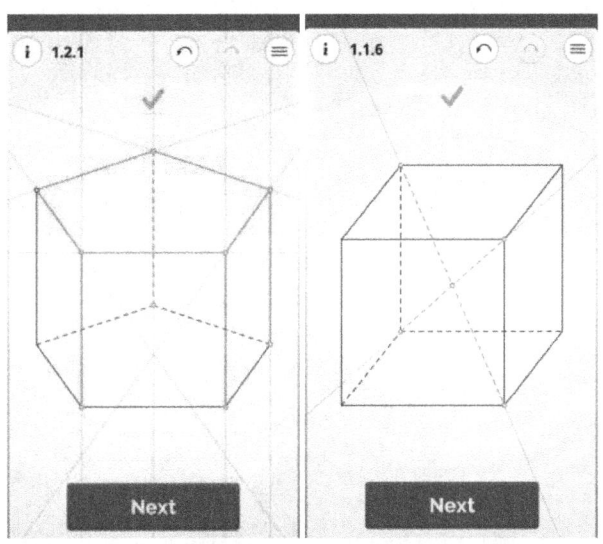

图 3-40　X*Section* 游戏界面
(图片来源:TapTap 网站的游戏宣传图片。)

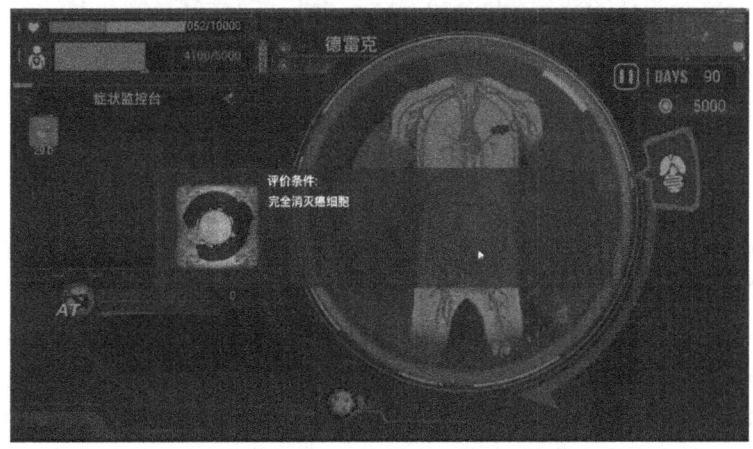

图 3-41　《肿瘤医生》游戏的患者信息界面
(图片来源:游戏截图。)

治疗工具分为手术工具和辅助机器人两类,每类工具都有利弊。体验者需根据患者的具体情况选择最适合的工具,以达到最佳治疗效果,如图 3-42 所示。

治疗方案包括化疗、放疗和手术三种主要类型,每种方案下又有细分选项。此外,游戏还引入了术后疼痛、局部出血、肝脏毒性等多种并发症,严重时会危及患者的生命,体验者需要对这些并发症进行及时处理。同时,游戏还融入了"信仰点"系统,用于提升患者免疫力、降低癌细胞增长速度等,如图 3-43 所示。通过这些设计,体验者可以充分理解癌症的致病机理、扩散原因、治疗原理以及可能出现的副作用,从而深刻体会到医疗行业的不易和癌症治疗的复杂性。

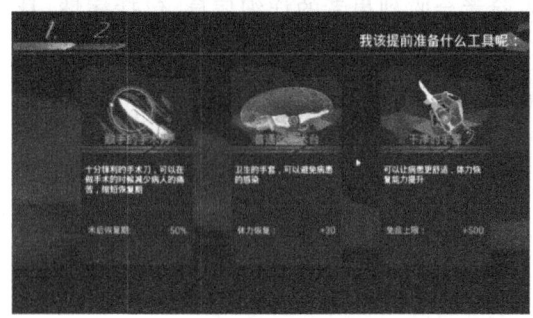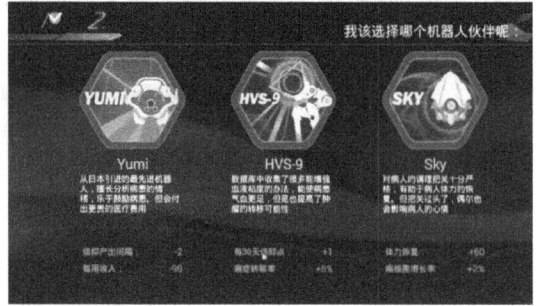

图 3-42 《肿瘤医生》游戏的治疗工具界面
(图片来源:游戏截图。)

图 3-43 《肿瘤医生》游戏的治疗界面
(图片来源:游戏截图。)

《传送门》(Portal)是一款由美国 Valve 公司开发的益智解谜游戏,其核心机制是体验者使用"传送门枪"在墙壁、地板等平面上制造传送门,以穿越复杂的空间,游戏场景如图 3-44 所示。尽管《传送门》未被明确界定为功能游戏,但其设计基于数学和物理原理,具有一定的科普属性。在游戏中,体验者需要运用几何和物理概念来解开谜题。游戏严格遵循物理定律,如动量守恒定律,体验者以一定速度进入传送门后,会以相同速度从另一个门冲出,并受到重力影响产生抛物线运动。这种基于真实物理原理的设计使体验者在解谜过程中能够直观地学习和应用物理知识[①]。

Valve 公司曾启动 Steam for School 计划,将《传送门 2》作为教育工具免费供学校使用。在教育实践中,《传送门 2》被用于探索物理、数学几何等概念,帮助学生理解动量、能

---

① GEE J P. Surmise the possibilities: portal to a game-based theory of learning for the 21st Century[J]. Clash of Realities,2008:33.

量、重力等物理概念[1]。游戏中的虚拟空间能够锻炼学生空间认知能力、逻辑思维能力,并培养创造性思维[2]。

 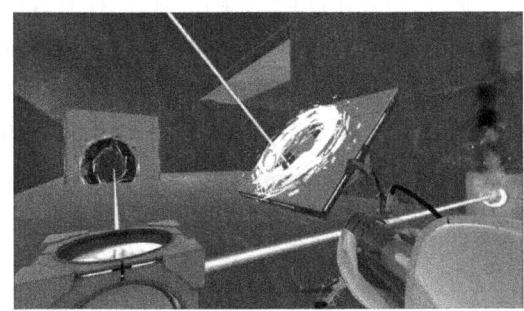

图 3-44 《传送门》游戏场景
(图片来源:游戏截图。)

二、游戏与生态环境知识科普

生态环境类科普游戏的目的是让体验者了解目前地球生态环境不容乐观的现状,并理解环境保护的重要性。游戏通过模拟生态系统的运作,让体验者能够在虚拟世界中做出决策,管理自然资源,进行环境保护等,进而提高对生态环境保护的认知。此类游戏通过让体验者参与生态环境的管理,帮助他们意识到人类活动对环境的影响。

《伊始之地》(Terra Nil)是由南非的独立游戏开发工作室 Free Lives 与 Clockwork Acorn 共同制作,美国的 Devolver Digital 发行的一款环境保护模拟游戏。这款游戏的目标是将贫瘠的地貌转变为欣欣向荣、生机勃勃的生态系统。体验者需要将丧失活性的土壤变成肥沃的草地,净化被污染的海洋,种植广阔的森林,为动物创造理想的栖息地,并回收建筑,不留下任何痕迹。

游戏采用逆向城市建造的游戏机制。体验者使用先进的生态技术净化土壤,建造平原、湿地、海滩、热带雨林等,然后有效地回收建造的一切,为新来的动物留下原始的环境。《伊始之地》采用程序自动生成地貌,每次体验都不相同,体验者需要围绕随机生成、难以预测的地形规划建造,这些地形包括蜿蜒的河流、山脉、低洼地带和海洋。游戏的每个区域都将分阶段发展,最终目标是留下原始荒野。关卡的主旨并不是无限增长的,而是塑造一个良好的生存环境后悄然离开,还这片土地以宁静,游戏场景如图 3-45 所示。

牡蛎礁为海洋生物提供栖息地,保护海岸免受侵蚀,但如今因过度捕捞、污染、病害和栖息地被破坏而成为地球上最受威胁的海洋栖息地之一,全球 85% 以上的牡蛎礁已消失。为了提高公众对牡蛎礁生态保护重要性的认识,三七互娱与大自然保护协会(TNC)合作推出了《牡蛎礁保卫战》H5 小游戏,如图 3-46 所示。

---

[1] 冉妍婷.《传送门 2》——电子游戏的教育价值分析与应用实例[EB/OL].(2020-05-01)[2025-02-02]. https://www.163.com/dy/article/FBIVVN8M0536EWRE.html.
[2] SHUTE V J, VENTURA M, KE F. The power of play: The effects of Portal 2 and Lumosity on cognitive and noncognitive skills[J]. Computers & Education, 2015, 80: 58-67.

该游戏通过富有趣味的闯关模式,让体验者收集修复牡蛎礁所需的材料,体验牡蛎礁修复的流程和方法。每个关卡都融入了牡蛎礁相关的科普知识,体验者可以在游戏过程中进行学习。此外,游戏还设有"档案馆"板块,体验者可以深入了解牡蛎礁的生态系统服务功能,全球牡蛎礁的退化危机,中国天然牡蛎礁的分布与现状,以及牡蛎礁的生态修复方法。游戏还设置了活动中心,体验者在成功闯关后可用金币抽奖,这可以进一步提高体验者参与游戏的积极性,游戏界面如图 3-47 所示。整个游戏风格明快,操作简单,适合全年龄段体验者[①]。

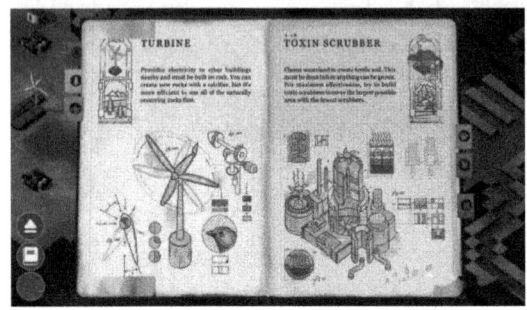

图 3-45 《伊始之地》游戏场景

(图片来源:游戏截图。)

图 3-46 《牡蛎礁保卫战》游戏宣传图片

(图片来源:三七互娱官方网站。)

图 3-47 《牡蛎礁保卫战》游戏界面

(图片来源:三七互娱官网。)

---

① 三七互娱. 牡蛎礁保卫战[EB/OL].(2021-11-12)[2025-01-22]. https://www.37wan.net/news.html?id=11085.

《纳木》是腾讯游戏"追梦计划"推出的一款植物科普类功能游戏,旨在通过趣味性和互动性强的游戏机制,帮助体验者深入了解植物的生长过程并学习生物学知识。游戏细致入微地模拟植物从种子发芽到成熟的全过程,其中不仅涵盖了发芽、生长、开花、结果等关键阶段,还对各阶段的变化进行了生动展示。体验者在游戏过程中可以通过手动调节光照、水分、二氧化碳浓度等环境条件,实时观察植物各部分的动态变化,如图3-48所示。

图3-48 《纳木》游戏宣传图片

(图片来源:腾讯游戏"追梦计划"产品与应用官网。)

游戏内容分为花、叶、根、茎四个模块,各模块均配备详细的说明,并提供相应的交互体验。譬如:在"叶"模块中,游戏详细介绍了植物利用光能将二氧化碳和水转化为有机物和氧气的光合作用过程;"根"模块则讲解根系的水分吸收机制。同时,游戏充分利用可视化优势,展示植物细胞的详细结构,包括细胞壁、细胞膜、细胞核、叶绿体等,帮助体验者直观地认识植物的微观世界。

在繁殖相关知识科普上,《纳木》不仅阐述了花作为生殖器官产生花粉和胚珠的过程,还细致展示了花的受精过程,包括花粉的飘散、花粉管的生长、胚珠的受精等,助力体验者全面理解植物生长和繁殖的奥秘。

此外,《纳木》还设计了多样化的挑战设置与模式选项,体验者能依据自身兴趣偏好及知识储备,自主选择学习路径,实现个性化学习。这种由浅入深的设计适合不同年龄段的体验者在业余时间学习知识,甚至能够满足中学生的生物课程学习需求。总体而言,《纳木》将科普与娱乐巧妙融合,不仅是学生学习植物知识的得力工具,也是自然科学爱好者了解植物的一个学习平台。

再以英国Red Redemption公司开发的 *Fate of the World* 为例(如图3-49所示),该游戏是一款以全球气候变化为主题的策略模拟游戏。游戏中,体验者需要在不同的气候条件下寻求全球性气候问题的解决方法,体验者可以直观地了解气候变化的原理。游戏涉及了不同的环境问题,如气候变暖、自然资源缺失、人口增长等。体验者需要针对这些问题制订解决方案,探索并利用各种替代能源来减少温室气体的排放,缓解全球变暖的趋势,这促使体验者了解并掌握各种能源的知识,包括可再生能源和非可再生能源的特点、利用方式以及对环境的影响等。体验者在游戏中可以实施各种环境工程措施,如植树造林、治理污染、保护生物多样性等。游戏还设置了科学讨论和决策的环节,体验者需要与游戏中的其他角色进行交流和协商,共同制定全球环境政策。

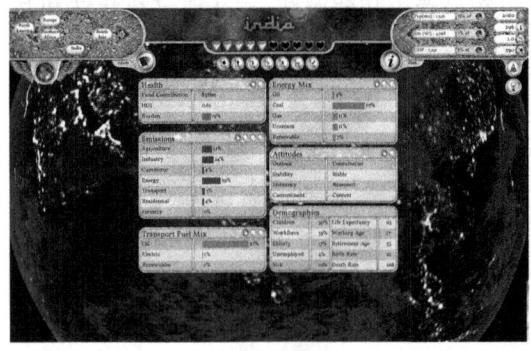 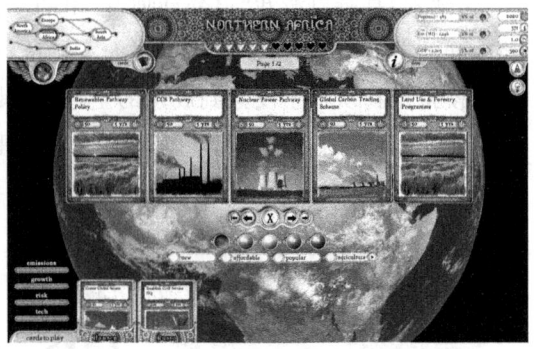

图 3-49　*Fate of the World* 游戏界面

（图片来源：Steam 平台的游戏宣传图片。）

三、游戏与天文知识科普

天文科普游戏通常涉及宇宙探索、天体物理学等知识。通过模拟宇宙旅行、天体运动等内容，游戏可以让体验者在虚拟世界中了解天文学的基本概念，如恒星、行星、黑洞等。此类游戏可以帮助体验者了解宇宙的结构与演化过程，并且通常采用游戏物理引擎逼真地呈现天文现象。

2023 年，新华网客户端联合波克城市推出航天科普游戏《我是航天员》，如图 3-50 所示。该游戏以模拟经营的形式，让体验者在打造航天小镇、完成科技任务后，进驻空间站进行实验，从而了解航天基地的运作模式、火箭制造的过程及航天员的日常工作和生活，感受航天科技的迅速发展并领略中国航天精神，游戏界面如图 3-51 所示。

图 3-50　《我是航天员》游戏宣传图片

（图片来源：宣传网页截图。）

游戏中，体验者需规划建筑、指挥火箭发射、安排实验等。科普内容以生活化场景为切入点，内嵌航天百科全书，体验者可领导团队组装零件，完成科研实验，参加航天大学课程，全方位学习航天知识。

游戏注重与现实的贴合，火箭发射环节以模拟直播间的形式，结合生动的画面和文字解说，打造轻松的航天小剧场。体验者可通过接待贵客、收集"吐槽"，提升 NPC 的好感度，享受幽默的游戏氛围。此外，游戏还有航天直播红包雨、科研探索益智一笔画、古籍翻译知识积累、星际挖矿等丰富的游戏内容,让体验者随时收获惊喜,从而达到寓教于乐的目的。

此外,《星火之旅》也是由上海天文馆与波克城市联合推出的航天主题科普游戏,游戏界面如图3-52所示。《星火之旅》以"游戏+科普"的形式回顾1992—2022年间的中国载人航天发展历程,以庆祝中国载人航天工程三步走正式实现、空间站顺利建成。展览以寓教于乐的形式普及航天知识,让观众体验航天员的太空经历,感悟与传承中国航天精神。

图3-51 《我是航天员》游戏界面
(图片来源:游戏截图。)

图3-52 《星火之旅》游戏界面
(图片来源:游戏截图。)

为解决县域地区高中科学教育资源不足的问题,2024年,三七互娱携手游心公益基金会在中共海南省委宣传部的指导下推出了《飞天梦想启航》航天科普平台[①]。该平台通过基

---

① 三七互娱.三七互娱:探索"游戏公益+"新路径,共创社会价值[EB/OL].(2024-12-13)[2025-01-10]. https://mp.weixin.qq.com/s/VGDUTm5wrhWgjJea-EwKlg.

于游戏的教育形式,将高中物理、数学、地理等学科知识融入航天任务的模拟中,涵盖了航天器研发、发射升空、轨道对接以及回收等全过程。这一平台可以帮助学生加深对相关学科知识的理解,促进其掌握航天基本原理,如轨道六要素、行星特征和航天基础理论等。平台的互动性和游戏性显著增强了学生的学习兴趣,同时提高了学生的综合应用能力。

该平台的设计依托于任务驱动型游戏机制,学生在虚拟环境中模拟航天任务,通过解决与航天相关的科学问题来推动任务进程,游戏界面如图3-53所示。譬如:在模拟火箭发射的过程中,学生需要运用牛顿三大运动定律来调节推力;在轨道对接任务中,学生需要使用数学公式来计算最佳的发射角度。通过这些精心设计的任务,学生能够在实际操作中体验科学原理的应用,在实践过程中深化对物理、数学等学科知识的理解。这种将理论学习与实践应用相结合的方式为学生提供了一个生动的科学探索平台,有效促进了学生学科知识的内化。

图 3-53 《飞天梦想启航》游戏界面
(图片来源:游戏截图。)

第四节 社会科学类科普游戏

一、游戏与文化传播

文化传播类科普游戏不仅致力于传递知识,还致力于改变体验者的文化意识和行为。这类游戏的主要目标是通过游戏体验加深体验者对特定主题的理解,如民族历史或文化规范,从而提升他们的文化认同感。通过游戏叙事内容,对年轻一代进行传统文化、民族信仰和社会主义核心价值观的教育,影响体验者的思想观念,促进其积极参与文化的传承[1]。

---

[1] 杨媛媛,季铁,张朵朵. 文化遗产在严肃游戏中的设计与应用[J]. 包装工程,2020,41(4):312-317.

文化传播类游戏通过整合多元地域的文化符号与内涵,使体验者在沉浸式娱乐过程中认识并体验不同文化,进而促进文化的传播与交流。近年来,我国于移动平台发布的功能游戏大多可以归为本类别。譬如:三七互娱公司开发的《家国梦》通过模拟建设,传递了中国梦、故乡情和国家特色建设的理念,如图3-54(a)所示;中国tag Design开发的功能游戏《榫卯》〔如图3-54(b)所示〕和《折扇》〔如图3-54(c)所示〕则以互动形式展示传统手工艺;腾讯旗下NEXT Studio开发的《尼山萨满》将非物质文化遗产和本土故事结合作为题材,通过音乐游戏的形式,向体验者展示了中国北方少数民族的文化,如图3-54(d)所示。

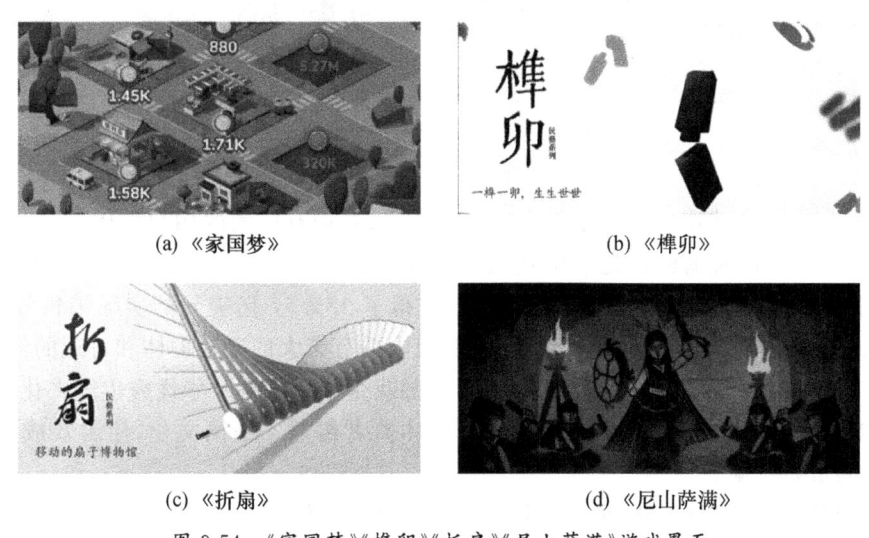

(a)《家国梦》　　　　　　　　(b)《榫卯》

(c)《折扇》　　　　　　　　(d)《尼山萨满》

图3-54　《家国梦》《榫卯》《折扇》《尼山萨满》游戏界面
(图片来源:游戏截图。)

文化传播类游戏通常结合了历史、艺术、语言等元素,让体验者能够更好地理解世界各地的文化背景。通过游戏的交互系统,体验者能够参与到文化的传递过程中,加强对文化的认同与理解。

美国公司Culinary Games开发的《丢失的食谱》是一款VR烹饪模拟游戏,体验者需要扮演一名幽灵厨师,在虚拟的厨房环境中学习如何烹饪古代料理,游戏界面如图3-55所示。游戏中,体验者将为古希腊、中国和玛雅文明的幽灵烹饪美食。为了提升烹饪技能,体验者需穿越历史,在三个传统的厨房中进行练习。只有满足每个幽灵的口味,体验者才能解锁下一个厨房。在制作九种独特食谱的过程中,体验者不仅能掌握烹饪技巧,还能深入了解食材、食谱和饮食文化。游戏不以速度评分,而是鼓励体验者细心且精准地完成每个食谱,享受烹饪的乐趣。

中国台湾团队开发的 Papakwaqa 是一款以台湾泰雅人文化为背景的功能游戏,其采用模拟类游戏的体验模式,让体验者深入了解泰雅人的部落生活和信仰。游戏开发过程中,研究者利用Annales学派的特性[37],包括对总体历史时空的整合,以及对世界经济发展的关注等,开发了一个与台湾少数民族文化和生活历史相关的功能游戏创作框架。游戏开发分为数据、逻辑和表现三个层次。在数据层,通过分类学提取台湾泰雅人的文化元素;在逻辑层,通过分析文化特征和比较历史教育目标,确定游戏框架和叙事结构,选择模拟类游戏对部落的生活和经济运作方式进行呈现;在表现层,将文化元素转化为游戏用户界面的元素。评估结果表明，*Papakwaqa* 在激发学生对台湾少数民族文化与历史的兴趣和提升学习效果方面发挥了显著作用[1]。

图3-55 《丢失的食谱》游戏界面
（图片来源：游戏截图。）

2024年，中国游戏市场呈现出强大的经济活力，并拥有广大的用户群体，实际销售收入高达3 257.83亿元，拥有6.74亿名游戏用户。其中，中国自主研发游戏在国内市场取得了2 607.36亿元的优秀成绩，同时在海外市场也取得了185.57亿美元的实际销售收入。[2] 这些数据充分证明了游戏作为一种媒介，不仅在国内拥有庞大的受众群体和可观的经济收益，更在国际市场上具有强大的传播力和影响力。游戏企业通过将中华优秀传统文化融入游戏内容，并借助这一强有力的媒介，成功地向全球体验者传播了中国文化，使游戏成为文化传承与交流的重要桥梁。

中国光辉推出的《归龙潮》是一款具有国潮风格的动作角色扮演游戏。开发团队深入研究我国非物质文化遗产，实地拜访传承人和相关机构，与博物馆、工作室等展开合作，构建了"非物质文化遗产合作专家资源库"，并据此制订了契合游戏风格且受体验者喜爱的"非物质文化遗产合作名录"。另外，开发团队以此名录为创意基础，设计了虚拟游戏内容及实体文创的周边产品。

《归龙潮》以现代视角重新诠释了中华优秀传统文化，并利用游戏技术将非物质文化遗产巧妙融入游戏之中。游戏以"龙"的传说为故事背景，选取了川渝、两广等九个具有地域特色的地区作为蓝本，精心打造了风格各异的街区场景，游戏场景如图3-56所示。在角色设计方面，游戏融合了海派旗袍、祥云纹、醒狮等45种传统文化元素，实现了传统与现代国潮的有效结合，如图3-57所示；在音乐和配音方面，游戏巧妙地将传统戏曲、乐器演奏与现代电子音乐相融合，并采用方言为角色配音，为体验者带来沉浸式的视听享受，营造出浓厚的地域文化氛围[3]。

---

[1] HUANG C H, HUANG Y T. An annales school-based serious game creation framework for taiwanese indigenous cultural heritage[J]. Journal on Computing and Cultural Heritage(JOCCH)，2013，6(2)：1-31.

[2] 中国音数协游戏工委.《2024年中国游戏产业报告》正式发布[EB/OL].(2024-12-13)[2025-01-25]. https：//mp.weixin.qq.com/s/5QTkjqzlvGRyQqBhhEhk-g.

[3] 人民网. 2024游戏公益典型案例集——文化传承[EB/OL].(2024-12-09)[2025-01-25]. http://jinbao.people.com.cn/n1/2024/1209/c421674-40378384.html.

图 3-56 《归龙潮》游戏场景
（图片来源：《归龙潮》游戏官网。）

图 3-57 功能游戏《归龙潮》角色设计
（图片来源：《归龙潮》游戏官网。）

二、游戏与社会治理

社会治理类游戏通过模拟社会管理、政策决策等方面，帮助体验者理解社会治理的复杂性。通过在虚拟世界中担任领导者或政策制定者的角色，体验者能够体验到政府在管理社会时面临的各种挑战。这类游戏能够培养体验者的社会责任感，同时增强他们对公共事务的解。

《粮食力量》（*Food Force*）是由联合国世界粮食计划署开发的一款游戏，旨在通过游戏的形式提高体验者对全球粮食危机和饥饿问题的认识[①]。游戏以虚构的谢尔兰岛为背景，体验者需完成六个任务，包括空中侦察、设计营养餐单、空投救援物资、采购与运送粮食、粮食发放以及帮助当地重建农业系统。通过这些任务，体验者不仅能了解饥饿问题的严重性，还能感受到粮食援助的重要性和复杂性。

2007年，美国ImpactGames公司推出了一款功能游戏《和平缔造者》。这是一款以巴以冲突为背景的功能游戏，体验者可以选择扮演以色列总理或巴勒斯坦总统。《和平缔造者》项目最初由美国娱乐技术中心的一群研究员在2005年发起，由美国人Eric Brown和以色

---

① 李方丽，孙晔. 功能游戏：定义、价值探索和发展建议[J]. 教育传媒研究，2019(1)：65-68.

列人 Asi Burak 带头开发。

在游戏中，体验者需要在多个回合中运用智慧，努力推动两国实现和平，结束中东地区的战乱。游戏的最终目标是避免冲突，确保国家的和平与稳定发展。除了这一核心目标，体验者还可以进行军事调度、与别国领导人谈判、在联合国提出议案以及寻求国际慈善组织的支持等多种操作来巩固自己的统治，游戏界面如图 3-58 所示。

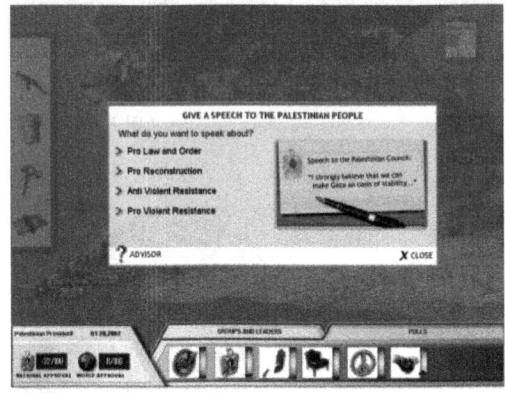

图 3-58 《和平缔造者》游戏界面

（图片来源：游戏截图。）

CityOne 是一款由美国 IBM 开发的功能游戏[1]，其旨在通过模拟真实的城市问题，帮助城市规划者、企业领导者等学习如何实现城市智能化与可持续发展[2]。游戏基于浏览器运行，采用 Adobe Flash 技术，包含超过 100 种真实场景，涵盖水资源管理、智能零售等领域[3]，游戏界面如图 3-59 所示。体验者需在有限的预算内，平衡经济、环境和社会利益，解决危机并提升市民满意度。

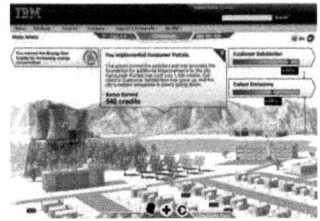

图 3-59 CityOne 游戏界面

（图片来源：游戏截图。）

该游戏不仅具有教育性，还结合了实际城市数据，提供真实模拟体验。美国国家环境保

---

[1] Christensen A. The Art of the Serious Game：How IBM's CityOne Can Help Cities Solve Problems[EB/OL]. [2025-01-28]. https://www.smartcitiesdive.com/ex/sustainablecitiescollective/art-serious-game-how-ibm%E2%80%99s-cityone-can-help-cities-solve-problems/15962/.

[2] Serious Game Market. CityOne：IBM Serious Games For City Planners[EB/OL]. (2010-05-04)[2025-01-28]. https://www.seriousgamemarket.com/2010/05/cityone-ibm-serious-games-for-city.html.

[3] Games for Cities. CityOne：A Smarter Planet Game[EB/OL]. [2025-01-28]. https://gamesforcities.com/database/cityone-a-smarter-planet-game/.

护局(EPA)也为其提供了内容支持①。CityOne 自 2010 年发布以来,吸引了众多体验者参与,被广泛应用于教育和城市规划领域,帮助体验者探索技术创新在城市可持续发展中的应用。

腾讯公司于 2022 年 1 月推出了一款结合模拟经营与科普元素的游戏《碳碳岛》,在联合国环境规划署发起的"玩游戏,救地球"联盟举办的"绿色游戏创意计划"中荣获 First to Implement 奖项,游戏界面如图 3-60 所示。《碳碳岛》的目的是提升公众对当前重大环境问题的认知。在游戏中,体验者需从头开始打造一座城市,并推动其经济发展。具体来说,体验者需要吸引居民上岛,建设住宅、农场、工厂、写字楼及道路等基础设施。同时,还需要创办企业,提供各类服务,并涵盖餐饮、零售、公共事业和公共交通等领域。游戏初期,城市发展较为顺畅,碳排放量较低,盈利速度也较快。而伴随着城市规模的不断扩大、人口数量的迅速增加,环境中的碳排放量会不断增加,体验者便需要在经济发展和环境保护之间做到动态平衡。

图 3-60 《碳碳岛》游戏界面
(图片来源:网页宣传截图。)

三、游戏与政策发展

政策发展类游戏需要体验者扮演政府官员,参与制定和实施政策。通过这些游戏,体验者可以了解政策制定的复杂性及其可能产生的社会影响。此类游戏通常涉及经济、社会福利、教育等多个方面,体验者需要权衡不同政策的利弊,以制定最佳的解决方案。

Convene The Council 由美国 iCivics 公司发行,其作为一款具有深度教育意义的模拟类游戏,在政治知识科普领域独具特色。它以独特的视角和沉浸式的体验为体验者搭建起一座了解美国政治决策体系与国际政治事务处理的知识桥梁。在游戏中,体验者扮演美国总统这一关键角色,与美国国家安全委员会(NSC)成员协同合作,共同应对复杂多变的国际重大政治事件,游戏界面如图 3-61 所示。这种角色代入式的设计使体验者能够深入政治决策的核心圈层,亲身体验政治决策的全过程。

在面对国际危机时,体验者要运用战略思维制定应对方案。譬如,处理地缘政治冲突,

---

① Serious Game Market. CityOne:IBM Serious Game For City Planners Is Now Live[EB/OL].(2010-10-05)[2025-02-10]. https://www.seriousgamemarket.com/2010/10/cityone-ibm-serious-game-for-city.html.

需综合各方利益、国际舆论和本国目标,权衡外交、经济、军事等政策选项,进而掌握国际政治博弈逻辑与外交政策工具的运用。

与 NSC 成员互动时,体验者能了解不同政治角色的职责,以及决策中博弈和沟通的协调机制。在将决策委托给政府部门的游戏环节中,体验者还能够熟悉美国政府行政体系的分工与各部门在国际事务中的职能。

此外,体验者还需关注社会经济的发展、价值观的传播、国家安全的维护和民众健康状态的稳定等核心问题。通过调整政策,分配资源,理解宏观经济与国际政治的联系,以及国家价值观传播和国家安全战略考量,全面掌握美国政治体系的运行与决策机制。

Convene The Council 通过模拟真实的政治场景,让体验者在游戏中主动学习和应用政治知识,打破传统科普的枯燥模式,激发大众对政治知识的兴趣。该游戏在政治科普教育领域意义重大。

FloodSim 是由英国 PlayGen 开发的政策模拟游戏,旨在提升公民对洪水治理政策的认知,游戏界面如图 3-62 所示。该游戏分三阶段,每个阶段代表一年。体验者需制定包括区域和国家级别的防洪政策,体验者决策将影响人口密度、经济产出和洪水风险等指标。游戏通过"报纸"模块来反馈政策实施的效果。游戏要求体验者通过政策制定和资源管理来应对洪水,不同的决策将直接影响洪水治理结果。*FloodSim* 不仅提高了体验者对洪水政策的认知,还通过反馈机制向政府和保险公司提供了公众意见,助力社会管理机构制定有效的防洪政策。

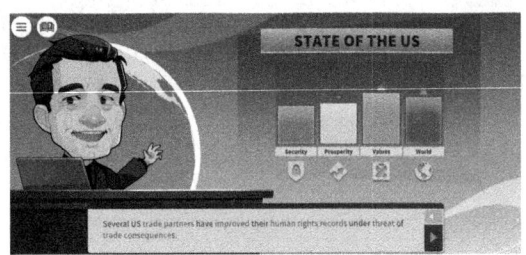

图 3-61 *Convene The Council* 游戏界面
(图片来源:游戏截图。)

图 3-62 *FloodSim* 游戏界面
(图片来源:游戏截图。)

四、游戏与经济管理

经济学类科普游戏通过对市场经济运行机制的模拟,让体验者深入了解经济学原理。这些游戏涉及资源管理、市场定价、供需关系等关键概念,体验者需要在投资、定价、生产等方面做出决策。通过丰富的交互体验,体验者能够掌握如何促使经济增长、如何增加社会福利,以及如何处理有限资源与市场波动带来的挑战。这类游戏不仅可以帮助体验者理解微观和宏观经济学的核心原理,还可以通过实际操作让体验者进一步掌握财务规划、投资回报和市场营销等经济学知识。

《大航海时代》(Uncharted Waters)是由日本光荣公司(KOEI)开发的以15—17世纪大航海时代为背景的航海冒险类游戏,游戏界面如图3-63所示。游戏背景设定在地理大发现时期(Age of Exploration),体验者需要扮演船长,并通过贸易、探险、战斗等方式积累财富与声望。贸易系统是游戏的核心组成部分之一,体验者需在不同港口之间买卖商品,利用供需关系获取利润。商品价格受供需波动影响,供过于求时价格下降,反之价格上涨。体验者还需考虑成本与收益,包括船只购买与维护成本、船员工资以及货物运输成本等。随着游戏的推进,货币供应量增加,商品价格普遍上涨,出现通货膨胀的现象。体验者可通过投资港口、建立贸易事务所等方式扩大势力范围,提升经济收益。游戏还模拟了不同国家与势力之间的经济竞争,体验者可通过贸易垄断、破坏对手贸易路线等手段获取竞争优势。此外,游戏中的经济系统高度还原了大航海时代的贸易环境,体验者在体验游戏的同时,也能对当时的经济活动有更深入的解。

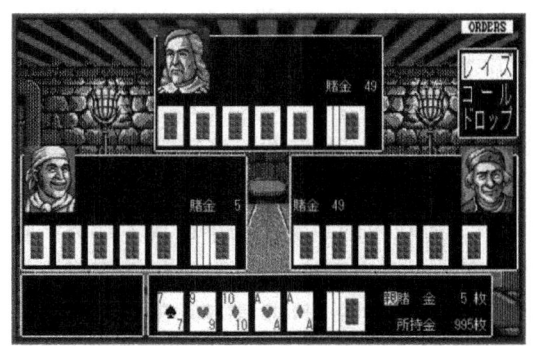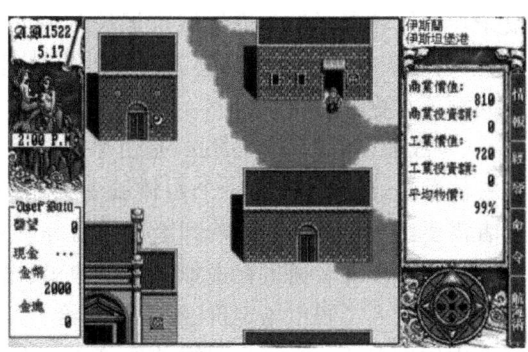

图 3-63 《大航海时代》游戏界面
(图片来源:游戏截图。)

《纪元》(Anno)系列游戏是由育碧公司发行的一款模拟城市建设的游戏,虽然它并非专门的功能游戏,但其复杂的经济机制和资源管理系统赋予了其较强的经济学知识教育属性,游戏界面如图3-64所示。在游戏中,体验者需要建设和管理城市,发展经济、管理资源、制造商品,并与其他城市进行贸易。这一过程中,体验者能够学习城市扩展和资源配置的实际操作,深入理解经济学中诸如资源稀缺性、供需关系、生产链条等核心概念。

游戏的经济体系建立在对资源的高效管理上,体验者必须采集自然资源并将其加工成商品。譬如,从矿石提炼金属,通过金属生产工具、武器等,这一过程可以帮助体验者理解价值链和生产链的概念,并揭示产品增值的机制。在该交互过程中,体验者能够体会到如何在资源有限的情况下实现城市的可持续发展,并学习生产成本和市场定价的相关知识。

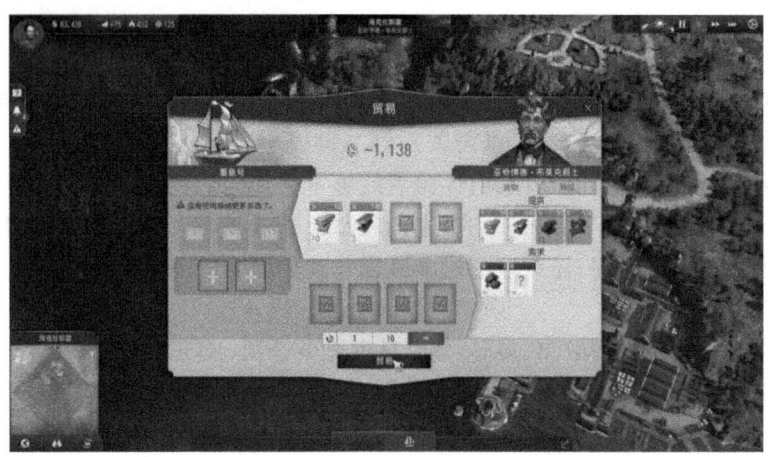

图 3-64　《纪元》游戏界面
(图片来源:游戏截图。)

《纪元》对市场经济和供需关系进行了模拟,体验者通过建设生产设施和贸易路线与其他城市交换商品。当市场供过于求时,商品价格下降,需求上升而价格上涨,这一游戏系统模拟了现实世界的市场调节机制,可以帮助体验者理解经济活动中价格形成的动态过程。在游戏中,体验者需要根据市场情况进行策略调整,既要考虑生产效率,又要平衡城市财政,学习如何处理税收、预算和资金流动等经济问题。

此外,《纪元》通过模拟全球贸易和城市化进程,可以体验到全球经济互联和城市发展的复杂性。体验者不仅要确保城市居民的基本需求得到满足,还要建设能源、交通等基础设施,推动经济发展。这让体验者对城市化过程中出现的经济发展瓶颈、失业率上升和社会福利问题等有更深的了解。

《星战前夜》(*EVE Online*)是由冰岛游戏公司 CCP Games 开发的一款大型多人在线角色扮演游戏,游戏内拥有一个由体验者控制的复杂经济体系,游戏界面如图 3-65 所示。体验者需要经历从原材料采购到上市交易等所有环节。游戏内的经济活动早已成为经济学研究的重点。体验者通过在虚拟市场上购买、出售和交易资源来获取利润,这种经济模拟让体验者能够深入了解市场定价、需求与供给、货币流通等经济学原理,思考如何在激烈竞争的环境中做出有效的投资和明智的经济决策[1]。经济学家通过研究这些虚拟市场现象,探索虚拟货币、供需关系、市场操控等经济行为,并将其作为实验案例来验证经济学理论。

值得注意的是,《星战前夜》通过其虚拟世界中的经济体系,成功模拟了一个接近现实的市场环境。游戏中的虚拟货币(ISK)、商品价格的波动以及供需关系等,都可以视作一个缩小版的全球经济模型。这些元素不仅体现了复杂的经济互动,也为经济学理论提供了一个实验平台。许多学术研究已将《星战前夜》作为案例,以探讨市场崩溃、经济泡沫以及虚拟商品定价等相关经济现象。

中国香港 Enlight Software 公司开发的《金融帝国 2》是一款商业模拟游戏,体验者在其

---

[1] TOH W. The economics of decision-making in video games[EB/OL]. [2025-02-18]. https://gamestudies.org/2103/articles/toh.

中扮演一名企业家,目的是通过合理的经营策略,将企业发展成全球商业巨头。游戏提供了一个复杂的经济环境,体验者需要通过控制生产、给商品定价、投资等扩大自己的企业帝国,游戏界面如图3-66所示。

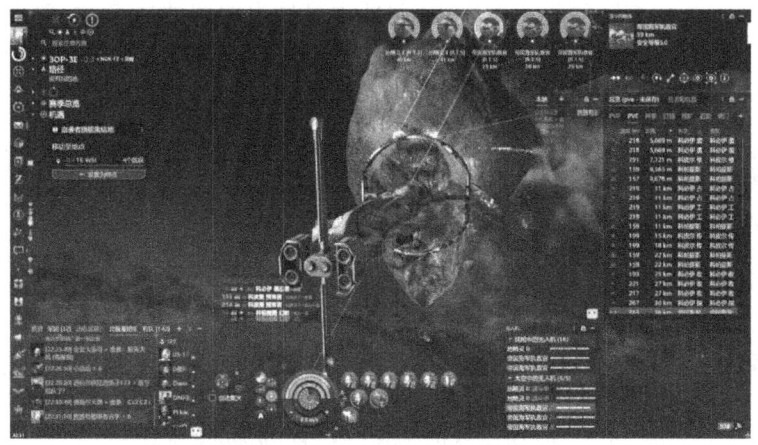

图 3-65 《星战前夜》游戏界面
(图片来源:游戏截图。)

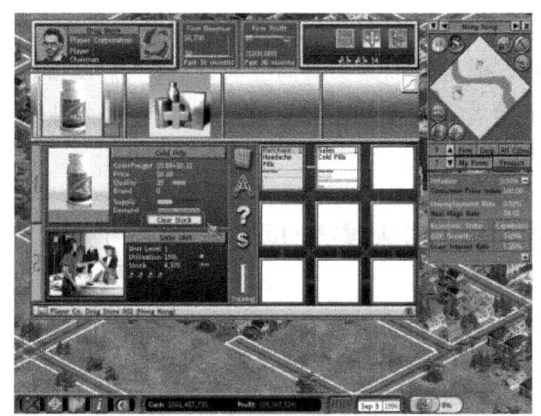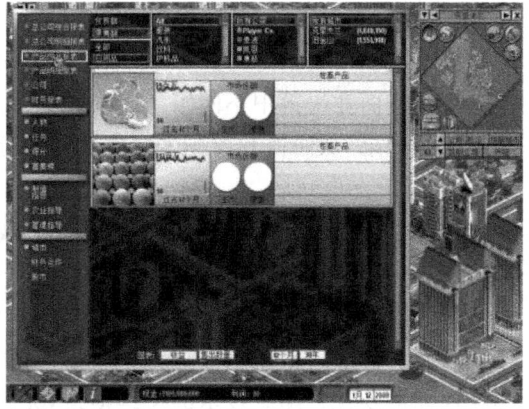

图 3-66 《金融帝国 2》游戏界面
(图片来源:游戏截图。)

在这个虚拟世界里,经济学的基本原如供需关系、市场定价、生产成本和投资决策等都得到了具体应用。体验者必须根据市场的需求变化来调整产品价格,价格设定不当可能会导致消费者流失或库存积压。此外,生产流程和原材料采购等也需要精心管理,以确保公司在降低成本的前提下提高运行效率。

《金融帝国 2》还引入了影响市场的大环境因素,如利率、税收和通货膨胀等,体验者必须在这些宏观经济因素的影响下做出合理决策,保证公司的稳定发展。通过投资股市、研发新技术、并购其他公司等方式,体验者能够不断提升公司的竞争力和市值。虽然这款游戏不是为了教育而特别设计的,但它为体验者提供了一个近似真实市场的模拟环境,支持人们在中理解商业运作的复杂性。

The Drivers of Business Performance 是由印度 Advantexe Learning Solutions 开发的

一款商业模拟游戏,旨在通过模拟真实的商业环境,提升体验者的商业决策能力和战略执行能力,游戏界面如图3-67所示。体验者扮演一家全球性SaaS技术公司Orium Inc.的临时首席执行官(CEO),肩负着提升销售业绩、提高盈利能力以及为公司长期成功奠定基础的重任[①]。体验者需要在有限的预算下,借助团队力量做出明智的决策,管理现金流,并理解不同商业决策对利润和现金流的影响。同时,游戏融入了经济学知识,要求体验者权衡预算分配、投资回报和市场动态等经济因素,以实现公司的财务目标[②]。

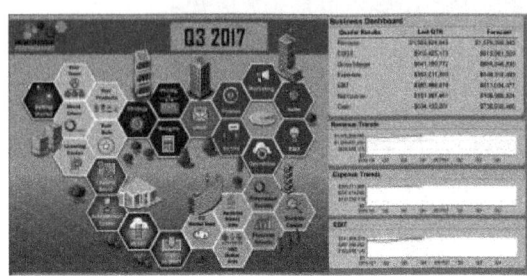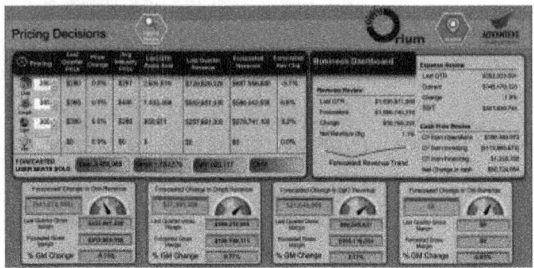

图 3-67　*The Drivers of Business Performance* 游戏界面

(图片来源:游戏截图。)

The Drivers of Business Performance 采用"三步模拟流程",包括规划(审查战略、计划和目标)、执行(推动公司运营的战术决策)以及事件(体验者需要应对的各种突发事件,这些事件将对公司的业务产生短期或长期的影响)。通过模拟真实的商业场景,游戏可以帮助体验者理解商业决策中不同因素之间的关系,体验者在安全的虚拟环境中体验不同商业决策带来的后果,从而提升商业敏锐度和决策能力[②]。

第五节　科普游戏的前景与未来发展

科普游戏作为一种融合娱乐与教育的新型媒介,在推动科学普及和提升公众科学素养方面具有显著潜力。其核心价值在于通过游戏降低科学知识的传播门槛,使科学普及更具趣味性和可及性。随着技术的持续演进,尤其是VR、AR、AI等前沿技术的广泛应用,科普游戏的形态与功能得到了显著拓展。这些技术丰富了科普游戏的表现形式,增强了其互动性和沉浸感,使其从一种辅助性学习工具向更具多样性和综合性的教育平台转变。

一、科普游戏的前景

(一) 社会价值

科普游戏的独特之处在于其将科学教育与娱乐体验深度融合,使得体验者能够在享受

---

① eLearningInside News. Game Explores the Financial Impact of Business - eLearningInside News [EB/OL]. (2017-06-05)[2025-02-05]. https://news.elearninginside.com/new-game-explores-financial-impact-business-decisions/.

② Advantexe Learning Solutions. Drivers of Business Performance Business Simulation [EB/OL]. (2024-09-24) [2025-02-05]. https://www.advantexe.com/drivers-of-business-performance-business-simulation.

游戏乐趣的同时,主动接触和学习科学知识。这种形式突破了传统教育的局限,具有更强的吸引力和科普效果。近年来,中国政府逐渐重视这一领域的发展,出台了一系列政策文件,鼓励游戏产业与文化、科技及教育等多个领域合作,尤其是在"文化+科技"这一大背景下,科普游戏作为其中的创新形式,得到了大力支持[①]。

科普游戏是知识传播的载体,在塑造公众的科学精神、增强人们的科学思维能力方面起到了重要作用。游戏化的学习方式能够让体验者更好地理解复杂的科学原理,激发其对科学的兴趣,并培养其批判性思维和创新意识。以上海科技馆基于上海科技馆原创展览《鲸奇世界》的展示内容开发的养成类 H5 科普游戏《探索鲸奇世界》为例,如图 3-68 所示。该游戏选取了 15 种鲸豚,展示了其生活习性和生理特征。体验者通过"巡航"和"答题"环节,学习鲸豚知识并解锁图鉴[②]。该游戏提高了体验者对环境保护的意识,也逐渐吸引了更多用户参与其中,拓宽了科普游戏的受众范围。

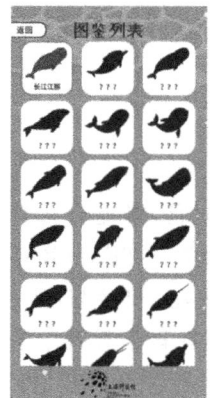

图 3-68 《探索鲸奇世界》游戏界面
(图片来源:游戏官方网站的游戏截图。)

《微积历险记》由美国教育游戏开发公司 Truseum 打造,并由腾讯引入中国市场。该游戏充分展现了科普游戏在教育领域的创新性,如图 3-69 所示。该游戏曾荣获 2017 年度世界严肃游戏金奖,并获得 SIIA CODiE 最佳数学教学解决方案奖提名。《微积历险记》中的游戏谜题以微积分为核心,体验者在解谜过程中,能够接触到极限、导数、积分等微积分原理。该游戏以轻松有趣的方式,将晦涩的知识变得通俗易懂。这种设计将知识融入有趣的互动中,让体验者在沉浸式的游戏过程中,不知不觉地探索微积分知识,实现科普的目的。

该游戏分为四大区域,难度逐步递增,从基础的微积分概念入手,引导体验者上手,逐渐深入复杂的解谜任务。在这个过程中,体验者不是在接受传统的教育,而是在享受游戏乐趣的过程中,自主探索微积分知识,体验一场充满趣味与新奇的科普之旅。《微积历险记》将微积分知识与游戏深度融合,以轻松有趣的方式激发大众对微积分的兴趣,在数学科普领域具有重要价值。

---

① 腾讯新闻. 重磅!2024 年中国移动游戏行业政策汇总及解读(全)鼓励优质游戏"走出去"[EB/OL]. (2024-03-14)[2025-02-10]. https://news.qq.com/rain/a/20240314A085F000.

② 王小明,张光斌,宋睿玲. 科普游戏:科普产业的新业态[J]. 科学教育与博物馆,2020,6(3):154-159.

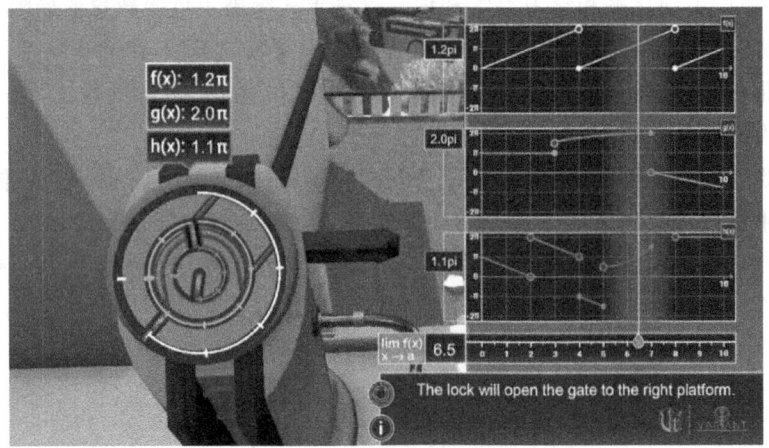

图 3-69 《微积历险记》游戏界面
(图片来源:游戏截图。)

(二) 政策支持与市场潜力

1. 政策支持

近年来,全球多个国家和地区纷纷出台相应政策,支持科普游戏的发展,以提升公众科学素养和推动科学教育的创新。美国通过《联邦科学、技术、工程和数学(STEM)教育5年战略计划》,该计划强调利用科普游戏等创新工具增强学生的学习体验和参与度[1]。同时,美国国家科学基金会等机构也资助了相关研究,以探索游戏化学习在科学教育中的应用[2]。

在欧洲,欧盟通过"地平线 2020"等科研计划,支持开发和推广科普游戏,利用 VR 和 AR 技术增强学习体验。德国和法国等国家也在国家教育政策中强调利用科普游戏提升教育质量,部分学校已将科普游戏纳入课程体系。

此外,澳大利亚发布《科学、技术、工程和数学在国家利益中的战略》,该战略强调通过科普游戏提升公众科学素养。墨西哥在 STEM 教育改革中,积极推动科普游戏在偏远地区和资源有限学校中的应用,以提升学生的科学兴趣和能力。

在亚洲,日本政府设立专项基金支持科普游戏开发,特别是在青少年科学教育领域,通过模拟科学实验和探索活动帮助学生理解复杂概念。韩国则在教育政策中强调利用数字技术提升教育质量,科普游戏作为其中的重要组成部分,得到了政府和教育机构的大力支持。

同样,随着科普游戏产业逐步崭露头角,我国各地政策的支持也为其发展提供了坚实的基础。国家在《"十四五"科技普及规划》中提出,要加强科普与科技、文化及旅游等产业的融

---

[1] TAIRAB H H, BELBASE S. Current Trends in Science Curriculum Reforms in Response to STEM Education: International Trends, Policies and Challenges[M]//AL-BALUSHI S M, MARTIN-HANSEN L, SONG Y. Reforming Science Teacher Education Programs in the STEM Era: International and Comparative Perspectives. Cham: Springer International Publishing, 2023: 265-281.

[2] HANEKLAUS N, KAGGWA M, MISIHAIRABGBWI J, et al. The phosphorus negotiation game (P-game): first evaluation of a serious game to support science-policy decision making played in more than 20 countries worldwide[J]. Discover Sustainability, 2025, 6(1): 1-16.

合,推动创新型科普游戏的开发①。这一政策背景使得科普游戏不仅在国内市场具有广阔的发展空间,同时也有进入国际市场的潜能。

2. 市场潜力

随着政策的引导和社会需求的增加,科普游戏的市场空间逐步扩大。数据显示,2024年全球游戏化学习(Game-Based Learning)市场规模预计达到 240 亿美元②,而全球教育游戏市场规模在 2023 年约为 190.8 亿美元,预计到 2032 年将达到 494 亿美元③。这表明科普游戏市场不仅规模庞大,且其规模呈现出强劲的增长趋势。尤其是在教育、医疗等跨领域应用的推动下,科普游戏的商业潜力愈加凸显。

在国内,科普游戏也取得了显著进展。譬如,上海科技馆在 2023 年发布了五款原创科普游戏,包括《大熊猫国家公园》科学桌游、《朱鹮》微信小游戏等。这些游戏不仅在内容上与科普知识深度融合,而且在形式上丰富多样,涵盖了桌游、微信小游戏、客户端游戏和 AR 实景探秘游戏等。其中,《大熊猫国家公园》科学桌游首发纪念版上线不到一小时即被体验者抢购一空④,这显示出科普游戏在国内市场的巨大吸引力和影响力。

在技术融合方面,VR 和 AR 技术的应用为科普游戏开辟了更多创新的应用场景。譬如,由上海科技馆推出的《消失的科博士》AR 实景探秘游戏通过 AR 技术,让体验者在科技馆内进行实景探索,享受虚实融合的学习体验。前沿技术的加持为科普游戏的未来发展提供了更多可能性。

二、科普游戏的未来发展

(一) 现状与发展瓶颈

1. 行业发展的瓶颈

科普游戏的产业发展仍处于初期阶段,缺乏足够的市场成熟度⑤。除了少数几家大型公司,大部分游戏企业对这一领域的投入相对保守,这使得科普游戏的市场规模较小,整体产业布局尚未完善⑥。现有的科普游戏产品普遍面临盈利模式不清晰、商业化进程缓慢的问题。许多企业在寻求教育价值与商业价值之间的平衡时,未能找到合适的路径。

此外,科普游戏的研发通常需要跨行业的合作,如与科研机构、教育机构紧密对接。然而,这种合作模式对于资金和资源相对较少的小型公司而言,是一个较高的门槛,导致其参

---

① 科学技术部,中共中央宣传部,中国科学技术协会. 关于印发《"十四五"国家科学技术普及发展规划》的通知[EB/OL]. (2022-08-04)[2025-02-02]. https://www.gov.cn/zhengce/zhengceku/2022/08/16/content_5705580.htm.

② Metaari 2019-2024 全球教育游戏市场研究报告[EB/OL]. (2019-09-10)[2025-02-05]. https://zhuimeng.qq.com/social_value/v3/article_03/index.html.

③ Business Research Insights. Educational Games Market [EB/OL]. (2024-09-24)[2025-02-05]. https://www.businessresearchinsights.com/zh/market-reports/educational-games-market-117781.

④ 腾讯手游助手. 打造科普游戏产业新范式! 上海科技馆科普游戏平台揭牌[EB/OL]. (2023-02-27)[2025-02-05]. https://syzs.qq.com/blog/news/20230227A05YHM00.

⑤ 科普研究视点. 国内科普游戏产业现状及发展策略研究[EB/OL]. (2021-07-30)[2025-02-09]. https://www.kepuchina.cn/article/articleinfo?business_type=100&ar_id=71981.

⑥ 朱莹,顾洁燕. 国内科普游戏产业现状及发展策略研究[J]. 科普研究,2021,16(2):100-106.

与度较低。

2. 内容创新与用户需求不匹配

目前,大部分科普游戏的内容依然集中在自然科学的基础知识上,且形式多为简单的问答、闯关等传统模式,缺乏足够的创意和深度。策划人员往往偏重于科普知识的传播,忽视了游戏体验的营造,导致一些游戏产品无法长时间吸引用户[①]。

不仅如此,青少年是现有数字科普游戏的主要目标群体之一,这与科普教育的目标人群相契合[②]。然而,青少年的游戏时间和设备使用存在局限,这也对科普游戏的普及和发展造成了一定影响。此外,家长和学校的认可度不足,也使得科普游戏的推广面临一定的困难。

(二) 未来发展方向与趋势

1. 技术融合带来的创新

随着技术的不断进步,科普游戏的技术手段将更加多元。目前,VR 和 AR 技术已经开始在科普游戏中得到广泛应用,为体验者提供了沉浸式的互动体验。未来,科普游戏可以通过 VR 技术模拟科学实验,或者让体验者在虚拟世界中亲自探索自然规律,增强科学学习的直观性和体验感。譬如,由美国国家航空航天局(NASA)开发的《火星 2030》(*Mars 2030*)利用 VR 技术,让体验者如身临其境般地探索火星表面,了解火星的地理特征和科学探索的意义,如图 3-70 所示。

图 3-70 《火星 2030》游戏界面
(图片来源:游戏截图。)

AI 技术也将为科普游戏带来新的发展机遇。AI 技术能够根据体验者的学习情况和兴趣动态调整游戏内容,提供个性化的教育模式,从而提高科普游戏的教育效果和吸引力。譬如,"最美颗粒"是由中国网龙智慧教育产品未来实验团队运用 AI 自动化生产工具研发的下一代教育资源概念模型。以"光合作用"为例,该产品通过三维动画视频引导学生进入叶片内部"观看"光合作用的过程,并嵌入 AI 智慧学伴,与学生进行对话和答疑,帮助学生进

[①] 伽马数据.《中国功能游戏人才报告》:"跨界人才"仅 4.9%[EB/OL]. (2019-04-08)[2025-02-05]. http://www.joynews.cn/jiaodianpic/201904/0832340.html.

[②] 重庆市科学技术协会.《浅谈关于科普游戏的几点思考》[EB/OL]. (2020-03-27)[2025-02-05]. http://www.cqast.cn/htm/2020-03/27/content_50871472.htm.

行探究,如图 3-71 所示。

图 3-71　学生体验"最美颗粒"
(图片来源:华东师范大学官网。)

此外,美国公司 Rockstar Games 开发和发行的《荒野大镖客 2》(*Red Dead Redemption 2*)中的 AI 设计也展示了 AI 技术在游戏中的强大潜力。该游戏中的 AI 技术用于生成丰富多样的游戏剧情和角色行为,为体验者提供高度沉浸的体验。这种技术同样可以应用于科普游戏,通过动态生成科普内容,吸引体验者深入探索。

2. 科普功能的强化

科普游戏的核心任务是通过趣味驱动的手段,将科学知识有效传递给体验者。在未来,科普游戏将不再局限于知识传递,而是更多地注重培养体验者的批判性思维、创新思维和探究精神。通过加强与教育理论的结合,科普游戏能够更加精准地满足不同年龄段、不同教育背景体验者的需求,推动其终身学习和自主学习。

此外,科普游戏将与博物馆、科技馆等文化教育机构进一步合作,打造多场景互动体验。譬如,某些科普游戏将不仅可以在线上平台体验,还可以与实体场馆的展览、活动结合,提供线上游戏与线下互动相结合的科普活动,进一步增强科普游戏的教育功能和优化信息传播效果。

一个典型的案例是:2024 年全国科普日期间,乐元素公司借助旗下热门游戏《开心消消乐》推出了名为"寻龙笔记"的科普公益活动[①]。此次活动邀请了国内权威的古生物学家团队担任科学顾问,将恐龙科普知识巧妙地融入游戏设计。通过趣味闯关的形式,体验者在收集 9 条代表性中国恐龙图鉴的过程中,逐步解锁恐龙物种特性、外貌特征及生存环境等相关知识。此外,活动还通过设置 30 个趣味问答题,加深体验者对知识点的理解,如图 3-72 所示。

---

① 腾讯新闻. 2024 游戏公益典型案例集——科学普及[EB/OL]. (2024-12-09)[2025-02-10]. https://news.qq.com/rain/a/20241209A05SVQ00.

图 3-72 "寻龙笔记"科普公益活动界面
（图片来源：游戏截图。）

为了进一步增强活动的互动性与参与度，乐元素公司于 2024 年 10 月 26 日在中国古动物馆（保定自然博物馆）举办了线下公益体验活动①。在科学家的带领下，不少家庭参与了 3D 电影观赏和游戏策划创作花絮分享等环节，进一步深入了解了与恐龙相关的科学知识。这种结合线上游戏和线下互动体验的科普活动，有效提升了公众的科学素养，为科普游戏的创新发展提供了新的思路和实践范例。

3. 市场拓展与多元化

为了推动科普游戏的长远发展，产业的深度融合与跨界合作显得尤为重要。除了与传统教育机构的合作，科普游戏还可以与文化、旅游等领域的相关机构开展合作，共同打造创新的教育体验平台。譬如，上海科技馆通过开发数字文创产品及 IP 形象，利用科普游戏的互动性和创新性，显著提升了场馆的教育功能和市场吸引力。在此基础上，科普游戏的应用场景不断拓宽，推动了跨界合作的新模式。

近年来，游戏与文旅产业的融合日益深化，如山西省推出的"跟着悟空游山西"主题线路，将游戏中的虚拟场景与现实中的古建古迹相结合，创造了沉浸式的旅游体验②。此外，网易的"梦幻西游·沉浸乐园"项目在杭州落地，成为国内首个线上线下一体化的沉浸式主题乐园，为游客提供了全新的互动体验③。

与此同时，科普游戏在非物质文化遗产领域的探索也逐步深入。三七互娱通过与非遗

---

① 腾讯新闻. 寻龙笔记公益活动 4 亿次解锁恐龙知识，"游戏＋科普"开辟新路径[EB/OL]. (2024-10-29)[2025-02-10]. https://news.qq.com/rain/a/20241029A03TXZ00.

② 山西新闻网. 跟着悟空游山西！山西省文旅厅推出 3 条主题线路[EB/OL]. (2024-08-23)[2025-02-18]. https://news.qq.com/rain/a/20240823A06JRX00.

③ 杭州网. 暑期开启！来杭州文三数字生活街区的沉浸式乐园找青春[EB/OL]. (2023-07-03)[2025-02-10]. https://hwyst.hangzhou.com.cn/xwfb/content/2023-07-03/content_8570609.htm.

传承人合作推出游戏《我的非遗宝藏》，将非遗保护与游戏化体验相结合，推动了非遗文化的数字化传播①。譬如，游戏《我的非遗宝藏·龙舟之旅》通过线上线下相结合的方式，让体验者在游戏过程中深入了解龙舟文化等非遗知识。

此外，科普游戏与公益项目的结合也取得了显著进展。譬如，恺英网络与上海植物园及北京市企业家环保基金会共同发起的"上海自然教育"公益项目，通过生物多样性主题的自然教育课程，借助游戏的形式向公众传递环保理念。而乐元素则通过《开心消消乐》推出的"寻龙笔记"科普公益活动，邀请古生物学家团队担任科学顾问，将恐龙等科学知识融入游戏设计，进一步提升了体验者的科学素养②。这些跨界合作丰富了科普游戏的应用场景，也推动了文化产业的数字化转型。

科普游戏作为一种创新的教育方式，正在成为全球范围内科学传播的重要力量。随着技术的进步、市场的拓展及政策的支持，科普游戏的未来充满潜力。通过不断推动技术融合、强化教育功能及完善产业生态，科普游戏将丰富人们的学习方式，并促进社会整体科学素养的提升。

---

① 新浪财经. 流动的数字画卷：三七互娱创新探索非遗传播[EB/OL]. (2024-10-09)[2025-02-09]. https://finance.sina.com.cn/jjxw/2024-10-09/doc-incrxvru9917051.shtml.

② 腾讯新闻. 寻龙笔记公益活动4亿次解锁恐龙知识，"游戏+科普"开辟新路径[EB/OL]. (2024-10-29)[2025-02-10]. https://news.qq.com/rain/a/20241029A03TXZ00.

第四章 军事类游戏

第一节 军事游戏概述

一、军事游戏的概念

军事游戏是一种结合游戏机制与虚拟仿真技术等现代科技手段,通过模拟真实的或虚构的作战场景,用于军事训练、战术分析、决策优化和知识传递等的交互系统[1]。军事游戏的概念源自西方的"Military Games",它通常依托虚拟的武器装备系统、逼真的虚拟战场环境、多样化的虚拟士兵角色,通过发布特殊军事任务并在任务完成后进行评估,实现对军事行动的精准虚拟化训练[2]。此类游戏可被理解为一种模拟系统,是真实作战情境的虚拟化呈现,支持人们在安全的游戏环境中开展军事演练[3]。军事游戏的核心特征体现在仿真性、交互性与游戏性上,能够为军事人员提供高度沉浸的训练体验。

军事游戏包含两种类型。第一种类型是军事机构为了训练士兵而制作的具有针对性的军事游戏,此类游戏一般是为了模拟演习和日常训练而量身打造的,其目的是基于数字游戏这一媒介形式进行虚拟军事演练。此类游戏通过对现代战争的模拟,满足军事人员对特定技能和素质的需求。作为军事模拟与数字游戏深度融合的结晶,此类游戏巧妙融合了与军事行动息息相关的诸多元素,无论是内容深度还是表现形式,都可被视为对真实战争事件和作战行为的数字化再现。第二种类型是以军事题材为叙事背景,以作战行动或战略制定为游戏机制的数字游戏。在游戏的发展过程中,此类竞技性游戏日益独立并趋于成熟,目前已成为一个庞大的游戏分支。它们不仅渗透进了广大游戏爱好者的日常生活,不断塑造着人们的思考与游戏行为模式,更在专业的军事领域中产生了重要影响[4]。由于此类游戏在军事仿真领域展现了高度的仿真性与专业性,因此,稍加调整即可直接应用于军事机构的仿真训练,部分游戏甚至可直接被用来训练士兵。

---

[1] 周伟. 军事游戏设计要素分析与研究[D]. 杭州:中国美术学院,2012.
[2] 赵建勇. 军事游戏训练在新兵训练中的应用研究——以武警部队某部为例[D]. 长沙:国防科技大学,2018.
[3] SAMČCOVIĆ A. Serious games in military applications[J]. Vojnotehnicki Glasnik,2018,66(3):597-613.
[4] 张跃龄. 国产军事题材游戏发展现状及未来展望[J]. 军事文化研究,2022(2):133-140.

二、军事游戏的目的与作用

军事游戏以军事题材为核心,涵盖战争模拟、日常军事训练模拟、不同武器装备的效果模拟、军事战略战术训练、军事历史知识教育等多个方面的内容。游戏包含大量军事元素,包括武器装备的外观、性能、操作方式,军事单位的编制、作战特点,以及战场的地理位置、气象等。

开发军事游戏的主要目的是模拟实际军事活动中可能遇到的紧急情况,以帮助体验者学习如何应对极端和危险的环境。这种游戏为军事人员提供了一个虚拟的训练平台,帮助他们熟悉武器装备的操作,掌握战术技能,提高指挥决策能力等。以美国陆军(U. S. Army)开发的《美国陆军3》(America's Army 3)为例,如图 4-1 所示。该游戏强调真实性,其动作捕捉全部由美国陆军士兵参与完成,给志愿入伍的青年们提供了一次贴近真实的训练机会[①]。

图 4-1 《美国陆军 3》游戏场景
(图片来源:网络平台。)

(一)士兵技能训练

在数字化时代,作为一种新型的训练方式,军事游戏已经成为一些国家或地区军队的一种重要的士兵训练手段,能够有效帮助士兵迅速适应信息化战场。对作战技巧的模拟和对军用仿真技术的应用,也已成为数字游戏与军事活动相结合的关键方向[②]。通过模拟真实的作战任务,军事游戏能够帮助士兵在虚拟环境中进行实战演练,从而提高他们的作战技能和应对突发事件的能力。同时,士兵可以在游戏环境中熟悉各种武器装备的操作流程和使用技巧,掌握不同军事单位的作战特点并协同不同兵种的作战方式。此外,军事游戏还能模拟各种战场环境和气候条件,让士兵适应复杂多变的环境并培养其良好的应变能力。通过

---

① HAMES J. America's Army-Army values & plenty of action[EB/OL]. (2009-08-21)[2025-02-12]. https://www.army.mil/article/26405/americas_army_army_values_plenty_of_action.
② 乔建忠. 军事严肃游戏在计算机教学跨军事和文化领域应用研究[J]. 解放军艺术学院学报,2016(2):110-115.

在完成游戏任务的过程中进行反复练习和巩固,士兵可以逐步提升自己的作战技能,为参与实际军事活动打下坚实的基础。

随着 VR 技术在军事仿真领域的广泛应用,部队在备战信息化战争的过程中,在作战演习、装备试验和战术模拟等方面,已经开始采用真实与虚拟相结合的训练方法[1][2],如图 4-2 所示。在虚拟空间中,士兵可以面对各种复杂的战场情况,从而锻炼他们的决策能力和应对突发状况的反应速度。此外,虚拟现实训练设施还可以根据士兵的表现提供即时的反馈,以帮助他们识别并纠正自身作战行为的错误,进一步提升训练效果。结合实战场景和 VR 技术的训练方法为士兵的技能训练开辟了新的途径。

图 4-2　士兵借助 VR 设备进行训练

(图片来源:网络平台。)

(二) 战争模拟与分析

在战争模拟及分析方面,军事游戏同样具有重要的意义。通过高度仿真的战争场景和复杂的作战任务,高级军事人员能够在虚拟环境中进行深入的战争模拟和战术推演。对于指挥官而言,军事游戏提供了一个实战化模拟演练平台。他们能够在游戏内设定多种多样的战场环境和作战条件,通过模拟不同的战术策略来观察和分析战争的发展趋势,进而为真实战争制定最佳战术方案。通过持续的模拟与分析,指挥官能够逐步累积战争经验,提升自身的指挥能力和战术素养,从而在实际战争中获得更高的成功概率。

同时,军事游戏也是一种研究和分析战局的工具。军事人员可以利用游戏中的战争数据报告,对战争中的各种因素进行深入研究和分析。通过对士兵表现、武器装备使用情况、战斗效率等数据进行统计和分析,军事人员可以揭示战争中的内在规律和趋势,为未来的战争准备和战略决策提供重要的参考依据。此外,军事人员还可利用军事游戏进行战争案例的复盘和分析,通过对历史战争进行模拟和推演,军事人员可以深入理解和把握战争的本质和规律。

---

[1] 李湘德,赵俭. VR 技术的军事应用研究[J]. 科技进步与对策,2003,20(14):81-83.

[2] 张成斌,栾立秋,叶立新,等. 基于VR 的某型防空火控训练模拟系统的设计与实现[J]. 系统仿真学报,2008,20(S1):154-157.

(三)军事文化宣传

军事游戏不仅为体验者提供了一种低成本且便捷高效的训练方式,还有利于广大民众学习和传承军事文化精神[①]。民众此类游戏不仅能够激发民众对国家的热爱和对军事的尊重,还能够传播军事文化,增强民众的国防意识。通过游戏场景设计、游戏角色设计、游戏叙事内容等,军事游戏能够让体验者深入了解士兵的日常生活、训练过程及作战方式,从而增强体验者对军事的认识和理解。此外,游戏中的英雄形象及其英勇事迹也能够激发体验者追求卓越、勇于担当的精神品质,并鼓励体验者为国家的繁荣和稳定贡献自己的力量。

军事游戏能够对军队文化进行传播,激发民众的参军热情,为国家的征兵宣传工作做出贡献。美国陆军曾借助军事游戏《美国陆军》进行征兵宣传,如图 4-3 所示。这种创新方式成功吸引了大量年轻人的注意,显著提升了征兵宣传的效果,以至于《美国陆军》又被称为"互动式征兵广告"。制作者利用游戏的高度仿真性、沉浸性等特征激发人们的参与热情,人们在体验游戏的过程中潜移默化地接受着游戏传递的价值观。美国军旅作家汤姆·查特菲尔德指出,"在 16 至 24 岁的所有美国人中,有 30%的人由于《美国陆军》网游改变了对陆军的看法。"[②]如此体现了军事游戏的文化宣传效果。

图 4-3 《美国陆军》游戏的宣传图片
(图片来源:网络平台。)

除《美国陆军》等专门应用于军事机构士兵训练的游戏外,一些以军事为题材的娱乐游戏也具有一定的文化宣传作用。四川数字出版传媒有限公司出版的沙盘战役类型游戏《止戈》以三国历史为背景,通过高度还原三国时期的真实战役、传统建筑、人文风情和历史故事,在世界范围内对中国传统的军事文化进行传播,如图 4-4 所示。这款游戏不仅让体验者在游戏中体验到三国时期的风云变幻,更在潜移默化中传播了中国古代的历史文化和价值观念。游戏中的互动与体验能够让体验者更加深入地了解三国时期的历史背景、人物性格

---

① 乔建忠.军事严肃游戏在计算机教学跨军事和文化领域应用研究[J].解放军艺术学院学报,2016(2):110-115.
② 贾珍珍,石海明.专家称美军借军事游戏树立形象 遏制反美情绪[EB/OL].(2012-05-22)[2025-02-12]. https://www.chinanews.com.cn/mil/2012/05-22/3906252.shtml.

和战争策略，从而增强其对中国传统文化的认同感。

图 4-4 《止戈》游戏界面
（图片来源：网络平台。）

三、军事游戏的分类

（一）战略模拟类游戏

战略模拟游戏主要对军事活动中的战术和策略进行模拟。此类游戏可用于训练和教育指挥官和战术分析人员，评估在不同的战场环境下应用不同的战术对战役造成的影响。此类游戏为军事研究人员提供了一个模拟战争的平台，游戏对两个或多个对立阵营的兵力部署和武器装备配置进行了模拟，体验者可以在游戏环境中采用不同的战术策略来完成军事任务，游戏通过这种方式对战争的进程和结果进行模拟，为军事战略的制定和调整提供参考依据。此类军事游戏和作战模拟系统一样，都可以在真实的军事活动中辅助指挥官进行作战推演。但是不同于作战模拟系统，军事游戏具有游戏元素，它通常在虚拟世界中设置专门的挑战、目标和规则来增强体验者的参与度[1]。

以北京顽石乐创软件开发有限公司出品的《二战风云 2》为例，如图 4-5 所示。这是一款军事题材的即时战略游戏，它深度模拟了二战时期的战争环境，为体验者提供了丰富的战术策略选择。在游戏中，体验者可以选择扮演二战时期的不同指挥官，组织自己的军队在不同历史时期的重大战场上与敌人展开激烈对抗。在兵力调配、火力配置、地形利用等方面，游戏支持体验者采用不同的战术来调度军队；对于复杂的战局，游戏要求体验者在战术层面做出精准的决策。同时，体验者还需要在战略层面进行长远规划，譬如，资源获取、领土扩张、外交拓展等，以确保自己的军队可以在战争中获得其他国家的支持，从而提高军队的战斗力，并取得最终的胜利。与兵棋推演类似，《二战风云 2》也十分注重战争的模拟性和真实性。该游戏的游戏规则和数值设定还原了二战时期的实际情况，这为体验者提供了一个高

---

[1] 李丽，胥秀峰，吴琳，等. 严肃游戏及其作战推演应用[C]//中国指挥与控制学会. 第八届中国指挥控制大会论文集. 北京：兵器工业出版社，2020：5.

度逼真的战争环境与沉浸式的体验。此外,游戏还设置了多种类型的挑战和目标,如完成特定任务、击败特定敌人等,以提高体验者的参与度,丰富游戏体验。

图 4-5 《二战风云 2》游戏场景
(图片来源:游戏截图。)

(二) 射击类游戏

射击类游戏在军事游戏中占据着重要地位。作为军事题材游戏中受欢迎的类型之一,这类游戏包括所有以模拟射击和枪战为主的数字游戏,它们通常以高度的真实性和紧张感著称,让体验者仿佛置身于真实的战场环境中。这类游戏在注重射击技巧培养的同时,在一定程度上融入战术策略元素,要求体验者在作战过程中灵活运用不同的战术,以达到最佳的战斗效果。射击类军事游戏因其独特的魅力和挑战性,吸引了大量的军事爱好者及军事人员的参与。

《使命召唤》(Call of Duty)系列游戏是一款由美国动视暴雪公司发行的第一人称射击游戏,自 2003 年推出以来,已成为全球较受欢迎的射击游戏之一,在全球范围内吸引了庞大的体验者群体。该系列游戏因为题材广泛、体验模式多样,以及战场的高度仿真,成为第一人称射击游戏中的经典之作。

《使命召唤》系列游戏以其丰富的历史背景和虚构的现代冲突为特色,涵盖了从二战到现代战争、冷战,乃至未来战争等多种题材[①]。早期作品如《使命召唤》(Call of Duty)和《使命召唤 2》(Call of Duty 2)以二战为背景,体验者可扮演苏联、美国、英国等国家的士兵,参与诺曼底登陆、斯大林格勒战役等著名历史事件。从《使命召唤 4:现代战争》(Call of Duty 4: Modern Warfare)开始,该系列游戏转向虚构的现代化军事冲突,呈现出融入先进科技

---

① 今日头条. 使命召唤全系列十八部作品简要介绍[EB/OL]. (2021-01-16)[2025-01-23]. https://www.toutiao.com/article/6917964023782851075/.

的武器和战术。《使命召唤:黑色行动》(Call of Duty: Black Ops)以冷战为背景,如图 4-6 所示;而《使命召唤:无限战争》(Call of Duty: Infinite Warfare)设定在未来,引入了太空战舰和高科技武器。《使命召唤》系列游戏拥有多人对战模式、僵尸模式、合作战役模式等丰富的游戏模式,这些模式增强了游戏性,也满足了不同体验者的需求。

《使命召唤》系列游戏中较受欢迎的模式之一是多人对战模式,在该模式下,体验者能够与他人实时对战。这种模式不仅考验体验者的个人射击技巧,更强调团队合作和战略部署。游戏中的地图设计巧妙,既有城市街巷的近距离交锋,也有开阔地带的远距离狙击,为体验者提供了多样化的战术选择。此外,多人对战模式还引入了排行榜和奖励系统,激发了体验者的竞争欲望,使得游戏体验更加丰富和持久。僵尸模式则以其独特的恐怖元素和团队合作要求,吸引了大量体验者的参与。而合作战役模式让体验者与朋友一起完成复杂的任务,共同体验游戏的剧情并完成游戏挑战。

图 4-6 《使命召唤:黑色行动冷战》游戏场景
(图片来源:网络平台体验者的游戏实时演示视频。)

第二节 军事游戏的历史

一、萌芽与早期应用

自古以来,游戏就被应用于军事训练之中。诸如摔跤、拔河等竞技类游戏,实际上都源自古代的军事训练,这些游戏一开始就带有浓厚的对抗性质。在历史发展的过程中,人们逐渐创造了棋类游戏来模拟战场上的军事冲突,将武力对抗转化为一种抽象形式的智力较量。譬如,象棋就是一种通过双方的策略博弈来模拟军事策略的游戏,这类游戏本质上是一种考验人们认知能力的活动。将游戏应用在军事训练中,可在娱乐的基础上,实现士兵智能、体能的一定程度提升[1]。其中,军事沙盘和棋类军事游戏是军事游戏的早期形式和典型代表。

---

[1] 黄蔚,卢建平,夏榕泽,等. 美国陆军游戏化仿真训练系统研究[J]. 火力与指挥控制,2021,46(4):184-188.

(一) 军事沙盘

军事沙盘是一种古老的军事模拟工具,它通过物理模型来模拟战场环境、兵力部署和地形特征。军事沙盘的制作需要精确地把握所有细节,以确保模拟的真实性。在古代,军事指挥官常常利用沙盘进行战术推演,以制定更为精确的作战计划。这种模拟方式一方面能够帮助指挥官直观地了解战场情况;另一方面指挥官能够通过不断的推演和调整,优化作战策略,提高作战效率。

早在东汉时期,名将马援就用米堆成了与实地相似的模型,从而进行战术分析,这被认为是沙盘的雏形,后世军事人员常使用这种带有抽象图标的沙盘来代表战斗中的士兵和部队[1]。沙盘因其强烈的立体感、直观的形象、简便的制作过程,以及经济实用的特点而备受青睐。它的应用领域广泛,能够生动地展示作战区域的地形地貌,清晰地呈现敌我双方的阵地布局、兵力分布等关键信息。这让指挥官得以将战场以缩小的物理模型形式进行直观展示和操作。军事指挥官经常利用军事沙盘来研究地形,分析敌情,进行战术模拟训练,制定作战计划,研究历史战争案例,以及总结作战经验。

随着科技的发展,军事沙盘逐渐从传统的物理模型演变为结合电子技术和计算机模拟的现代沙盘,如图 4-7 所示,并在后世衍生出了大量军事游戏,如《钢铁雄心》系列游戏、《全城警戒》等,这些游戏中的地图和单位设计都借鉴了沙盘的理念,通过精细的地形模拟和单位布局,让体验者能够直观地感受到战场的变化和战略的重要性。

图 4-7 现代军事沙盘
(图片来源:网络平台。)

(二) 棋类军事游戏

棋类军事游戏是一种历史悠久的策略游戏,此类游戏将战争简化为棋盘上棋子的移动,体验者在抽象化的"战场环境"中进行策略对决。这类游戏通常具有多样的棋子,每种棋子代表不同的军事单位或功能,譬如,将军、士兵、战车等。体验者需要运用智慧和策略,通过

---

[1] 张文才. 略论东汉名将马援及其在军事学上的主要贡献[J]. 军事历史研究,2010,24(2):110-113.

棋子的移动和配合,达到战胜对手的目的。棋类军事游戏不仅能够锻炼体验者的逻辑思维和策略规划能力,还可作为提升指挥官战术素养和决策能力的一种有效手段,被广泛应用于军事训练中。

1. 围棋

在中国,围棋的历史源远流长,相传已有超过 4 000 年的历史。根据《世本》记载,围棋是尧帝所造。而晋张华在《博物志》中则说:"舜以子商均愚,故作围棋以教之。"围棋在我国被称为"奕",作为古代棋类鼻祖之一,这种游戏使用了抽象的棋子,体验者通过操控这些棋子来占领对手的领土,如图 4-8 所示。在军事游戏的历史中,围棋以其独特的策略性和竞技性,成为培养军事才能和战略思维的重要工具。围棋中的每一步棋都如同战场上的每一次部署,需要精心策划、周密布局,才能在激烈的对抗中取得胜利。

图 4-8 围棋

(图片来源:网络平台。)

2. 中国象棋

与围棋相似,中国象棋也是古代棋类游戏中极具代表性的一种。中国象棋通过将、士、象、车、马、炮、卒等棋子,模拟古代战场上的不同角色,如图 4-9 所示。体验者需要运用策略调动棋子,与对手在棋盘上展开激烈的攻防战。中国象棋同样具有培养思维能力、战略眼光和决策能力的作用。它深刻映射出古代军事谋略的精髓,并承载了深厚的历史文化底蕴。通过象棋,人们仿若置身战场,感受指挥千军万马的豪迈气概。

中国象棋的起源存在多种说法,棋盘中间的楚河汉界令许多人认为它起源于秦末楚汉相争的时期。在象棋的早期形式中,游戏由棋子、箸(相当于骰子)和局(棋盘)三种主要器具构成。对弈双方各自拥有六枚棋子,包括:枭、卢、雉、犊,以及两枚塞。在对弈开始前,体验者需先投掷箸以决定行棋的顺序。对弈的规则是"投六箸,行六棋",双方运用策略性的进攻,力图将对手逼入绝境。在春秋战国时期,军事编制以五人为一伍,另由一名伍长领导,共计六人。当时的军事训练还包含一种足球游戏,每队同样由六人组成,这反映了早期象棋象征着当时的战斗情景。[①]

---

① 郭莉萍. 象棋运动的文化流变[D]. 北京:北京体育大学,2016.

图 4-9　中国象棋
（图片来源：网络平台。）

3. 查图朗与国际象棋

大约在公元 7 世纪的古印度，诞生了一种名为"查图朗"的棋类游戏，它使用了带有网格的棋盘，以及代表战场领袖和士兵的棋子（车、兵、象、马），这些棋子明确地展现了当时的军事装备。在古老的印度叙事史诗《摩诃婆罗多》中，就有着"四军将士已安排"的诗句，而其中的"四军"便是指军队中车、象、马、兵这四个兵种。[①]最初，体验者通过掷骰子来选择要移动的棋子，先吃掉对方全部棋子的一方将取得胜利。在漫长的历史发展中，查图朗逐渐演化成当今的国际象棋，并传播至世界各地，如图 4-10 所示。在这一过程中，许多文化将其视为军事战略思维的终极考验。棋子的辨识、每枚棋子的行进规则、棋盘的尺寸大小以及更为复杂的规则，都经历了数个世纪的试验与调整，最终达到了当前的平衡状态，成为能够让人们挑战一生的游戏。

图 4-10　国际象棋
（图片来源：网络平台。）

4. 将棋

在平安时代，日本诞生了将棋。将棋的起源有两种说法：一是由查图朗经东南亚传入演

---

① KRAAIJEVELD A R. Origin of chess-a phylogenetic perspective[J]. Board Games Studies, 2000(3): 39-50.

变而成;二是由唐宋时期的中国象棋演变而成①。将棋的棋子包括玉将、王将、飞车、角行、金将、银将、桂马、香车和步兵等,如图4-11所示,这些棋子对战场上的不同角色进行了隐喻。

图4-11 将棋
(图片来源:网络平台。)

5. 兵棋

"兵棋"一词源于德语"克里格斯贝尔"(Kriegsspiel),直译为"战争游戏"(War Game),也可被翻译为"军事演习"、"现地对抗"(Field Maneuver)、"战争模拟"等。在兵棋推演过程中,参演双方在模拟实地的沙盘上使用代表交战双方部队的小木块来模拟作战行动②。1664年,德国的克里斯托弗·韦克曼(Christopher Weikmann)创造了《国王棋》(Koenigspiel),主要用于发展和交流战术策略。《国王棋》以其独特的规则和棋子布局,让体验者深刻体会到战术策略的重要性。1780年,德国的C. L. 赫尔维格(C. L. Helwig)创造了《战争象棋》(War Chess),该游戏更加注重战争的真实性和策略性,使得对弈双方都需要深思熟虑,制定出更为周密的作战计划。1811年,普鲁士的宫廷战争顾问冯·赖斯维茨(Baron von Reisswitz)男爵创作了《克雷格棋》(Kreigspiel),如图4-12所示。该游戏将战争模拟推向了一个新的高度,它不仅考虑了地形、兵力等因素,还引入了更多的随机事件,使得游戏结果更加难以预测,从而更加贴近真实的战争环境。克雷格棋的发明对军事训练和战争模拟产生了深远影响,它不仅在普鲁士军队中得到广泛应用,还逐渐传播到其他国家的军事院校和训练机构。③ 上述兵棋类游戏都能够作为一种军事训练的工具,用来提升士兵的战略执行能力。通过对战争场景的模拟,体验者能够在棋盘上推演不同的战术策略,从而提高实际作战时的军事指挥能力。

---

① 许建东. 将棋入门一月通[M]. 上海:上海文化出版社,2010:36.
② 全球技术地图. 兵棋相关概念及内涵解析[EB/OL]. (2024-04-05)[2025-01-27]. https://www.sohu.com/a/769421809_120319119.
③ 中国指挥与控制学会. 军事训练中游戏的悠久历史[EB/OL]. (2023-12-17)[2025-01-27]. https://www.sohu.com/a/744787225_358040.

图 4-12 《克雷格棋》游戏场景
（图片来源：网络平台。）

早期的军事游戏虽然形式相对简单,但它们在辅助人们进行军事策略制定和战术推演上发挥了重要作用。通过模拟真实的战争场景,军事指挥官能够在游戏中检验和完善自己的作战计划,从而提高其实际作战时的军事指挥能力。随着科技的进步,军事游戏也逐渐向数字化、沉浸式和智能化的方向发展,但兵棋推演仍然是各国军事院校和训练机构的重要教学手段之一,对于培养优秀的军事指挥人才具有重要意义。

二、数字化演进

伴随着历史齿轮的转动,计算机技术诞生并迅速发展。其强大的运算能力和模拟功能开始被军事领域发掘。军事人员意识到,利用计算机技术可以构建出更为真实、复杂的战争环境,从而更有效地提高其军事训练和战略规划的能力。于是,数字类军事游戏应运而生,它们不再局限于传统的棋盘和棋子,而是基于计算机图形图像技术,呈现逼真的战争场景并创造丰富的交互体验。

1948 年,美国约翰·霍普金斯大学陆军作战研究办公室创建了防空模拟游戏 *Air Defense Simulation*[①],并于 1953 年创建了名为 *Carmonette* 的计算机模型。这些游戏是最早一批真正意义上的数字化军事游戏。[②] 随着计算机运算速度和显示器性能的不断提升,人们能够将战争模拟游戏转化为数字程序。传统棋类游戏受到人们操作能力的限制和实体棋盘规格的约束,而计算机平台的数字化军事游戏则打破了这些限制,游戏中虚拟场景的面积、不同类型作战单元的数量都能够进一步扩大。体验者能够将复杂的运算过程交由计算机处理,从而使注意力集中在战术策略上。这促使设计师和程序员开始认识到计算机技术的真正潜能,并着手为计算机开发更为复杂和先进的算法,这些算法的复杂性远远超越了实体棋类游戏所能达到的水平。

随着信息设备软硬件及网络性能的提升,计算机图形学及人工智能等技术的发展,功能

---

① SMITH R. The long history of gaming in military training[J]. Simulation & Gaming, 2010, 41(1): 6-19.
② 中国指挥与控制学会. 军事训练中游戏的悠久历史[EB/OL]. (2023-12-17)[2025-01-20]. https://www.sohu.com/a/744787225_358040.

游戏,一种以教授知识技巧、提供专业仿真训练为主要内容的游戏,逐渐兴起。军事游戏是功能游戏的重要组成部分,可为参训人员提供沉浸式、个性化、互动式的体验,培养参训人员的作战技术、战略制定能力、指挥协同能力等。2002年,美国陆军发布数字游戏《美国陆军》(America's Army),它可被视为一种军事题材的第一人称射击游戏,如图4-13所示。在游戏中,体验者将以美国士兵的身份与恐怖分子战斗,并在这个过程中了解美国陆军的价值观,如正直、忠诚、勇气等。美军也通过这款游戏达到宣传军事文化的目的。《美国陆军》曾以一款功能游戏的身份风靡一时,它的问世也正式拉开"严肃游戏运动"的序幕,使"严肃游戏"一词广为人知①。

图4-13 《美国陆军》游戏场景
(图片来源:美国陆军官网的宣传图片。)

在现代军事训练中,利用军事游戏进行模拟训练已逐渐成为一种重要的教学手段。对于此类游戏的设计模式、训练方法,以及效能评估等方面的研究,也变得愈发成熟和系统化。历史上,军事游戏为世人留下了大量经典之作。在国外,除去以宣传为目的的《美国陆军》,有美国原子公司于1996年发行的《近距离作战》(Close Combat),该游戏是最早的实时战术/实时战略(RTT/RTS)类军事游戏之一,也是《近距离作战》系列中的首部作品,它将计算机技术与传统兵棋推演相结合,成为计算机战术兵棋时代的潮流引领者,如图4-14(a)所示②;有被美军、英军等多个西方国家采用的《虚拟战场空间3》(Virtual Battle Space 3,VBS3),该游戏能够连接多种外部输入设备,使操控体验更为真实,其民用版《武装突袭3》(Arma 3)也同样风靡于海内外,如图4-14(b)所示③;有用于研究和辅助用途的美国Warfare Sims公司开发的《指挥:现代海空行动》(Command:Modern Air Naval Operations),该游戏作为一款融合了策略和模拟等游戏体验模式的军事游戏,体验者将在游戏中扮演总指挥官,在类似"Google地球"的三维虚拟地图上指挥以海空力量为主的不同作战单元,完成不同规模的军事任务(这些军事任务部分是对历史真实战役的复现,部分则由设计团队虚构),精心部署每一场战役,最终取得战争胜利,如图4-14(c)所示。在国内,有由中国人民解放军南京军区与

---

① SUSI T, JOHANNESSON M, BACKLUND P. Serious games:An overview[J]. Technical Report HS-IKI-TR-07-001, 2007, 73(10):1-28.
② 王云亮,李贺.《近距离战斗》——计算机战术兵棋时代的潮流引领者[J]. 军事文摘,2024(21):63-66.
③ 张跃龄,王功利,王钰凯. 当军事游戏走近军事训练[N]. 解放军报,2023-04-21(011).

光荣使命网络联合开发并于 2012 年发行的军事游戏《光荣使命》,如图 4-14(d)所示。该游戏包含基础训练、单兵任务和班组对抗三大模块,其军用版用于士兵训练,民用版具有更强的娱乐性但仍有军事科普和国防教育的作用[①]。该游戏支持体验者操控中国人民解放军和外国军队的最新武器,并执行八种不同类型的特种兵作战任务。游戏基于先进的物理引擎与计算机图形图像技术为体验者营造逼真的作战体验。

(a) 《近距离作战》

(b) 《武装突袭3》

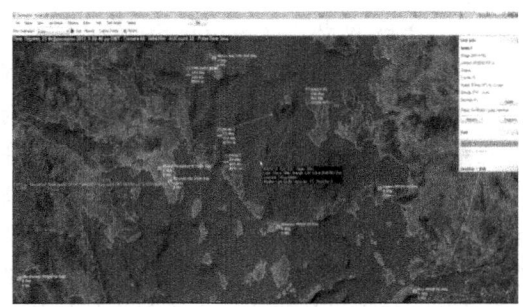

(c) 《指挥:现代海空行动》

(d) 《光荣使命》

图 4-14　四款游戏的游戏场景

(图片来源:Steam 平台宣传图片或网络平台。)

　　除了专门用于军事训练的功能游戏,其他商业游戏公司出品的军事游戏同样佳作频出。这些游戏往往以其逼真的画面、紧张刺激的战斗场景和丰富的游戏内容吸引了大量体验者。譬如,由瑞典开发商 EA DICE 开发、美国艺电公司(Electronic Arts,EA)发行的《战地》(*Battlefield*)系列游戏,该系列游戏以大规模在线多人战斗、载具作战和团队合作著称。该系列游戏支持多达 64 名体验者同时参与战斗,这种大规模的战斗场景为体验者提供了真实的作战体验。此外,游戏内设有多样化的载具选择,涵盖坦克、飞机、直升机、船只等多种类型,体验者能够在战场上灵活地切换载具与步兵角色。这种载具与步兵的联合战术大幅提升了游戏的策略深度,使体验者能够依据战场实际情况挑选最为合适的战术策略。

　　自《战地 3》(*Battlefield 3*)起,该系列游戏采用了寒霜引擎(Frostbite Engine),并呈现了可破坏的虚拟环境[②],如图 4-15 所示。这种可破坏的环境进一步增强了游戏的真实性和复杂度,体验者能够通过破坏环境来创造战术上的优势,譬如,摧毁建筑物以开辟新的路径或构建掩体。《战地》系列游戏不仅以其丰富视觉效果和逼真战场环境营造了充足的游戏

---

① 李丽,胥秀峰,吴琳,等. 严肃游戏及其作战推演应用[C]//中国指挥与控制学会. 第八届中国指挥控制大会论文集. 兵器工业出版社,2020:5.

② 《战地》系列游戏使用寒霜引擎的信息来自战地维基百科网站 https://battlefield.fandom.com/wiki/Frostbite.

性,更通过多样化的任务形式促使人们领会军事行动的复杂性。

图 4-15 《战地 5》游戏场景
(图片来源:网络平台体验者录制的游戏实时演示视频。)

美国 Valve Software 公司开发的《反恐精英:全球攻势》(Counter-Strike: Global Offensive,CS: GO)同样采用了第一人称射击的游戏体验模式,如图 4-16 所示。这款游戏不仅拥有高度逼真的画面和音效,更以其丰富的战术策略种类和团队合作任务而著称。与《战地》系列游戏的大规模战役不同,CS: GO 更注重基于小型地图的快节奏团队竞技。在 CS: GO 中,体验者扮演反恐精英或恐怖分子,在不同形态的地图上开展激烈的枪战。游戏不仅考验体验者的射击技巧和反应速度,更要求体验者具备出色的战术意识和优秀的团队协作能力。体验者需要充分利用游戏虚拟环境中的掩体和道具,制定合理的进攻和防守策略,并与队友紧密配合共同击败对手。同时,游戏对角色行走时的脚步声也进行了精细的还原,即便是静步行走时也会有轻微擦袖子的音效。基于此,CS: GO 在营造丰富游戏性体验的同时,通过融入大量军事元素,对真实的军事行动进行了细致的模拟。

图 4-16 《反恐精英:全球攻势》游戏场景
(图片来源:网络平台体验者录制的游戏实时演示视频。)

三、沉浸式发展

虚拟现实(Virtual Reality,VR)技术的起源与军事模拟密切相关。1968年,被誉为"计算机图形学之父"和"虚拟现实之父"的美国人伊凡·苏泽兰(Ivan Sutherland)及其学生Bob Sproull开发了世界上第一个头盔显示器"达摩克利斯之剑",这是一款军用头盔显示器,可视为现代虚拟现实头盔的鼻祖[①]。

随着VR技术的发展,其在军事训练中的应用也更加广泛,美国陆军步兵训练系统(Dismounted Soldier Training System,DSTS)就是一个基于VR技术的军事训练系统。该系统利用VR技术构建了一个高度仿真的虚拟战场环境,使士兵能够在其中进行实战训练,如图4-17所示。通过对真实战场环境的模拟仿真,DSTS能够训练士兵的战术素养、团队协作能力和应对突发事件的能力[②]。此外,VR技术还能够帮助士兵熟悉各种武器装备的操作,提升他们的射击技巧和反应速度。在虚拟环境中,士兵可以不受时间和空间的限制,重复进行实战模拟训练,从而更加从容地应对实际战斗中的突发事件。VR技术能够在大幅降低训练成本的前提下提高训练效果,是现代军事训练中不可或缺的技术和手段。

图 4-17 士兵借助 DSTS 系统进行训练
(图片来源:网络平台。)

四、智能化变革

人工智能(Artificial Intelligence,AI)技术很早就被应用在军事领域了,虽然人们并没有将这些早期应用与AI技术联系起来。譬如,20世纪40年代,一些飞行器和防空雷达配备了应答机,雷达系统能够通过应答机询问它们正在追踪的飞机,以确认这些飞机是敌人还

---

① 中国计算机学会. CCF YOCSEF 上海成功举办图灵奖得主 Ivan Sutherland 教授学术报告会[EB/OL]. (2016-02-29)[2025-02-12]. https://www.ccf.org.cn/c/2016-02-29/609244.shtml.
② 张海桐. 沉浸式仿真训练成单兵军训革命:避免伤亡节省费用[EB/OL]. (2014-08-12)[2025-02-12]. https://www.chinanews.com/mil/2014/08-12/6483016.shtml.

是友军。到20世纪70年代,地对空和空对空导弹便能够自动修正导航路径并锁定目标。在随后几十年的发展过程中,防空系统愈发智能化,甚至可以在无须人工控制的前提下自动射击并攻击目标。[1]进入21世纪,随着家用计算机的普及,计算机图形图像技术的发展,以及AI技术的不断突破,AI被更加广泛地应用于军事训练中。譬如,美国国防部高级研究计划局在2018年发布了"下一代人工智能"(AI Next)计划,该计划标志着AI已经成为美军重点研发的核心技术之一。[2]而在军事游戏方面,人们也逐渐开始应用AI进行军事游戏和模拟软件的设计,以提升游戏虚拟场景的真实性[3]。

AI能够促使游戏场景中的虚拟敌人角色具有与真人更为贴近的行为模式和战术策略,虚拟敌人角色会根据体验者的行动迅速做出反应,因此,人们可基于AI创造一种动态的、不可预测的战场环境,使游戏更具挑战性和真实性。智能化的虚拟军事环境迫使士兵不断提升其应变能力和战术思维。AI技术在军事训练中的应用不仅丰富了训练手段,还极大地提高了训练效果,为现代军事训练带来了新的可能性。

由瑞典Sentient Digital公司开发的海军战争模拟游戏《舰队崛起》基于大型语言模型(Large Language Model,LLM),能够对人类自然的语言交流过程进行仿真和模拟[4]。由腾讯天美工作室制作的军事题材第一人称射击游戏《三角洲行动》基于AI技术在虚拟环境中创造了大量智能化敌人,这些敌人能够通过观察体验者的行动,聆听体验者探索时产生的声音来追踪体验者,并与体验者开展激烈的对抗[5]。游戏通过这种方式营造了挑战难度更高,更富有个性化的游戏体验。

第三节 游戏与武器效果模拟

现代战争对不同类型武器装备的操控提出了较高要求。通过游戏模拟武器的操控方式和毁伤效果,军事人员能够更深入地了解新型武器装备的性能和特点,增强对武器装备的熟悉程度和操作技能,更好地适应现代战争的需求,提升部队的整体作战效能。

一、枪械类武器模拟

枪械类武器效果模拟是现代军事游戏中不可或缺的一部分。游戏通过精确模拟各类枪械的弹道、后坐力、射速以及射击声音等细节,使体验者身临其境地感受不同武器的特性和

---

[1] FORREST E, BENJAMIN B, ANDREW J. Military applications of artificial intelligence[M]. California: RAND Corporation, 2020:3.

[2] 武警研究院. 智领未来:美军人工智能赋能军事训练的演进与展望[EB/OL]. (2024-12-18)[2025-02-14]. https://mp.weixin.qq.com/s?__biz=MzI3OTM1MTE3Mw==&mid=2247659218&idx=4&sn=806d54873fd427455112b7fe97705eac&chksm=ea39bf8180c316cc4b1d4b3cac182b146db36a4d9bba8d3e2e6fb8784fd10a07f6fcc6475226&scene=27.

[3] SVENMARCK P, LUOTSINEN L, NILSSON M, et al. Possibilities and challenges for artificial intelligence in military applications[C]//Proceedings of the NATO Big Data and Artificial Intelligence for Military Decision Making Specialists' Meeting. 2018:1-16.

[4] 军事信息化装备网. 军事训练模拟软件:为军人提供的人工智能[EB/OL]. (2024-07-03)[2025-02-11]. http://www.81it.com/2024/0703/15111.html.

[5] 《三角洲行动》使用AI技术的信息来自游戏官方网站 https://df.qq.com/gicp/news/1078/18411989.html.

操作方式。有助于提升体验者对武器的认知和操作水平,并且能够在一定程度上增强他们的战术意识和战场适应能力。在游戏中,体验者能够通过反复的练习与巩固,理解不同种类枪械的优势和局限性,从而在不同的战场环境选择中选择最为合适的枪械进行战斗,为实际战斗中的武器选择和使用打下坚实的基础。

(一) 基于可穿戴设备的枪械模拟

虚拟现实战斗训练系统(VIRTSIM),是一款雷神公司(Raytheon)为美国陆军提供的一套用于士兵训练的功能游戏。游戏中士兵训练所使用的枪械类武器在重量、瞄准机制、换弹流程,以及射击时的后坐力等方面,都与真实的武器保持一致。同时,体验者身着的特殊装备能够通过脉冲刺激肌肉,模拟出被子弹击中时的痛感[①]。此外,虚拟现实战斗训练系统还融入了高度仿真的战场音效和视觉特效,如枪炮声、爆炸声以及烟雾、火光等,进一步增强了训练的沉浸感和真实感。士兵们在这样的环境中进行训练,能够熟悉各类枪械的操作方式和使用技巧,从而在心理层面更好地适应真实战场的高压环境,提高在实战中的应变和生存能力,训练场景如图 4-18 所示。该系统已经成为美国陆军士兵训练的重要组成部分,对于提升部队的整体作战效能具有重要意义。

图 4-18 体验者借助虚拟现实战斗训练系统进行训练的场景
(图片来源:网络平台。)

(二) 弹道及武器重量模拟

捷克的 Bohemia Interactive 公司开发的《武装突袭 3》呈现了高度仿真的弹道模拟效果。第一,游戏中的弹道综合考虑了风速、射击距离、重力等多种因素,体验者必须根据这些变量调整瞄准点,才能够确保战斗中命中的精准度;第二,该游戏的枪械类武器通过分散度计算子弹的分布,分散度的单位是弧度(rad),该值越低代表子弹的分布越集中,反之则代表子弹的分布越广,这种设计与现实世界中真实枪械的子弹分布具有高度的一致性;第三,游戏对武器的惯性进行了模拟,武器惯性与其重量相关,武器越重,游戏虚拟角色的负担越大,

---

① 黄蔚,卢建平,夏榕泽,等. 美国陆军游戏化仿真训练系统研究[J]. 火力与指挥控制,2021,46(4):184-188.

这会降低其移动速度和动作的灵活程度,对武器重量的真实模拟,使体验者深刻地理解携带不同武器作战时的操控难度,从而在实战中根据战况选择更为合适的武器。

(三)爆炸效果模拟

同样以《武装突袭3》为例,该游戏模拟了弹药对不同材质的物体造成的特殊破坏效果,如图4-19所示。同时,游戏引入了"防爆属性",防爆属性可有效降低爆炸对于游戏主角的伤害。此外,在毁伤值计算方面,游戏对弹药直接命中和间接命中(爆炸时冲击波带来的伤害)物体这两种类型的伤害都进行了模拟。

图4-19 《武装突袭3》的爆炸效果
(图片来源:网络平台体验者录制的游戏实时演示视频。)

二、车载武器模拟

军事游戏中,车载武器的效果模拟尤为关键。车载武器通常具有较高的操作复杂性,体验者需要在稳定驾驶车辆的前提下掌握如何在动态环境中综合射击角度、射程与风速等环境因素发射弹药,以确保武器系统的最大作战效能。

《坦克世界》(*World of Tanks*)是一款由白俄罗斯Wargaming公司开发的在线多人坦克战斗游戏,体验者可以选择各种不同类型的坦克,从二战时期的经典坦克到冷战时期的先进坦克,并使用自己选择的坦克与来自全球的体验者进行实时对战,如图4-20所示。游戏以其高度的真实性和精细的坦克模型而备受赞誉,同时也因其战略深度受到体验者的喜爱。

(一)毁伤效果模拟

《坦克世界》对车载武器效果的模拟涵盖了从弹道特性到装甲穿透效果等多个维度。在《坦克世界》中,炮弹的入射角度对穿透效果有着显著的作用,AP炮弹(穿甲弹)和APCR炮弹(硬芯穿甲弹)在击中目标时会转正,从而减少目标的等效装甲厚度。例如,120 mm口径的AP弹以60°角击中40 mm装甲时,转正后的等效入射角会降至39°。同时,《坦克世界》还加入了跳弹机制,当炮弹击中超过特定角度的装甲板时,会发生跳弹现象。AP/APCR炮弹在冲击角度大于70°时会发生跳弹,如图4-21所示,HEAT炮弹(破甲弹)在冲击角度大于85°时会发生弹跳;而HE炮弹(高爆弹)则不会发生跳弹,并且HE炮弹可以穿透间隙装甲、履带等可破坏物体，但在穿透时会损失一定穿深，这一设计使得体验者在战斗中需要更加谨慎地选择攻击角度和弹药类型，以提高毁伤效果。在装甲穿透模拟上，《坦克世界》基于弹药的实时速度、口径，以及装甲的厚度来计算是否能够穿透。此外，游戏引入了伤害浮动机制，使得弹药击中目标后的伤害值可以在一定范围内波动，从而更真实地反映战斗情况。[1]

图 4-20 《坦克世界》游戏场景
（图片来源：游戏官方网站的宣传图片。）

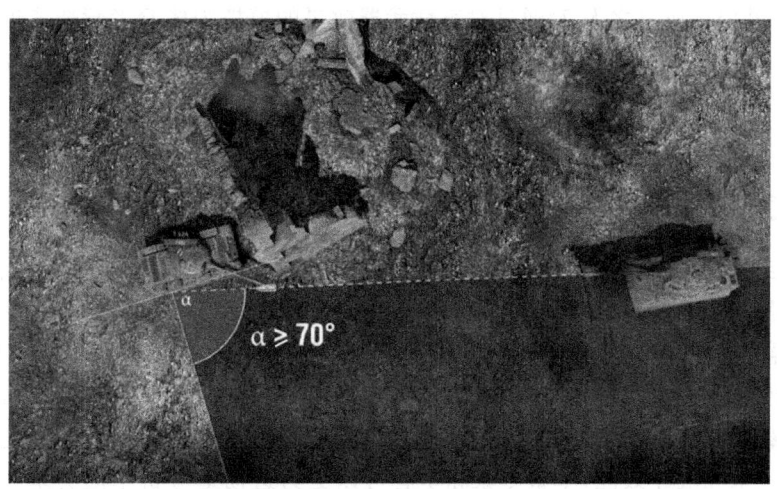

图 4-21 《坦克世界》中坦克根据子弹入射角度计算毁伤效果
（图片来源：游戏官方网站的教学视频。）

（二）装甲耐久性模拟

《战争之人 2》是一款以第二次世界大战为背景的即时战略游戏，由中国 Best Way 公司开发，美国 Fulqrum Publishing 公司发行。游戏以二战时期的欧洲战场为背景，体验者将指

---

[1] 《坦克世界》中不同弹药穿透装甲的毁伤效果信息见游戏官方网站的"生存指南"https://wotgame.cn/zh-cn/content/guide/newcomers-guide/how_to_survive/.

挥部队参与到一系列重大战役中,体验战争给人类带来的深刻影响,如图4-22所示。《战争之人2》采用了"模块生命值"系统,为坦克装甲赋予了模块生命值和总体生命值。当模块生命值耗尽时,会导致相应的设备失效;而当总体生命值耗尽时,坦克将被判定为报废。这一设计不仅使体验者需要考虑坦克的耐久性和可修复性,还为体验者提供了更多的战术选择。譬如,体验者可以选择优先攻击敌方坦克的脆弱部位或关键设备,以尽快削弱其战斗力。

图4-22 《战争之人2》游戏场景

(图片来源:Steam平台的游戏宣传图片。)

《坦克世界》与《战争之人2》通过对车载武器效果的模拟为体验者营造了近乎真实的战斗体验。无论是弹道特性的还原、装甲穿透的计算,还是毁伤效果的模拟,游戏都展现出了较高的真实性,辅助体验者深入了解车载武器的战斗原理。

三、舰载武器模拟

在舰载武器效果模拟方面,现代军事游戏同样展现了令人瞩目的真实性和精细度,能够准确模拟舰载武器的发射、飞行轨迹、命中效果,以及对目标造成的损伤。在军事训练过程中,舰载武器效果的模拟使士兵身临其境地感受舰载武器的强大威力,促使他们熟悉和掌握舰载武器的使用方法和战斗技巧,深入了解舰载武器的工作原理和战斗效能,提高其综合作战技能。舰载武器效果的模拟也为军事研究和训练提供了新的途径和手段。通过模拟舰载武器的使用效果和战斗效能,军事专家和学者可以更为透彻地分析不同类型舰载武器的性能和特点,游戏据此为未来的军事装备研发和战术制定提供有益的参考和借鉴。

《战舰世界》(*World of Warships*)是由白俄罗斯Wargaming Group Limited公司开发的一款大型多人在线海战游戏,如图4-23所示。游戏的历史背景设定在20世纪前半叶,涵盖了从第一次世界大战到20世纪50年代末世界各国不同类型的战舰。体验者将操控不同种类的战舰与敌方开展海战。游戏精确模拟了不同口径主炮的特有弹道轨迹和射程。譬如,16英寸的大口径主炮具有较远的射程和较高的穿透力,而15英寸的小口径主炮则在中近距离作战中表现出色。游戏从跳弹判定、入射角度和强制击穿这三个维度判定是否击穿装甲。譬如,入射角度在45°~90°时不发生跳弹,在30°~45°时可能发生跳弹,而在30°以下时则自动发生跳弹①。如果炮弹口径与装甲厚度的比值达到一定标准,则炮弹可强制击穿装甲。主炮的装填时间根据战舰和炮弹类型判定,体验者可通过技能升级来提升主炮的装填速度。游戏中,副炮主要承担防空和近距离防御任务,能够有效拦截敌方鱼雷和飞机。尽管副炮的射程和精度不及主炮,但其极快的装填速度弥补了这一不足。驱逐舰和潜艇主要依赖鱼雷作为攻击手段,其航速和射程被精确模拟。体验者必须根据战场的实际情况,合理运用鱼雷,以发挥其隐蔽性和突然性的优势。鱼雷的隐蔽性使其成为伏击和偷袭的理想选择,体验者需要精准掌握攻击时机,确保鱼雷能够准确命中目标。航空母舰搭载的舰载机包括战斗机、轰炸机和鱼雷攻击机,每种机型都拥有其独特的性能和武器配置。舰载机能够执行侦察、轰炸、鱼雷攻击等多种任务,体验者需要根据战场的实时情况,合理地分配任务。

图 4-23 《战舰世界》游戏场景

(图片来源:Steam 平台的游戏宣传图片。)

四、空载武器模拟

空载武器,主要指由飞行器携带并投放的武器,如导弹、炸弹等。现代军事游戏中,空载武器的种类丰富多样,从制导导弹到非制导炸弹,从空地导弹到空空导弹,每种武器都具有其独特的性能和使用场景。游戏开发者需要对这些武器进行深入研究和精确模拟,以确保体验者在游戏中能够体验到真实的战斗效果。

《皇牌空战 7:未知空域》(Ace Combat 7: Skies Unknown)是一款由日本万代南梦宫(Bandai Namco)公司开发的飞行射击游戏。该游戏延续了系列经典的世界观,体验者扮演一名王牌飞行员,参与到充满战争与阴谋的故事中。游戏的剧情围绕"天空革新"展开,讲述了主角 Trigger 的成长历程,从一名新秀飞行员到在至暗时刻带领队伍对抗危机的成熟飞行员。在游戏中,体验者可以按下 G 键发射热焰弹,以迷惑敌方导弹的锁定系统。此外,导弹的锁定范围和追踪性能会受到云层和天气状况的影响,在云层覆盖下,导弹的锁定距离会缩短,其追踪能力也会相应减弱,如图 4-24 所示。游戏包含了多种空对空和空对地武器类

---

① 《战舰世界》子弹穿越装甲的计算规则源自其官方网站 https://wiki.wargaming.net/en/Ship:Gunnery_%26_Armor_Penetration。

型,体验者必须根据具体战况选择合适的武器,以实现最优的攻击效果。

图 4-24 《皇牌空战 7:未知空域》游戏场景
(图片来源:Steam 平台的游戏宣传图片。)

由美国 EA DICE 公司开发的《战地》系列游戏同样具有高仿真度的空载武器效果模拟。《战地》系列游戏提供了多种类型的空载武器,包括机炮、空对空导弹、空对地导弹和火箭弹等,每种武器都有其独特的性能和用途。体验者可以根据不同的战场环境和任务需求,选择最适合的武器组合。譬如,在面对敌方战斗机群时,空对空导弹的高精度和远程打击能力显得尤为重要;而在执行对地攻击任务时,空对地导弹和火箭弹的大面积毁伤效果则更为关键。此外,《战地》系列游戏还通过精细的物理引擎和视觉效果,将空载武器的发射、飞行和命中过程展现给体验者,为体验者带来了身临其境的战斗体验。在《战地 2042》(*Battlefield 2042*)中,隐形直升机(如肖肖尼和汉尼拔)能够激活隐身模式,从而在敌方雷达检索范围中变得难以察觉,如图 4-25 所示。尽管在隐身模式下,主武器的挂载功能会被禁用,但体验者依然能够投掷炸弹。这种模式特别适合执行偷袭和迅速打击任务。尽管隐身模式提供了一定程度的保护,但隐形直升机仍然是游戏里最易受攻击的飞行器之一。由于其装甲薄弱,故一旦被敌方发现,便极易遭到防空火力的击落。这种设计有助于保持游戏的平衡性,并为体验者提供更加丰富和刺激的游戏体验。

图 4-25 《战地 2042》游戏场景
(图片来源:网络平台。)

五、核弹与导弹类武器模拟

军事游戏中核弹与导弹类武器效果的模拟同样追求高度的真实性。游戏开发者通过复杂的物理引擎,对导弹的飞行轨迹、速度、弹道高度、制导方式,以及爆炸威力等关键参数进行模拟。人们在游戏中能够体验导弹从发射到命中的全过程,包括导弹在飞行过程中的姿态调整、目标锁定与追踪,以及最终的爆炸效果。通过这种模拟,体验者对导弹类武器有了全面的认识,能够在虚拟环境中进行战术规划和作战模拟,从而提升其在实际军事行动中应对各类战况的能力。

(一) 核武器攻击效果模拟

DEFCON 是一款以全球核战争为背景的策略模拟游戏,由英国独立游戏开发商 Introversion Software 出品。游戏通过高度逼真的模拟,让体验者感受核战争的恐怖及其对人类的毁灭性打击。在游戏中,体验者可以利用导弹发射井、潜艇、远程轰炸机等多种平台发射核弹。同时,游戏也提供了防空设施,可以拦截敌方的核弹。体验者需要思考如何突破敌方的防空系统。游戏对核弹爆炸时的视觉与物理效果进行了高仿真度的还原,游戏中核弹的爆炸能够产生栩栩如生的蘑菇云和冲击波效果,如图 4-26 所示,逼真地模拟了核武器爆炸的场景。

图 4-26 *DEFCON* 中核弹爆炸后产生的蘑菇云
(图片来源:网络平台。)

核弹爆炸会造成严重的人员伤亡和装备损坏,游戏根据爆炸距离和防护措施计算具体的伤亡情况。而发动攻击的瞬间会暴露体验者的导弹发射井、潜艇和轰炸机的位置,使体验者不得不承受敌人的全面反击。如图 4-27 所示,游戏界面会显示所有敌军部队的精确位置,体验者据此思考应将核弹投至何处。游戏中的每一场核战争都是独一无二的,其不仅取决于体验者的战略决策,还受到随机事件和不可预测因素的影响,这大幅提升了游戏的挑战性。在这款游戏中,体验者通过感受核战争的残酷,可以深刻体会到和平的珍贵和维护世界和平的重要性。

图 4-27 DEFCON 游戏场景

（图片来源：Steam 平台的游戏宣传图片。）

（二）反核教育

《先发制人》(First Strike)是一款以核战争为背景的即时战略游戏，由瑞士的 Blindflug Studios AG 开发，游戏场景如图 4-28 所示。游戏设定在一个虚构的未来世界，体验者可以在美国、俄罗斯、中国等 12 个核超级大国中选择其一作为自己的领土。每个国家都有其独特的超级武器，如美国的全面攻击型三叉戟、俄罗斯的沙皇氢弹、中国的超高音速滑翔机等，每种武器都有其独特的性能和用途，体验者可以根据自己的战略选择合适的武器。在游戏中，体验者需要建造和发射核导弹来攻击敌方领土，同时部署防空系统来防御自己的领土。游戏虽然围绕核战争展开，但其主旨在于倡导反核理念。开发者期望体验者通过游戏深刻感受到核战争的恐怖，从而更加倡导世界和平。这一理念在游戏中一个隐藏的胜利结局中得到体现：如果体验者在游戏初期选择减少自己的核武器库存，其他国家也会作出相似的选择，最终游戏会显示"YOU WIN!"。这正是游戏制作团队所要强烈表达的反核理念。

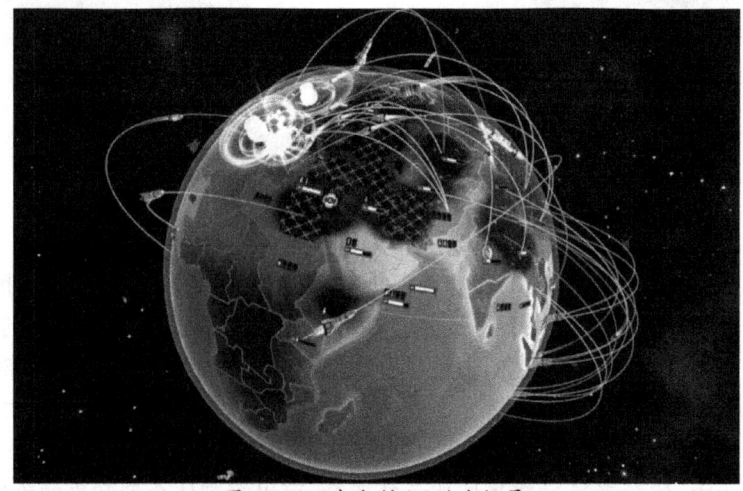

图 4-28 《先发制人》游戏场景

（图片来源：Steam 平台的游戏宣传图片。）

第四节 游戏与虚拟战场构建

军事游戏能够实现低成本、定制化的战场构建,借助游戏中的虚拟战场,军事训练突破了真实战场演练环境在昼夜时间、地理环境和气候条件等方面的限制。在游戏中融入兵种联演联训系统,还可实现参训官兵虽身处异地,却能够在同一个虚拟战场上演习的情景。这使得军事游戏训练无限接近于实战演习,能够锤炼士兵的实战能力,提高各部队之间的配合能力和多兵种联合作战能力。

虚拟战场构建使军事游戏在训练效果方面具有显著优势。通过计算机模拟的仿真地形、复杂特效和武器装备,部队能够进行定制化的、逼真的军事演习,从而不断促进战术策略的研究与创新[1];也能够针对特定情况对军事人员进行培训,定制包括但不限于时间(任务时长、不同时间下的环境)、位置(地点、环境中的物体),以及人物(穿着、身份)等内容,能够有效帮助士兵熟悉任务环境并做出相应决策。

一、陆地虚拟战场构建

陆地虚拟战场通过逼真的地形模拟和战术决策系统,再现了步兵、装甲部队、炮兵、侦察部队等多样化兵种的协同作战。此外,海陆、空陆等联合兵种的运用,以及复杂的战场环境都要求游戏系统能够处理多变的战术情境,以适应不同的战争模拟需求。

(一) 真实战场环境的数字化再现

对于专门设计用来进行军事演习和军事训练的游戏而言,由于其目的是辅助士兵通过虚拟的战场环境模拟未来可能发生的真实战争,因此,游戏对地形的真实性有着较高的要求。且由于任务场景的多样性,渲染和物理模拟面临较大压力,故游戏需要更加稳健的开发框架。

以合成训练环境(Synthetic Training Environment,STE)为例,如图 4-29 所示。STE 是一套由美国陆军协会提出的游戏开发框架,它将环境仿真与基于游戏的训练整合到一个架构之中。STE 由三部分组成,分别是:囊括了环境模拟、AI、网络系统的"全球通用地形"(One World Terrain,OWT),负责物理仿真、地形渲染、特效制作等"游戏"功能的沉浸式虚拟训练器(Squad Immersive Virtual Trainer,SiVT),用于数据分析的训练管理工具(Training Management Tool,TMT)。[2]

在上述三个部分之中,最为核心的是 OWT 系统。OWT 系统部署在云端,通过网络为客户端统一提供高度仿真的虚拟地形环境。OWT 能够实时访问现实世界的地形数据,实现对现有虚拟地形的校正,以确保虚拟地形环境能够始终与真实地形相匹配。作为服务器,OWT 的目的是确保虚拟战场都是基于真实作战地域实时生成的,并能够及时更新、同步至士兵的训练任务中。在对现有虚拟地形进行校正和更新的过程中,OWT 还会结合 AI 对士兵的训练情况进行分析,分析后的数据将被 OWT 存储,供其他仿真训练系统访问和调用。

---

[1] 刘君阳,朱世松. 大数据背景下的军事仿真系统发展研究[J]. 火力与指挥控制,2023,48(11):52-57.
[2] ROZMAN J. The Synthetic Training Environment[J]. Spotlight S L,2020:20-6.

图 4-29 STE 中的模拟训练场景
（图片来源：网络平台。）

作为 STE 的"3D 引擎",SiVT 系统提供了一个开放架构及仿真训练环境,美国陆军协会对它的形容是:像《使命召唤》和《堡垒之夜》(Fortnite)一样复杂。基于物理仿真技术,SiVT 系统对战场上诸如爆炸时产生的烟雾和火光等各种类型的物理现象进行精确模拟,为士兵提供身临其境的作战体验。基于先进的计算机图形渲染和特效处理技术,SiVT 系统呈现逼真的战场画面,虚拟战场包括墙壁、障碍物、十字路口、手无寸铁的平民、敌军、路障、吠叫的狗和未爆弹药等等物体,使士兵在视觉上感受到真实的战场氛围。[①]

TMT 系统提供了便捷的应用方式,支持用户随时随地构建虚拟训练场景,该系统能够自动检索权威的地形数据,并基于该数据自动生成训练场景并录入数据库中[②]。TMT 还实现了数据层的简化,能够将数据转换为通用的非加密格式,从而使数据可以在任意一个系统中运行,提高了系统的灵活性与兼容性,助力第三方开发商及广大用户轻易地部署训练环境。

STE 的目标不仅仅是提供一个虚拟战场环境,而是通过大量的数据收集、处理、存储、分发,以及 3D 内容开发操作,设计一系列的标准和规范来解决封闭系统存在的资源浪费和兼容性弱的问题。同时,STE 与业界和学界密切合作,高效推进陆地虚拟场景的迭代与训练方式的优化。

在 STE 的基础上,微软公司携手美国陆军研发了 IVAS 战术训练系统,这是一种高度沉浸式的混合现实训练解决方案,利用 STE 中的地形数据进行虚拟战场搭建。结合特制的增强现实眼镜、仿真武器,以及配备于士兵身体和模拟装备上的传感器,精准捕捉士兵的战斗动作。相较于传统的模拟训练工具,IVAS 能够迅速搭建虚拟训练场景,并利用动作捕捉技术即时追踪并记录参训士兵的所有动作细节,将这些动作无缝融入难以在现实环境中实现的训练情境中,进而构建出一个逼真的虚拟战场环境。美军利用 STE 的强大可拓展性,将 IVAS 与业界进行合作开发和更新,从而不断保持该系统的前沿性。[③]

[①] 刘卫华. 美国陆军基于 IVAS 开发 MR 战术士兵训练系统 SiVT[EB/OL]. (2023-3-30)[2025-2-7]. https://news.qq.com/rain/a/20230330A0A2CC00.

[②] 黄蔚,卢建平,夏榕泽,等. 美国陆军游戏化仿真训练系统研究[J]. 火力与指挥控制,2021,46(4):184-188.

[③] GOLDBERG B, OWENS K, GUPTON K, et al. Forging competency and proficiency through the synthetic training environment with an experiential learning for readiness strategy[C]//Interservice/Industry Training, Simulation, and Education Conference (I/ITSEC), Orlando, FL. 2021:1-15.

(二) 虚拟战场环境

当前主流的陆战类军事游戏通常设定明确的游戏目标,并采用固定或随机生成的虚拟战场环境,重点突出作战力量(如武器和兵种)与战术策略的多样化。作战力量的多样化增强了游戏的挑战性,而战术策略的多样化则使游戏战场环境更具动态性且富有深度。

这种以营造挑战性与动态性为核心的虚拟战场环境,在构建过程中重点强调的是其博弈性,即通过地图设计明确双方或多方的博弈点。譬如,CS: GO 2 以及由美国拳头游戏(Riot Games)公司出品的《无畏契约》(VALORANT)等游戏的战场环境是一种有限的箱体空间,可被称为"箱庭式战场环境",如图 4-30(a)、图 4-30(b)所示。这种战场环境存在易守难攻的特点,体验者必须谨慎地选择合适的兵种和枪械武器进行探索。为了体现博弈双方的公平性,此类游戏通常会在战斗的中场将双方的攻防属性进行互换。

与箱庭式战场环境不同,《战地》系列游戏以及由加拿大工作室 Offworld Industries 开发的《战术小队》(Squad)等游戏则具有大规模、连续性的战场环境,这些战场中遍布着城市废墟、山川湖泊,展示出不同的地形和地貌,如图 4-30(c)、图 4-30(d)所示。一方面,设计师通常会在桥梁、高地、补给站等地图的关键位置设置资源点,这些资源的争夺往往能够决定整场战斗的胜负;另一方面,设计师还会在地图上布置一些隐蔽的通道或狙击点,为那些善于潜行和狙击的体验者提供较大的发挥空间,也使得游戏的战术选择更加多样化。随着游戏的推进,地图上的局势会不断发生变化,某些区域可能会被炮火摧毁,形成新的障碍物;而某些资源点可能已经被某一方控制,导致双方的实力不均等。资源点和隐蔽通道的设计,考验着体验者对地图熟悉程度,他们必须在瞬息万变的战场上迅速做出反应,制定出最优的攻防策略。

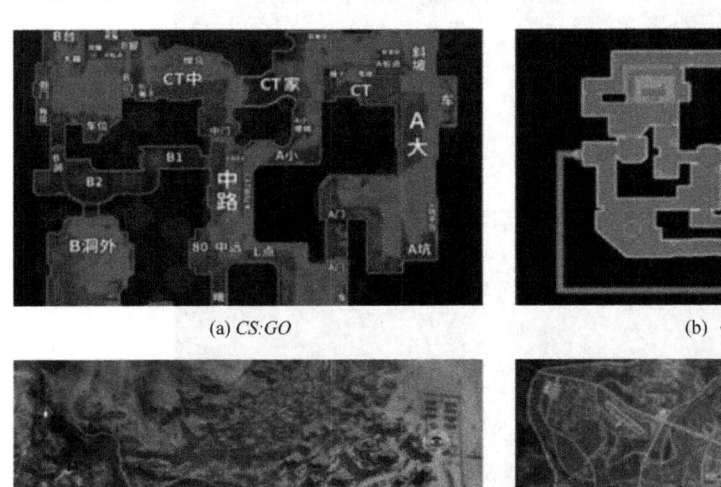

(a) CS:GO (b)《无畏契约》

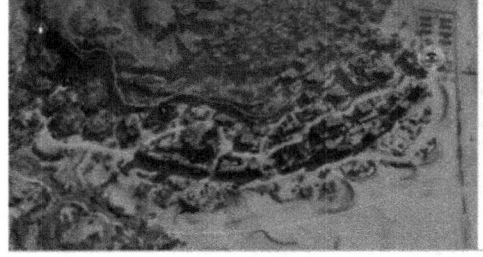

(c)《战地》 (d)《战术小队》

图 4-30 上述四款游戏中具有代表性的战场环境俯视图
(图片来源:游戏官方网站的宣传图片和游戏截图。)

二、海上虚拟战场构建

海上战场构建需要兼顾由海浪、风向、水流等构成的自然环境因素，以及由舰艇、潜艇、飞机等海上作战装备构成的人文因素。开发人员一方面需要基于计算机图形图像技术，对海洋环境的视觉效果进行模拟；另一方面需要基于高度仿真的物理引擎，对各类武器装备在海洋环境中的运动效果进行模拟。

（一）海洋环境对船舰操控影响的模拟

以《战舰世界》为例，该游戏提供了战列舰、巡洋舰、驱逐舰和航空母舰等多样化的舰载武器供体验者选择，每种舰艇都有独特的战斗风格和战术角色。譬如，战列舰擅长对敌方造成重创，巡洋舰能提供有效的火力支援，而驱逐舰则负责侦查和隐蔽等。该游戏的游戏性主要来源于团队之间的武力对抗与战略博弈。体验者不仅要熟悉每艘战舰的火力配置、装甲厚度及机动性能，还需深刻理解不同海洋环境对战舰操作的影响。譬如，海浪和海风会影响导弹发射的精度，不同方向的潮汐和水流则可能影响舰船的速度和转向的灵敏度。体验者需要根据不同海域的地形特点合理调整航向和战术，以应对敌舰的攻击并制定有效的反击策略。《战舰世界》的海上虚拟战场如图 4-31 所示。

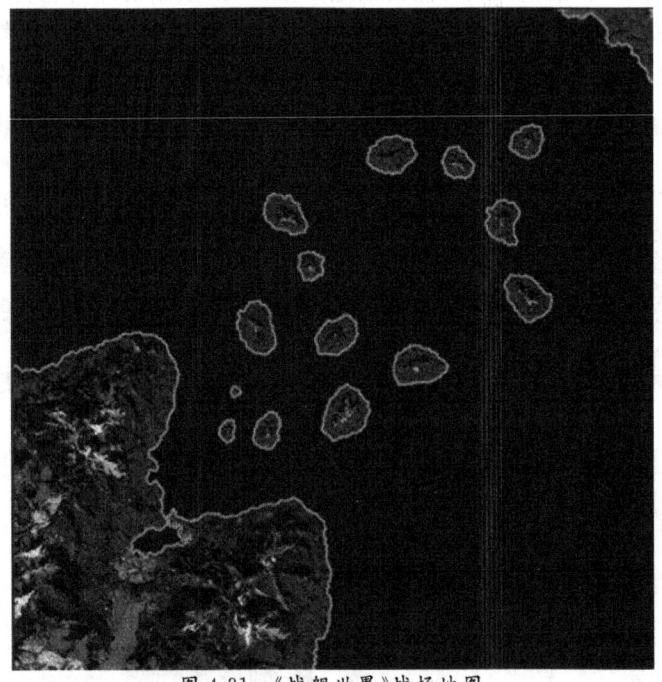

图 4-31　《战舰世界》战场地图
（图片来源：游戏截图。）

（二）海洋环境天气模拟

天气系统是《战舰世界》的重要组成部分，游戏包含晴天、下雨、下雪、阴天、风暴等多种类型的天气,结合一天中不同的时间段,构成了丰富多样的海上作战环境,如图 4-32 所示。在视觉呈现效果方面,《战舰世界》体现了较高的仿真度,譬如,下雨时船舰的甲板会被淋湿。在战争模拟方面,不同的天气对战争结果具有直接的影响。譬如,下雨、下雪、风暴和雾天等恶劣天气都会影响体验者的视野。当风暴出现时,所有船舰的视野都被限制在游戏环境中的 8 公里内,飞机的视野只有 3 公里左右,体验者驾驶飞机时几乎无法寻找到船舰。不同类型的天气使海上战斗更为逼真,大幅提升了体验者的沉浸感。

图 4-32 《战舰世界》海上虚拟战场中不同的天气效果
(图片来源:网络平台。)

三、空中虚拟战场构建

类似于海上虚拟战场,空中虚拟战场的构建也具有其独特性。它不仅要求模拟出广袤无垠的天空,还需精准再现复杂多变的气象条件,如暴风、雷电、湍流等。这些自然因素不仅在视觉表现上富有感染力,在实战中往往对飞行器的操控与作战效能产生重大影响。

同时,空中虚拟战场还需要融入地形地貌数据,从崇山峻岭到广袤平原,从城市建筑群到海洋上空。在构建过程中,技术团队会利用先进的计算机图形图像技术,确保模拟环境的真实性与沉浸感。同时也会利用物理引擎模拟飞行器的运动状态,营造逼真的飞行体验。

除了空中战场的视觉呈现与不同天气对飞行器操控影响的设计,空中虚拟战场还需集成复杂的战斗系统,包括飞行器的类型、数量、位置、速度,以及可能的作战策略,这些都需要根据实战数据进行动态调整,以模拟出最真实的战场环境。

(一)飞行训练模拟器

空中虚拟战场的构建是军事训练中极为重要的一环,它旨在模拟真实的空中战斗环境。飞行训练模拟器将飞行员置于一个高度仿真的空中环境中,使其能够感受到与真实飞行相似的视觉、听觉和触觉反馈。除此之外,对于恶劣天气、鸟击等特情处置训练也可以提升飞行员的实战能力和应对复杂情况的能力。事实上,虚拟场景中的特情处置训练已经成为当代飞行员的必修课之一。

目前,飞行训练模拟器已广泛应用于部队和军事院校的飞行教学训练中[1],如图4-33所示。在各国的军事飞行员训练中,飞机模拟驾驶舱训练也已经得到了广泛应用,而空中虚拟战场的构建无疑是训练中的重要组成部分。专门用于军事训练的空战游戏倾向于模拟真实的空中战场环境,将飞行员置于一个高度仿真的空中环境中,使其能够感受到与真实飞行相似的视觉、听觉和触觉等多个方面的反馈。

图4-33 空客A320全座舱仿真IPT飞行训练模拟器内景
(图片来源:中仿智能科技有限公司官网宣传图。)

在视觉呈现方面,开发团队通常采用先进的图形渲染技术和物理引擎,以呈现逼真的光影效果和飞行器的物理效果。这包括对云层、雾气等自然元素,以及飞行器产生的尾迹、烟雾等的模拟。在听觉方面,开发团队会录制和合成飞行过程的各类相关音效,如引擎轰鸣、风切变带来的噪声、雷达探测声等。在触觉反馈方面,飞行训练模拟器能够模拟驾驶舱内的各种控制设备,而传感器则会实时反馈飞机的飞行状态和环境状态,飞行员可通过操纵杆等控制设备,感受飞机的加速、减速、转弯等动作。同时,飞行员还可以通过座椅上的震动装置,感受到飞机在气流变化时发生的颠簸。

除了上述基本的构建要素外,空中虚拟战场还需要模拟多种空中威胁和对抗场景,包括敌方战斗机的拦截、导弹的威胁、雷达的探测等等。为了模拟这些场景,开发团队会通过复杂的算法,模拟敌机的飞行轨迹、导弹的发射和飞行轨迹。开发团队还会根据战术需求,设计各种对抗场景和战术任务,以锻炼飞行员的实战能力和团队协作能力,如图4-34所示。

在构建空中虚拟战场的过程中,开发团队还会不断进行测试和优化。他们会收集飞行员的反馈意见和数据,对场景进行改进和调整。调整天气模拟的参数,使场景更加逼真;或者优化图形渲染效果,从而提高场景的流畅度和清晰度。通过不断的测试和优化,空中虚拟战场将越来越完善,为飞行员提供更加全面、逼真的训练环境。

---

[1] 陈典宏,苏国威,杨元庆. 模拟飞行,虚拟空间磨砺打仗本领[N]. 解放军报,2023-05-14.

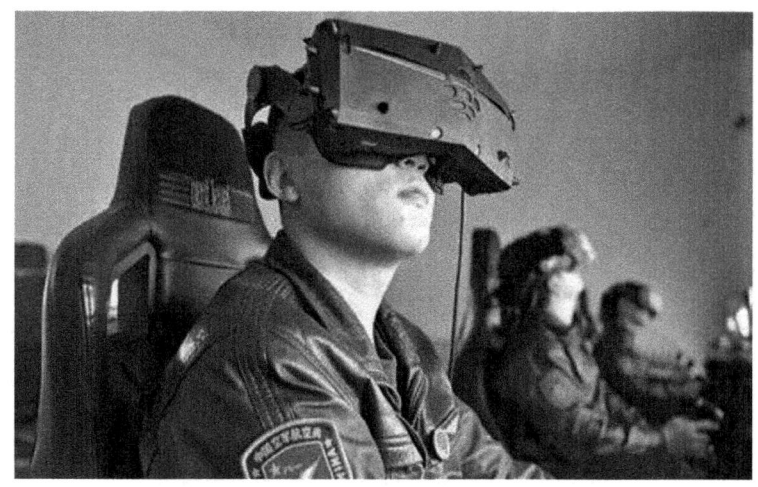

图 4-34　中国空军使用飞行训练模拟器进行训练

（图片来源：解放军报。）

（二）不同天气条件的模拟

不同的天气条件，如大风、暴雨和雷电等，会直接影响飞行器的机动性、飞行员的视野范围，以及空载武器的有效性。体验者需要根据游戏中天气的变化实时调整飞行高度、速度和攻击策略，以适应不同的战场环境。天气的变化能够大幅增加空战的真实性和挑战性。

《皇牌空战 7：未知空域》基于虚幻（Unreal）4 引擎构建了一个逼真的空中战场。游戏中的天气系统对现实世界进行了数字化还原，包括晴天、多云、阴天等常见天气，以及雷暴、浓雾等恶劣天气。这些天气条件对飞行和战斗产生了直接影响，譬如，浓雾会降低飞行员的可见度；云层会降低机体的机动性，甚至可能导致机体结冰；雷暴则会干扰雷达，甚至使飞机的电子设备失灵，以及游戏界面上原本显示战场环境的文字和数据信息都会变得不可见，如图 4-35 所示。游戏的时间系统支持昼夜循环，不同时间段的光照和能见度也会发生变化，从而影响体验者的战术选择。

（三）不同地理环境的模拟

空中虚拟战场作为游戏中的环境要素，既是体验者展现飞行技巧与战斗策略的舞台，也是推动游戏剧情发展的关键场景。空中战场可结合不同的地理环境，提供多样化的战斗任务与丰富的敌人种类，同时还能够结合游戏叙事内容，营造更具艺术效果的游戏体验。

再以《皇牌空战 7：未知空域》为例，游戏呈现了多种类型的地图，从开阔的天空到狭窄的山谷，从城市上空到波涛汹涌的海上战场，每一种都独具特色。部分游戏任务要求体验者在山谷中进行超低空飞行，并巧妙躲避敌方的防空火力。

设计师可将空中虚拟战场与游戏叙事内容相结合。这一设计方式体现在《鹰击长空》（Tom Clancy's H.A.W.X）系列游戏中，其中《鹰击长空 2》（Tom Clancy's H.A.W.X 2）是一个典型案例。该系列游戏由育碧公司打造，凭借其紧张而激烈的空中战斗体验、高度仿真的飞行操控，以及跌宕起伏的叙事内容，赢得了广大飞行模拟及军事游戏爱好者的青睐。

图 4-35 《皇牌空战 7：未知空域》的雷暴天气
（图片来源：游戏截图。）

在《鹰击长空 2》中，体验者将化身为一名技艺超群的精英飞行员，驾驶包括新型战斗机在内的多种先进空中武器，投身于一系列关乎国家命运乃至世界和平的空中战役之中，如图 4-36 所示。游戏剧情设定跨越全球多个热点地区，融入了现代政治冲突与军事对抗的复杂背景，为体验者呈现了一个既真实又充满想象空间的战争世界。在游戏中，体验者将穿梭于不同的空中战场，执行包括侦察、护航、对地打击等一系列高风险任务，每一次行动都关乎战局的走向和任务的成败。该系列游戏如同一部精心编排的空中战争史诗，通过精心设计的剧情桥段和紧张刺激的战斗场景，使体验者深陷其中，体验者仿佛亲身参与了这场关乎世界命运的空中较量。譬如，在一次至关重要的任务中，体验者需要驾驶战斗机穿越硝烟弥漫的城市上空，这既需要躲避敌方的防空火力，又需要密切关注任务目标，同时还要耳闻目睹战争给无辜平民带来的巨大灾难和心灵创伤。该空中战场的设计在丰富游戏挑战、增强游戏沉浸感和代入感的同时，促使体验者反思战争给人类带来的惨痛代价。

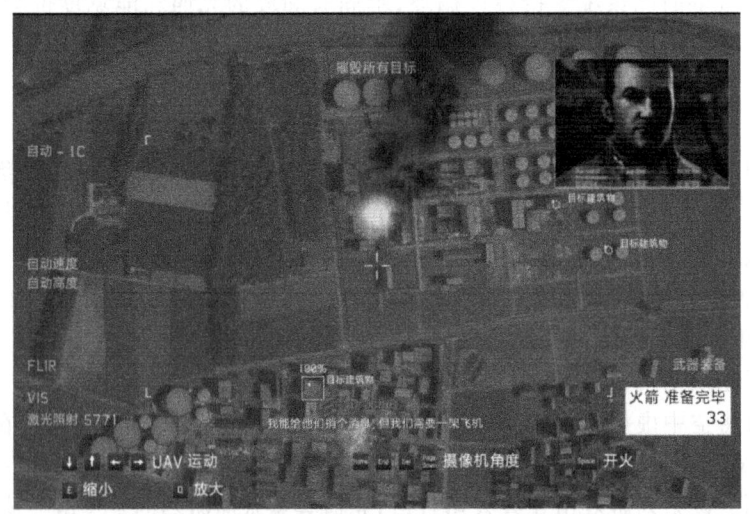

图 4-36 体验者在《鹰击长空 2》中执行轰炸任务
（图片来源：游戏截图。）

第五节　军事游戏与士兵技能训练

当军事游戏作用于士兵训练时,它可为体验者提供一种沉浸式、互动式、个性化的体验,从而激发体验者的创造性思维,培养体验者的武装战斗技术、战略规划能力和指挥协同能力。借助军事游戏,部队可对现实世界的战场环境进行模拟,在虚拟世界中展现所有可能出现的障碍物和危险事件来训练士兵,使他们在面对突发事件时能够更快速、更准确地做出反应。事实上,很多国家的军队都在推进基于游戏的军事模拟仿真训练[①]。这种数字化训练方式能够更为有效地提高士兵的作战效能。

相较于传统的军事训练方法,军事游戏包括以下几方面的优势:一是富有乐趣,功能游戏"玩中训、训中玩,寓教于乐、寓训于乐"的特点逐渐得到了部队的肯定[②];二是能够大幅节约军事训练成本,减少训练过程中武器装备的损坏与消耗;三是通过游戏虚拟场景的训练,士兵能够积累应对突发事件的经验,在面对罕见或极端危险的场景时,也能够更加从容地应对;四是军事游戏突破了时间和空间的限制,军事人员可以更为灵活地选择训练时间。

随着数字媒体技术的不断发展和完善,越来越多的军事游戏开始采用 VR 和增强现实(Augmented Reality,AR)等技术,为士兵提供更具沉浸式的训练体验。一些军事游戏结合 VR 头盔和手柄等外设,使士兵仿佛置身于真实的战场环境中,更加直观地感知和理解战场态势。这种训练方式能够大幅提高军事人员的战场感知能力和决策能力,还能够有效增强他们的心理素质和抗压能力。

一、游戏与武装技能训练

在武装技能训练领域,军事游戏展现出了其独特的价值和潜力,可以显著提高士兵对装备的熟悉程度[③]。通过高度模拟的战斗场景和逼真的武器装备,军事游戏为士兵提供了一个接近实战的训练平台。

(一) 装备使用技能训练

在装备使用技能训练上,军事游戏能够提供丰富的射击练习场景。士兵可以在游戏中体验不同装备的操作方式,从而更加熟练地掌握各种装备的使用技巧。

以 VR 游戏 *Gun Club VR* 为例,该游戏由澳大利亚的 The Binary Mill 游戏公司开发并发行,游戏的核心机制是在虚拟世界中使用各种类型的枪械完成任务。从手枪到狙击步枪,每一件武器都经过精心建模,射击时的后坐力、枪声,以及弹壳飞出的细节都栩栩如生,如图 4-37 所示。该游戏为体验者提供了一种训练射击技巧的手段,体验者可在游戏虚拟环境

---

① 解放军报. 军事游戏走近军事训练:沉浸式体验身临战场的感觉[EB/OL]. (2023-4-21)[2025-2-7]. https://www.news.cn/mil/2023-04/21/c_1212199666.html.

② 赵建勇. 军事游戏训练在新兵训练中的应用研究[D]. 长沙:国防科技大学,2018.

③ VESA C, ŞORECĂU E, ŞORECĂU M, et al. Design, implementation and preliminary testing of a virtual reality system used to train military personnel on a simulated battlefield[J]. International Conference Knowledge-Based Organization,2022,28(3):106-111.

中反复练习和巩固,以提高射击精度和反应速度,直至掌握每一种武器的特性和操控方法。

图 4-37　*Gun Club VR* 游戏场景
（图片来源：游戏截图。）

由俄罗斯 Eagle Dynamics 公司开发的游戏《锁定：现代空战》（*Lock On: Modern Air Combat*）对 F-15、苏-27、米格-29 等战机的飞行性能进行了模拟[①]，游戏高度还原了这些武器装备的操控方式和作战性能。在游戏中,体验者需要控制战机起飞、降落,并完成各种飞行动作与作战任务,如图 4-38 所示。此类游戏帮助体验者熟悉飞行器的各项操作,并学习相关飞行知识。

图 4-38　《锁定：现代空战 2》中的飞行器
（图片来源：游戏截图。）

（二）战术动作与战斗技巧训练

在战术动作和战斗技巧训练方面,军事游戏同样发挥着重要作用。游戏虚拟战场往往充满未知并富有变化,士兵需要在这些场景中灵活运用战术动作和战斗技巧来应对各种挑

---

① 《锁定：现代空战》的介绍信息来自其官方网站 https://www.lockon.ru/en/modern_air_combat/。

战。通过在游戏中不断进行实践,士兵能够逐渐掌握如何在复杂环境中快速移动,如何有效利用掩体保护自己,如何准确判断敌方位置并给予致命打击等关键技能。军事游戏还能够模拟真实的战场环境,让士兵在虚拟战场上进行实战演练。这种演练不仅能够检验士兵的武装技能水平,还能够锻炼他们的心理素质和应变能力。在虚拟战场上,士兵需要时刻保持冷静和高度的警惕,快速做出正确的判断和决策。这种训练方式对于提高士兵的实战能力和作战效能具有重要意义。

以 VR 射击游戏 *Pavlov* 为例,这款游戏由俄罗斯的 Vostok Games 公司出品,以其高度逼真的战场环境和物理效果著称。体验者佩戴 VR 头戴式显示器,"亲身参与"紧张而刺激的战斗,如图 4-39 所示。在游戏中,体验者需要迅速判断战场形势,通过手柄控制虚拟环境中的枪械武器,使其精准地瞄准目标并射击,体验者还需时刻注意躲避敌人的攻击。VR 军事游戏为战术动作和战斗技巧训练提供了一种全新且高效的训练手段,对于提高军队的整体作战能力具有重要意义。

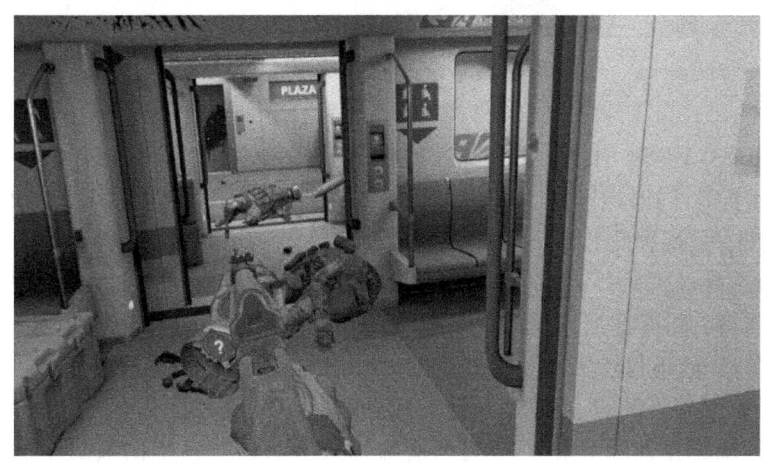

图 4-39 *Pavlov* 游戏界面
(图片来源:游戏截图。)

(三) 定制化训练

军事游戏在武装技能训练上的应用还体现在其可定制性和可扩展性上。部队可以根据训练需求定制专属的游戏场景和任务,以满足不同兵种和不同训练阶段的士兵的训练要求。以往无法还原的特殊场景,如复杂的环境条件、特殊的训练课题、不具备实操条件的战术装备等等,都可以通过军事游戏进行模拟训练[①]。同时,随着游戏设计技术的不断发展,军事游戏的模拟效果也将越来越逼真,军事游戏将为士兵提供更加接近实战的训练体验。

以美国陆军最新推出的虚拟战场空间系列游戏的升级版 *Virtual Battle Space 4*(简称 *VBS4*)为例,如图 4-40 所示。这款作战模拟游戏在 *VBS3* 的基础上进行了全面优化与升级,并通过"Games for Training"(GFT)计划得以广泛使用。*VBS4* 保留了第一人称射击的游戏体验模式,支持多人联机,而在环境拟真度与操作自由度上实现了进一步迭代与优化,

---

① 张跃龄,王功利,王钰凯. 当军事游戏走近军事训练[N]. 解放军报,2023-04-21(011).

支持超过 150 个涵盖从单兵至营级协同训练的复杂科目。它不仅能部署于专业的综合训练场地和教室，还能无缝集成至士兵的便携式设备中，实现随时随地的高效训练。

图 4-40　美国陆军在 VBS4 中进行训练
（图片来源：网络平台。）

相较于 VBS3，VBS4 引入了更为先进的物理引擎和 AI 技术，使得作战区域更为广阔、武器平台更为丰富，同时虚拟敌人的行为模式更加贴近真人，能够灵活多变地开展作战行动。游戏设有士兵、指挥官、教官、观察员等多种角色，每种角色均享有独特的权限与视角。士兵可以自由选择虚拟武器、载具，并体验更为细腻的操控反馈；指挥官则能够利用语音系统等通信工具，高效指挥所属部队；教官则可通过后台进入"观察员模式"（Observer Mode），在该模式下，不仅能实时观察士兵的训练情况，还能动态调整训练难度，制造各种突发事件以检验参训人员的应变能力。此外，VBS4 还新增了"战术复盘"与"个性化训练计划"两大功能。前者在训练结束后，支持所有参训人员从多个角度回顾战斗过程，从而使参训人员进行深入的战术分析与反思；后者则能根据每位参训人员的技能水平和训练需求，为其量身定制训练任务，实现个性化的成长路径，如图 4-41 所示。

图 4-41　教官在 VBS4 内制定训练计划
（图片来源：游戏截图。）

美军在运用VBS4进行战术训练时,展现了其强大的实用性与灵活性。步兵、装甲兵、炮兵等兵种可以通过高度仿真的实物模拟器与VBS4系统实现无缝对接。游戏的训练内容涵盖阵地防御、纵深进攻、反装甲作战、城市巷战、电子战与信息作战等多种类型。教官在"观察员模式"下实时监控参训人员的表现,能够根据战场态势灵活调整训练难度,设置如敌情突变、装备故障等突发事件,以锻炼参训人员在复杂环境下的快速决策与协同作战的能力。VBS4的引入,不仅提升了美军单兵对新型武器装备的熟练程度,还成为锻炼初级至中级指挥官在高强度、高压力战斗环境下的指挥决策能力的有效手段。其丰富的训练科目、高度的拟真度,以及灵活的训练方式使美军在保持训练质量的同时,大幅降低了训练成本。此外,VBS4还具备易于上手的特点,其操作界面与主流家用计算机游戏较为相似,大幅降低了参训人员和教官的学习成本。

目前,VBS4已在全球范围内获得了广泛的认可与应用,包括美国、英国、德国、法国、澳大利亚、日本、韩国等在内的60多个国家,超过400个军事单位已将其纳入分队战术训练体系之中,每年可支持超过60万名作战人员开展军事训练[①]。随着数字媒体技术的不断进步与军事游戏的持续迭代,VBS4有望成为未来军事训练中不可或缺的工具。

二、游戏与战术策略训练

在战术策略训练领域,军事游戏同样展现出了强大的潜力和价值。通过模拟复杂的战场环境和多变的敌情态势,军事游戏为指挥官提供了一个近似实战的决策平台,有助于锻炼和提升他们的战术思维、指挥能力和应变能力[②]。

以《全面战争》(*Total War*)系列游戏为例,该系列游戏是由英国游戏开发商 The Creative Assembly 出品的即时战略、回合制策略类游戏,如图4-42所示。该游戏以古代至近现代的战争为背景,体验者需要扮演不同国家军事机构的指挥官,通过制定战略、调配兵力、运用战术等手段来赢得战争的胜利。在游戏中,体验者不仅要考虑士兵战力、地形地貌、天气条件等客观因素,还要灵活应对敌方的战术变化和突发事件,不断调整和优化自己的作战方案。这种高度拟真的战争环境和多变的敌情态势,为指挥官提供了一个战术策略训练平台。通过《全面战争》系列游戏进行战术策略训练,能够在一定程度上提高指挥官的战略制定能力。在游戏中,指挥官需要不断观察和分析战场态势,及时获取和处理各种信息,这有助于提升他们的战场感知能力。同时,游戏中的决策环节要求指挥官在短时间内做出正确的判断和决策,这有助于锻炼他们的决策能力和应变能力。此外,游戏中的战术运用和兵力调配等环节也有助于提升指挥官的战术素养和指挥能力。

除《全面战争》系列游戏外,还有许多其他军事游戏同样能够作为战术策略的训练工具。譬如,由美国艺电公司出品的《红色警戒》(*Command & Conquer: Red Alert*)系列游戏,以其多样化的战术选择及富有深度的策略赢得了广泛赞誉,如图4-43所示。在《红色警戒》系列游戏中,体验者需扮演不同阵营的指挥官,每个阵营都会根据体验者的决策而拥有独特的科技树、作战单位和战略优势。游戏的核心机制在于制定周密的战略规划,从基地的建设布

---

① VBS4 游戏介绍来自其官方网站 https://bisimulations.com/products/vbs4.
② 赵建勇. 军事游戏训练在新兵训练中的应用研究[D]. 长沙:国防科技大学,2018.

局,到防御工事的构筑,再到武器的研发与生产,以及兵力的调配与协同作战。体验者不仅要考虑即时战斗中不同阵营中兵力和火力的差异,还要在长远规划中权衡资源分配、科技研发与兵力扩张的优先级。这种高度策略性的游戏模式,要求体验者具备敏锐的战术思维和迅速应对瞬息万变战场的能力,因此,在很大程度上锻炼了体验者的指挥能力和战略决策水平。同时,游戏中的团队协作机制,如多兵种协同、战术配合与支援等,也促使体验者在实战中学会如何有效沟通与协作,以与团队其他成员共同应对敌方的挑战。此外,资源管理同样至关重要,体验者需要在有限的资源条件下精打细算,以确保每一份资源都能够发挥出最大的效用。

图 4-42　体验者在《全面战争》中指挥作战
(图片来源:游戏截图。)

图 4-43　体验者在《红色警戒》中指挥作战
(图片来源:游戏截图。)

三、游戏与军事医疗培训

战伤紧急救治是指在战术行动环境中,伤员抵达医疗救治机构(MTF)之前所被实施的一系列救治行动[1]。战伤紧急救治高度重视在战场环境、具体战斗情形及战术应用背景下的救护决策制定与资源有效配置。以丰富的实战经验为指引,综合吸纳最优的救治策略、战场实例中的深刻教训、前沿的医学研究成果,以及权威的医学文献综述等多重数据,构成一套基于循证医学原理的战术战伤急救指导原则。[2]

美军基于军事行动经验总结发现,遵循战术战斗伤亡救治(Tactical Combat Casualty Care,TCCC)原则(图4-44)进行科学而高效的战伤救治训练对于提升战场伤员的救治能力至关重要,因此,美军为各岗位设置了不同的TCCC技术标准,并要求所有服役人员接受TCCC技能培训与考核[3]。然而,传统的TCCC培训方式通常要求至少一名经过专业培训的教官指导,又因受限于培训时间、预算及专业教官数量的不足,军方难以经济高效地针对大规模服役人员进行培训。因此,军方逐渐倾向于采用功能游戏等模拟训练系统来强化TCCC培训,以提升培训效能。

图 4-44 TCCC 部分内容

(图片来源:美国国防保健署"Defense Health Agency"官方网站。)

同时,传统医疗仿真模拟训练系统的开发往往需要专门的设备支持,这意味着高昂的设计成本与制作成本。而在已发展成为价值数十亿美元庞大市场的数字游戏产业中,开发、设计与制作游戏的整体工作流已趋于成熟。因此,国外开发者普遍认为,基于游戏行业制作训练系统,即利用现有的游戏基础架构、游戏引擎及复用已有的游戏程序代码,可以有效降低医疗军事模拟训练产品的开发成本[4]。军事游戏能够模拟真实的战场环境,为医疗人员提供一个安全、可控的训练平台。在游戏中,医疗人员可以接触到各种战伤情况,从轻微的擦

---

① 郭栋,黎檀实,潘菲,等. 美军战术战伤救治指南透析与借鉴[J]. 军事医学,2019,43(1):6-9.
② 程云松,黎檀实. 战术战伤救治技术的军民转化[J]. 临床急诊杂志,2017,18(9):639-640.
③ DEATON T G, DREW B, MONTGOMERY H R, et al. Tactical Combat Casualty Care (TCCC) Guidelines:25 January 2024[J]. Journal of Special Operations Medicine, 2024:QT3B-XK5B.
④ 郭栋,黎檀实,何伟华,等. 严肃游戏在外军战术战伤救治模拟训练的应用和思考[J]. 中华灾害救援医学,2021,9(4):940-945.

伤到严重的创伤,从而锻炼他们的应急处理能力和救治技能。除此之外,游戏还能够模拟不同的战场条件,如高温、寒冷、沙尘等,以帮助医疗人员适应各种极端环境,提高他们在复杂条件下的救治效率。

以 *TC 3-Sim* 为例,这是一款由美国 Engineering & Computer Simulations(ECS)组织制作并发布的《第一人称思考者》(*First-person Thinker*)游戏,是一款基于游戏的专注于战伤救治认知提升和技能训练的系统。*TC 3-Sim* 训练包括伤员分类、战伤救治、军队医疗救治程序和战场上的安全态势感知(例如火线救治的其他战术要求)等多种类型的认知技能。*TC 3-Sim* 依据医学战术战伤救治标准(TC3)、医学教育及个人能力准则(TC 8-800)、创伤与医疗任务清单(DA 表单 7742 与 7741)及战斗救生员(CLS)子课程规范(ISO 0871B),对游戏参与者的核心救生技能进行评估。[①] 其目的在于保证参训人员能够准确分类伤员并对其开展合适的救治措施,以在保障伤员生命安全的前提下撤离战场。

通过在游戏中进行反复实践,体验者能够精进技艺,直至全面掌握所需的医疗技能。游戏中的每个模拟场景均设定为具有明确目标的训练模块,与陆军医学教育及个人能力要求中的关键任务与技能原则紧密契合,全面覆盖了 TCCC 的三个救治阶段:火线救治、战术现场救治及战术医疗后送[②]。这些场景涉及伤亡情况的初步评估、伤员分类、医疗干预的实施、二次评估,以及医疗后送准备等任务。

此外,游戏内置了行动后复盘功能,在每个预设场景结束后,游戏会对参训人员的关键救治行动予以"通过"或"不通过"的评判,同时给予其他非关键行动相应的评价等级,以全面反映参训人员的任务完成情况。每个任务还附带详尽的反馈报告,帮助参训人员理解结果背后的原因,并提供调整和改进的建议,以实现最佳的培训效果。

游戏通过非线性模拟和伤员生理进程的变化,实现间接反馈系统,如图 4-45 所示。参训人员在游戏中将收到提示,了解执行或不执行某项操作对伤员身体状况产生的影响,可能表现为生理指标的波动、意识状态的改变,甚至在最坏情况下将导致伤员死亡。同时,系统会记录并保存每位参训人员的表现数据,为后续评估训练效果及判断培训后专业技能的提升情况提供依据。

除 *TC 3-Sim* 外,美军还充分利用已有的商业游戏或游戏引擎,通过与已上线游戏的开发商进行合作,或与开发商合作进行新游戏的开发,制作一系列应用于军事医疗技能培训的游戏。如美国 Exonicus 公司开发的 VR 游戏《创伤模拟器》(*Trauma Simulator*)、美国 Break Away 公司开发的《橙色代码™医疗应急模拟》(*Code Orange*™),以及由美国加利福尼亚大学圣巴巴拉分校(University of California, Santa Barbara)组织开发的《脉搏!!》(*Pulse!!*)等。据不完全统计,自 1999 年起至今,美军已在该领域投入超过 6 000 万美元的资金,资助了超过 150 个相关项目,该领域已经成为美国国防部资助最多的科学研究领域之一[③]。这些成果展现了美军在军事训练上的前沿探索,也体现了美军对于提高军事医疗救护能力的高度重视。

---

① 卫勤小组. 新款战伤救治训练严肃游戏简介[EB/OL]. (2022-04-12)[2025-02-13]. https://mp.weixin.qq.com/s/oikGq8HxJBEZPOHqXXLhhQ.

② 程云松,黎檀实. 战术战伤救治技术的军民转化[J]. 临床急诊杂志,2017,18(9):639-640.

③ PASQUIER P, MÉRAT S, MALGRAS B, et al. A serious game for massive training and assessment of french soldiers involved in forward combat casualty care (3D-SC1): development and deployment[J]. JMIR Serious Games, 2016, 4(1): e5340.

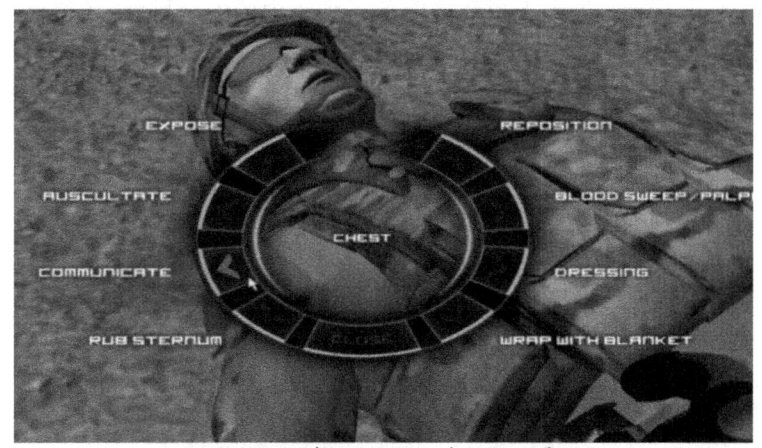

图 4-45 在 *TC 3-Sim* 中救治伤员
(图片来源:游戏截图。)

第六节 军事游戏的未来挑战与机遇

一、军事游戏的优势与局限

基于游戏进行军事训练的优势在于其能够提供高度逼真的模拟环境,增强士兵的实战能力,同时交互性强、重复可玩性高,有助于士兵对习得的技能进行反复训练与巩固,且能够大幅降低训练成本。然而,基于游戏的军事训练也面临一定挑战,譬如,人们需要确保游戏的真实性与准确性以保证训练效果,以及避免士兵过于依赖游戏而忽视实地演练的重要性。因此,在利用军事游戏进行训练时,还应当结合实地演练等多种传统的训练方式,以全面提升士兵的实战能力。

(一)经济方面

从经济角度来看,军事游戏显著降低了军事训练的成本。传统的军事训练往往需要大量的人力、物力,以及大规模的训练场地,而军事游戏则能够在虚拟环境中模拟真实的战场环境,大幅降低了训练成本。军事游戏的系统升级和维护费用相对较低,且随着大量商用技术的成熟应用,产品研发成本有望进一步降低。同时,随着市场热度的不断攀升,商业资本对基于游戏的仿真训练的前景持续保持乐观态度,这无疑进一步推动了军事游戏技术的研发与创新。此外,军事游戏的可重复性使用与可定制性设计也意味着训练内容可以根据需要进行调整和优化,从而进一步提高训练效率。然而,值得注意的是,虽然军事游戏在经济方面具有明显优势,但也需要确保其质量和效果,避免因追求经济效益而牺牲训练质量。

(二)安全方面

在军事训练中,安全始终是一个不可忽视的重要因素。传统的军事训练往往需要士兵在真实或模拟的战场环境中进行操作,这无疑增加了潜在的风险。而军事游戏则提供了一个相对安全的环境,士兵可以在其中进行各种战术演练和武器操作,而不必担心受到伤害或产生损失,如图4-46所示。这种虚拟环境降低了训练中的安全风险,还使得士兵能够在更加自由和放松的状态下进行学习和实践,从而提高他们的训练效果。此外,军事游戏还可以模拟各种极端和危险的情况,士兵在军事游戏中可以在安全的条件下应对这些挑战,从而进一步提升他们的战场生存能力和应急处理能力。

图4-46　士兵在安全的环境下借助军事游戏进行训练
(图片来源:网络平台。)

尽管军事游戏在军事训练中展现出了诸多安全方面的优势,但也面临着一些不容忽视的挑战。军事游戏的虚拟环境虽然降低了安全风险,但也可能导致士兵在真实战场中存在不适应的问题。由于虚拟环境与真实战场仍存在一定差异,士兵在军事游戏中获得的经验和技能可能无法完全转化为真实战场上的作战能力。因此,如何确保军事游戏与真实战场的无缝对接,是军事游戏开发者和训练者需要共同面对的挑战。

同时,随着科学技术的发展,军事游戏越发贴近现实,这也可能导致士兵难以厘清游戏与战争的边界,以至于认为杀戮如同游戏中一样简单,从而丧失对战争的敬畏之心[①]。这种心态的转变可能对士兵的心理健康造成负面影响,还可能削弱他们在真实战场上的战斗意志和道德判断力。因此,如何在利用军事游戏提高训练效果的同时,保持士兵对战争的敬畏之心和正确的道德观念,也是军事游戏开发者和训练者需要深入思考和解决的问题。

(三) 技术方面

军事游戏通常基于最为前沿的信息技术来塑造高度拟真的战场环境,最新技术的加持缩短了军事游戏的开发周期,也使其系统功能扩展和性能提升更为便捷。譬如,美国陆军在VBS系列项目实施中就特别重视将前沿技术应用于军事游戏,从而获得了显著的训练效益。尽管目前尚缺乏一种系统化的方法来全面评估参训人员在模拟训练环境中的训练效果,但相关研究已经启动,并在心理逼真度、可感知的训练强度,以及特定课程的训练效果等方面,得出了与传统实兵实装训练方式相媲美的科学成果[②]。

---

① 科技日报. 专家称美军借军事游戏树立形象 遏制反美情绪[EB/OL]. (2012-05-22)[2025-02-08]. https://www.chinanews.com.cn/mil/2012/05-22/3906252.shtml.

② MAXWELL D. Gauging training effectiveness of virtual environment simulation based applications for an infantry soldier training task[D]. Orlando: University of Central Florida, 2015.

基于VR技术,军事游戏能够提供更为逼真的战场模拟体验。VR技术创造了一个沉浸式的训练环境,让士兵仿佛"亲临战场",如图4-47所示。这提高了训练的多样性和复杂性,从而显著提升士兵的应变能力和实战经验。随着VR技术的持续进步,人们实现了从模拟现实到超越现实的技术跃进,使得军事游戏对未来战场的模拟有了巨大进步。这大幅提高了训练效能,为军事训练领域带来了新的突破和无限可能。在军民融合产业快速发展的背景下,依托军队训练研究机构和具备相应资质的地方企业技术研发力量,与部队训练的反馈相结合,从理论和实践两个维度共同推动军用游戏训练系统的建设,方可使训练的效益得到持续提升[①]。

图4-47 士兵借助VR设施进行训练
(图片来源:网络平台。)

尽管VR技术在军事游戏中展现出了巨大的潜力,但其应用仍面临一些挑战。首先,技术成本是一个不可忽视的问题。高质量的VR设备和软件开发需要巨额投资,这对于许多军事机构来说可能是一笔不小的负担。其次,技术兼容性和标准化问题也急需解决。不同的VR设备和系统之间可能存在兼容性问题,这可能导致训练数据无法共享,影响训练效果。此外,VR技术的普及和应用还需要解决一些法律和伦理问题。譬如,如何确保VR环境中训练数据的安全并做好隐私保护,以及如何避免VR技术被以非军事的目的应用等问题。同时,数字时代下VR技术迅速更新,开发团队需要具备强大的技术实力和持续的研发投入,不断进行军事游戏的迭代,以保持其先进性和实用性,避免因技术滞后或更新不及时的问题而影响军事游戏的训练效果。

二、军事游戏的未来发展趋势

(一) 沉浸式设计

随着移动互联网技术的持续发展,军事游戏未来有望在VR/AR平台迎来更广泛的适配与发展。一旦军事游戏克服了当前面临的硬件兼容障碍,那么体验门槛将大幅降低,使得

---

① 黄蔚,卢建平,夏榕泽,等. 美国陆军游戏化仿真训练系统研究[J]. 火力与指挥控制,2021,46(4):184-188.

士兵能够进行"每时每刻、无处不在"的游戏训练。借助 VR 与 AR 技术,军事游戏能够塑造更具沉浸体验的虚拟战场环境。以往难以重现的复杂天气、特殊训练项目、先进武器装备等,均可以通过 VR、AR 技术实现数字化呈现,从而不断丰富参训人员的视觉、听觉等感官体验。

以 Into the Radius VR 为例,该游戏由俄罗斯公司 CM Games 开发,是一款以开放世界探索为背景的 VR 射击游戏,体验者需要在充满未知和危险的废土环境中生存并完成任务。游戏中虚拟环境的设计具有高度的仿真性,从破败的城市废墟到茂密的森林,每一个场景都充满大量的细节,如图 4-48 所示。对于军事训练而言,此类虚拟环境提供了一种训练士兵战场适应能力的手段。士兵能够在游戏创建的虚拟环境中学习如何在不同的地形和气候条件下进行隐蔽、侦察和攻击,以提高战场生存能力。

图 4-48　体验者在 Into the Radius VR 中进行探索
(图片来源:游戏截图。)

随着 VR、AR 技术的不断进步和军事游戏的持续发展,在未来,基于游戏的军事模拟训练将会更加逼真和高效。士兵将能够在虚拟环境中体验到各种极端条件下的作战场景,从而更好地适应未来的战场环境。同时,通过基于游戏的训练方式,也能够激发士兵的训练热情和积极性,提升其学习和训练效能。

(二) 多元化设计

在游戏内容方面,未来军事游戏的要素将会更加丰富多元,更加注重打造独特的游戏内容。譬如,融入更多种类的战术策略元素、更多的历史人文背景与更多的模拟作战剧情内容,让士兵在虚拟环境中接触和应对各种贴近复杂战场实际的常态式、突发式作战情境,从而提高其应变能力和决策能力。此外,军事游戏可通过后台数据进行游戏行为记录和体验表现分析,帮助士兵个性化制订更科学的训练计划和评估体系,从而提高军事训练效果和精准度。

(三) 智能化设计

AI 技术的引入将为军事训练带来更具真实性和智能化的模拟效果。生成式人工智能技术(Artificial Intelligence Generated Content,AIGC)使游戏能够根据训练的需求迅速生成不同地理特性和天气效果的虚拟战场；自然语言处理技术（Natural Language Processing，NLP）使士兵能够通过日常语言与游戏场景中的虚拟角色进行流畅的交流，并且游戏中的所有虚拟角色也将拥有更加智能的行动模式，它们将能够根据战场形势做出合理的判断和决策。这使得士兵能够在基于游戏的虚拟战场训练过程中获得更加贴近实战的经验。在训练过程中，士兵需要更加灵活地应对各种突发情况，提高自己的战术素养和应变能力。

此外，AI技术还可以用于分析士兵在游戏中的表现，提供个性化的训练建议。通过对士兵在游戏中的操作、决策和反应速度等数据进行深度分析，AI可以准确地评估士兵的训练效果，并指出其存在的不足。这将有助于士兵更加有针对性地调整自己的训练计划，提高训练效率。

第五章 医疗类游戏

第一节 医疗游戏概述

一、医疗游戏的定义

医疗游戏是基于数字媒体技术,结合医学理论与技术,通过游戏核心元素,实现健康教育、疾病预防、康复训练、心理干预等医疗健康目标的功能游戏。这类游戏的核心在于将游戏的趣味性、交互性与医疗的严肃性、专业性相结合,以提高体验者对疾病治疗的依从性与健康管理的参与度[1][2]。

医疗游戏可从多方面审视。从目的角度来看,医疗游戏的主要目的是辅助医疗行为,包括但不限于疾病的治疗与康复、医疗知识科普、医疗技能培训等[3]。从内容角度来看,医疗游戏涵盖人体结构、生理学知识、医疗技能等专业知识,譬如,部分医疗游戏以人体解剖学为基础,通过二维动画或三维模型展示人体器官位置、形态并解释其功能。荷兰游戏开发商 Spil Games 出品的 *Operate Now: Hospital*〔图 5-1(a)〕、英国游戏公司 Bossa Studios 出品的 *Surgeon Simulator*〔图 5-1(b)〕等手术模拟类医疗游戏以临床医学知识、生理及病理知识为基础,对手术步骤、器械使用等进行还原[4]。从受众群体角度来看,医疗游戏的受众范围较广:对于医疗专业人士而言,医疗游戏可以作为一种培训工具;对于患者而言,医疗游戏有助于疾病治疗或术后康复,譬如,体验者通过特定的游戏动作进行特殊肌群的恢复,或在完成游戏任务的过程中实现疾病认知水平的提升等;对于普通大众而言,医疗游戏则更多是用来普及疾病预防知识、健康生活方式等。

---

[1] DAMAŠEVIČIUS R, MASKELIŪNAS R, BLAŽAUSKAS T. Serious games and gamification in healthcare: a meta-review [J]. Information, 2023, 14(2): 105-141.

[2] 腾讯游戏追梦计划. 2020 年功能游戏产业报告[EB/OL]. (2020-07-30)[2025-02-08]. https://zhuimeng.qq.com/web201912/report-details.html? newsid=11740548.

[3] 王月,王朝,汪张毅,等. 严肃游戏在医学教育领域中的应用进展[J]. 中华医学教育杂志,2021,41(5):399-402.

[4] 张鸿飞,赵明一,冯怡然,等. 游戏应用于医学教育研究现状的可视化分析[J]. 中国全科医学,2024,27(28):3495-3499.

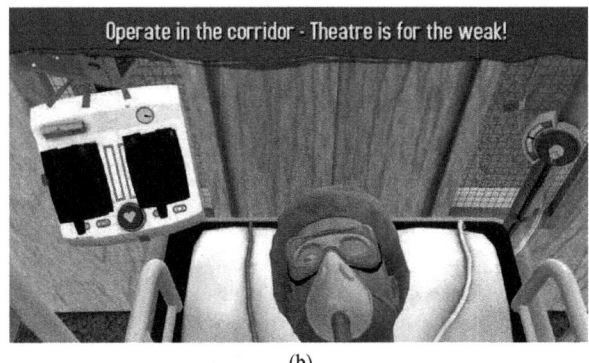

(a)　　　　　　　　　　　　　　(b)

图 5-1　*Operate Now: Hospital* 与 *Surgeon Simulator* 游戏界面
（图片来源：App Store 平台的游戏宣传图片与游戏截图。）

二、医疗游戏的特点

（一）科学性与专业性

医疗游戏需要融入专业的医疗内容，而且为了保证所融入的理论知识的准确与专业性，需要专业医疗团队参与设计。譬如，为了给住院儿童提供专业的治疗，并对医务社工及医护人员进行培训，2018 年 2 月 6 日，复旦大学附属儿科医院与儿童乐益会（中国）合作，启动了全国首个儿童医疗游戏辅导项目，将医疗游戏融入医院诊疗体系①。目前，众多国家和地区的医疗体系已经设立了与游戏治疗相关的职位，旨在促进游戏治疗的专门化、标准化和体系化发展，逐渐使游戏治疗成为一个成熟的专业领域。

目前，美国、英国、中国、加拿大等国都配备了游戏治疗师这一行业，有许多医疗机构和心理咨询机构设有游戏治疗师职位，他们接受过系统的培训，具备专业的资质认证。譬如，美国纽约"波基浦西儿童之家"的临床主任戴维·A. 克伦肖博士，同时也是注册游戏治疗师督导。该机构专注于游戏治疗服务，提供儿童、青少年和成人心理问题的游戏治疗方案。②位于美国旧金山的医疗机构 San Francisco Play Therapy，提供多种游戏治疗服务，包括沙盘游戏治疗、角色扮演游戏治疗等③；英国的 Integrative Play Therapy Center 机构提供综合性的游戏治疗服务，结合多种治疗方法，针对不同心理问题提供个性化的治疗方案，如图 5-2 所示④；加拿大的 Playful Journey Counseling 专注于儿童和青少年的心理健康，通过游戏治疗帮助他们建立自信并培养社交技能⑤。

---

① 全国首个"儿童医疗游戏辅导项目"基地落户上海[EB/OL].（2018-02-06）[2025-02-08]. https://baijiahao. baidu. com/s? id=1591642275486458653&wfr=spider&for=pc.
② 波基浦西儿童之家官方网站 https://www. childrenshome. us/about/.
③ San Francisco Play Therapy 官方网站 https://www. sfplaytherapy. com/services-child-therapy.
④ Integrative Play Therapy Center 官方网站 https://playtherapy. org. uk/our-background/.
⑤ Playful Journey Counseling 官方网站 https://www. playfuljourneys. com/faqs.

图 5-2 Integrative Play Therapy Center 机构中基于游戏的治疗
（图片来源：Integrative Play Therapy Center 官方网站。）

（二）教育性

与教育游戏相似，医疗游戏同样具有教育性质。它以游戏的形式呈现医学知识，通过增强教育的趣味性调动受众的积极性与主动性。相较于理论性强、内容抽象的传统医学教育，基于游戏的教育方式使得医学教育更具吸引力。譬如，有的研究者通过设计棋盘游戏教授学生急性胆囊炎和胰腺炎的相关知识。该游戏分为教育阶段和强化阶段两个部分，学生通过掷骰子，回答包括多项选择题、判断题、匹配题等一系列问题来学习和巩固知识。[①] 相较于传统讲座，这种基于游戏的教学方式更能激发学生的学习兴趣。

部分医疗游戏的挑战过程需要运用体验者的逻辑思维，有效提升了体验者的临床推理能力。譬如，部分研究者在孕妇及新生儿护理教学中设计卡牌游戏：学生需要根据卡片上的病例信息，运用逻辑思维和临床知识进行推理，来判断护理措施的合理性，并提出相应的改进方案。这种基于模拟真实护理场景的游戏是锻炼学生临床推理能力的有效方式。[②]

（三）启迪性

在创造性思维方面，医疗游戏鼓励医师在面对非典型病例时，跳出传统思维框架，进行创新性治疗策略的构建。譬如，波克医疗开发的《快乐视界星球》作为一款针对儿童斜弱视问题的功能游戏，模拟了各种视觉训练场景，并结合了富有趣味性的游戏设计，让儿童在玩耍中完成视力训练，如图 5-3 所示。这种创新性的治疗策略提高了患者的治疗依从性，通过

[①] Iran University of Medical Sciences. 游戏化与游戏化的有效性 本科医学教育的传统教学[EB/OL]. （2025-01-09）[2025-02-08]. https://ichgcp.net/zh/clinical-trials-registry/NCT06763627.

[②] 谢金雨，王贵猛，王梓懿，等. 游戏化教学在护理教育中应用的范围综述[J]. 护理学杂志，2024,39(18):111-115.

游戏的交互机制提高了治疗效果。①

图 5-3 《快乐视界星球》游戏界面
（图片来源：游戏官方网站的游戏宣传视频与宣传图片。）

美国 Akili Interactive 公司开发的数字疗法游戏 *EndeavorRx* 专门用于辅助治疗 8 至 12 岁患有注意力缺陷多动障碍（Attention Deficit Hyperactive Disorder，ADHD）的儿童，如图 5-4 所示。该游戏将简单的游戏操作与药物治疗相结合，显著提升了患者的注意力。这种创新性的治疗方法突破了传统药物治疗的局限，通过游戏的互动方式激发患者的参与性和主动性，为多动症治疗乃至于整个医疗行业的从业者都提供了新的思路。②

---

① 谢斯临. 专访波克医疗创始人李晶：拿下行业第一证，让游戏进入医院辅助治疗[EB/OL]. （2023-03-13）[2025-02-08]. https://view.inews.qq.com/k/20230313A02BO700?web_channel=wap&openApp=false

② 当医疗遇上游戏，数字疗法还能更有趣[EB/OL]. （2022-02-10）[2025-02-08]. https://view.inews.qq.com/k/20220210A0ALOC00? web_channel=wap&openApp=false&openid=o04IBAJkr5w35RoONeEGLXJ1HAk&key=&version=63090c11&devicetype=Windows+11+x64&wuid=oDdoCt5cK2AKgxouGsdhCMZtDe8k.

图 5-4 *EndeavorRx* 游戏界面
（图片来源：游戏截图。）

（四）受众与疗法的多样性

医疗游戏的受众也十分广泛，对于不同的病患，不同类型、具有不同特点的疾病，以及不同程度的康复要求，医疗游戏都能够辅助医疗从业人员与患者来满足其相应的需求。

波克医疗开发的《定制式链接记忆》游戏（图 5-5）用于轻度认知障碍（Mild Cognitive Impairment，MCI）的干预。MCI 作为一种神经性疾病，其主要表现形式为记忆力衰退，尤其是情景记忆受损，同时可能伴有注意力、语言、视觉空间功能和执行功能等方面的障碍[①]。而《定制式链接记忆》则以游戏的形式重塑传统认知障碍训练项目，从而提高患者训练依从性。通过模拟熟悉的日常场景进行记忆训练，例如，让患者在虚拟环境中寻找物品、辨别家人相貌和声音等，以帮助患者提高记忆力和认知能力，并在多个维度上改善其各项认知功能，减缓患者从 MCI 发展到痴呆症的速度，并让患者逐步重拾自理能力。该游戏还可以面对不同的体验者"定制"不同的训练项目，这使得其受众不局限于某个年龄段，而是可以面对所有患有类似疾病的群体。[②]

抑郁症作为一种常见的精神疾病，以患者具有显著而持久的情绪问题为主要特征，患者常伴有情绪低落、兴趣丧失、认知功能受损、食欲减退、乏力、失眠或过度睡眠等身体不适的症状[③]。澳大利亚的 Ian MacLarty 公司开发的 *Boson X* 则在游戏中设定了明确的游戏目标，帮助体验者在游戏过程中获得成就感和控制感。同时，作为一款三维跑酷游戏，*Boson X* 要求体验者具有快捷的反应能力和精准的操控技巧，这种挑战系统也有助于提高体验者的注意力和反应能力。对于抑郁症患者而言，这些基于游戏的训练都有助于打破消极思维循环，增强其对日常任务的应对能力。研究显示，抑郁症患者在连续体验 *Boson X* 游戏一段时间后，认知能力会得到一定程度的提升[④]。

[①] 中华医学会神经病学分会痴呆与认知障碍学组. 阿尔茨海默病源性轻度认知障碍诊疗中国专家共识 2024[J]. 中华神经科杂志，2024，57(7)：715-737.

[②] 腾讯医典. 玩游戏可能会改善认知障碍，延缓痴呆发生[EB/OL].（2024-02-08）[2025-02-08]. https://m.thepaper.cn/newsDetail_forward_18564327.

[③] 冯媛. 理解抑郁，有效应对抑郁困扰[EB/OL].（2023-07-15）[2025-02-08]. http://health.people.com.cn/n1/2023/0715/c14739-40036387.html.

[④] KÜHN S, BERNA F, LÜDTKE T, et al. Fighting Depression: Action Video Game Play May Reduce Rumination and Increase Subjective and Objective Cognition in Depressed Patients[J]. Frontiers in Psychology, 2018, 9: 129.

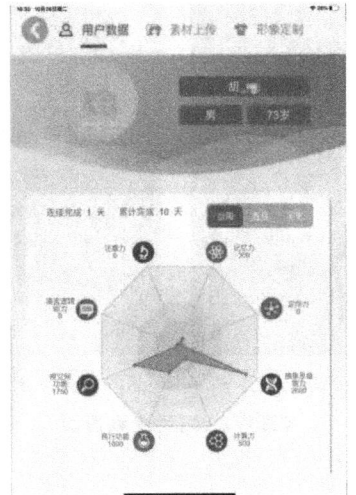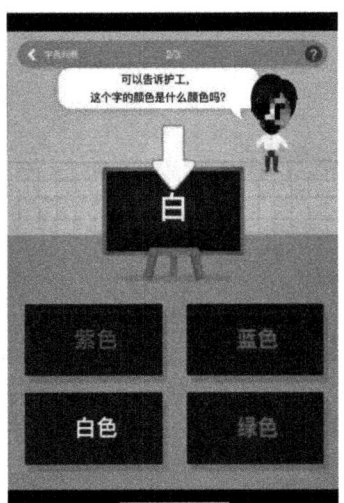

图 5-5 《定制式链接记忆》游戏界面
(图片来源：波克城市官方网站的游戏宣传图片①。)

三、医疗游戏的主要类型

（一）手术模拟类

手术模拟类游戏的主要内容是让体验者扮演外科医生，使用虚拟的手术用具对游戏内的虚拟患者开展手术治疗。譬如，德国医疗技术公司 KLINIKER 开发的一款专注于医学模拟和教育的 VR 游戏——*VR TKA Surgery Simulator*。该游戏为体验者提供深入了解全膝关节置换术的机会，如图 5-6 所示。

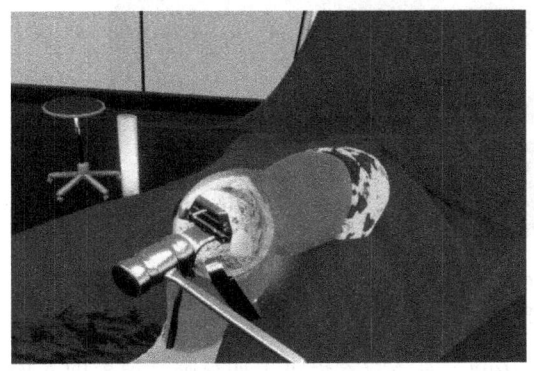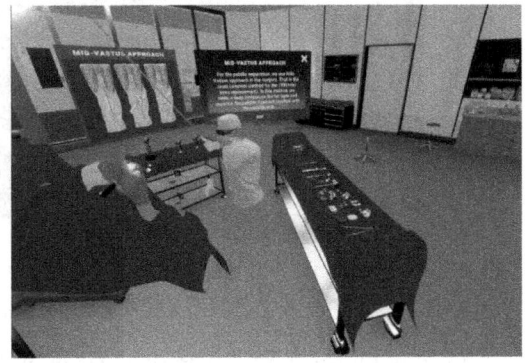

---

① 波克城市官方网站 https://www.boke.com/gameplus.html。

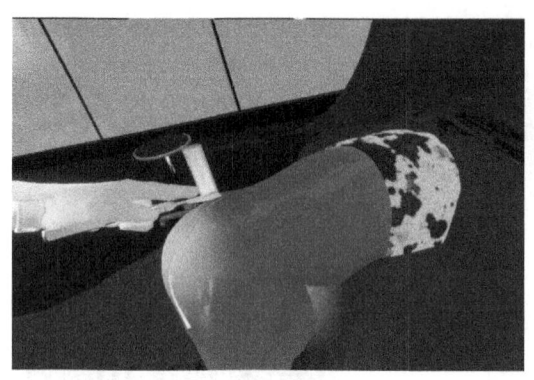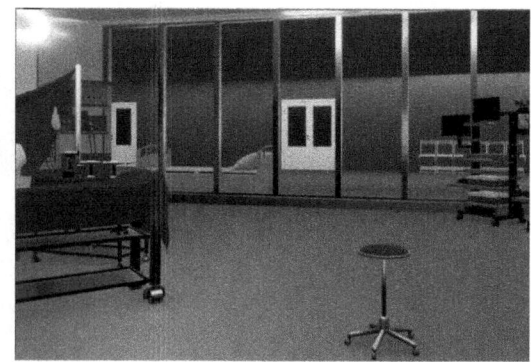

图 5-6　*VR TKA Surgery Simulator* 游戏界面
（图片来源：游戏截图。）

（二）医学知识科普类

医学知识科普类游戏的主要目标是提高体验者的健康意识与医学素养。譬如，腾讯医典开发的一款养生知识主题的答题竞技类游戏《养生王者》就是通过简单的问答方式来科普医学知识，以达到教育和培训广大非医疗从业人员的目的。加拿大的 DryGin Studios 公司出品的 *Bio Inc. Redemption* 对人体各个器官的组织结构进行了系统性介绍，能够实现人体结构科普的目的，如图 5-7 所示。

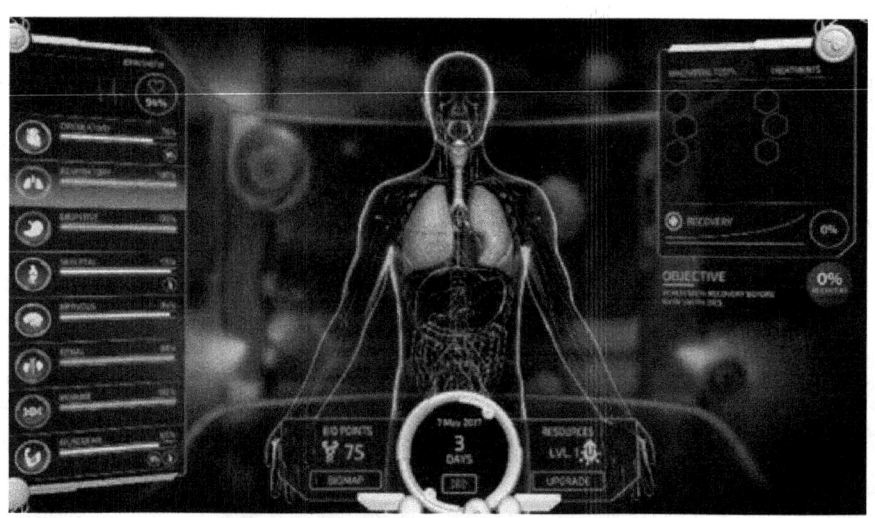

图 5-7　*Bio Inc. Redemption* 游戏界面
（图片来源：Steam 平台内游戏截图。）

Oculus Quest 平台的 VR 应用 *Human Anatomy* 为体验者提供了如身临其境般的人体解剖体验，如图 5-8 所示。该应用提供了 15 个人体组织，以及由医疗专业人员设计的超过 13 000 个逼真的解剖结构。体验者可以在虚拟环境中自由探索人体的各个部分，从骨骼、肌肉到神经和循环系统，每一个细节都清晰可见。骨骼映射包含 5 000 个骨骼特征，这些骨骼特征被组织为"零件""表面""边界""地标"。游戏还提供了 21 个显微解剖模型、500 多个动画结构,从不同角度展示了人体的生理功能,以帮助体验者更直观地理解复杂的解剖学概念。[①] 此类应用通过 VR 技术,支持人们在虚拟环境中体验手术的全流程,该设计模式为医疗游戏提供了参考和借鉴。医学知识科普类游戏和相关应用为医学院和护理学校提供强大的教学工具,有利于学生深入地理解人体解剖结构,从而提高其在开展实际手术时的精确度和安全性。

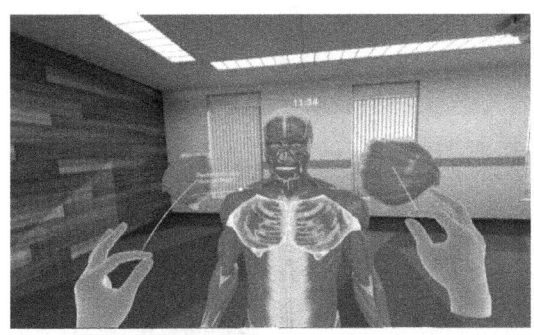

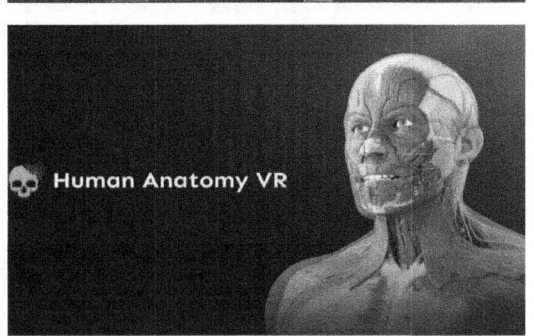

图 5-8 *Human Anatomy* 应用界面
(图片来源:Meta Quest 官方网站的应用宣传图片。)

(三) 健康管理类

健康管理类游戏主要是指利用游戏设计理念和技术开发出的具有明确健康管理和医疗功能的游戏应用,此类游戏结合相关的医学知识和健康监测技术,提高体验者对健康管理的参与度。

以波克医疗(上海)有限公司出品的游戏 *NeckGo* 为例,如图 5-9 所示。这是一款专门为干预脊柱问题研发的健康管理类游戏,它不仅结合了智能手机、智能手表等设备传感器,还内置"户外日记""飞行之旅""坐姿守护"三款体感小游戏。通过该游戏,体验者可以利用碎片化时间放松斜方肌、缓解颈椎疲劳。体验者还可以通过侧屈头颈控制人物进行骑行、冲浪、划船等活动,同时应用会实时检测低头姿势并发出提醒,以帮助体验者保持良好坐姿,与此同时,游戏采用清新唯美的画风和自然舒缓的配乐,为体验者提供了独特的治愈体验。

[①] Human Anatomy 官方网站 https://www.medicinevirtual.com/.

 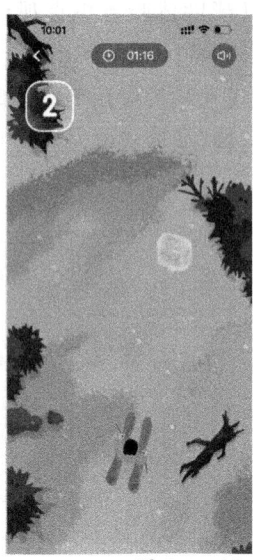 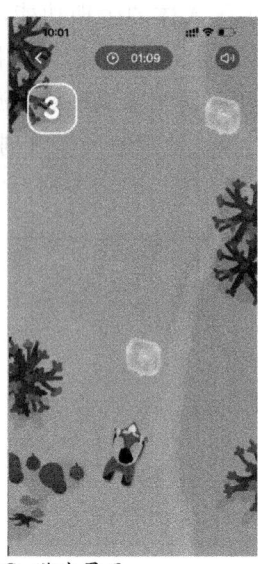 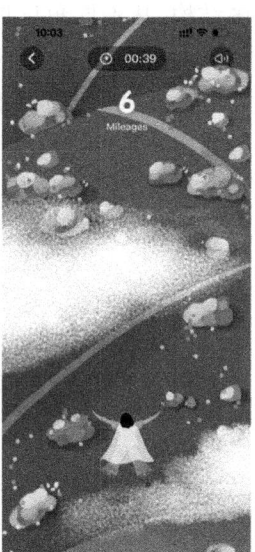

图 5-9 *NeckGo* 游戏界面

（图片来源：游戏截图。）

（四）康复类

康复类游戏主要分为呼吸康复类、认知康复类、心理康复类和言语康复类[①]。

1. 呼吸康复类

呼吸康复类游戏主要用于呼吸功能的康复训练，通过游戏任务帮助患者进行呼吸训练，提高心肺功能，此类游戏主要应用于慢性阻塞性肺疾病（Chronic Obstructive Pulmonary Disease，COPD）[②]患者，以及儿童或老年人等特殊年龄群体的康复训练中。

呼吸康复类游戏主要包括体感游戏、呼吸训练游戏及其他趣味小游戏。体感游戏通过体感设备捕捉患者的肢体动作，从而调动其全身的活动，增强患者的参与感和康复效果，这种方式主要应用在老年人的治疗中，并且具有一定的治疗效果[③][④]。呼吸训练应用则是在呼吸康复训练疗法[⑤]的基础上，结合游戏核心元素设计，通过不同类型的呼吸任务来帮助患者进行呼吸训练，适用人群的范围比较广。而趣味小游戏则是通过简单的趣味活动，如吹乒乓球、气球等活动来帮助患者进行呼吸训练，特别适合儿童和康复初期的患者。

2. 认知康复类

认知康复类游戏将认知训练任务设计成游戏的形式，根据患者的病情、认知障碍类型和个体差异，设计个性化的训练内容，通过游戏规则、游戏挑战、游戏目标及奖励机制等，充分

---

① CHENGJIE Z, SUIRAN Y, JIANCHENG J. 结合康复功能与游戏设计原理并结合上肢案例的 VR 运动康复严肃游戏设计框架[EB/OL].（2024-07-01）[2025-02-08]. https://ichgcp.net/zh/clinical-trials-registry/NCT06763627.

② 沈君，韩芳. 慢性阻塞性肺疾病稳定期患者呼吸功能训练方式的研究[EB/OL].（2024-11-18）[2025-02-08]. http://www.knowcat.cn/p/20241118/1803303.html.

③ 方华琴. 家庭体感游戏干预在 COPD 患者出院后康复中的应用研究[EB/OL].（2024-11-17）[2025-02-08]. http://www.knowcat.cn/p/20241117/1781445.html.

④ 周婷满，张焱林，朱盈盈. 基于体感互动游戏的运动方案在老年 COPD 稳定期患者中的应用[J]. 中华现代护理杂志，2021，27(3)：303-308.

⑤ 李宏达. 呼吸康复训练疗法改善慢阻肺患者肺功能疗效观察[J]. 国际临床研究杂志，2024，8(12)：184-186.

调动患者的兴趣与参与治疗的积极性。此类游戏还可为患者创造沉浸式的康复环境,使其更专注于训练任务。

以美国 Lumos Labs 公司出品的脑力训练游戏 *Lumosity* 为例,如图 5-10 所示。该游戏对体验者的记忆力、注意力、反应速度、语言能力等方面进行训练[①]。通过定期开展富有针对性的认知训练,刺激体验者大脑皮层的不同区域,促进神经元之间的连接和信息传递效率,从而延缓其认知功能衰退。有研究证明,*Lumosity* 作为一种认知训练工具,能够显著改善老年人的视觉空间工作记忆和情景记忆能力,持续使用该游戏,体验者的记忆力、反应速度和注意力都将得到显著提高。对于轻度认知障碍患者而言,基于 *Lumosity* 游戏的多领域认知训练也显示出一定的康复效果。[②]

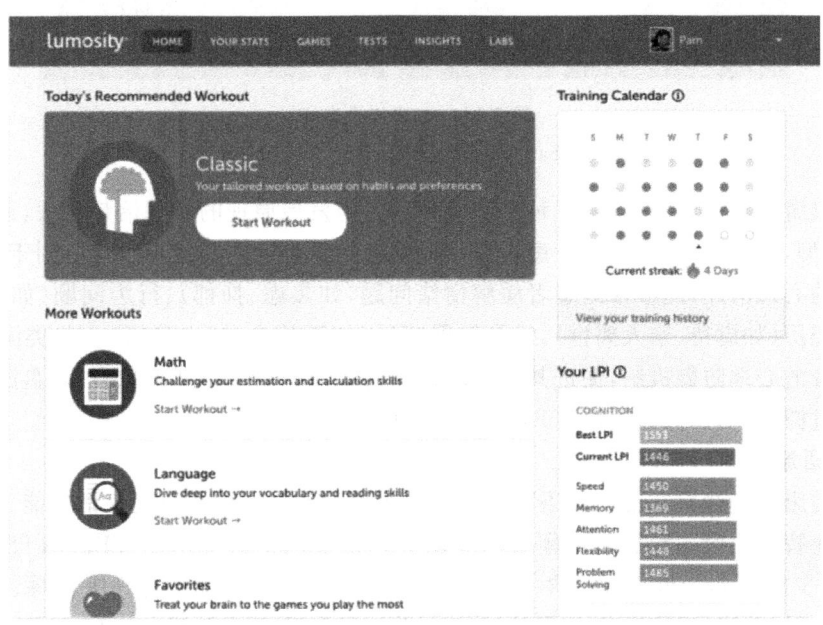

图 5-10 *Lumosity* 游戏界面
(图片来源:Lumosity 官方网站的游戏宣传图片。)

3. 心理康复类

心理康复类游戏是一种基于心理学原理和实证研究,以改善和促进个体心理健康状况为目标,通过交互系统和富有趣味性的游戏体验来帮助人们在情绪调节、认知功能、社交技能等方面取得进步。无论是用于缓解情绪问题还是改善认知能力,心理康复类游戏都是一种值得尝试的创新方法。常见的心理康复类游戏有心理沙盘游戏(即箱庭游戏)(图 5-11)[③]、*CogniFit* 认知训练游戏[④]、棋牌类游戏[⑤]等。

---

① *Lumosity* 官方网站 https://www.lumosity.com/.
② ARSHAD N M. 大脑训练游戏对 MCI 认知功能和生活质量的影响[EB/OL]. (2024-05-30)[2025-02-08]. https://ichgcp.net/zh/clinical-trials-registry/NCT06437704.
③ 张日昇. 箱庭疗法[J]. 心理科学, 1998(6): 544-547.
④ *CogniFit* 官方网站 https://www.cognifit.com/cn/whats-cognifit.
⑤ 余小红, 邢颖, 许丽娟, 等. 棋牌类智力游戏对老年人认知域功能影响的 Meta 分析[J]. 中国护理管理, 2022, 22(10): 1546-1553.

图 5-11 心理沙盘游戏

(图片来源:Sandplay Therapists of America 网站①。)

以沙盘游戏为例,该游戏是一种基于心理动力与发展原理的心理治疗方法,通过使用沙子、玩具模型、艺术材料等工具,让患者在沙盘中自由地表达内心世界。它适用于儿童、青少年和成人的心理治疗,能够帮助患者缓解情绪问题(如焦虑、抑郁)、行为问题(如攻击性、多动)、创伤经历(如虐待、亲人离世),以及发展障碍(如孤独症、智力障碍)。此类游戏能够有效降低患者的心理防御机制,促进其情感表达和情绪释放。对于低龄患者,沙盘游戏能够帮助他们通过游戏(而无需通过语言)自然地表达内心感受。②

4. 言语康复类

言语类康复游戏旨在帮助言语障碍患者或语言发育迟缓的儿童提高语言能力。中国儿童康复行业智能化设备和数字化领域专业服务提供商医佰康推出的 YBC-IRTS 智能康复系统,如图 5-12 所示。该系统包含 200 余款交互训练游戏,游戏分为呼吸训练、发音诱导、言语构音、连续语音、语言理解与表达这五大类。每个游戏任务都会清晰地展示其作用机理,使言语发育障碍儿童在享受丰富的游戏体验的同时,能够进行富有针对性的言语功能训练。③ 有研究表明,通过游戏进行儿童言语训练,可提高患儿的发育商,从而更好地促进患儿康复④。

肢体康复类游戏、心理康复类游戏、认知康复类游戏和言语康复类游戏都是基于游戏核心元素来提高康复训练效果和患者参与度的医疗游戏。这些游戏能够帮助患者改善肢体功能、缓解心理压力、提高认知能力,还能增强患者的治疗依从性和康复积极性,为传统的康复训练提供了一种全新的手段。

---

① Sandplay Therapists of America 网站对心理沙盘游戏的介绍 https://www.sandplay.org/about-sandplay/what-is-sandplay/.

② ROESLER C. Sandplay therapy: An overview of theory, applications and evidence base[J]. The Arts in Psychotherapy, 2019, 64: 84-94.

③ 医佰康. 当康复遇上游戏,数字疗法让干预训练更有趣[EB/OL]. (2022-03-17)[2025-02-17]. https://www.sohu.com/a/530472233_100068883.

④ 宋芳,黄萍,罗晶,等. 游戏结合言语训练在 2~5 岁语言发育迟缓高危儿童康复护理中的应用观察[J]. 中华现代护理杂志, 2020, 26(10): 1291-1296.

图 5-12　YBC-IRTS 智能康复云系统界面
（图片来源：医佰康官方网站。）

第二节　医疗游戏的发展脉络

一、缓慢发展期（上古时期—19 世纪末）

在古希腊，戏剧被视为一种具有潜在医疗价值的活动。古希腊人认为，观看悲剧可以引发观众的情感宣泄，这种情感的释放被称为"卡塔西斯"（Catharsis）。譬如，观众在观看《俄狄浦斯王》等悲剧时，会对剧中人物的悲惨遭遇产生共鸣，从而释放自己内心的怜悯和恐惧等情绪[1]。这种通过情感释放来舒缓精神压力的理念，为后来心理治疗观念的发展奠定了一定基础。古希腊的竞技游戏，如奥林匹克运动会，虽然其主要目的是展示身体的力量和技能，但也间接地对心理健康产生了积极影响。参与这些竞技活动的运动员通过锻炼增强了身体素质，同时，观看比赛的观众也能在充满活力的氛围中获得精神上的愉悦。从更广泛的健康观念来看，这些游戏活动在一定程度上促进了身心的平衡发展。

在中国古代，棋类游戏与后续医疗游戏的发展密切相关，二者之间存在着不可分割的联系。中医注重情志对人体健康的影响，《黄帝内经》中提到"怒伤肝、喜伤心、思伤脾、忧伤肺、恐伤肾"[2]，阐明情绪过度波动对身体器官可能造成的损害[3]。棋类游戏作为一种文化活动，被认为可以调节人的情绪，使人们保持平和的心态。同时，棋类游戏还锻炼了体验者的思维能力。这些都奠定了后世医疗游戏的理论基础。除此之外，乐舞作为中国古代传统的娱乐形式之一，也具备诸多的医疗功能。"方相氏，掌；蒙熊皮，黄金四目，玄衣朱裳，执戈扬盾，帅百隶而时傩，以索室驱疫"[4]所描述的跳傩，大禹治水所留下的《禹步》，以及历朝历代

---

[1] 张沛. 亚里士多德《诗学》"卡塔西斯"概念寻绎[J]. 国外文学，2021，41(2)：1-9.
[2] 源自《黄帝内经·素问·阴阳应象大论》.
[3] 孙烨，齐向华. 七情过度伤五脏之气与寒热理论[J]. 中华中医药杂志，2018，33(1)：55-57.
[4] 源自《周礼·夏官》.

宴前开胃助兴的餐宴乐舞都可以通过调节人们的情绪对人体起到保健和治疗的作用[1]。这一发现对后世医疗游戏的发展产生了深远的影响,比如20世纪60年代所流行的奥尔夫音乐活动被广泛应用于孤独症儿童的教育干预与治疗之中,并形成一套成熟且系统的音乐治疗模式[2]。

二、稳步发展期(20世纪初—20世纪末)

20世纪初,随着心理学的发展,一些心理学家开始意识到儿童在心理治疗过程中的特殊性。儿童往往难以像成人一样通过语言准确地表达内心的想法和感受。在这种背景下,医疗游戏发展速度较之前有所加快。早期的实践者发现,儿童在游戏过程中的行为表现,如选择的玩具、与治疗师互动的方式,都能反映出他们的心理状态。譬如,通过沙盘游戏,治疗师会观察到儿童摆放沙具的顺序、选择的沙具类型以及在游戏过程中的其他行为表现,这些都能反映出儿童的心理状态[3]。

在这一关键时期,奥地利心理分析学家安娜·弗洛伊德(Anna Freud)在儿童心理治疗中引入了精神分析理论。她深入研究后提出了"游戏对于儿童而言,是一种表达潜意识内容的重要途径"的观点,这一观点在游戏治疗的理论发展进程中做出了杰出贡献[4]。与此同时,游戏治疗在社会上也得到了初步的应用,奥地利精神分析学家梅兰妮·克莱因(Melanie Klein)开创了以游戏治疗为核心的儿童分析技术。克莱因认为,儿童的游戏、梦、绘画及故事,就像成人的自由联想,都是传达潜意识幻想及焦虑的媒介。通过诠释儿童的潜意识幻想,可以释放儿童的焦虑,减少其内心深处的恐惧。[5]

20世纪中叶,医疗游戏理论体系日趋完善,出现了以美国心理学家维吉尼亚·阿克斯林(Virginia Axline)为代表的以儿童为中心的游戏治疗理论和以瑞士治疗学家多拉·卡尔夫(Dora Kalff)为代表的沙盘游戏治疗技术。前者强调治疗师的非指导性角色和儿童的自我治愈能力。阿克尔斯认为,治疗师应该提供一个安全、接纳的环境,让儿童通过游戏自由地表达自己的情感和想法[6];而卡尔夫则通过让儿童在沙盘中自由摆放沙具的方式,表达内心的世界。在这一过程中,治疗师通过观察和解读沙盘内容,帮助儿童解决心理问题[7]。

20世纪后期,在理论体系基本完备的基础上,基于游戏的医疗方式逐渐增多。澳大利亚心理学家迈克尔·怀特(Michael White)和新西兰心理学家大卫·爱普斯顿(David Epston)提出了叙事游戏治疗的理念,强调通过重新叙述个人的故事,帮助个体重新构建自

---

[1] 杨雅茹. 中国古代乐舞中的音乐治疗思想[D]. 重庆:重庆大学,2013.
[2] 黄牧君. 奥尔夫音乐治疗应用于自闭症儿童的个案研究[D]. 上海:华东师范大学,2014.
[3] 杜锋,齐培荣,杨飞,等. 头针配合沙盘游戏治疗儿童孤独症谱系障碍的临床效果[J]. 临床医学研究与实践,2022,7(22):113-116.
[4] 马晓辉. 安娜·弗洛伊德心理健康思想解析[M]. 杭州:浙江教育出版社,2013:122-123.
[5] 梅兰妮·克莱因. 儿童精神分析[M]. 北京:北京师范大学出版社,2020:12-26.
[6] 梁建源. 游戏治疗|儿童中心游戏治疗(CCPT) [EB/OL]. (2018-07-16)[2025-02-08]. https://blog.sina.com.cn/s/blog_1898611cb0102xrzu.html.
[7] 谭健烽. 沙盘游戏应用与研究[M]. 南京:东南大学出版社,2021:1-6.

我认同和意义[①]。同一时期的维姬·阿瑞亚诺(Vicki A. Arnold)则提出了艺术游戏治疗的理念。这一新兴治疗方式结合了艺术治疗和游戏治疗，通过绘画、雕塑、手工等艺术形式，让儿童表达和处理情感问题，治疗师向患儿提供丰富的情感表达媒介，激发儿童的创造力并增强其自信心[②]。

三、快速发展期(21世纪初至今)

2004年，首届"功能游戏峰会"(Serious Games Summit)在美国首都华盛顿盛大开幕。此次会议汇聚了来自游戏产业、军方、政府部门以及教育界等多个领域的专家学者，共同研讨功能游戏的定义与发展方向。会议首次对"功能游戏"的应用领域进行了明确界定，指出功能游戏是远超传统游戏市场范畴的互动科技应用，涵盖人员训练、政策探讨、分析、可视化、模拟、教育，以及健康与医疗等多个领域。[③][④] 这标志着医疗游戏得到了国际社会的广泛认可，为各行各业对游戏赋能医疗，以及医疗游戏的蓬勃发展奠定了基础。

近些年，数字医疗游戏借助游戏市场的成熟及软硬件技术的革新，通过具有交互性、挑战性、虚拟性与趣味性的游戏体验，提高患者的治疗依从性。除此之外，基于游戏的数字疗法只需要使用家用计算机、游戏主机或智能移动设备，在新冠疫情等特殊时期仍能够支持患者进行远程居家治疗，大幅提升了治疗的便捷性。

数字功能游戏在医疗领域的正式亮相可追溯至2020年6月，美国食品和药品管理局(U.S. Food and Drug Administration, FDA)首次批准一款旨在治疗注意力缺陷多动障碍(Attention Deficit Hyperactive Disorder, ADHD)的数字医疗游戏——*EndeavorRx*，如图5-13所示。该游戏由美国公司Akili Interactive研发，具有划时代意义，它是全球首款基于临床随机试验数据支持，并获得正式医疗处方资格的数字游戏[⑤]。*EndeavorRx*仅仅包含三个简单动作，分别是"Steer"(控制划船方向)、"Tap"(打怪兽)以及"Steer and Tap"(一边控制划船方向，一边打怪兽)。临床试验结果显示，游戏场景配合患者的游戏行为，能够以非常特殊的方式对大脑前额叶皮层施加刺激，从而显著改善多动症儿童的注意力缺陷的相关症状。[⑥]

---

① WYK V R. Narrative House: A Metaphor For Narrative Therapy: Tribute To Michael White[J]. IFE Center for Psychological Studies, 2008, 16(2): 255-274.

② 丽贝卡·安·威尔金森, 乔雅·奇尔顿. 积极艺术治疗:理论与实践[M]. 黄婷婷, 译. 重庆:重庆大学出版社, 2023: 124-147, 342-352.

③ Animation World Network. CMP Game Group. Serious Games Summit DC[EB/OL]. (2004-10-18)[2025-02-15]. https://www.awn.com/event/serious-games-summit-dc.

④ BAPTISTA R, COELHO A, CARVALHO C. Training and Certification of Competences through Serious Games[J]. Computers, 2024, 13(8): 201.

⑤ CONSTANCE L. A Video Game Prescription for ADHD? FDA Approves First-Ever Game-Based Therapy for Attention[EB/OL]. (2022-07-09)[2025-02-14]. https://www.additudemag.com/akili-interactive-fda-approval/.

⑥ 腾讯网. 当医疗遇上游戏,数字疗法还能更有趣[EB/OL]. (2022-02-10)[2025-02-08]. https://news.qq.com/rain/a/20220210A0ALOC00.

图 5-13 *EndeavorRx* 游戏界面

(图片来源:游戏截图。)

我国功能游戏起步较晚,2009 年的北京功能游戏创新大会首次将"严肃游戏"引入中国,该术语在 2017 年被更名为"功能游戏"[①]。21 世纪初,当世界范围内已经出现了不少医疗游戏产品时,国内功能游戏在中国整个游戏市场规模中占比较小,而作为功能游戏的分支,医疗游戏的市场占比甚微。发展至今,游戏产业跨足医疗领域之势渐显,许多产品的推出可谓"游戏+健康"的试验田。游戏厂商分别聚焦不同的疾病,并与专业的医疗团队合作,取得了一定成果。譬如,世纪华通与浙江大学合作开发的《注意力强化训练软件》获得了国家药品监督管理局颁发的二类医疗器械证[②];三七互娱与广东省海燕出版社合作开发的《星星生活乐园》以孤独症干预为宗旨,注册用户已超过 27 万人[③];腾讯游戏开发的面向老年阿尔茨海默病患者的《6 栋 301 房》获得了腾讯独立游戏大赛的社会价值类游戏专项奖[④]。目前,在医疗游戏的发展道路上仍存在着大量的难关等待人们克服,但这也恰恰体现出医疗游戏的广阔发展前景。

第三节 医疗游戏与疾病预防

一、理论与技术基础

"严肃游戏"概念被提出的时期,市面上出现了一些教育游戏,这些教育游戏主要面向医学专业的学生,但其理念也为疾病预防类游戏的开发提供了参考。譬如,某些医学模拟类游戏能够助力学生更深入地理解人体解剖结构与疾病发生机制[⑤]。

[①] 李方丽,孙晔. 功能游戏:定义、价值探索和发展建议[J]. 教育传媒研究,2019(1):65-68.

[②] 数药智能官方网站 https://www.sdodt.com/index.php?s=xinwen&c=show&id=111.

[③] 三七互娱. 三七互娱《星星生活乐园》3.0 版本发布 训练孤独症儿童情感表达[EB/OL]. (2024-05-31)[2025-02-14]. https://baijiahao.baidu.com/s?id=1800566084076850589&wfr=spider&for=pc.

[④] 中国青年网. 捐赠近五百万,腾讯探索预防阿尔茨海默病的创新模式[EB/OL]. (2023-09-22)[2025-02-14]. https://d.youth.cn/shrgch/202309/t20230922_14808059.htm.

[⑤] 张鸿飞,赵明一,冯怡然,等. 游戏应用于医学教育研究现状的可视化分析[J]. 中国全科医学,2024,27(28):3495-3499.

21世纪初,计算机技术和互联网的普及,数字媒体技术与游戏设计理论不断进步,为医疗游戏的开发提供了更为强大的技术与理论支持。一些健康科普类游戏开始涌现,它们基于游戏这一交互式媒介向公众传播与健康管理相关的知识。腾讯曾推出一款名为《健康保卫战》的科普游戏,该游戏采用塔防的游戏体验模式,通过漫画和趣味问答机制,传递给体验者免疫细胞如何与病原体对抗等知识。这一时期,医疗游戏的应用范围逐渐拓展到疾病预防领域。

将游戏与健康监测设备相结合,已成为基于游戏的疾病预防的重要手段。通过智能可穿戴设备和移动应用程序,设计基于游戏的健康管理方案,能够激励体验者积极参与并持续关注自身健康。由即刻团队开发的游戏化健康管理应用 OtterLife,将苹果手机的内置应用——健康 APP——所捕捉的数据转化为虚拟角色养成、任务挑战等游戏元素,促使体验者在与该应用交互的过程中完成健康管理目标,并激励体验者持续关注自身健康。2020年6月,美国食品药品监督管理局批准了第一个基于游戏的数字疗法 EndeavorRx,用于治疗注意力缺陷多动障碍。这标志着医疗游戏在疾病预防和治疗领域的正式发轫①。

如今,医疗游戏在疾病预防领域的应用更加多样化②,包括通过游戏干预,促进健康习惯的养成;利用 VR 和 AR 等技术进行健康教育等。譬如,Medis Media 公司开发的 3D Organon VR Anatomy 应用基于 VR 技术,支持学生在虚拟环境中探索人体的骨骼、肌肉、血管和神经等结构,从而提高学生的学习效果,如图 5-14 所示。多模态成像技术则支持人们将患者的医学影像(如核磁共振影像等)叠加至手术中,医生可以实时看到患者的身体图像,从而帮助医生更精准地定位病原,降低手术风险③。

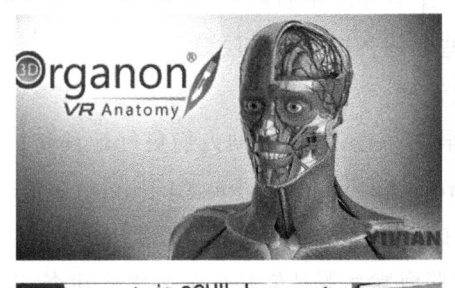

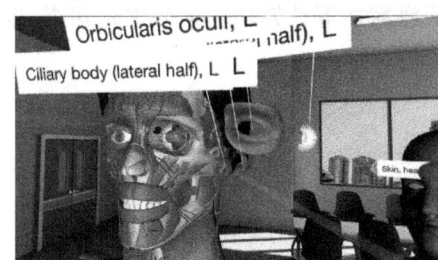
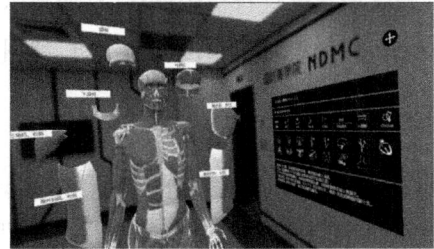

图 5-14　3D Organon VR Anatomy 虚拟场景
(图片来源:Meta Quest 平台的游戏截图。)

---

① ANIL J. The story behind an FDA-Approved Video Game Treatment for ADHD[EB/OL]. (2020-06)[2025-02-08]. https://themedicinemaker.com/discovery-development/the-story-behind-an-fda-approved-video-game-treatment-for-adhd.
② 周婷婷,丁元旗,袁长蓉,等. 功能游戏在肿瘤患者健康照护中的应用进展[J]. 护理学报,2024,31(10):33-36.
③ 吴舒舒. 通过融合多模态成像与 NVIDIA Holoscan 实现实时手术指导[EB/OL]. (2024-12-24)[2025-02-08]. https://www.vbdata.cn/1519000398.

二、疾病预防类游戏的应用现状

近年来,基于游戏的研究在疾病预防领域呈现出迅猛发展的态势,其主要聚焦的方向包括慢性病管理[1]、心理健康促进[2],以及不良生活方式干预[3]等。

(一) 慢性病管理

游戏可通过奖励、社交等方式,帮助患者更好地进行慢性病管理。以面向糖尿病患者的应用 mySugr 为例,如图 5-15 所示[4]。该应用以提升糖尿病患者的服药依从性,促进患者定期进行血糖监测和激励患者开展自我管理为核心目标。而应用 Mango Health[5] 则以督促患者定期服用药物为目标。这两款应用都融入了游戏设计元素,将慢性病管理与富有趣味的游戏内容相结合,为糖尿病等慢性病患者提供更为便捷和有效的管理工具[1]。

部分应用采用游戏奖励机制,以激励患者更加积极地参与健康管理。以健康管理平台 Kaizen Education 为例,该平台基于游戏设计元素辅助糖尿病患者掌握慢性病管理的技能。其内容涉及饮食、锻炼、血糖监测等多个维度,通过问答系统等方式引导患者参与互动。患者若准确无误地回答了问题,则会获得积分,当累积至一定分数时,便可获得相应的奖励。此应用突破了传统门诊的管理模式,强化了患者参与糖尿病这一慢性病管理的动机。[6] 由此可见,随着医疗游戏的不断发展与创新,这些应用在游戏设计层面有望得到更深层次的优化,进而更加有效地促进慢性病患者进行自我管理。

还有一些应用能够帮助人们进行疾病的早期筛查,从而帮助人们更好地预防疾病。南方医科大学珠江医院开发的 SMART(Screening Machine for Alzheimer's Risk with Technology)互动式 AI 认知早筛系统通过捕捉体验者的眼动、微表情和步态等数据,来对体验者的脑健康状况进行初步评估,对如阿尔茨海默病等认知功能障碍进行筛查,以帮助体验者更好地做好健康管理和慢性病预防,如图 5-16 所示。

---

[1] MILLER A S, CAFAZZO J A, SETO E. A game plan: gamification design principles in mHealth applications for chronic disease management[J]. Health Informatics Journal, 2016, 22(2): 184-193.

[2] BROWN M, NEILL N, WOERDEN H, et al. Gamification and adherence to web-based mental health interventions: a systematic review[J]. JMIR Mental Health, 2016, 3(3): e39.

[3] PODINA I R, FODOR L A, COSMOIU A, et al. An evidence-based gamified mHealth intervention for overweight young adults with maladaptive eating habits: study protocol for a randomized controlled trial[J]. Trials, 2017, 18(1): 592-606.

[4] DEBONG F, MAYER H, KOBER J. Real-world assessments of mySugr mobile health app[J]. Diabetes Technology & Therapeutics, 2019, 21(S2): S235-S240.

[5] HAASE J, FARRIS K B, DORSCH M P. Mobile applications to improve medication adherence[J]. Telemedicine and e-Health, 2017, 23(2): 75-79.

[6] TALLET M H, OGLE N, WINGO N, et al. Kaizen: interactive gaming for diabetes patient education[J]. Games for Health Journal, 2019, 8(6): 423-431.

图 5-15　融入游戏设计元素的 mySugr 应用界面
（图片来源：App Store 平台的游戏宣传图。）

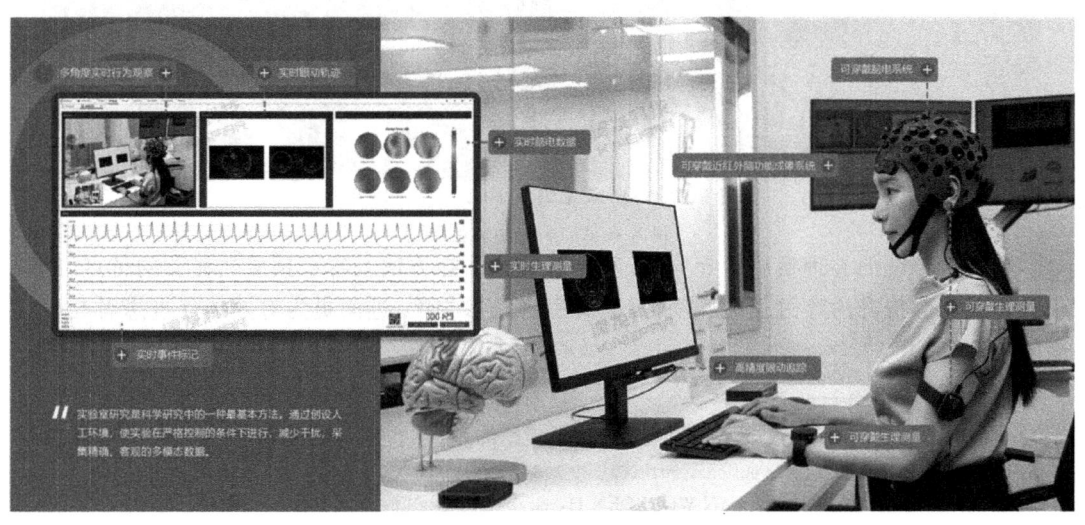

图 5-16　SMART 系统样式图
（图片来源：SMART 系统宣传图片。）

（二）心理健康促进

游戏能够通过任务系统、成就系统、即时反馈系统、角色与技能成长系统等培养和提升体验者的自我效能感，使其具有充分的信心，以应对需要完成的游戏任务。同时，游戏还能够使体验者感到较强的自主性与控制感。① 基于此,游戏元素已被广泛整合到干预精神障碍和增进幸福感的治疗方案之中②。譬如,Christie③ 等基于游戏设计原则设计了一款应用程序,该应用程序通过一系列精心设计的活动和游戏,将认知行为疗法(Cognitive Behavior Therapy,CBT)融入其中,在智能手机平台上为患者提供心理治疗服务。再以面向青少年群体干预抑郁症的数字游戏 SPARX 为例,如图 5-17 所示。在该游戏中,体验者需要扮演一个虚拟角色并完成一系列任务,在由负面情绪主导的幻想世界中达到心理平衡的状态④。针对高特质性焦虑症患者,美国心理学教授 Dennis⑤ 等开发了一款名为"注意偏差修正训练"的基于游戏的移动干预应用程序。该应用基于具有针对性的训练模块,帮助患者减轻压力,并缓解其焦虑情绪,展现出了显著的干预成效。

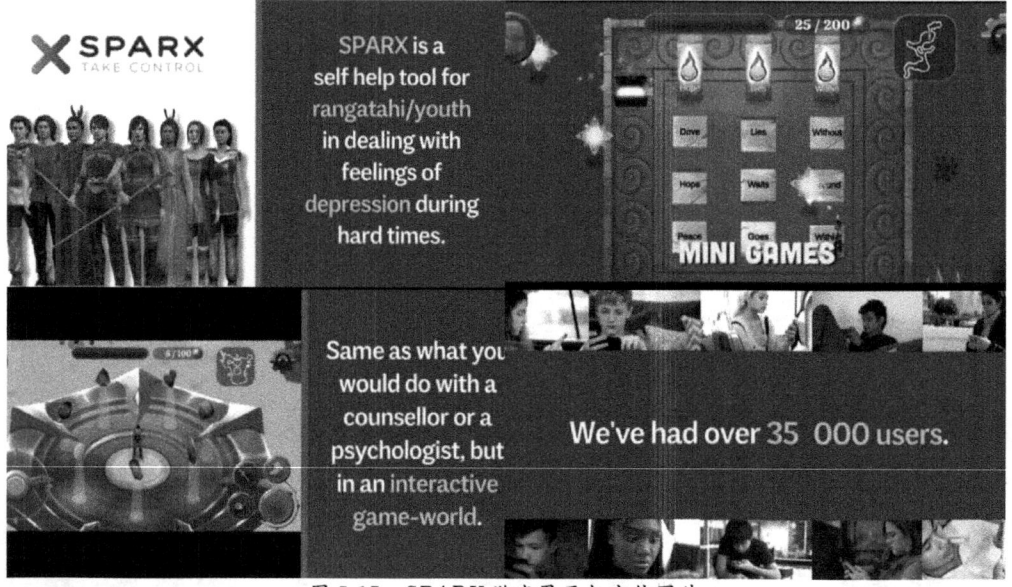

图 5-17　SPARX 游戏界面与宣传图片
(图片来源:游戏宣传视频。)

相较于传统的心理疾病治疗方法,基于游戏的治疗方法具有干预成效显著的特点,此类干预方式能够提升治疗过程的互动性,提高患者的参与度,进而更为有效地促进患者心理健康问题的改善⑥。

---

① JOHNSON D, DETERDING S, KUHN K A, et al. Gamification for health and wellbeing: a systematic review of the literature[J]. Internet Interventions, 2016(6): 89-106.

② BROWN M, O'NEILL N, VAN WOERDEN H, et al. Gamification and adherence to web-based mental health interventions: a systematic review[J]. JMIR Mental Health, 2016, 3(3): e39.

③ CHRISTIE G I, SHEPHERD M, MERRY S N, et al. Gamifying CBT to deliver emotional health treatment to young people on smartphones[J]. Internet Interventions, 2019, 18: 100286.

④ MERRY S N, STASIAK K, SHEPHERD M, et al. The effectiveness of $PARX, a computerised self-help intervention for adolescents seeking help for depression: randomised controlled noninferiority trial [EB/OL]. (2012-04-19) [2025-02-08]. https://www.bmj.com/content/344/bmj.e2598.long.

⑤ DENNIS T A, O'TOOLE L. Mental health on the go: Effects of a gamified attention-bias modification mobile application in trait-anxious adults[J]. Clinical Psychological Science, 2014, 2(5): 576-590.

⑥ LUMSDEN J, EDWARDS E A, LAWRENCE N S, et al. Gamification of cognitive assessment and cognitive training: a systematic review of applications and efficacy[J]. JMIR Serious Games, 2016, 4(2): e11.

(三) 不良生活方式干预

不健康的生活习惯是慢性疾病发生的关键诱因，因此，不良生活方式的早期干预具有极其重要的意义。此类游戏通过设置奖励机制和互动体验来鼓励体验者们养成健康的生活习惯。譬如，美国 Fitbit Inc. 公司开发的 Fitbit 应用通过虚拟奖励和进度跟踪，激励体验者定期锻炼、合理饮食和按时服药，从而降低患病风险。

在不良生活方式干预的范畴内，游戏主要被用于戒烟，培养良好的饮食习惯，以及持续开展体育锻炼等方面，无论是游戏还是游戏化应用都被证实具有一定的积极效果[1]。以戒烟为例，有研究结果表明游戏化戒烟应用能够显著提升人们的戒烟动机与参与度[2]。再譬如减肥，由德国 SIGMA-ELEKTRO GmbH 公司推出的 SIGMA 应用通过游戏化设计和评分系统，结合计步器，帮助肥胖者通过增加运动量和控制饮食来维持或降低体重。针对超重年轻人所存在的不良生活习惯和对食物的错误认知，该应用发挥了至关重要的作用。在体育锻炼方面，游戏化减肥应用通过将体育锻炼转化为游戏的形式，激励了公众参与体育活动。以 AIA Digital Platforms 推出的 AIA Vitality 应用为例，该应用利用奖励机制来激励体验者培养健康的生活习惯，包括体育锻炼、健康饮食，以及定期进行健康检查等。通过积累积分，体验者可以兑换奖品，这一措施有效促进体验者养成健康的生活方式[3]。这些应用表明，游戏与游戏化设计正逐步融入日常生活，成为干预不良生活方式的有效手段。

三、疾病预防类游戏的特性

(一) 以用户为中心

医疗游戏根据不同年龄、身份、性别、文化背景、教育水平、健康状况、疾病类型，以及心理特征等多维群体的具体需求和偏好，进行定制化的内容设计和技术适配，以实现最佳的医疗教育和健康管理效果。譬如，面向老年人的疾病预防类游戏，应针对老年人视力减退、听力下降、肢体功能减弱，以及脑力活动能力降低等生理特征。而面对儿童这一低龄群体时，医疗游戏也应当"对症下药"。儿童在面对疾病和医疗环境时，容易产生恐惧和焦虑情绪，而医疗游戏可以通过情感化设计[4]和叙事疗法[5]等，帮助儿童表达内心感受，缓解负性情绪。面向儿童的医疗游戏通常引入大量色彩丰富的动画效果，并支持儿童通过角色扮演融入游戏的叙事内容，以帮助儿童通过游戏熟悉疾病治疗的原理和过程，从而降低对疾病治疗的恐惧[6]。在预防接种中，医疗游戏通过医疗场景模拟与角色扮演等方式，帮助儿童缓解紧张情

---

[1] 武晓立. 游戏化思维在健康传播中的应用[J]. 青年记者，2020(36)：38-39.

[2] ABDULRAHMAN A E, SHEERAZ S I, MAROOF A, et al. Game on? Smoking cessation through the gamification of mHealth：a longitudinal qualitative study[J]. JMIR Serious Games, 2016, 4(2)：e18.

[3] CHRIS L. 科普一下香港友邦 AIA Vitality 健康程式[EB/OL]. (2018-01-13)[2025-02-08]. https://www.hkinsu.com/zhuanlan/chris/7780.html.

[4] 向帆，谭亮. 情感热潮下的冷思考：《情感化设计》评述[J]. 装饰，2019(4)：78-80.

[5] 胥昕延，赖即心，蒋文静，等. 叙事疗法研究进展[J]. 护理学报，2023，30(3)：51-56.

[6] 张顺娣，顾莺，胡菲，等. 儿童医疗辅导照护缓解患儿腰椎穿刺疼痛和父母焦虑研究[J]. 护理学杂志，2020，35(24)：30-32.

绪,提高接种治疗的依从性[1]。

针对不同年龄段的体验者,医疗游戏应设计符合其认知发展阶段的游戏内容。以儿童群体为例,设计师应充分考虑儿童的年龄、性别、文化背景、教育水平、健康状况、疾病类型,以及心理特征等多维因素[2],以实现精准的定制化设计。针对学龄前儿童的游戏应更注重形象化和趣味性,通过角色扮演和互动玩具,降低其对医疗行为的恐惧;而针对学龄期儿童的游戏应更注重知识传递和自我管理能力的培养[3]。

(二) 多样化的游戏体验

医疗游戏根据不同患者的需求,结合不同的游戏设备进行定制化设计。譬如,基于Kinect等体感游戏设备开发医疗游戏,能够在一定程度上降低游戏的操作难度,并促使体验者身体力行地完成游戏任务,从而达到锻炼身体的目的[4]。而通过VR技术开发的沉浸式医疗游戏,能够帮助患者在不受现实世界干扰的情况下更加专注地探索游戏场景,在提升智力活跃度的同时,通过游戏内的社交互动系统降低孤独感,改善其心理健康问题[5]。

以老年人这一特殊群体为例,为同时改善老年人的心理健康和认知功能问题,许多医疗游戏都融入了适合老年人的游戏内容,并提供在线与离线两种模式,以适应老年人需要在不同网络环境下使用的需求。此外,在游戏设计中加入身体机能或认知能力测试等健康小测试,通过体感或语音控制设备,老年人既能在轻松的氛围中完成测试,又能获得健康建议,进而提升自身的健康知识水平。结合物联网技术连接智能家居,其家人可以更好地监测老年人的身体状况。

(三) 丰富的奖励机制

医疗游戏常用的奖励机制主要包括积分、徽章和成就、虚拟奖励和真实的物质奖励等。体验者通过按时服药、完成健康挑战等特定任务获得积分,当积分大于某个特定值时,或者当体验者完成了某个特定任务后解锁了新的游戏关卡或功能时,游戏将奖励体验者徽章,以激励体验者继续参与游戏。虚拟奖励是指体验者在游戏中能够获得一些虚拟货币,可用于购买游戏道具或解锁新功能;而实物奖励则是指体验者可以利用游戏积分来兑换一些实体的商品。医疗游戏的奖励机制在促进体验者参与,提升健康行为依从性,以及增强学习效果等方面发挥着重要作用,这种激励方式类似于传统游戏中的"奖励系统",可以降低体验者参与医疗游戏的心理门槛,吸引体验者持续参与。

具有虚拟奖励与实物奖励系统的游戏或游戏化应用,可以充分利用体验者的节俭心理和对健康生活的追求,促使其长期参与游戏活动。医疗游戏的积分系统能够有效激励体验

---

[1] 谢丽月,杨银锦,冯友清.治疗性游戏在儿童慢性病护理中的应用研究进展[J].现代医药卫生,2023,39(16):2822-2825.

[2] 刘轲.医疗器械在儿童领域的情感化设计研究[D].河北:河北工业大学,2011.

[3] 王清萍,黄雪媚,郑越花.叙事疗法结合医疗游戏在儿童支气管肺炎护理中的效果观察[J].医疗装备,2024,37(24):154-156.

[4] BACHA J, GOMES G, FREITAS T, et al. Effects of kinect adventures games versus conventional physical therapy on postural control in elderly people: a randomized controlled trial[J]. Games for Health Journal, 2018, 7(1): 24-36.

[5] TAO G, GARRETT B, TAVERNER T, et al. Immersive virtual reality health games: a narrative review of game design[J]. Journal of NeuroEngineering and Rehabilitation, 2021, 18(1): 1-21.

者持续完成每日健康任务(如日常运动、健康饮食、垃圾分类等),通过这些任务获得积分,而积分则可兑换实物奖励或优惠券。这些奖励不仅具有实用性,还能进一步鼓励体验者养成环保和健康的生活习惯。譬如,Mango Health 会根据体验者的服药情况给予积分,体验者可以使用这些积分兑换不同金额的超市礼品卡①②。再以西安瑜乐软件科技有限公司推出的融入了游戏化设计模式的应用《每日瑜伽》为例,该应用适合年轻人、中年人、老年人等不同年龄阶段的群体。体验者在完成瑜伽练习任务后,该应用根据任务的难度系数予以体验者不同的积分,当积累一定的积分后,体验者便可在应用商店中兑换瑜伽垫、瑜伽服装、瑜伽球等不同的物品。

　　针对特殊年龄阶段或处在特殊心理状态的体验者,医疗游戏的奖励机制则更为重要。以儿童为例,奖励机制能够帮助儿童保持长期的参与兴趣,增强儿童的学习动机,使他们更主动地学习医疗知识,同时逐渐适应医疗场景,缓解其对医疗过程的恐惧和焦虑情绪。以波克医疗推出的《快乐视界星球》为例,如图 5-18 所示。该游戏作为治疗儿童斜弱视的游戏,根据孩子的视力情况和训练进度,会生成个性化的训练方案。孩子在完成适合自己的训练任务后,会获得相应的奖励,如解锁新的关卡、角色或道具,这些奖励能够激励患儿持续参与训练③。

图 5-18　弱视患儿使用《快乐视界星球》进行干预
(图片来源:波克医疗官网宣传视频。)

四、疾病预防类游戏的应用前景

　　作为一种新兴的医疗辅助手段,疾病预防类游戏可作用于健康教育,帮助人们了解疾病的成因、预防方法,促进人们形成健康的生活方式,并使人们做好慢性疾病的预防和管理。市场调研咨询公司 Data Bridge Market Research 提供了全球游戏化医疗解决方案市场的预测数据,预计 2032 年游戏化医疗解决方案的市场规模将达到 83.6 亿美元,复合年增长率为 18.02%④。智能手机和数字健康解决方案的日益普及,推动了疾病预防类医疗游戏的

---

　　① Mango Health 官方网站 https://mangohealth.org/.
　　② KLINEFELTER M. Earn Gift Cards for Taking Your Meds with Mango Health App [EB/OL]. (2013-04-02)[2025-02-15]. https://www.laptopmag.com/articles/mango-health-app-gives-incentive-to-keep-track-of-your-health.
　　③ 波克医疗官方网站 https://eye.boke.com/.
　　④ DATA BRIDGE. Global Gamified Healthcare Solutions Market Size, Share, and Trends Analysis Report - Industry Overview and Forecast to 2032[EB/OL]. (2025-01-30)[2025-02-08]. https://www.databridgemarketresearch.com/zh/reports/global-gamified-healthcare-solutions-market.

发展。

如今,虽然医疗技术正迅速发展,但仍有大量的疾病无法治愈,这些绝症不仅给患者带来了极大的痛苦,也造成了严重的社会问题。而医疗游戏在绝症预防这一领域展现出了较大的潜力。以获得性免疫缺陷综合征(Acquired Immune Deficiency Syndrome,AIDS)(又称艾滋病)为例,其作为一种全球性的重大公共卫生问题,对人类健康造成了极大的威胁。根据世界卫生组织(World Health Organization,WHO)的调查统计,截至2023年,艾滋病已夺去4 040万人的生命[①]。由于艾滋病目前尚无法治愈,因此人们只能通过预防来远离该疾病。目前,我国艾滋病教育存在模式陈旧、效果不佳等问题。

近年来,基于游戏的教育作为一种创新模式,已被证实能有效改善人们对于艾滋病的态度和认知,提升预防教育效能,并同步提高艾滋病患者的药物治疗依从性。以部分研究者基于"信息-动机-行为技巧模型"(Information-Motivation-Behavioral Skills Model,IMB Model)开发的艾滋病教育游戏 *I'm Positive* 为例,如图5-19所示。该游戏借助互动式教学机制,促使体验者与艾滋病患者进行情感共鸣,显著提升了教育活动的趣味性及其效能[②]。这种创新的教育模式能够吸引广大体验者的注意力,并通过寓教于乐的方式,提高了人们的自我保护意识,促使人们养成健康的生活习惯,为艾滋病防控工作贡献了创新性的思路与策略。

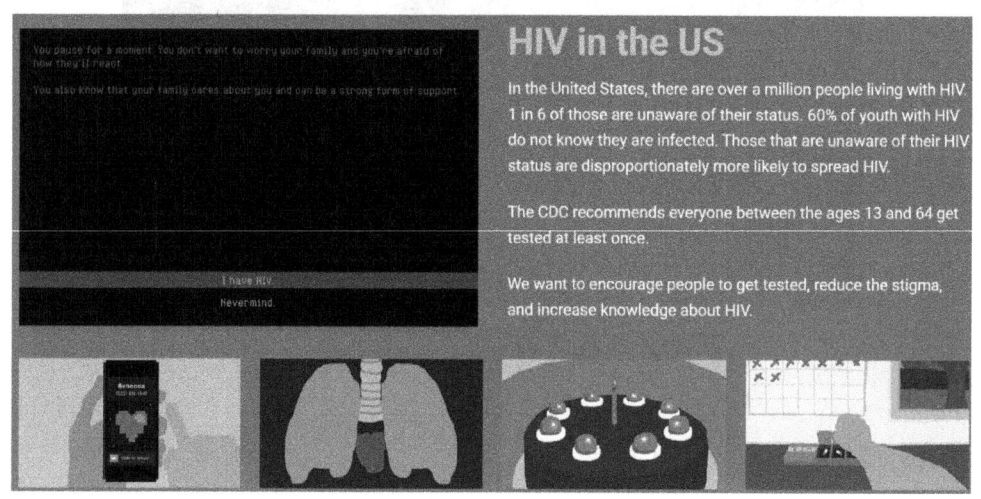

图5-19 *I'm Positive* 游戏界面
(图片来源:网页截图。)

在信息传递方面,该游戏模拟人体感染艾滋病后的临床表现,并设置"知识角模块"以及问答环节,向体验者传递艾滋病相关知识,帮助健康的体验者更好地预防艾滋病,同时鼓励患者坚持接受抗病毒治疗。在动机激发上,游戏以"消灭病毒"为任务目标,通过"积分排行榜"提升体验者持续参与游戏的动机。在行为训练方面,游戏引入了使用安全套、坚持服药、远离毒品等内容模块的行为训练,强化体验者拒绝危险性行为、坚持服用抗病毒药物等行

---

① 世界卫生组织. 艾滋病毒和艾滋病[EB/OL]. (2023-07-13)[2025-02-15]. https://www.who.int/zh/news-room/fact-sheets/detail/hiv-aids.

② 唐建,喻行莉,谢红,等. 基于IMB理论的艾滋病教育游戏化设计[J]. 中国艾滋病性病,2020,26(11):1230-1233.

为。① 这种基于 IMB 模型的游戏设计,提高了艾滋病教育的趣味性和有效性,通过寓教于乐的方式促进了艾滋病知识的传播和健康行为的养成。

除艾滋病等尚无治愈方法的传染病外,面对全球老龄化趋势,老年疾病预防同样是一个棘手的问题。截至 2024 年,我国 60 岁及以上人口已达 3.1 亿,占全国人口的 22.0%,预计到 2035 年前后,我国老年人口将达到 4.2 亿,我国将进入重度老龄化阶段②。我国老龄化形势严峻,老年疾病预防和健康管理任务艰巨,据统计,超过 1.8 亿老年人患有糖尿病、高血压等慢性疾病③。

医疗游戏是一种有效的预防老年疾病的手段,尤其是在认知障碍和心理健康领域,医疗游戏已经展现出其显著的应用价值。以阿尔茨海默病(Alzheimer's Disease,AD)为例,患者因认知功能下降导致身体平衡能力差,增加了跌倒的风险。针对 AD 患者,运动体感游戏如 *Wii Fit* 通过其内置的平衡板和虚拟教练,为患者提供了一系列平衡能力训练和有氧运动项目,包含模拟瑜伽、力量训练和平衡练习,如图 5-20 所示。同时,该游戏不仅能改善患者的身体机能,还能对患者进行认知功能干预,在一定程度上延缓其认知功能的衰退。

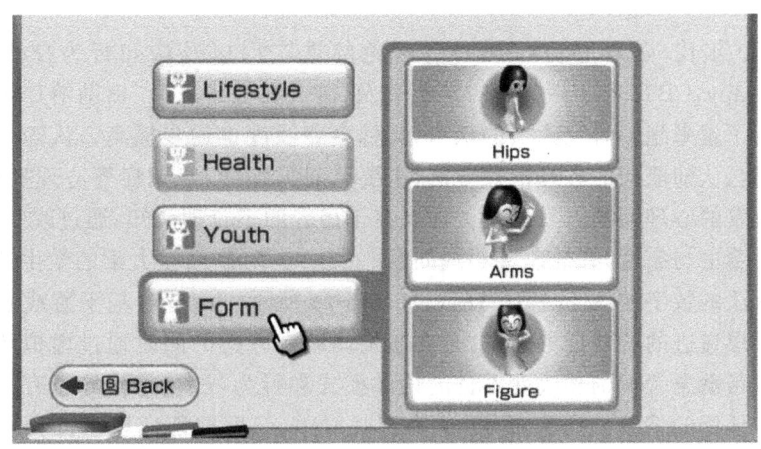

图 5-20 *Wii Fit* 游戏界面
(图片来源:网络平台。)

伴随游戏设计技术的不断进步,医疗游戏在疾病预防领域的应用潜力日益凸显。然而,其发展道路亦伴随着诸多挑战。首要问题是确保游戏设计与医学理论的紧密结合,以保障疗法的有效性和安全性。同时,隐私保护和技术普及程度也是关键问题,医疗游戏需要在利用游戏捕捉患者健康数据的同时,对患者进行隐私保护,并推动更多医疗机构和患者接受基于游戏的医疗产品和服务。医疗游戏在疾病预防领域扮演着举足轻重的角色,并拥有广阔的发展潜力与应用前景。随着功能游戏的不断发展,游戏有望在疾病预防领域发挥更大作用,为健康教育提供新方案。政府、学术界和产业界需共同努力,推动游戏在疾病预防领域的稳健应用和发展。

---

① *I'm Positive* 游戏官方网站 http://impositivegame.com/.
② 胡祖铨,马婷. 我国人口老龄化发展趋势的综合影响分析[EB/OL]. (2023-01-13)[2024-02-08]. http://www.sic.gov.cn/sic/81/455/0113/11776_pc.html.
③ 国家卫生健康委员会. 超 1.8 亿老年人患有慢性病,我国将全面推进老年健康管理[EB/OL]. (2019-7-31)[2025-02-08]. https://www.gov.cn/xinwen/2019-07/31/content_5417631.html.

第四节 医疗游戏与生理疾病干预

一、理论与技术的发展

20世纪70年代,数字游戏逐渐兴起,但其应用主要集中在娱乐领域[1]。随着数字媒体技术的逐渐成熟,人们开始探索游戏在其他领域的应用,包括医疗。而游戏在医疗领域的早期探索主要集中在简单的康复训练和心理治疗方面。部分具有简单交互机制的体感游戏被用于帮助中风患者进行肢体康复训练[2],一些融入了问答测试功能的游戏被用于进行婴幼儿心理状态评估和心理发展障碍的干预[3]。这些游戏通过可穿戴设备捕捉患者的肢体动作和心理状态,让患者在游戏中进行康复训练,显著提高其受损机能的恢复速度与恢复效果。

(一)理论的演进

20世纪90年代,随着心流(Flow)等理论的推广[4],以及认知行为疗法[5](Cognitive Behavior Therapy,CBT)等心理治疗方法的普及,游戏在健康管理、辅助治疗等领域的潜在应用价值得到了越来越多研究人员的认可,其社会普及度也逐步提高。认知行为疗法是一种有结构、短程、认知取向的心理治疗方法,主要针对抑郁症、焦虑症等心理疾病,以及由不合理认知所引发的心理问题。其核心关注点在于患者的不合理认知,通过改变患者对自身、他人或事物的看法与态度,有效改善心理问题[6]。2012年,新西兰大学的学生开发出一款基于认知行为疗法的数字游戏——SPARX,如图5-21所示。该游戏基于游戏心流理论设计了挑战难度层层递进的游戏任务,目的是在激发体验者兴趣的同时通过虚拟环境中的互动过程和任务来帮助患者识别和改变不良的认知模式和行为习惯,并指导患有抑郁症的年轻人管理和克服他们的情绪。研究显示,这款游戏对中、轻度抑郁症患者都具有显著的治疗效果[7]。

---

[1] 腾讯内容开发平台.电子游戏简史:从诞生到全球盛行[EB/OL].(2023-10-08)[2025-02-08]. https://cloud.tencent.com/developer/news/1207910.

[2] 俞惠,董志霞,宋洁,等.体感互动游戏对脑卒中患者下肢功能康复效果的Meta分析[J].中国康复理论与实践,2019,25(11):1320-1326.

[3] 中国实用儿科杂项.小儿神经心理发育及其障碍[EB/OL].(2001-03-10)[2025-02-15]. https://kns.cnki.net/nzkhtml/xmlRead/trialRead.html?dbCode=CJFD&tableName=CJFDTOTAL&fileName=ZSEK200106000&fileSourceType=1&invoice=Y3％2fakwlmdkne9jtzn％2bDZFtyq4VXCCj3tkv494QljNIheMQUOzeBEKCrN％2f13VkAvBhlMn7xW％2fekk3trsZEqHiY70f80％2frXYLLVRLvnEuaGnSi7LXX8DJ0dUbJjYpgBPKw6nP04kJpTxG5kYXMadrvovumsfoKH％2bZRqfyHKvVcuo0％3d&appId=KNS_BASIC_PSMC.

[4] SWEETSER P, WYETH P. GameFlow: A Model for Evaluating Player Enjoyment in Games[J]. Computers in Entertainment, 2005, 3(3): 1-24.

[5] 赵雪.沙盘游戏联合认知行为治疗对ADHD儿童的影响研究[J].山西卫生健康职业学院学报,2023,33(4):97-98.

[6] 袁敏仪,叶培煊,陈洁.2012—2022年计算机化认知行为疗法研究热点的可视化分析[J].护理学报,2023,30(10):24-30.

[7] 周淑新.WONCA研究论文摘要汇编——SPARX—计算机化自我帮助干预对青少年抑郁症的治疗效果[J].中国全科医学,2013,16(11):1058.

图 5-21 *SPARX* 游戏界面
(图片来源：Google Play 平台的游戏宣传图片。)

(二) 技术的发展

近十年来，数字技术如 VR、AR、AI 技术发展迅速，为医疗游戏提供了强大的技术支持。譬如，VR 技术可以创建高度沉浸式的虚拟环境，可以帮助帕金森综合征(Parkinsonism)患者进行姿势步态恢复，显著提高患者的运动功能恢复速度和效果，为患者提供更加真实和有效的治疗体验[1]。

体感技术(在无须使用任何控制设备的前提下，人们直接通过肢体动作便可与虚拟场景中的物体进行交互的一种技术)的发展也为帕金森综合征患者提供了一种全新的康复训练方式[2]。譬如，将中国传统五禽戏与的 Nintendo Switch 平台的体感游戏体验模式相结合，对帕金森综合征具有显著的干预效果。体验者在游戏中模仿五禽戏的动作，在这一过程中，Nintendo Switch 的传感器可以精细地捕捉到体验者每一个关节支点的运动，然后通过数据分析找到患者肢体关节中可能存在的一些问题，从而进行医疗干预[3]。相较于传统的治疗方式，体感游戏通过设计特定的游戏场景的方式，提高患者的参与度和积极性；同时，体感游戏能够实时检测患者的动作和表现，根据患者的具体生理状态，调整训练难度和强度，进而提供个性化的训练。

日本任天堂公司与从事脑力锻炼研究多年的川岛隆太教授合作推出的《川岛博士的脑力训练》(*Dr Kawashima's Brain Training*)，同样基于体感设备实现疾病干预，该游戏中的

---

[1] 吕美玲，王洁，曾维斯，等.虚拟现实技术对帕金森病患者认知功能和生活质量影响的 Meta 分析[J].中国康复理论与实践，2024，30(6)：648-656.
[2] ASSAD O, HERMANN R, LILLA D, et al. Motion-Based Games for Parkinson's Disease Patients[C]// Entertainment Computing - ICEC 2011：10th International Conference. Vancouver：Springer Berlin Heidelberg, 2011：1-12.
[3] 周倩，曹峰，蒋紫娟，等.Switch 体感游戏联合五禽戏在帕金森病患者功能训练中的应用效果研究[J].当代护士(上旬刊)，2023，30(10)：134-137.

诸多挑战都要求体验者在现实空间中做出动作①。以图5-22(a)展示的游戏挑战为例,两名相互竞争的体验者都需要数出界面中鸟的数量,并且在Switch主机的Joy-Con手柄上,按下相应次数的按键,最先完成按键的体验者获胜。再以图5-22(b)展示的游戏挑战为例,游戏界面会显示"石头""剪子""布"中的一种,并且要求体验者做出"获胜"或"输掉"的动作。譬如,当游戏界面显示"石头"并要求体验者"输掉"时,体验者需要做出"剪子"的姿势,Joy-Con手柄通过红外线进行动作捕捉。

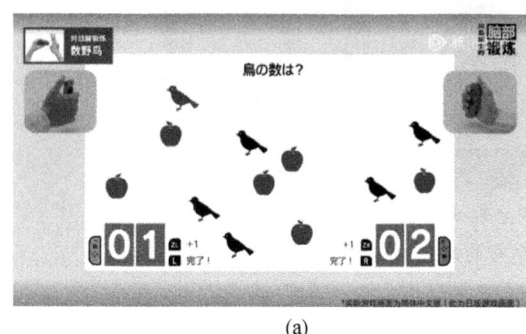 

(a)　　　　　　　　　　　　　　(b)

图5-22　《川岛博士的脑力训练》中两种类型的游戏挑战

(图片来源:游戏官方网站的宣传视频。)

二、疾病干预类游戏的作用机制

(一) 情绪干预层次

研究显示,长期被如焦虑、抑郁、愤怒等负面情绪笼罩会对身体产生不良影响,不仅会增加患病风险,还会使已有的疾病症状加重。与此同时,某些疾病本身,或者疾病的治疗过程又会进一步加重患者的负面情绪②。而医疗游戏可以舒缓患者的情绪,帮助人们打破这个恶性循环:一方面,医疗游戏通过沉浸式的游戏体验、轻松愉快的游戏氛围,以及积极的社交互动,帮助患者缓解因疾病带来的焦虑和抑郁情绪。譬如,一些基于VR技术的游戏可以模拟安全的环境,让患者逐步暴露于引发恐惧或焦虑的情境中,从而达到心理治疗的目的③。这种暴露疗法在治疗焦虑症和创伤后应激障碍(Post-Traumatic Stress Disorder,PTSD)中效果显著,如图5-23所示。另一方面,医疗游戏通过设置合理的挑战和目标,让患者在游戏中不断进步并取得成功,从而增强患者对自身疾病康复的自我效能感,提高其应对疾病的信心和勇气,促使其更为主动地配合治疗。

---

① 《川岛博士的脑力训练》游戏官方网站 https://www.nintendoswitch.com.cn/as3mc/movie/index.html.

② CIVIERI G, ABOHASHEM S, GREWAL S S, et al. Anxiety and Depression Associated With Increased Cardiovascular Disease Risk Through Accelerated Development of Risk Factors[J]. JACC: Advances, 2024, 3(9): 101-208.

③ 陈园园,陆金生,栗晓霞. 治疗PTSD的VR设备交互设计研究[J]. 包装工程, 2021, 42(2): 135-142.

图 5-23　患者使用 VR 技术进行暴露治疗
(图片来源：网络平台。)

(二) 认知干预层次

医疗游戏在锻炼大脑与提升认知方面具有重要作用。医疗游戏涵盖的各种认知训练任务，如记忆游戏、注意力训练游戏、逻辑思维游戏等，能够刺激大脑神经元的活动，促进大脑神经可塑性的发展，从而帮助患者改善认知功能障碍。*EndeavorRx* 便是一个典型案例，该游戏通过三个简单动作——"Steer"(控制划船方向)、"Tap"(打怪兽)及"Steer and Tap"(边控制划船方向、边打怪兽)——对注意缺陷多动障碍患者的大脑前额叶皮层施加刺激，从而显著提高患者的注意力水平[1]。

通过模拟现实生活情境，医疗游戏可以帮助患者识别和改变不良的认知模式和行为习惯，提高患者的决策能力和问题解决能力。譬如，美国 MindCotine 公司开发的游戏化应用 MindCotine VR 结合正念训练、生理反应监测等，通过沉浸式体验帮助吸烟者改变对抽烟这一行为的认知，如图 5-24 所示。该应用通过虚拟场景引导体验者进行正念训练，以帮助吸烟者更好地管理自己的情绪并控制吸烟的情绪冲动。[2] 该应用采用的正念训练方式，可作为医疗游戏的设计参考。

(三) 行为干预层次

医疗游戏在培养健康习惯与促进康复等方面具有显著的效果。医疗游戏利用游戏激励机制，如积分系统、奖励徽章、排行榜等，不仅提高了体验者的参与度，还帮助体验者养成了

---

[1] PANDIAN G, Jain A, RAZA Q, et al. Digital health interventions (DHI) for the treatment of attention deficit hyperactivity disorder (ADHD) in children-a comparative review of literature among various treatment and DHI [J]. Psychiatry Research, 2021(297): 113742.

[2] GOLDENHERSCH E, THRUL J, UNGARETTI J, et al. Virtual Reality Smartphone-Based Intervention for Smoking Cessation: Pilot Randomized Controlled Trial on Initial Clinical Efficacy and Adherence[EB/OL]. (2020-07-29)[2025-02-15]. https://pubmed.ncbi.nlm.nih.gov/32723722/.

健康的生活习惯,如规律作息、合理饮食、适量运动等。这些健康的生活方式对于疾病的预防和康复都具有重要意义,能够为疾病干预创造良好的身体基础。譬如,加拿大医疗保健技术公司 Ayogo 推出了一款名为 *HealthSeeker* 的游戏,该游戏的根本目的是让体验者行动起来,如图 5-25 所示。这款游戏通过奖励"生活经验"积分或虚拟商品,激励糖尿病患者改善生活习惯。游戏中可能会出现如"今天走 10 000 步"或"吃一份蔬菜沙拉"等任务,完成这些任务后,体验者会获得积分和奖励。这些积分可以兑换虚拟商品或实际奖励,从而激励患者坚持健康的生活方式。

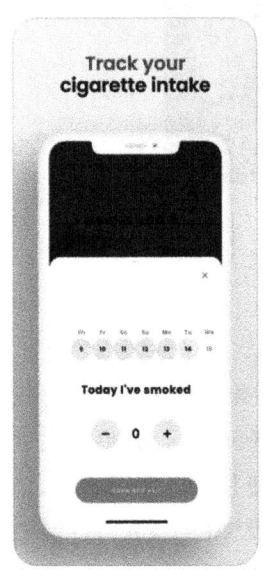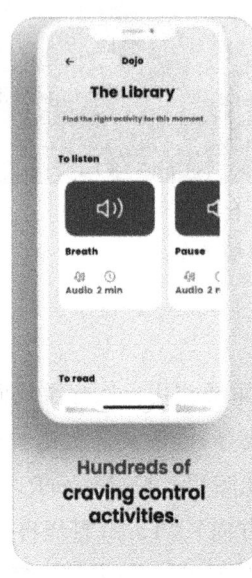

图 5-24　MindCotine VR 应用界面

(图片来源:App Store 平台的应用宣传图片。)

通过设计特定的游戏场景,医疗游戏能让患者在游戏中进行动作训练,以提高患者的康复训练依从性①。譬如,腾讯医疗 AI 实验室开发了一款《帕金森康复训练游戏》,如图 5-26 所示。该游戏通过 AI 视频分析技术,识别患者的眼部、嘴部轮廓及局部纹理信息,自动判断动作的频率和幅度。而患者通过控制嘴巴的开合状态来操控游戏人物,从而锻炼面部肌肉,进行康复训练。②

(四) 社交干预层次

医疗游戏还丰富了患者的社交互动,提高了社会支持。医疗游戏通过多人在线互动、社交网络等功能,增强患者之间的社交互动,减少其孤独感。患者还可以分享自己的康复进展,获得他人的认可和鼓励,从而增强来自社会环境的心理支持,提升康复效果。譬如,加拿大 Jintronix Inc. 公司出品的 Jintronix 允许患者与家人或护理人员一起参与康复训练,使患

---

① 腾讯云开发者社区. 玩"超级玛丽"能助帕金森症康复? 腾讯用户体验日首登沪上,"脑洞"开得有点大[EB/OL]. (2019-08-24)[2025-02-08]. https://cloud.tencent.com/developer/news/443346.

② 陈宇曦. AI+医疗|腾讯的帕金森康复训练游戏:动动嘴巴操控人物[EB/OL]. (2024-08-23)[2025-02-15]. https://m.thepaper.cn/newsDetail_forward_4236547.

者得到情感支持和鼓励,增强患者的康复依从性。而同为 Jintronix Inc. 出品的 Remind 则通过虚拟现实技术创建了一个互动环境,患者可以与虚拟角色或其他患者进行互动,减少其孤独感和社交隔离,如图 5-27 所示。美国 Charity Miles Inc. 公司出品的 Charity Miles 允许体验者邀请家人、朋友一起跑步,共同为慈善事业贡献力量,增强了社交互动和情感支持。上述应用中的社交系统都可作为医疗游戏的设计借鉴。

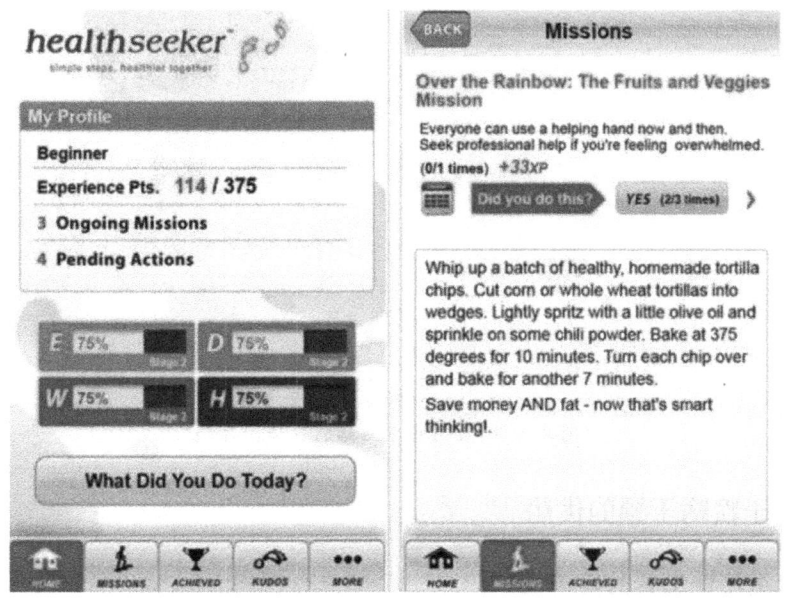

图 5-25 *HealthSeeker* 游戏界面
(图片来源:游戏截图。)

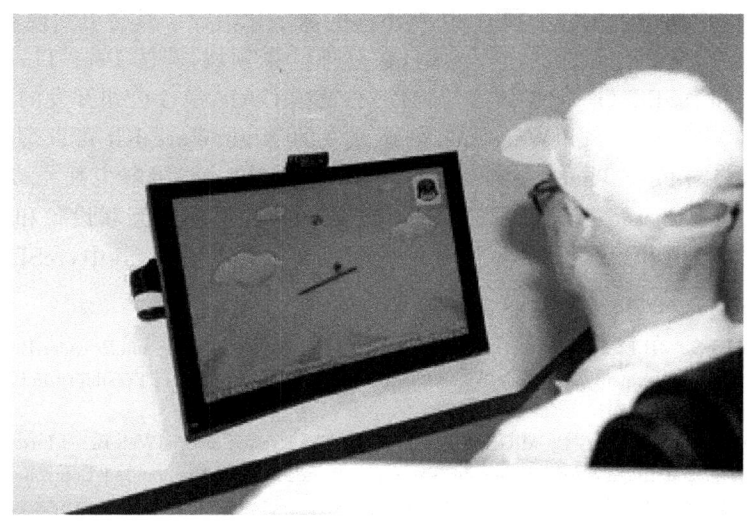

图 5-26 《帕金森康复训练游戏》游戏场景
(图片来源:网络平台。)

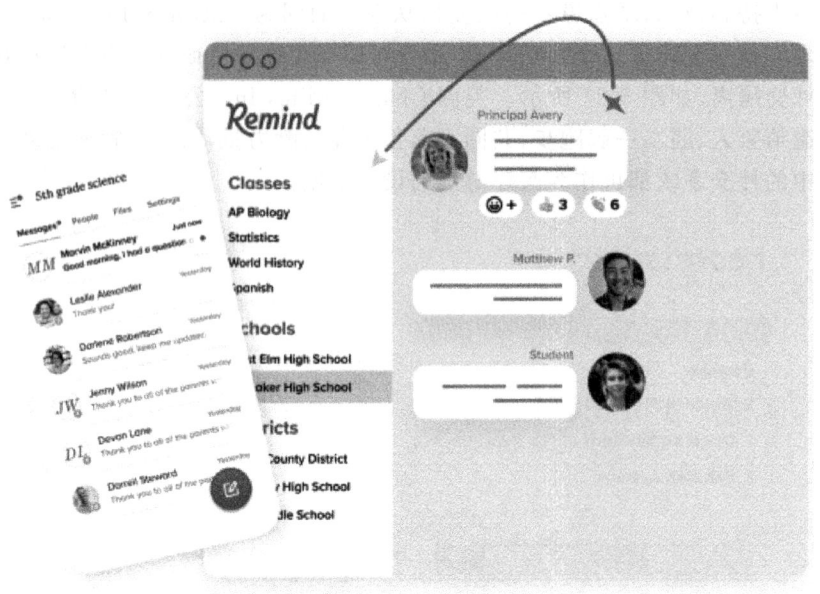

图 5-27　Remind 应用界面
（图片来源：应用官方网站的宣传图片。）

三、游戏用于疾病干预的优势

（一）变更治疗工具的便捷性

在传统治疗过程中，一种治疗方式往往只针对某种特定的疾病，而且当变更治疗方式时，往往需要耗费一定的人力、物力和财力。较传统医疗而言，在使用医疗游戏或融入了游戏化设计理念的应用进行疾病干预时，切换不同的数字化治疗工具会更为便利。

以融入了游戏化设计理念的应用为例，在心理健康领域，美国 Pear Therapeutics 公司开发的 reSET 和 reSET-O[①] 能够治疗药物依赖，德国 GAIA AG 公司开发的 Deprexis 可用于抑郁症的治疗[②]，美国 NightWare Inc. 公司开发的 NightWare Kit 可以缓解梦魇和创伤后应激障碍[③]，美国 Pear Therapeutics 公司开发的 Somryst 能缓解失眠[④]。在慢性病管理方面，美国 EosHealth Inc. 公司开发的 Livongo Health 通过网络互联设备和智能云对糖尿病患者进行定期检测和远程干预指导，帮助患者控制血糖水平[⑤]。其中，reSET 通过为患者

---

① KAWASAKI S, MILLS-HUFFNAGLE S, AYDINOGLON, et al. Patient- and Provider-Reported Experiences of a Mobile Novel Digital Therapeutic in People With Opioid Use Disorder (reSET-O): Feasibility and Acceptability Study [J]. JMIR formative research, 2022, 6(3): e33073.

② PEARSON R, BEEVERS G C, MIGNOGNA J, et al. The Evaluation of a Web-Based Intervention (Deprexis) to Decrease Depression and Restore Functioning in Veterans: Protocol for a Randomized Controlled Trial[J]. JMIR research protocols, 2024, 13: e59119.

③ NightWare 官方网站 https://nightware.com/.

④ MORIN C M. Profile of Somryst Prescription Digital Therapeutic for Chronic Insomnia: Overview of Safety and Efficacy[J]. Expert Review of Medical Devices, 2020, 17(12): 1239-1248.

⑤ Markets and Markets. Digital Therapeutic Market Worth $6.9 billion by 2025[EB/OL]. (2020-03-20)[2025-02-15]. https://markets.businessinsider.com/news/stocks/digital-therapeutic-dtx-market-worth-6-9-billion-by-2025-exclusive-report-by-marketsandmarkets-1029017487.

提供美国食品药品监督管理局(FDA)批准的数字治疗处方,结合门诊治疗和药品方案,提供智能化的患者参与机制(Smarter Engagement)、对付款方更具成本效益的解决方案(Cost-Effective Solutions for Payers)、患者行为的跟踪工具(Tracking Tool for Clinicians),最终促进病人更好的康复,如图 5-28 所示。

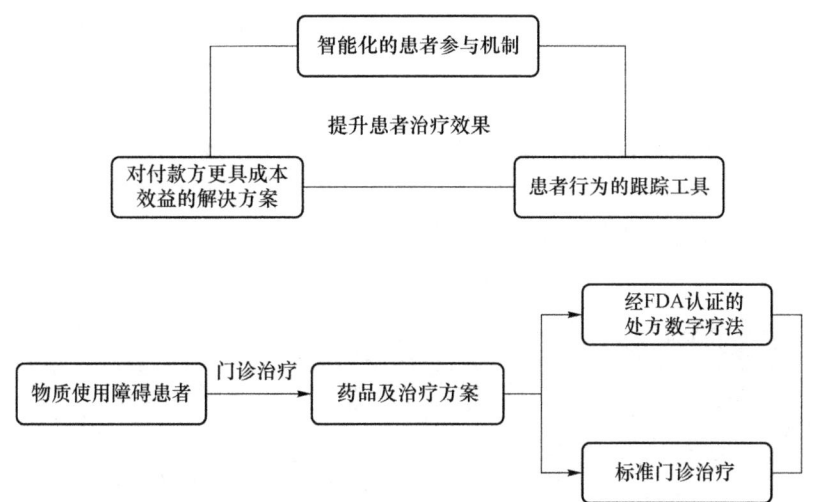

图 5-28 基于 reSET 的治疗流程
(图片来源:自制①。)

在使用 Deprexis 时,患者首先通过注册与访问进行初始评估,其次进入模块化治疗阶段,通过互动与反馈来调整治疗方案并定期评估治疗效果,最后利用辅助功能如情绪日记等进行情绪管理,如图 5-29 所示。

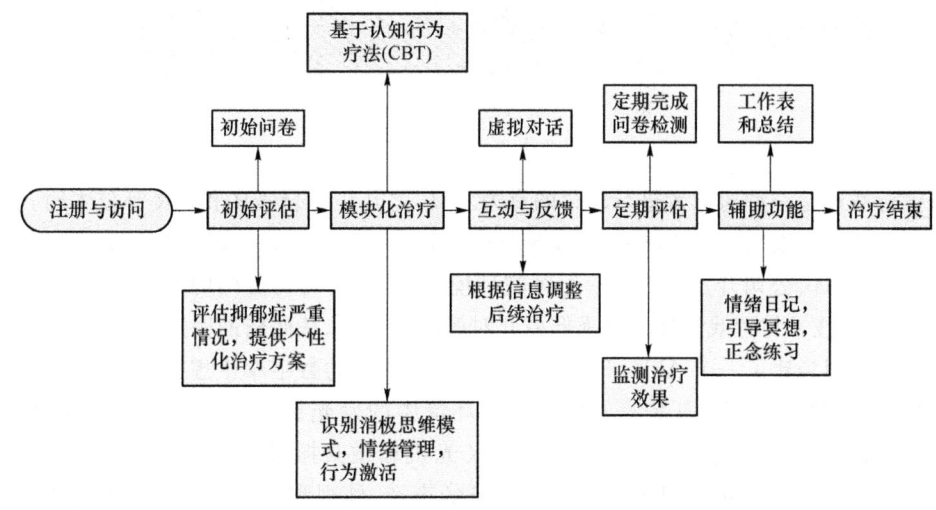

图 5-29 基于 Deprexis 的治疗流程
(图片来源:自制②。)

---

① 引用来源为 http://www.damor.cn/article/4032.
② 引用来源为 https://dtxalliance.org/products/deprexis/.

这些医疗游戏融入了游戏化设计理念的应用的混合使用,大幅降低了治疗所需要的成本,而且数字化治疗工具切换自如,能够随时应对患者的不时之需。

(二) 增强治疗的趣味性与依从性

通过游戏机制,将单调的治疗任务转化为有趣的活动,可显著提高患者的参与度和依从性。2021年初,盛趣游戏孵化的生态公司数药智能成立,开始研发辅助治疗儿童注意缺陷与多动障碍的游戏——《注意力强化训练软件》。与此同时,波克城市也开启了基于游戏的数字疗法战略。用于儿童弱视治疗训练的《快乐视界星球》游戏于2022年拿到二类医疗器械注册证[①],如图5-30所示。此外,体感交互游戏亦展现出相似的成效。当老年人利用体感交互游戏进行自发的身体康复训练时,总体锻炼时长约为在医疗人员监督下进行康复锻炼时长的三倍有余[②]。

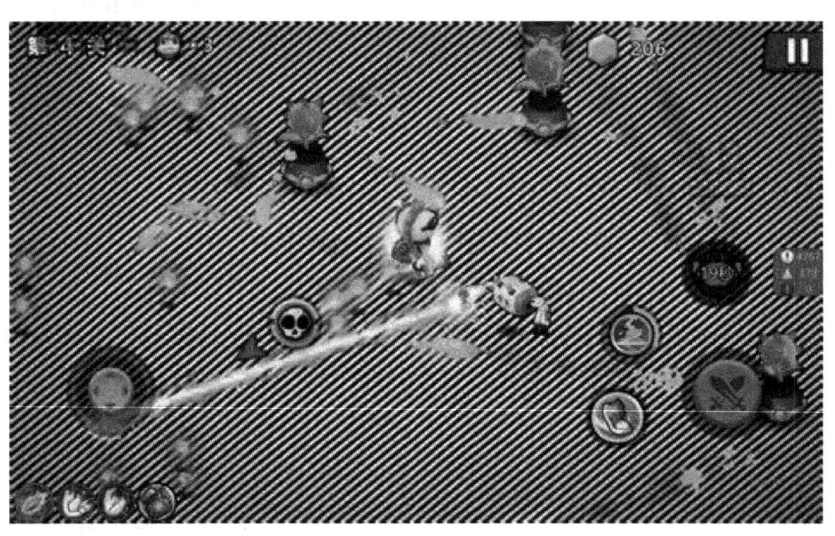

图 5-30 《快乐视界星球》游戏界面
(图片来源:游戏截图。)

医疗游戏还是一种对患者进行教育的有力工具,尤其在结合VR和AR等技术时,医疗游戏可以向患者展示康复的完整过程,以及最佳的实践方案,从而进一步增强患者对治疗的依从性[③]。以PixelMax公司开发的数字孪生医院环境为例,该公司与英国的Alder Hey 儿童医院合作,基于VR技术与游戏设计元素降低患儿对医院的恐惧,从而辅助医疗人员更好地完成治疗工作。该公司构建了一个Alder Hey儿童医院中放射科的数字孪生虚拟副本,如图5-31所示。在虚拟世界中,儿童的任务是收集散落在环境中的发光钥匙卡。该游戏任务促使儿童积极地探索虚拟医院环境。体验者还可以与X光机和磁共振成像扫描仪等医疗设备互动,熟悉这些表面上看起来冰冷且令人恐惧的设备的声音、外观和工作原理。完成游戏任务后,

---

① 搜狐网. 游戏行业数字疗法首获国家药监局认证,"游戏+医疗"向前一大步_训练_治疗_视界[EB/OL]. (2022-04-18)[2025-02-08]. https://www.sohu.com/a/539520632_121119410.
② 相军爱,闫荣,孟祥敏,等. 体感游戏在衰弱老年人中应用的范围综述[J]. 中华现代护理杂志,2024,30(18): 2469-2475.
③ 周婷婷,丁元旗,袁长蓉,等. 功能游戏在肿瘤患者健康照护中的应用进展[J]. 护理学报,2024,31(10): 33-36.

体验者将获得徽章。密歇根大学 C.S. Mott 儿童医院的儿科医生 Shannon Taut 博士认为,最大的恐惧往往是对未知的恐惧。而能够让患儿更熟悉医疗环境与医疗设备的游戏或游戏化应用,便能够给医疗工作者和患者提供帮助。因此,基于 VR 技术的游戏设计元素有助于减少患儿的恐惧情绪,提升患儿对治疗的依从性,从而使其获得更好的治疗效果。[①]

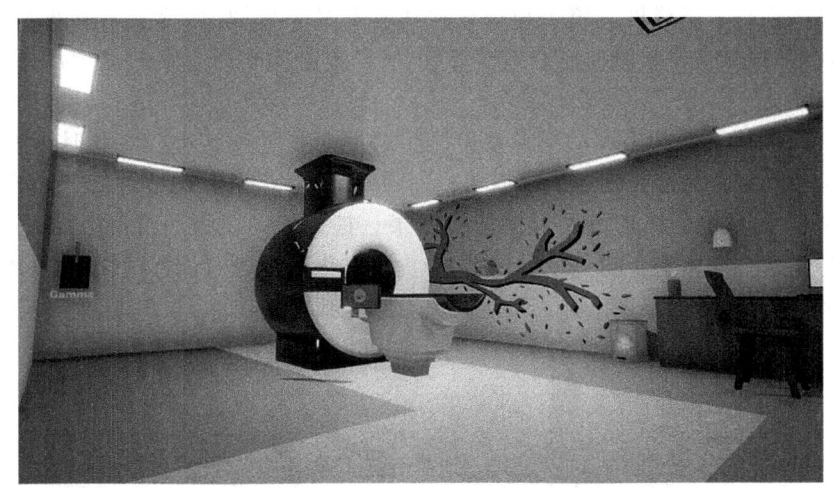

图 5-31 数字孪生医院的游戏场景
(图片来源:网络平台。)

(三) 减轻患者的病痛

游戏是虚拟现实的重要应用场景,为虚拟现实提供内容支持,而虚拟现实推动着游戏发展,两者是相互依存的系统。美国心理学家 Hunter Hoffman 及其团队发现 VR 技术能够有效地帮助患者沉浸于虚拟世界,从而达到缓解疼痛的效果。在该团队的一项研究中,研究人员安排两位患者在接受牙科治疗时分别体验以下三种不同情境:通过 VR 技术分散注意力、观看电影,以及不使用任何额外辅助设施。结果显示,患者一在观看电影及不使用额外辅助设施的情况下,感受到较高程度的疼痛,而在使用 VR 技术时,疼痛感较为轻微。患者二在观看电影时感受到轻微程度的疼痛,在不使用额外辅助设施时感受到从轻微到中等不等程度的疼痛,而在使用 VR 技术时,疼痛感几乎降至零[②]。从该研究的有限样本中,可以观察到 VR 技术通过分散患者注意力的手段,有效缓解了患者的疼痛。2021 年 11 月,美国食品药品监督管理局批准了一款数字处方系统 EaseVRx,该系统能够通过 VR 技术帮助患者缓解慢性腰痛[③]。

应用 VR 技术进行患者身体内部疾患的诊断,在减轻患者疼痛的同时,还能够提高确诊

[①] JULIET L. PixelMax builds a hospital metaverse to reassure young patients and improve the healthcare experience[EB/OL]. (2022-06-12)[2025-02-16]. https://thetaiwantimes.com/pixelmax-builds-a-hospital-metaverse-to-reassure-young-patients-and-improve-the-healthcare-experience-2/.

[②] HOFFMAN H G, GARCIA-PALACIOS A, PATTERSON D R, et al. The effectiveness of virtual reality for dental pain control: a case study[J]. Cyberpsychology & Behavior, 2001, 4(4): 527-535.

[③] 吴立洋. 向善且实用,"游戏+"如何从跨界探索到案例实践[EB/OL]. (2024-12-14)[2025-02-08]. https://www.21jingji.com/article/20241214/herald/40d20c924ff74becfae09349fd317d7d.html.

率。美国明尼苏达州的梅奥诊所将游戏应用于结肠癌的诊断工作。此项技术使得医生能够"亲临其境"地在结肠内"行进",以探寻肿瘤或息肉的具体位置。此外,新技术还具备将结肠图像进行局部放大的功能,以便对微小部位进行细致研究,甚至还能够"切开"图像,暴露肠壁,从而使得医生能够进行更为深入的检查。通过对70名患者进行研究发现,采用VR技术的检查显著提高了精确度。整个扫描过程耗时不足2分钟,且患者无须进入镇静状态。相较而言,若采用最为普遍的血液检测方法,不仅患者需要承受一定的痛苦,而且结肠癌确诊率不足50%。[①]

可见,VR技术对患病实况的模拟使得医生的诊断更加直接、直观,同时诊断的过程在现实中并不会对患者造成任何实质性痛苦。而将VR技术与医疗游戏相结合,也能够在很大程度上缓解患者的疼痛,实现更好的治疗效果。正如第一章曾分析过的 *SnowWorld*,便是将VR与医疗游戏相结合的典型案例,在对皮肤烧伤患者进行治疗的过程中,该游戏大幅缓解了患者的疼痛,从而辅助医务人员更为高效地完成治疗工作,如图5-32所示。

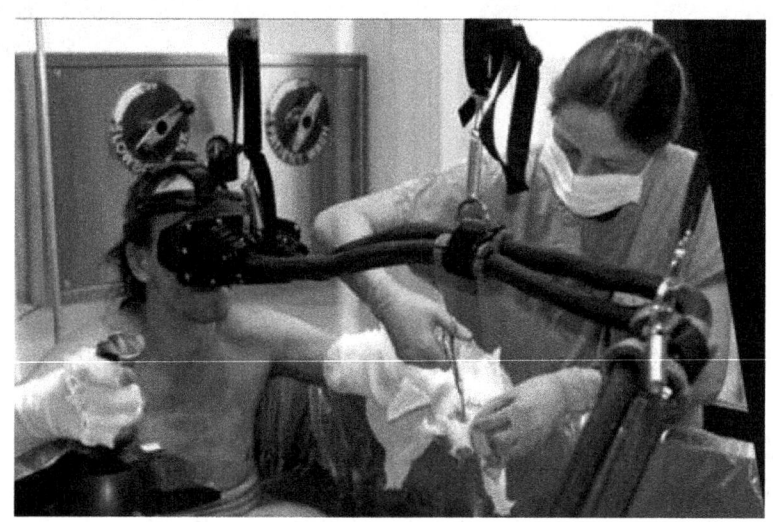

图5-32 医生使用VR游戏 *SnowWorld* 缓解烧伤患者的疼痛
(图片来源:网络平台。)

四、游戏用于疾病干预的局限性

(一)技术依赖性强

医疗游戏高度依赖现代信息技术,如VR、AR、AI和大数据分析技术等。这些技术虽然能够提供沉浸式的学习体验和个性化的训练方案,但也带来了技术门槛高、技术更新快、技术依赖性强等挑战。开发和运行医疗游戏需要强大的技术支持,包括高性能的硬件设备和专业的软件开发团队。AI技术的不断进步要求游戏开发者及时更新算法和模型,任何技

---

① 周婷婷,丁元旗,袁长蓉,等.功能游戏在肿瘤患者健康照护中的应用进展[J].护理学报,2024,31(10):33-36.

术故障或更新不及时都可能导致游戏无法正常运行,甚至影响疾病预防的效果。

随着医疗知识和疾病干预方法的不断更新,医疗游戏需要频繁更新内容以保持其科学性和前沿性。与此同时,技术的持续更新与维护无疑需要巨额的资金投入。频繁的技术迭代可能会使体验者难以适应。体验者需投入时间以熟悉更新的功能及操作界面,此举无疑会对体验者的参与度造成一定的影响。特别是那些对新技术的接纳程度较低的人群,如老年体验者、认知功能障碍症患者及对游戏设备操作不熟练的残障人士等。此类人群尤其需要使用医疗游戏进行疾病干预,但恰恰是这些体验者会因技术的适应性问题而难以充分利用游戏的优势。

(二) 商业化程度与市场需求不高

1. 开发成本高昂

开发医疗游戏需要大量的资金投入,包括技术研发、临床试验、医疗器械注册证申请等。譬如,波克医疗在开发游戏时,需要投入数百万资金进行临床试验和注册申请。2021年,数字疗法公司Pear、Akili相继上市,而在2023年4月,Pear公司就申请了破产。这一现象为数字疗法的前景蒙上一层阴影。对此,有的数字医疗域内人士认为,资本市场的下跌及企业破产是大环境重构周期中的普遍现象,这种高昂的开发成本使得许多小型企业和初创公司难以进入这一领域[①]。

尽管医疗游戏在临床效果上具有一定潜力,但其盈利模式尚不明确。许多游戏公司和互联网医疗企业仍在探索如何通过医疗游戏实现商业价值。数药智能公司的市场商务负责人表示,未来将把互联网医院、药企等渠道纳入产品的商业化布局中。不过,他认为在中国的大市场环境下,单纯依靠C端(消费者端)进行推广将面临较大的挑战。

中国医疗资源总量不足、分布不均的情况突出。以精神科医生为例,在美国,每十万人中,就有16.6人是精神科医生,这一数字在中国为3.5[②]。国内医疗服务的市场化程度相对较低,大众日益增长的健康需求是数字医疗市场发展的核心驱动力之一。医疗本身作为一个传统行业,还要做好数字医疗及相关产品融合的准备。而医院是较为封闭的场景,医疗游戏的市场接受度仍然较低,尤其是在医疗专业人员和患者中[③]。许多医疗专业人员对新技术的接受度较低,不愿意将基于游戏的医疗技术融入传统医疗实践。此外,患者对医疗游戏的认知和信任度也较低,这限制了医疗游戏的广泛应用。

2. 市场潜力不足

(1) 缺乏统一的开发和应用标准

目前,医疗游戏领域尚未形成普遍接受的开发与应用标准。这一现状导致开发人员在设计和开发既有效、可靠,又能获得医疗服务提供方广泛认可的解决方案时,面临诸多困难。这种缺乏标准化的情况可能导致市场分散,限制了医疗游戏的广泛应用。

---

① 保观. 万字长文深度解析:以点带面,谈Pear的破产和中国数字医疗企业的明天[EB/OL]. (2023-05-15)[2025-02-08]. https://www.shangyexinzhi.com/article/8147027.html.
② 马宁,陈润滋,张五芳,等. 中华精神科杂志, 2022, 55(6): 459-468.
③ ANDREA SESTINO, ALESSANDRO BERNARDO, CRISTIAN RIZZO, et al. 对数字治疗背景下游戏化的前因和后果的探索性分析[EB/OL]. (2023-12-05)[2025-02-08]. https://m.x-mol.com/paper/1731745625420877824/t.

(2) 功能游戏与实际需求差距大

尽管在理论上,医疗游戏对于生理疾病的干预具有显著优势,但在实际应用中,此类游戏仍与实际的用户需求存在一定差距。许多医疗游戏虽然在临床试验中表现出色,但在实际推广中却难以获得足够的体验者支持。许多患者和医疗专业人员对基于游戏的治疗方式持怀疑态度,认为其不如传统治疗方法可靠[1]。此外,社会对游戏的偏见也影响了医疗游戏的推广,部分人担心基于游戏的治疗方法可能导致游戏成瘾等问题[2]。

五、疾病干预类游戏可能带来的风险

(一)游戏成瘾风险

如果某种医疗游戏具有一定的成瘾性,而且患者没有得到足够的使用指导,可能会沉迷于其中,导致游戏成瘾,从而影响日常生活和治疗效果。长时间沉浸在游戏中,会在一定程度上占用患者进行其他必要治疗和康复活动的时间,还可能对患者的身心健康产生负面影响。过度使用电子设备可能会导致眼部不适、视觉疲劳、干眼症及眼部疼痛等视觉症状,抑或导致体验者感到颈部疼痛、紧张性头痛或腰背酸痛。更为严重的是,某些游戏成瘾者可能会展现出整体认知功能的下降,易出现焦虑、抑郁、孤独感,以及较低的生活满意度等负面情绪[3]。

(二)过度依赖游戏治疗

为了吸引患者的注意力并提高其参与度,医疗游戏通常能够营造丰富的游戏体验。这种吸引力可能会导致患者更倾向于选择游戏作为主要的治疗手段,而忽视其他传统治疗方法。且部分患者可能因为传统治疗方法的复杂性、疼痛、需要长期坚持等问题而产生抵触情绪,进而将游戏视为一种更轻松的替代方案,忽视传统的医疗治疗方法。这可能导致患者在游戏治疗效果不佳时,无法及时得到有效的传统医疗干预,从而延误病情。

(三)数据隐私泄露

医疗游戏通常需要收集与处理患者的健康数据,因此,这些数据的隐私性与安全性成为一个至关重要的问题。一旦数据发生泄露,会对患者的隐私权益造成严重侵害,导致患者遭受不必要的心理及经济负担。仅仅在2023年,国内医疗卫生行业泄露数据就多达90 252.9万条,约合344.7 GB,内容涉及姓名、电话、身份证号、地址、账号密码、诊疗信息、缴费信息、内部文件等众多敏感个人信息和商业机密[4]。2024年9月,美国人工智能医疗公司

---

[1] 刘绪瑞. 2024年中国游戏产业新质生产力发展报告[EB/OL]. (2024-10-11)[2025-02-08]. https://www.sohu.com/a/814021541_121851958.

[2] 陈坤,于春光,田润溪,等. 国际游戏化移动医疗领域的研究进展与趋势——基于Web of Science数据库的可视化分析[J]. 中国数字医学,2023,18(7):106-115.

[3] 董晓莲,江弋舟,张艺璇,等. 青少年游戏成瘾对健康的危害[J]. 上海预防医学,2022,34(5):504-508.

[4] 安永网络安全. 数据安全法处罚案例:医院数据泄露及处罚事件汇总[EB/OL]. (2024-06-05)[2025-02-08]. https://www.anyong.net/industrynews/1391.html.

Confidant Health 的服务器配置错误，导致 5.3 TB 的敏感心理健康记录泄露，这是对患者隐私权的重度侵犯[①]。目前，不少公司开发了一些数据集成和管理工具，譬如，以色列 Attunity Ltd. 公司开发的 Attunity、美国 Informatica Inc. 公司开发的 Informatica、美国 Jitterbit Inc. 公司开发的 Jitterbit 和美国 Pentaho Corporation 公司开发的 Pentaho 等，这些工具提供了数据集成、管理和治理等服务。医疗游戏设计团队可基于此类工具对患者的健康数据进行更好的管理和保护，为患者的隐私安全提供切实保障。

医疗游戏在使用医疗设备和患者数据时，必须遵守严格的法规和标准。美国食品药品监督管理局（FDA）和欧盟医疗器械法规等都对医疗游戏提出了明确的监管要求，如图 5-33 所示。医疗游戏需要特别评估游戏元素（如奖励机制、互动设计）对健康的影响，并确保这些元素不会引入额外的风险。由于医疗游戏通常具有较高的体验者参与度，故研发人员需要在设计和临床评估中考虑这些游戏元素，以确保医疗游戏在长期使用时的安全性和有效性。FDA 对医疗游戏提出其作为医疗器械的一部分，根据其风险等级被分为三个类别（Class Ⅰ、Class Ⅱ、Class Ⅲ）。Class Ⅰ 设备风险最低，通常不需要上市前通知；Class Ⅱ 设备通常需要上市前通知；而 Class Ⅲ 设备则需要上市前批准。制造商必须遵守质量体系法规，确保产品符合 ISO 13485:2016 标准。欧盟医疗器械法规要求在分销商和进口商将医疗游戏引入市场时，必须确保产品符合欧盟医疗器械法规的要求，并为设备分配唯一标识符，以便在整个供应链中追踪设备。

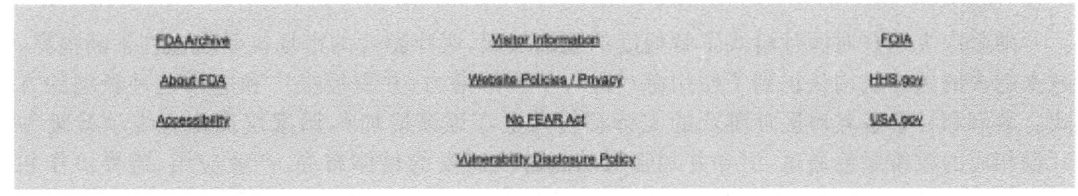

图 5-33　美国 FDA AI 政策：《人工智能用于支持药品和生物制品监管决策的考量》
（图片来源：FDA 官网截图[②]。）

这些法规要求游戏开发者精通有关法律和规定要求，还需要对体验者健康的潜在影响进行评估，并实施强有力的数据保护措施。此外，国家药品监督管理局（NMPA）也对数字医疗健康产品提出了全面的监管要求，包括产品注册、审批、临床试验和不良反应报告等信息的公开透明，如图 5-34 所示。

---

①　吴世忠. 注重医疗领域的数据安全问题[EB/OL].（2024-12-27）[2025-02-08]. https://medical.sciencenet.cn/sbhtmlnews/2024/12/370346.shtm.

②　FDA 官网 https://www.fda.gov/media/184830.

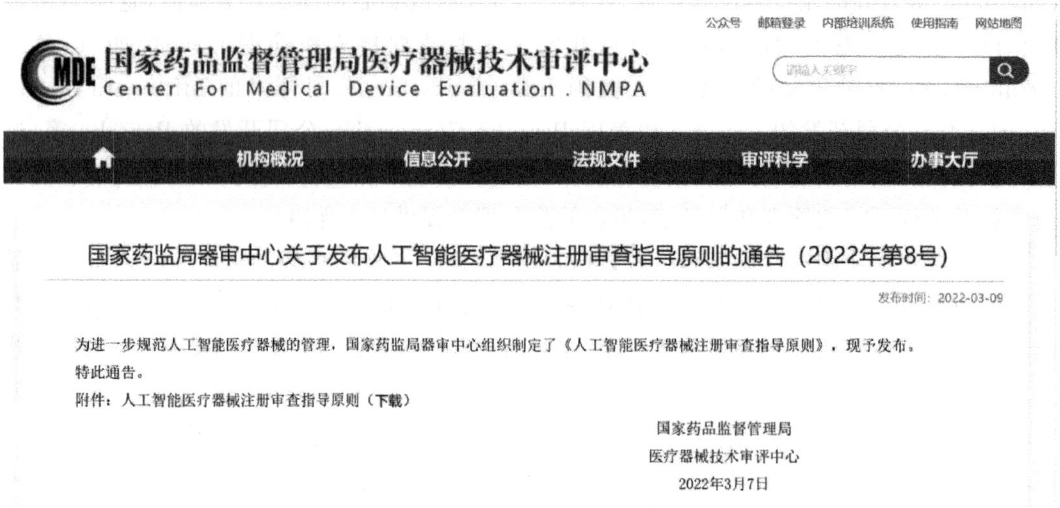

功能游戏 概论

图 5-34　中国 AI 医疗设备监管的法律框架：《人工智能医疗器械注册审查指导原则》
（图片来源：国家药品监督管理局官网①。）

医疗游戏在疾病预防中收集和处理大量个人医疗数据，这些数据具有极高的敏感性。开发者必须确保数据的合法采集、使用和传输，遵守相关法律法规，如《互联网信息服务深度合成管理规定》等。数据隐私和安全是智能医学面临的最大监管挑战②，国家需要建立完善的数据质量评价标准和公正透明的算法审查机制。同时，医疗游戏的开发需要医疗单位与游戏研发团队的跨界合作，但这种合作也提高了监管的复杂性。不同主管部门的管理边界不清晰，尤其在数据质量和算法质量方面缺乏相关标准。这需要医学专家和科技专家深度合作，通过研究和临床试验确保应用的有效性，并保障患者的信息安全。

六、医疗游戏在疾病干预领域的前景

随着广大用户对医疗游戏了解程度的逐渐加深，医疗游戏的市场接受度也在不断提高。越来越多的医疗机构认识到了使用游戏进行干预的潜力，并积极推广和应用这种新型的方式。政府和社会各界对医疗游戏的支持和投入也在逐渐增加③，国家层面出台专项政策并开设相应的政策绿色通道，引导并加强对功能游戏研发的整体布局、产业应用、跨界协作和资金投入，为其发展营造了更为有利的环境条件④。在疾病干预领域，医疗游戏展现出其广泛的应用潜力和前景。

伴随着医疗技术的持续进步，个性化干预日益成为医疗游戏未来发展的趋势。一些医疗机构正在开发基于 AI 技术的康复游戏来帮助中风患者进行肢体康复训练，如图 5-35 所

---

① 国家药品监督管理局官网 https://www.nmpa.gov.cn/.
② 张宇鸣，张培茗，赵阳光，等. 元宇宙医学数智医疗装备的监管政策研究[J]. 元宇宙医学，2024,1(1)：35-42.
③ 刘旭. 全国政协委员郭媛媛：以功能性游戏产业助推新质生产力发展.（2024-03-01）[2025-02-08]. http://www.eeo.com.cn/2024/0301/640902.shtml.
④ 陈溢波，吴可仲. 两会建言|全国政协委员郭媛媛：关注功能性游戏发展 建设"全国家庭教育公共平台"防治未成年人沉迷网络[EB/OL].（2024-03-24）[2025-02-16]. https://baijiahao.baidu.com/s?id=17926063928029939528wfr=spider&for=pc.

示。这些游戏通过传感器捕捉患者的肢体动作,并根据患者的具体康复进度和身体状况,实时调整游戏难度和训练强度,生成个性化的康复计划,确保训练的科学性和有效性。这种个性化干预能够显著提高患者的康复积极性以及康复效果。①

图 5-35 为中风患者设计的《矿车酷跑》游戏
(图片来源:网络平台基于游戏的干预过程的视频②。)

除此之外,全球医疗游戏市场正在快速增长③,包括政府机构定制采买、产品广告植入、付费游戏、道具内购等方式在内的功能游戏商业模式不断丰富④。随着 VR、AR 等沉浸式技术的发展,基于 AI 的个性化医疗和机器学习技术的应用,以及远程医疗和居家健康管理水平的提升,医疗游戏能够服务于手术训练、健康管理、康复训练等更加丰富的应用场景②。医疗与沉浸式技术的结合提高了患者的参与度,使得医疗游戏能够更精准地捕捉患者的反应和行为,从而提供个性化的干预方案,提高治疗效果。

在政策支持、市场拓展和科技进步等因素的共同推动下,医疗游戏在疾病干预领域展现出广阔的发展前景。首先,政策层面的重视为其提供了良好的发展环境。国家药品监督管

---

① 卿瑶瑶. 人工智能技术在中国康复医疗中的应用研究[EB/OL]. (2024-10-31)[2025-02-08]. https://www.fx361.cc/page/2024/1031/24628965.shtml.
② bilibili 网站视频"体感交互,为中风康复设计的矿车游戏"https://b23.tv/ibBUxzE.
③ Market Research Future 网站报告"2032 年医疗保健游戏化市场规模、份额、趋势预测". https://www.marketresearchfuture.com/zh-cn/reports/healthcare-gamification-market-31309.
④ GameLook. 国内首份功能游戏产业报告发布:社会价值优先,市场未来可期[EB/OL]. (2020-07)[2025-02-08]. http://www.gamelook.com.cn/2020/07/393144.

理局对医疗游戏的审批和监管,为行业的规范化发展提供了保障。波克医疗开发的《定制式链接记忆》游戏获得了国家药品监督管理局颁发的二类医疗器械注册证,这标志着医疗游戏在政策层面得到了认可[①]。其次,市场规模的快速增长和应用领域的拓展为其提供了巨大的商业机会[②]。此外,在医疗技术与沉浸式技术的双重推动下,面向不同类型疾病干预的医疗游戏产品不仅具备更加精准的治疗功能,还能够提供个性化的用户体验,促进患者身心健康的全面提升。未来,医疗游戏有望在面对更多、更难的疾病干预问题时发挥更大的作用。

第五节 医疗游戏与心理疾病干预

一、心理疾病的现状及影响

随着当今社会竞争与职场压力的逐步增大[③][④],社会支持系统功能的逐渐弱化[⑤](家庭、社区等的情感支持作用减弱,将导致个体更加容易感到孤独与无助),以及快节奏、高强度的生活方式,人们普遍面临较高的负担和压力,甚至伴有抑郁、焦虑等心理问题。

近几年,心理疾病的种类愈发多样化,且受众群体逐渐年轻化,如图5-36所示。世界卫生组织于2022年发表的一项报告显示,2019年,全球近10亿人患有精神障碍,其中14%为青少年。自杀人数占死亡总人数的1%以上,并且58%的自杀案例发生在50岁之前[⑥]。可见,心理疾病已成为当今社会面临的严重问题。焦虑、抑郁、恐惧等情绪问题会干扰个人的日常生活,影响其学习和工作的表现,导致其学业与职业发展受阻;还会导致个体变得孤僻、自卑,对自己产生深度的怀疑和否定,并因较低的自尊心和自信心而无法积极地投入社交活动,逐渐丧失社交能力;甚至导致个体的免疫力下降,增加其患心脑血管疾病等慢性生理疾病的风险。

心理疾病不仅会对个体造成深远的负面影响[⑦],更会给社会的各个方面都带来棘手的问题。心理健康问题的普遍存在,导致社会对心理医生和治疗设施的需求增加,从而加重社会的医疗负担。部分存在心理健康问题的患者可能出现异常行为,这些行为可能会对他人造成伤害,甚至引发社会治安与公共安全问题。精神疾病具有慢性、长期、致残等特性,会给家庭、社会带来沉重的经济负担。2022年,《人民日报》健康客户端、抑郁症研究所等共同发

---

① 周婷婷,丁元旗,袁长蓉,等.功能游戏在肿瘤患者健康照护中的应用进展[J].护理学报,2024,31(10):33-36.
② 纳撒尼尔·詹姆斯.医疗游戏化的前7个趋势-经过验证的市场报告[EB/OL].(2024-12-24)[2025-02-08]. https://www.verifiedmarketreports.com/zh/blog/top-7-trends-in-healthcare-gamification-for-2024/.
③ 吕冠薇,刘美彤,杨金玉.论经济不确定性与心理健康的关系[J].现代商贸工业,2024,45(2):161-163.
④ 周昱昊,张萌.内卷感知对大学生积极心理健康的影响:一项短期追踪研究[J].黑龙江高教研究,2025,43(2):115-123.
⑤ 牛杏蒙,李涵云,王雪仪,等.领悟社会支持和TMEM161B基因rs768705多态性及其交互作用与新发抑郁症状的关联[J].中国心理卫生杂志,2025,(2):107-114.
⑥ 联合国新闻.世卫组织:全球近10亿人患有精神障碍 亟待重塑影响精神健康的环境[EB/OL].(2022-06-17)[2025-02-17]. https://news.un.org/zh/story/2022/06/1104712.
⑦ 蓝皮书报告.2022年青少年心理健康状况调查报告[EB/OL].(2023-08-10)[2025-02-08]. http://psy.china.com.cn/2023-08/10/content_42459520.html.

布《2022国民抑郁症蓝皮书》[1],显示中国50%的抑郁症患者为学生,且41%的学生因抑郁症而休过学[2]。引发抑郁症的原因包含情绪压力、亲子关系、亲密关系等,如图5-37所示。根据世界卫生组织于2023年的报告,全球共有2.8亿人患有抑郁症,每年有70多万人因抑郁症而自杀身亡[3]。高发的心理健康问题使得家庭、社区和专业机构等"社会支持系统"面临巨大压力,而"社会支持系统"的崩溃又会使心理疾病的发病率更高,形成恶性循环。譬如,家庭关系紧张、父母不和睦的青少年存在心理健康问题的风险更高,而患有心理疾病的青少年更会加剧家庭的这一种紧张关系,形成一种恶性循环。

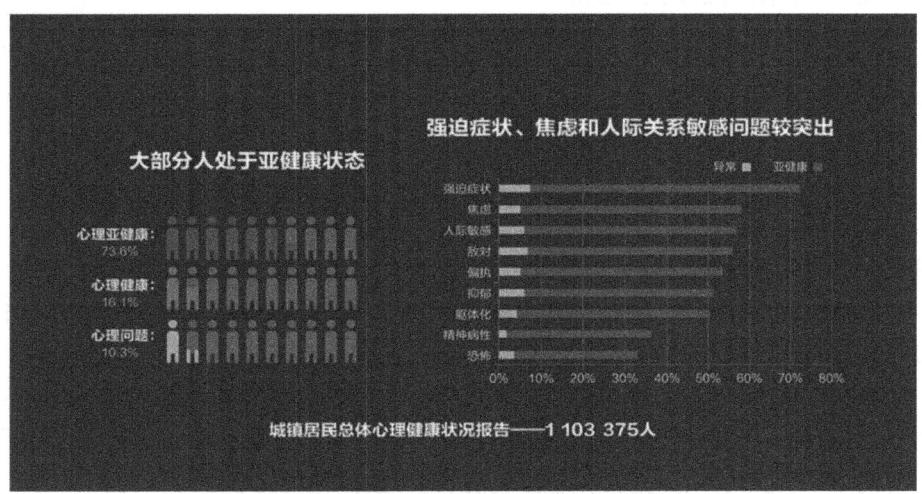

图5-36　城镇居民心理健康白皮书(部分)
(图片来源:中国产业研究报告网。)

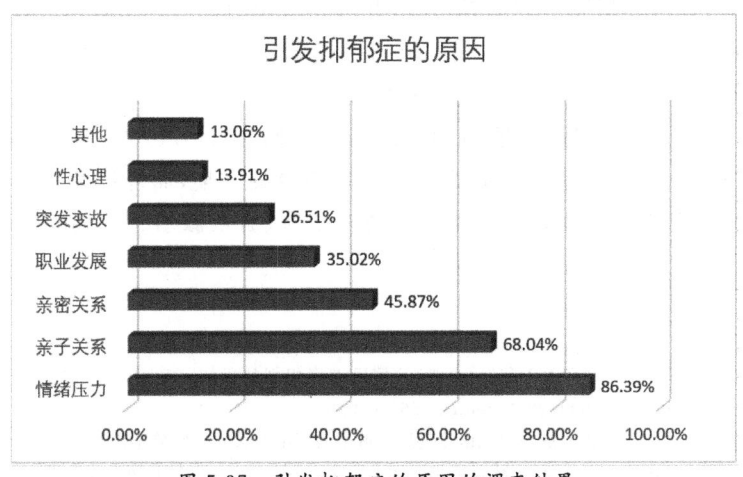

图5-37　引发抑郁症的原因的调查结果
(数据来源:抑郁研究所《2022年国民抑郁症蓝皮书》。)

---

[1]　毛茵,陈识. 武汉专家解读《2022年国民抑郁症蓝皮书》:抑郁症是可以治愈的[EB/OL]. (2022-07-19)[2025-02-17]. https://baijiahao.baidu.com/s?id=1738709499969557553&wfr=spider&for=pc.

[2]　抑郁研究所. 报告|《2022年国民抑郁症蓝皮书》[EB/OL]. (2022-07-11)[2025-02-17]. https://www.chinadevelopmentbrief.org.cn/news/detail/23683.html.

[3]　世界卫生组织. 抑郁障碍(抑郁症)[EB/OL]. (2023-03-31)[2025-02-17]. https://www.who.int/zh/news-room/fact-sheets/detail/depression.

心理健康问题已成为当今社会普遍存在的严重问题,不仅对个人造成了深远的负面影响,也对社会的各个方面产生了重大冲击,这种现状急需改变。2022年,中国国务院办公厅发布《"十四五"国民健康规划》[国办发〔2022〕11号],明确提出"到2025年心理相关疾病发生的上升趋势减缓,严重精神障碍、职业病得到有效控制"的发展目标①。而医疗游戏则是数字时代的一种有效的心理疾病干预手段。

二、心理疾病干预类游戏的特征

支持医疗游戏在心理学领域发展、完善的理论众多。其中,游戏化设计理论(Gamification Theory)②及心理健康干预理论(Psychological Intervention Theory)③为基于游戏的心理疾病干预疗法奠定了理论基础。

(一)游戏化设计

游戏化的应用场景虽然是在非游戏环境中,但其运用游戏理念引导体验者实现具体目标,这一点与功能游戏的内核存在一定交集。同时,一些具有游戏化设计模式的应用,也能够对心理疾病进行干预。

2002年,英国工程师尼克·佩林(Nick Pelling)首次提出了"游戏化"(Gamification)这一术语④。在近几年的发展过程中,该概念已被广泛渗透至商业、教育、心理学等多个研究范畴。所谓"游戏化",实质上是指在非游戏情境中,融合游戏的思维方式与机制,作为一种引导体验者参与互动和使用策略的手段。它的核心在于通过游戏元素和机制来激发体验者的内部和外部动机,从而提高人们的参与度,并达到较好的行为转变效果。在心理疾病干预中,这种理论的应用能够显著提升干预措施的吸引力和有效性⑤。而治疗效果的评估维度则主要包括动机、参与度与行为改变这三个方面⑥。

动机(Motivation)包括内部动机(Intrinsic Motivation)与外部动机(Extrinsic Motivation)两种类型。内部动机是指个体对活动本身的兴趣,而外部动机则来自外部的奖励或压力⑦。参与度(Engagement)是指通过游戏机制、游戏叙事、奖励系统、社交互动系统

---

① 国务院办公厅. 国务院办公厅关于印发"十四五"国民健康规划的通知[EB/OL]. (2022-04-27)[2025-02-17]. https://www.gov.cn/gongbao/content/2022/content_5695039.htm.
② 蒋凤,黄金,赵梅村,等. 国外游戏化在医疗健康领域中的应用现状[J]. 解放军护理杂志,2020,37(11):63-66.
③ 孙旺辉,罗明军. "阅读+游戏"疗法减缓患儿医疗恐惧的干预研究——以白血病患儿为例[J]. 社会工作与管理,2024,24(4):41-51.
④ DREIMANE S. Gamification before its definition-An overview of its historical development[C]//15th International Technology, Education and Development Conference, 2021:7187-7193.
⑤ ZICHERMANN G, CUNNINGHAM C. Gamification by Design: Implementing Game Mechanics in Web and Mobile Apps[M]. Sebastopol: O'Reilly Media, 2011.
⑥ KAPP K M. The Gamification of Learning and Instruction: Game-Based Methods and Strategies for Training and Education[M]. Sebastopol: O'Reilly Media, 2012.
⑦ RYAN R M, EDWARDd L D. Intrinsic and extrinsic motivations: Classic definitions and new directions[J]. Contemporary Educational Psychology, 2000, 25(1):54-67.

等游戏元素,创造引人入胜的游戏体验,使体验者在游戏活动始终保持较高的兴趣和专注力[1]。行为改变(Behavior Change)是指游戏通过虚拟的任务促使体验者改变在现实生活中的某种行为,这种设计理念在教育和心理健康干预等领域中被广泛应用[2]。

基于游戏化设计理论,研究人员在心理疾病干预类游戏中设置明确的游戏目标、多样化的游戏挑战、丰富的奖励系统和即时反馈系统等,激发患者完成游戏任务的内部动机,提高游戏干预的参与度,最终促进其在现实生活中的行为改变。

(二)融入传统干预方法

心理疾病干预方法主要包含认知行为疗法(Cognitive Behavioral Therapy,CBT)与正念疗法(Mindfulness-Based Therapy,MBT)等。认知行为疗法是一种被广泛应用的心理疾病治疗方法,其核心在于通过改变患者的认知和行为来缓解其心理问题。在医疗游戏中,认知行为疗法主要通过情景模拟(通过游戏来模拟现实生活的某种情景,帮助患者更好地面对和处理现实生活中的问题)、认知重构(通过设计特定的游戏任务,帮助患者认识和挑战可能引发负面情绪的思维模式)、行为激活(通过游戏的奖励系统,鼓励患者开展积极的行为)这三种方式来实现[3]。融入认知行为疗法的数字游戏可以用来减轻大学生的抑郁和焦虑症状[4],*CBT Lingo Game* 便是一个典型案例[5],如图 5-38 所示。而一款专为阿拉伯人群设计的融入了认知行为疗法的游戏 *Sokoon*,也被证明了其在减轻抑郁及焦虑症等相关症状方面的有效性[6]。

正念是指人们在开展某种活动或完成某个任务的过程中,能够清晰地意识到自己在做什么,而不让自己的思绪游离于对过去的思考或对未来的担忧等。正念疗法强调冥想或正念训练对于提高个体觉察力和情绪调节能力的重要性[7]。在医疗游戏中,正念疗法通过冥想等方式帮助患者更好地领会身体及思绪的变化,用觉察、接纳和不评判的态度来关注当下。研究表明,正念干预对抑郁、焦虑等心理问题都具有良好的干预效果[8]。正念疗法能够有效激活与注意力调节、情绪调节相关的大脑区域,通过强化情绪感知、改变情绪应对方式等途

---

[1] PRZYBYLSKI A K, RIGBY C S, RYAN R M. A motivational model of video game engagement[J]. Review of general psychology, 2010, 14(2): 154-166.

[2] BARANOWSKI T, BUDAY R, THOMPSON D I, et al. Playing for Real: Video Games and Stories for Health-Related Behavior Change[J]. American journal of preventive medicine, 2008, 34(1): 74-82.

[3] Grouport Journal 网站 An Overview of *Cognitive Behavioral Therapy* (*CBT*) *Lingo Game*, 网址为 https://www.grouporttherapy.com/blog/cognitive-behavioral-therapy-games#:~:text=CBT%20games%20provide%20an%20engaging,applied%20in%20their%20everyday%20lives.

[4] AMER N A, ABDELRAZEK S, ELADROSY W, et al. Computer-based cognitive behavioral therapy intervention for depression, anxiety, and stress disorders: A systematic review[J]. International Journal of Cognitive Therapy, 2024, 17(4):885-918.

[5] The Counseling Palette 网站 Let's Play *CBT Lingo Game*, 网址为 https://www.thecounselingpalette.com/cbt-bingo-inspired-game?srsltid=AfmBOoqwEqXCP8R2S7wYOsMOkhpPooyl4PTTopABOA2LUARLD5KKmGc8.

[6] 朱咸林,舒燕萍,罗环跃. 基于网络的认知行为治疗的临床应用现状[J]. 神经损伤与功能重建, 2022, 17(11): 650-653.

[7] KHOURY B, LECOMTE T, FORTIN G, et al. Mindfulness-based therapy: A comprehensive meta-analysis[J]. Clinical Psychology Review, 2013, 33(6): 763-771.

[8] HOFMANN S G, SAWYER A T, WITT A A, et al. The effect of mindfulness-based therapy on anxiety and depression: A meta-analytic review[J]. Journal of Consulting and Clinical Psychology, 2010, 78(2): 169-183.

径,显著改善情绪调节能力①。

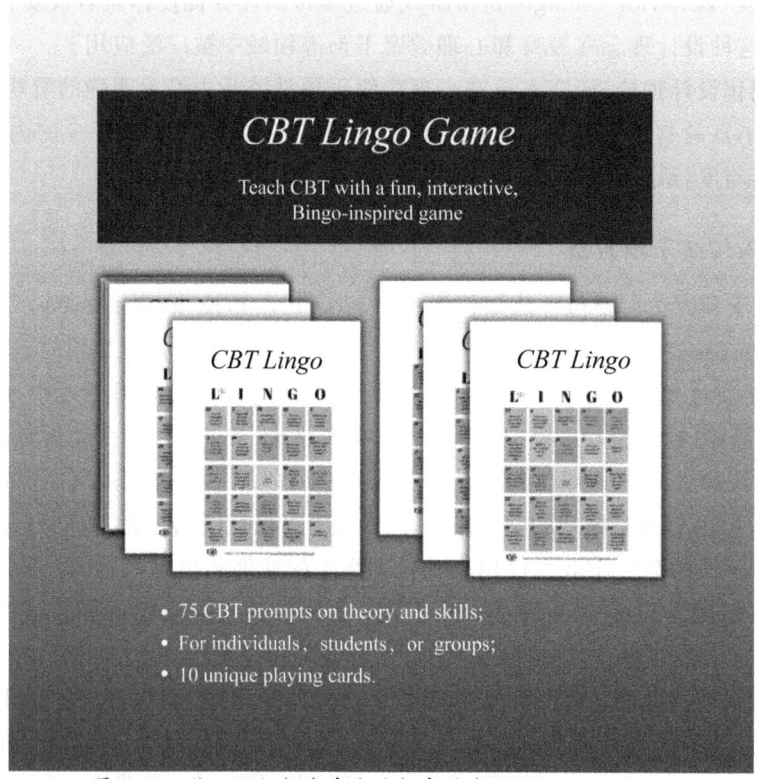

图 5-38　融入认知行为疗法的数字游戏 *CBT Lingo Game*

(图片来源:网络平台。)

三、心理疾病干预类游戏的应用场景

(一) 焦虑症与抑郁症干预

SPARX 是一款基于认知行为疗法的医疗游戏,旨在帮助青少年和成人应对抑郁和焦虑症状。该游戏的五个字母分别代表"Smart"(聪明的)、"Positive"(积极的)、"Active"(主动的)、"Realistic"(现实的)、"X-factor thoughts"(充满未知的)。体验者通过与虚拟世界的人物互动来接受游戏任务,如图 5-39 所示。游戏过程中,体验者需要不断地战胜"黑暗能量"(类似于抑郁症和焦虑症带来的阴影)。游戏还为每个体验者配备了一个虚拟导师角色,专门为用户提供指导和支持,帮助他们更好地调节、改变自己的认知。人们还可以在虚拟社区中与其他体验者交流经验,分享个体的进步和冒险心得以增强社交支持。研究表明,*SPARX* 在缓解抑郁和焦虑症状方面具有显著效果,与传统认知行为疗法疗效相当②。

---

①　朱柯蒙,汪晓,张庆娥. 正念疗法在常见精神疾病治疗中的研究进展[J]. 中国神经精神疾病杂志,2023,49(10):636-641.

②　MERRY S N, STASIAK K, SHEPHERD M, et al. SPARX computerised CBT is as effective as usual care for mild-to-moderate depression in help seeking adolescents[J]. Evid Based Ment Health,2012,15(4):90.

图 5-39 *SPARX* 游戏场景

（图片来源：Google Play 平台的游戏宣传图片。）

（二）创伤后应激障碍干预

创伤后应激障碍是指人们在目睹或经历战争、事故、自然灾害或性暴力等创伤性事件期间或之后，会感到极度的恐惧。患有创伤后应激障碍的人会不必要地反复回忆创伤性事件，感觉好像事件会再次发生。患者会回避与此事件有关的人或事，过于警觉并感到非常痛苦，导致其日常活动及家庭、社会、学校或职业生活都受到干扰。[①]美国南加州大学创意技术研究所开发的 *Bravemind* 是一款专门用于干预创伤后应激障碍的 VR 游戏，该游戏通过让患者高度沉浸于虚拟环境，并逐步暴露于创伤环境中，让患者最终面对乃至适应该环境，最终达到减轻症状的效果，如图 5-40 所示。研究发现，*Bravemind* 在减少患者的焦虑和回避行为方面表现出色，尤其适用于退伍军人和创伤幸存者[②]。

（三）孤独症谱系障碍干预

孤独症患者在社交和沟通方面存在一定程度的困难，同时，孤独症患者会体现出一些非典型的行为模式，譬如，难以从一项活动转移到另一项活动，过于注重细节，对某些事件反应异常等[③]。游戏能够从多个方面对孤独症患者进行干预。譬如，采用了 AR 技术的游戏 *FaceMe* 可以帮助孤独症患者更准确地识别他人的面部表情；游戏 *Pickstar* 则通过动态难

---

① 世界卫生组织. 创伤后应激障碍［EB/OL］.（2024-05-27）［2025-02-17］. https://www.who.int/zh/news-room/fact-sheets/detail/post-traumatic-stress-disorder.

② RIZZO A S, SHLLUING R. Clinical Virtual Reality tools to advance the prevention, assessment, and treatment of PTSD［J］. European journal of psychotraumatology, 2017, 8(5)：1414560.

③ 世界卫生组织. 孤独症［EB/OL］.（2023-11-15）［2025-02-17］. https://www.who.int/zh/news-room/fact-sheets/detail/autism-spectrum-disorders.

度调节机制,帮助不同程度的孤独症患者学习更多的社交词汇[1]。

图 5-40　士兵使用 Bravemind 干预创伤后应激障碍
(图片来源:网络平台。)

(四) 成瘾干预

医疗游戏结合认知行为疗法、行为列联管理(指一种用多物质干预的强化物质干预法)等心理治疗方法,为成瘾患者提供了新的干预手段。一些基于 VR 和 AR 技术的游戏,能够通过沉浸式体验帮助患者减少对成瘾物质的渴求。结合认知行为疗法对药物成瘾患者进行治疗的方法有:通过游戏中的任务和挑战,帮助患者识别和应对药物成瘾的触发因素;通过游戏中的奖励系统和即时反馈系统,增强患者的自我控制能力[2]。游戏据此为传统治疗提供了有力补充[3]。

四、医疗游戏的心理疾病干预效果

(一) 临床试验与数据

早在 2014 年,中国心理学家任志洪和江光荣就对 50 篇与抑郁症相关的文献(其中包含 42 项 RCT 研究,67 个样本)进行了元分析,最终发现使用数字化技术治疗抑郁症的整体效果量为 0.53,属于中等效果[4]。这表明数字疗法可以作为抑郁症的辅助治疗手段。

---

[1]　ZHAO Z. Research Review on Augmented Reality Technology in the Educational Development of Autistic Children[J]. Advances in Social Sciences, 2024, 13(05): 763-776.

[2]　陈坤,于春光,田润溪,等. 国际游戏化移动医疗领域的研究进展与趋势——基于 Web of Science 数据库的可视化分析[J]. 中国数字医学, 2023, 18(7): 106-115.

[3]　中国药物滥用防治协会. 成瘾障碍数字疗法中国专家共识写作组.成瘾障碍数字疗法专家共识[J]. 中华医学杂志, 2023, 103(35): 2757-2764.

[4]　任志洪,江光荣. 抑郁症计算机化治疗的效果及其影响因素:基于 RCT 的元分析与元回归分析[J]. 心理科学, 2014, 37(3): 748-755.

随着时间的推移,越来越多的实验证明医疗游戏对心理疾病具有良好的干预效果。一项研究发现,经过亲子互动的医疗游戏干预后,肿瘤患儿的情绪状态明显改善,表现出更少的焦虑、恐惧等负面情绪,会更加积极乐观地面对治疗①。还有研究显示,VR 沙盘游戏可以缓解头颈癌术后患者的情绪障碍,能够有效改善患者的情绪状态②。

(二)患者接受度

医疗游戏在心理疾病治疗领域的应用广受患者好评,患者的接受度普遍较高。譬如,希腊研究与技术中心开发了一款旨在通过上传和翻看照片,唤醒早期痴呆症患者的记忆,并改善其情绪问题的 COSMA 游戏,如图 5-41 所示。体验者普遍认为:该游戏不仅帮助他们回忆起美好的过去,还让他们在游戏过程中获得了积极的情感体验,大幅提升了他们的情绪状态。③ PHRASE 是融入游戏化设计的系统,针对中风患者,旨在通过个性化培训来简化临床医生对患者的管理。在一项为期六周的可行性研究中,该系统在患者和临床医生中普遍获得了高度认可。体验者反馈显示,PHRASE 不仅提高了患者在治疗过程中的依从性,还可以通过在线运动和认知评估提升患者的康复效果。此外,该系统还对患者的认知功能、功能障碍和生活质量产生了积极影响。④

图 5-41 COSMA 游戏界面
(图片来源:网络平台。)

(三)潜在风险与局限性

尽管大量研究结果表明医疗游戏在心理疾病干预中具有一定效果,但此类游戏仍存在

---

① 黄华. 亲子互动的医疗游戏干预对血液肿瘤患儿情绪行为的影响[D]. 武汉:武汉轻工大学,2022.
② 沈利凤,孙美蓉,朱慧,等. VR 沙盘游戏在头颈癌术后患者情绪障碍中的应用[J]. 全科医学临床与教育,2022,20(8):692-696.
③ 腾讯互娱社会价值研究. 良药未必苦口:基于游戏的数字医疗新科技[EB/OL]. (2021-09-29)[2025-02-17]. https://www.chuapp.com/? c=Article&a=index&id=288267.
④ VERSCHURE P, Donders Centre for Neuroscience. 康复系统个性化健康认知辅助(PHRASE):可行性研究(PHRASE-2023)[EB/OL]. (2024-04-20)[2025-02-17]. https://ichgcp.net/zh/clinical-trials-registry/NCT06374927.

一定的局限性。许多游戏在设计上暂未获得医学理论的充分支持，导致其治疗效果难以验证。譬如，《星星生活乐园》是一款通过模拟超市购物、搭乘电梯、进出洗手间等故事场景来帮助孤独症儿童练习应对社交问题，缓解焦虑情绪的功能游戏。虽然它在辅助训练方面的确有积极成果，但其长期干预效果和对不同患者的适用性仍需进一步验证[①]。此外，医疗游戏的研发依赖于海量的调研数据、广泛的研究样本与反复的迭代和优化，这导致医疗游戏在开发过程中也会面临较强的阻力。对于一些治疗依从性较低的患者，针对其的游戏创新实验过程可能会因为患者的不配合而暂停或中断。

五、医疗游戏在心理疾病干预领域的前景

随着心理健康问题的日益凸显，心理学领域的研究与应用不断拓展。医疗游戏作为一种新兴的干预手段，近年来，在心理学领域得到了广泛关注。医疗游戏能够以轻松且富有交互性的形式帮助体验者改善心理健康状况。这种创新的干预方式不仅能够提高体验者的参与度和依从性，还能够为心理学研究和实践提供新的思路和方法。

为了实现医疗游戏在心理学领域的长足发展，多学科专业人员的跨界合作是一个关键因素。医疗专业人员、数据分析师、游戏设计师和心理学家将共同合作，共同开发更加科学、有效的基于游戏的治疗方案，以提高治疗效果，推动技术创新。近年来，学界对基于游戏的数字医疗进行了深入研究，游戏行业与医疗行业已形成了深度合作。譬如，波克医疗出品的《快乐视界星球》等多款基于游戏的数字医疗产品，以及由多个三甲综合性医院、专科医院和多位数字健康领域的专家共同编撰完成的《游戏化数字医疗概论》等书籍[②]，都体现出游戏行业与医疗行业的深度合作关系。

未来，医疗游戏将不仅局限于短期的治疗，而是延伸到患者的一生。通过持续性的游戏干预，帮助患者在人生的各个阶段都保持心理健康。这种全生命周期的干预模式将覆盖从预防、治疗到康复的各个阶段，为患者提供全方位的心理健康支持。在预防阶段，医疗游戏强化公众对心理疾病的认知，帮助人们识别早期的心理问题，引起大家的重视，并提供相应的预防措施。在治疗阶段，医疗游戏将发挥重要作用。譬如，美国 Akili Interactive 公司针对儿童注意缺陷与多动障碍研发的《强化训练号》游戏，就是通过基于游戏的训练方式来提高儿童的注意力和行为控制能力。波克城市与同济大学附属养志康复医院共同研发的《定制式链接记忆》，则旨在对老年人的认知功能障碍进行干预，游戏呈现了老年人所熟悉的日常生活场景，老人需要在自己居住的虚拟房间中寻找物品或辨别家人的声音来完成游戏任务。在康复阶段，医疗游戏同样能够帮助患者恢复和维持心理健康。

在医疗领域的未来发展中，医疗游戏将呈现出显著的个性化与定制化趋势。这种趋势意味着游戏开发者和心理学专家将紧密合作，针对各种不同的心理问题以及个体的独特需求，设计并研制出具有高度针对性的游戏干预方案。为抑郁症患者设计出能够帮助他们缓解情绪低落，保持积极心态的游戏；为焦虑症患者开发有助于减轻焦虑情绪，提高抗压能力的游戏；为孤独症患者推出能够改善社交技能，促进情感交流的游戏……通过这种方式，医

---

① 三七互娱.《星星生活乐园》新版本公测 助力孤独症初筛评测及多场景辅助训练[EB/OL].(2023-04-03)[2025-02-12]. https://www.sohu.com/a/662382240_396081.

② 何奎良. 探索"游戏+大健康"的医疗新质生产力，《游戏化数字医疗概论》新书沪上首发[EB/OL].(2024-12-16)[2025-02-08]. https://news.sina.com.cn/sx/2024-12-16/detail-incnzrzsr2575700.shtml.

疗游戏能够为每个体验者提供精准且有效的个性化心理干预,从而更好地满足不同心理疾病患者的个性化需求。

第六节 医疗游戏与医疗培训

一、游戏在医疗培训中的应用

目前,用于医疗培训的功能游戏并不多见,许多医疗培训场景使用的是带有一定程度游戏化设计的应用。这些应用中体现出的医疗功能,为医疗游戏的研制提供了良好的实践基础。如何将游戏元素与医疗功能融合,让医疗游戏更好地服务于医疗培训,是医疗游戏的未来发展方向。

(一) 护理培训

将游戏设计元素融入护理教学过程中,能够为学习活动增添趣味性,进而增强学生的参与度与学习动力。在基于游戏的课堂中,学生将获得更加即时的学习反馈、更加丰富的视觉感受,以及更富有趣味性的学习体验,从而有效提升其在护理培训课程中的专注度[1]。

部分护理教育研究者深入分析了名为《逃生室》(Nursing Escape Room)的游戏对护理专业学生学习动机的作用。在此游戏中,体验者需在限定的30分钟内,运用其所掌握的理论及实践知识进行解谜,以实现"逃脱"的目标。在此过程中,指导教师将对学生所展示的护理技术进行准确性评估。研究结论表明,《逃生室》游戏是一种新颖的评估护理专业学生理论及实践知识的方法,该游戏有助于提升学生的团队协作能力,增强其在压力情境下的表现力[2]。随后,一些教育研究者采用《逃生室》作为教学评价手段,以评估护理专业学生在客观结构化临床考核中的认知能力和实践经验。结果显示基于游戏的教学与传统教学手段相融合,不仅丰富了学生能力评估体系,而且对学生的护理技能培养起到了良好的促进作用[3]。

目前,功能游戏已成为护理教学过程中经常采用的方法[4]。将这些游戏应用于护理教学之中,不仅为护理专业学生提供了一个更为安全、更为逼真的临床技能提升环境,亦有助于增强学生的教学满意度、决策能力及创新思维。游戏与教育相结合的模式已被证实为提升学习成效的有效途径,这为国内学者在基于游戏的护理教育研究提供了理论参考。随着现代护理教育的不断发展,其正从传统的填鸭式教学向基于游戏的教育的转变,并逐渐成为

---

[1] ROBB M. Effective classroom teaching methods: a critical incident technique from millennial nursing students' perspective[J]. International Journal of Nursing Education Scholarship, 2014, 10(1): 301-306.

[2] GÓMEZ-URQUIZA J L, GÓMEZ-SALGADO J, ALBENDÍN-GARCÍA et al. The impact on nursing students' opinions and motivation of using a "nursing escape room" as a teaching game: a descriptive study[J]. Nurse Education Today, 2019, 72: 73-76.

[3] ROMAN P, RODRIGUEZ A M, MOLINA T G, et al, The escape room as evaluation method: a qualitative study of nursing students' experiences[J]. Medical Teacher, 2020, 42(4): 403-410.

[4] JOHNSEN H M, FOSSUM M, VIVEKANANDA S P, et al. Developing a serious game for nurse education[J]. Journal of gerontological nursing, 2018, 44(1): 15-19.

护理教育的新动向①。

(二) 外科手术培训

医疗游戏在外科手术训练中具有显著优势，主要体现在沉浸式学习体验、个性化反馈、低风险、丰富的实践场景、团队协作能力提升、教学质量提升、资源节约和增强实际应用能力等方面。参训人员可以在高度逼真的虚拟环境中反复练习手术技能，获得实时反馈和个性化学习方案，从而提升其学习效率和参与度。这种无风险的训练方式能够在保护患者生命安全的前提下提高参训人员的医疗技术。此外，医疗游戏还支持参训人员在任何时间、地点进行练习，摆脱了时间和空间的约束。

英国 Digital Surgery 公司开发的 Touch Surgery 是一款医疗教育应用，该应用为医学专业的学生、实习医生，以及外科医生提供了一个具有较高拟真度的手术模拟平台，如图 5-42 所示。Touch Surgery 已被美国超过 100 个住院医师培训项目采用，并获得了 AO 基金会、美国手部外科协会(AASH)、英国整形、重建和美学外科医生协会及爱丁堡皇家外科学院的认可。该应用提供了 150 多项免费手术供体验者选择，体验者可以经历基于逼真 3D 图形渲染出的手术过程。②

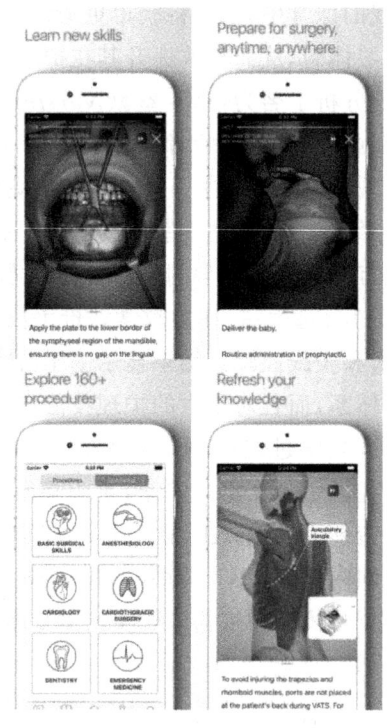

图 5-42　Touch Surgery 应用界面
(图片来源:官网官方网站的宣传图片③。)

---

① 谢金雨,王贵猛,王梓懿,等. 游戏化教学在护理教育中应用的范围综述[J]. 护理学杂志,2024,39(18):111-115.

② GooglePlay 网站上 Touch Surgery 的介绍信息 https://play.google.com/store/apps/details? id = com. touchsurgery&hl=en_US.

③ Touch Surgery 官方网站 https://www.touchsurgery.com/users/login/form.

作为一款专注于外科手术训练的 VR 应用,由美国 VR 医疗培训服务提供商 Osso VR 开发的 Osso Health 通过营造沉浸式的三维模拟环境来帮助外科医生和医学生提高医学知识水平和手术技能,如图 5-43 所示。该应用通过模拟真实的手术场景,让体验者在无风险的环境中进行练习,从而提升其手术操作的熟练度和精准度。Osso Health 允许体验者通过 Apple Vision Pro 的创新空间计算方法,针对虚拟病人开展腕管释放术和全膝关节置换术这两种常见的骨科手术。体验者能够据此了解手术的各个关键步骤。空间计算技术则支持人们在安全且可控的现实环境中探索复杂的医疗程序。Osso VR 公司的联合创始人兼首席战略官 Justin Barad 博士表示。"Apple Vision Pro 以突破性的显示质量和几乎无延迟的学习体验,解锁了在医疗领域大规模应用空间计算的新机遇,帮助解决了医疗教育中的重要挑战。"[1]这些应用为医疗游戏的设计与研发提供了充分的依据,使基于游戏的外科手术培训更具趣味性与实用性。

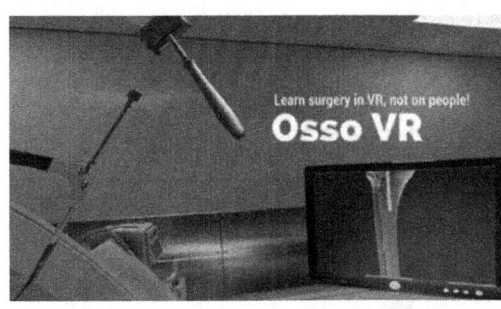
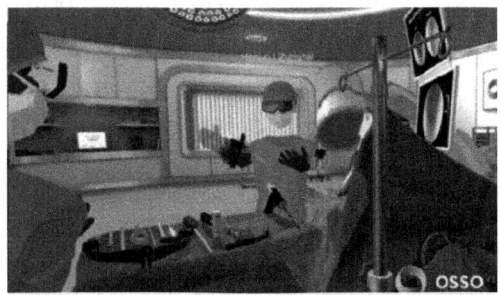
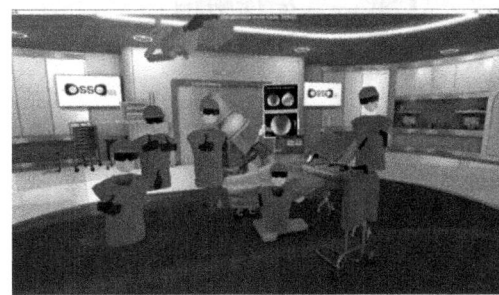
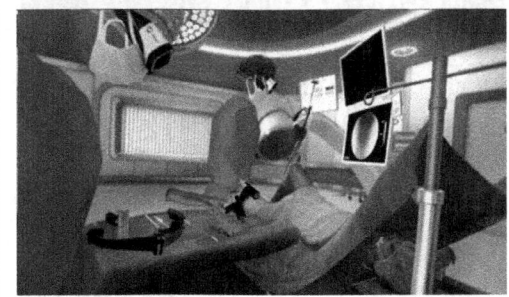

图 5-43　Osso Health 应用界面
(图片来源:Osso VR 官方网站的应用宣传图片。)

鉴于不同类型的游戏内容能够针对性地满足不同人才培养的需求,这些内容上的差异化在一定程度上实现了培育多样化人才的目标。在近几年的学术研究中,一个突出的热点问题便是如何利用游戏来降低医疗过程中的风险。研究显示,医科学生对游戏普遍持欢迎态度,游戏丰富了他们的学习经历,而且在遵循社交距离规定的前提下,显著提升了他们的团队协作能力[2][3]。

---

[1] OSSO VR. Osso Health Medical Training App Launches for Apple Vision Pro [EB/OL]. (2024-04-11)[2025-02-16]. https://www.ossovr.com/press-releases/osso-health-medical-training-apple-vision-pro.

[2] ZHANG X C, BALAKUMAR A, RODRIGUEZ C, et al. The zoom picture book game: a creative way to promote teamwork in undergraduate medical education[J]. Cureus, 2020, 12(2): e6964.

[3] 张鸿飞,赵明一,冯怡然,等. 游戏应用于医学教育研究现状的可视化分析[J]. 中国全科医学,2024,27(28):3495-3499.

(三) 应急处理培训

VR技术通过计算机生成的三维虚拟环境,让体验者沉浸其中并与之互动,其核心在于通过沉浸式体验、多感官刺激创造一个高度逼真的虚拟世界。将VR技术应用于医疗游戏的设计,能够增强游戏的沉浸感,提升游戏交互方式的创新性,从而赋能基于游戏的医疗紧急救援培训。

KAT PRO Walk Mecha万向行动平台是由中国KATVR公司推出的一款VR设备,专为应急救援、军事训练、消防演练等高危行业设计,如图5-44所示。该平台具备自由行动模拟、仿真驾驶模拟、特殊事件震动模拟等功能,允许体验者在虚拟环境中自然地行走、奔跑、跳跃。通过传感器捕捉体验者的动作,并通过视觉刺激、听觉刺激、震动刺激对体验者进行即时反馈。该设备如今已被广泛应用于多个领域,包括但不限于:为救援人员构建高度逼真的模拟矿山救援环境,救援人员可以利用该模拟环境进行反复的演练和磨合,熟悉并掌握各种应急救援设备的操作流程和使用技巧;为军事人员打造沉浸式实战训练体验,旨在增强其在面对复杂战况时的应变处置能力;模拟火灾等灾害情境,使消防员能够在无安全隐患的环境下进行实战操练,从而提升其应急响应技能。医疗游戏可基于VR技术对现实生活中可能发生的紧急救援场景进行模拟,以培训医务人员的应急处理能力。

图5-44 KAT PRO Walk Mecha设备
(图片来源:官方网站的宣传图片。)

二、游戏在医疗培训中的优势

(一) 低风险、高效率

应用于医疗培训的游戏能够提升参训人员的技能,巩固其手术知识。通过模拟手术操作，参训人员能够在无风险的环境中反复练习，从而提高其手术技能的熟练度和精准度。譬如，游戏《模拟心脏手术》（*Heart Surgery*）在一定程度上还原心脏手术的各个环节，如图 5-45 所示。游戏中包含多种心脏手术案例，从简单的瓣膜修复到复杂的心脏移植，参训人员通过模拟手术操作，能够在无风险的环境中反复练习，提高手术技能。同时，基于游戏的学习方式使复杂的手术步骤直观易懂，有助于参训人员更好地理解和记忆。

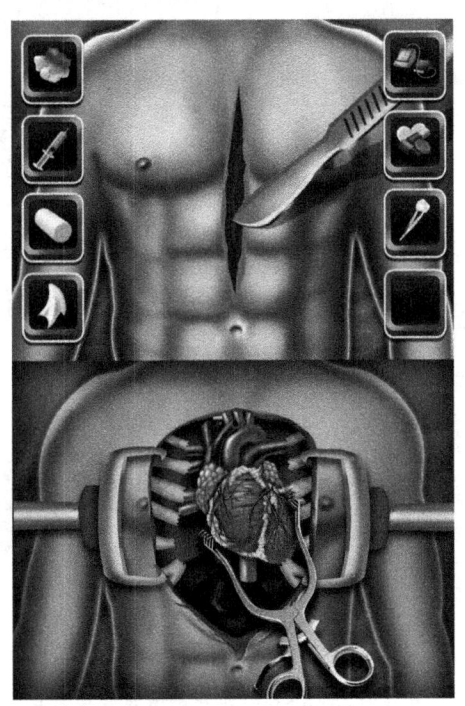

图 5-45　《模拟心脏手术》游戏界面
（图片来源：网络平台。）

基于游戏的虚拟手术环境能够提升参训人员心理素质与应变能力。模拟手术中的压力情境可以帮助参训人员提前适应手术室中的紧张氛围，减少实际手术中的焦虑和紧张情绪。除了直接用于医疗人员进行训练的功能游戏，一些医疗主题的休闲游戏也在一定程度上体现出了这个特点。以游戏《外科诊所模拟器》为例，体验者将扮演一名经验丰富的外科医生，在游戏的虚拟医疗环境中，面对各种紧急和复杂的病例，执行从简单缝合到复杂心脏手术的各类操作。游戏设置了各种突发情况，如患者出现意外出血等，体验者需要迅速做出反应。医疗培训类游戏能够有效锻炼医疗从业人员的应变能力和面对复杂病症的决策能力，使其在面对真实手术中的突发状况时能够迅速做出正确的反应。

相较于传统的医疗培训方法，医疗游戏丰富的游戏体验，有助于提高医疗从业者的学习兴趣、参与度与学习效率，使其在较短的时间内掌握医疗知识和技能。譬如，在由 InfinityGames Studio 公司开发的游戏 *Real Doctor Hospital Simulator Game* 中，体验者需要面对各种复杂病例，运用智慧和技巧解决问题，每次成功救治都能获得丰厚的游戏奖励，如图 5-46 所示。这种即时反馈机制可以让体验者在较短时间内掌握更多知识和技能。

图 5-46 *Real Doctor Hospital Simulator Game* 游戏场景
(图片来源：App Store 平台的游戏宣传图片。)

(二) 直观易懂

医疗游戏除了可以对专业医疗人员进行培训，还能够帮助非医疗从业人员更好地了解健康知识，学习一些应对突发症状的处理技术(如心肺复苏、止血等)，丰富其对疾病的认知。由 Dmitrii Lomakin 开发的游戏 *Reanimation Inc.* 向体验者解释人体的构造、急救和医疗护理的方法，展现了心脏病等特殊疾病的治疗技术，如图 5-47 所示。该游戏包含了一个真实的心电图(Electrocardiography, ECG)监视器，其中显示了心电图、压力、脉搏波、血氧饱和度等数据。体验者将学习除颤器的真实工作原理，并且在游戏中多次使用它对虚拟病人进行抢救。体验者还将理解"心脏骤停"的含义，并学习如何开展心室纤维颤动、心房颤动、无脉性电活动、基于心电图的心脏病急症等操作。此类游戏能够帮助非医疗领域的普通大众学习医学知识，并在日常生活中更好地进行健康管理和疾病治疗。正如 *Reanimation Inc.* 的开发者所述"也许正是通过 *Reanimation Inc.*，一位体验者能识别中风并拨打急救电话，从而拯救一条生命。"①

---

① Steam 平台 *Reanimation Inc.* 的游戏主页 https://store.steampowered.com/app/1089820/Reanimation_Inc/.

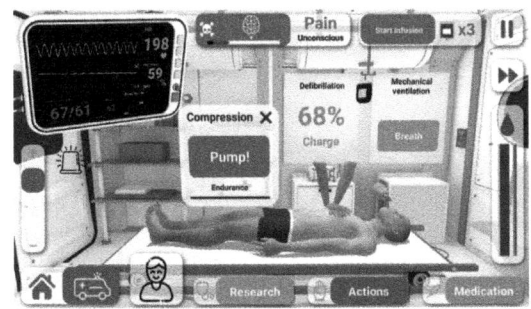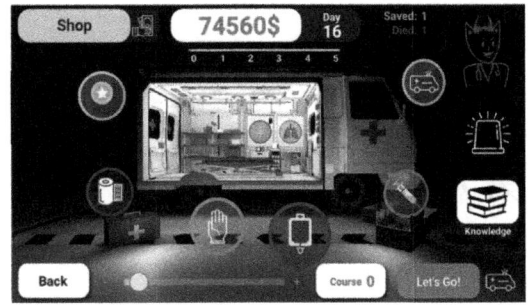

图 5-47　*Reanimation Inc.* 游戏界面
（图片来源：Steam 平台的游戏宣传图片。）

三、医疗培训类游戏的未来展望

随着医疗行业的持续进步，医疗技艺与知识的更迭速率正逐步提升。展望未来，医疗培训领域的游戏将逐渐在各个细分领域开展应用，旨在为不同专业背景的参训人员提供量身定制的教育内容。此种专业化的发展趋势，预期将有效增强参训人员的学习效能及实操技能。随着技术的不断进步，医疗游戏在医疗培训中的应用前景广阔，未来，医疗培训类游戏将结合 AI、大数据分析等更多前沿技术，为参训人员提供更加真实、复杂的模拟环境，实现更加精细化的操作指导。AI 技术的发展还将进一步增强游戏的个性化学习体验，以迎合不同参训人员的特定需求。

同时，跨行业合作趋势不断加强将促进各领域间的深度融合。医疗培训游戏的发展，亟须医疗、教育与游戏三大领域之间的紧密协同。合作将有助于整合各方资源，共同解决医疗培训中的难题和挑战。

此外，随着人们对医疗培训类游戏认知的逐渐加深，社会对这种培训方式的接受度将不断提高。未来，更多的医疗机构和教育机构将认识到基于游戏的培训潜力，并积极推广和应用这种学习方式。与此同时，政府机构及社会各界对于医疗培训类游戏领域的扶持与投入将逐步增强，从而为该领域的持续发展营造出一个更为有益的外部条件。

第六章 功能游戏设计

第一节 功能游戏设计原则

一、功能性与游戏性的平衡

关于在功能游戏设计过程中,功能性与游戏性究竟应当处于何种关系的问题,学术界形成了两种主流的设计观点。一部分研究者认为功能游戏的实质是游戏,他们认为功能游戏设计应当基于游戏本体视角,以游戏本体框架与游戏性的来源为基础,并在此基础上融入某种功能。另一部分研究者则将游戏视为一种工具,认为游戏应当服务于某个目标领域的实际需求,相较于游戏性更应注重其功能性、价值性。[①] 无论设计师是以游戏的本体框架为基础,以游戏性作为第一优先级进行设计,还是将游戏视为一种工具,将其功能性置于第一位,一款成功的功能游戏必须兼具功能性与游戏性,而这也是功能游戏设计的一大挑战。

目前,功能游戏还未获得广大体验者群体的普遍认可[②]。原因在于,一方面,功能游戏未准确提供体验者期望的学习内容,无法有效满足用户的学习需求;另一方面,功能游戏未能有效满足体验者的游戏需求,游戏特有的娱乐属性并未在功能游戏中得到充分体现,功能游戏与娱乐游戏在游戏性上仍存在较大差距。[③] 大部分现存功能游戏作品具备角色、奖励、徽章、关卡,以及挑战系统、及时反馈系统、成就系统等结构,但是仍然缺乏能够有效营造愉悦体验、提升游戏趣味性的元素,这导致大部分功能游戏仍然是枯燥且乏味的。[④] 功能游戏的设计师经常试图模仿主流娱乐游戏的设计,但却未能获得类似的成功,部分原因是设计师未能更改他们对传统教学设计的思考方式。不少设计师基于丰富的传统教学材料设计经

---

① 蒋希娜,邵兵,朱小枫,等."三元共生":功能游戏设计的关键策略[J].包装工程,2024,45(14):97-107.
② 赵永乐,蒋宇,何莹.我国教师对教育游戏的接受与使用状况调查[J].开放教育研究,2022,28(1):51-61.
③ 安福杰.混沌理论视野下的教育游戏教育性与娱乐性平衡研究[J].中国电化教育,2011(11):76-79.
④ SHAHID M, WAJID A, HAQ K, et al. A Review of Gamification for Learning Programming Fundamental[C]//2019 International Conference on Innovative Computing (ICIC). IEEE, 2019:1-8.

验,将教育内容和认知特性置于更加重要的位置,而忽略了其他直接影响游戏性的元素。然而,仅仅强调教育内容而忽视游戏性,并不足以设计一款成功的功能游戏。[1] 作为一种特殊的游戏类型,游戏性是功能游戏的核心属性。设计师需要重点关注如何通过功能游戏的游戏性来吸引体验者,从而使其持续专注于游戏之中[2]。游戏性对功能性的发挥具有直接影响。良好的游戏性能够确保游戏活动是有趣且愉悦的。只有具备良好的游戏性,游戏才能够吸引体验者持续地进行游戏,从而教会体验者更多的知识[3]。当功能游戏具备良好的游戏性时,游戏能够吸引体验者的注意力,促使他们主动参与游戏,并强化其学习动机[4]。此外,体验者的兴趣将促使他们拥有更强的意愿来克服挑战,即使在遭遇失败时,这种兴趣也能够防止体验者放弃学习[5]。

(一) 功能性的内涵与评估方式

《快乐之道:游戏设计的黄金法则》一书的作者拉夫·科斯特(Raph Koster)是美国游戏设计师、索尼在线娱乐公司首席创意官。他在书中提出:游戏是从现实中抽象出来的,游戏是抽象的、图标化的形式系统[6];而功能游戏则意味着游戏这套抽象的形式系统能够与现实世界中某个领域的规则贴合,体验者通过游戏学习的知识能够被直接迁移至现实世界。

譬如,军事类功能游戏 VBS 系列、《武装突袭》系列对不同武器的攻击效果、不同战争地形的物理效果等进行了模拟,士兵通过该游戏进行训练而掌握的战斗技能能够被迁移至实际战斗过程中,其中 *Virtual Battle Space 3* 游戏场景如图6-1所示。教育类功能游戏《极客战记》与 *Swift Playgrounds* 要求体验者使用某种专业的编程语言进行编程,从而控制游戏主角完成一系列动作。《极客战记》涵盖 JavaScript、CoffeeScript、Lua、Python、C++和Java 等编程语言,要求体验者学习"循环""条件判断""字符串""变量""函数"等编程概念;*Swift Playgrounds* 则要求体验者使用 Swift 语言进行编程。体验者在这两款游戏中学习的编程知识,与在现实世界的编程课堂中学习的、在实际编程工作中使用的是一致的,如此体现出游戏的功能性。

针对不同领域的功能游戏,设计师可采用相应领域的专业评估方法,对游戏的功能性进行测评。大部分研究者会对传统的方法与基于游戏的方法开展对照实验,譬如,在教育领域,研究者会对传统的教育方法与基于教育类功能游戏的方法开展对照实验;在医疗领域,研究者会对传统的疾病干预方法与基于医疗类功能游戏的干预方法开展对照实验,探索游

---

[1] PALIOKAS I, ARAPIDIS C, MPIMPITSOS M. Game Based Early Programming Education: The More You Play, The More You Learn[J]. Transactions on Edutainment IX, 2013: 115-131.

[2] SENG W, YATIM M. Computer Game as Learning and Teaching Tool for Object Oriented Programming in Higher Education Institution[J]. Procedia-Social and Behavioral Sciences, 2014, 123: 215-224.

[3] MOHAMED H, JAAFAR A. Challenges in the Evaluation of Educational Computer Games[C]//2010 International Symposium on Information Technology. New York: Institute of Electrical and Electronic Engineers, 2010, 1: 1-6.

[4] MALLIARAKIS C, SATRATZEMI M, XINOGALOS S. Educational Games for Teaching Computer Programming[J]. Research on E-Learning and ICT in Education: Technological, Pedagogical and Instructional Perspectives, 2014: 87-98.

[5] FALCAO T, BARBOSA R, GOMES T. An Analysis of Interaction Design in Children's Games Based on Computational Thinking[J]. Journal on Computational Thinking (JCThink), 2017, 1(1): 16.

[6] 拉夫·科斯特. 快乐之道:游戏设计的黄金法则[M]. 姜文斌等, 译. 上海:百家出版社, 2005: 38.

戏干预效果与传统疾病干预效果是否存在显著性差异。中山大学与腾讯互娱社会价值研究中心合作，在开展基于游戏的抑郁症干预研究时，采用贝克抑郁量表、抑郁焦虑压力量表、积极和消极情绪量表、一般自我效能感量表等对体验者的情绪状态进行评估[1]。在一些基于编程教育游戏的学生计算思维培养研究中，研究者会基于计算机科学领域的计算思维评估量表，在学生使用游戏前和使用游戏后分别进行评估，通过前后测试成绩的差异计算该游戏的计算思维培养效果[2]。研究者还可采用观察法、视频分析法、访谈法、日记分析法等方法，衡量学生的计算思维培养情况[3]。

图 6-1　*Virtual Battle Space 3* 游戏场景

（图片来源：Bohemia Interactive Simulations 在 YouTube 平台发布的游戏宣传视频。）

（二）游戏性的内涵与评估方式

在游戏设计领域，游戏性是评估游戏质量的重要指标。游戏性的英文术语是"gameplay"。在游戏设计研究的发展过程中，有诸多设计师与研究者都探讨了游戏性的概念及游戏性的构成要素。加拿大游戏设计师席德·梅尔（Sid Meier）认为游戏性在于一系列有意义的选择[4]。研究者 Howland 在文章"The Focus of Gameplay"中，将游戏性界定为"体验者与游戏之间开展的有意义的互动"，他认为良好的游戏性意味着体验者进行这些有意义的互动的频率[5]。研究者 Andrew Rollings 和 Ernest Adams 将游戏性界定为"模拟环境中，一个或多个具有因果关联的挑战序列。"[6]

---

[1]　库逸轩. 中山大学脑与心理健康研究中心：音乐游戏训练或可减轻阈下抑郁的症状[EB/OL].（2022-09-22）[2025-01-27]. https://mp.weixin.qq.com/s/kwsqTZvwOmqK9HjqTn5xRA.

[2]　张屹，马静思，周平红，等. 人工智能课程中游戏化学习培养高中生计算思维实践的研究——以"挑战 Alpha 井字棋"为例[J]. 电化教育研究，2022，43(9)：63-72.

[3]　高宏钰，李玉顺，代帅，等. 编程教育如何更好地促进早期儿童计算思维发展——基于国际实证研究的系统述评[J]. 电化教育研究，2021，42(11)：121-128.

[4]　黄石. 游戏性-《中国大百科全书》第三版网络版[EB/OL].（2022-12-23）[2025-01-27]. https://www.zgbk.com/ecph/words?SiteID=1&ID=454358&Type=bkzyb&SubID=119459.

[5]　GEOFF H. The Focus of Gameplay[EB/OL].（2000-01-05）[2025-01-27]. https://archive.gamedev.net/archive/reference/design/features/focus/default.html.

[6]　ANDREW R, ERNEST A. Andrew Rollings and Ernest Adams on Game Design from New Riders Press[EB/OL].（2003-05-18）[2025-01-27]. https://archive.gamedev.net/archive/reference/articles/article1942.html.

游戏性可从广义与狭义两个维度来定义：狭义的游戏性是指游戏这种艺术形式特有的，即其他非游戏的艺术形式所不具备的，会对体验者构成吸引力的游戏内容；广义的游戏性则并没有限定艺术形式的类型，能够营造游戏体验的因素都属于这个范畴，包括交互设计、规则设计、体验者的情绪调控机制等等。[1]

研究者 Laura Ermi 与 Frans Mäyrä 在一次面向儿童的研究中，归纳了构成游戏性的三个维度：视听刺激、幻想和挑战。视听刺激包括游戏音乐、音效、图像等；幻想则包括游戏世界观、游戏主题、游戏角色，以及可供体验者探索的广阔的游戏空间等；挑战则包括对抗和竞争等肢体控制方面的挑战，以及问题解决、物品创造等认知方面的挑战。[2]在这两位研究者的基础上，本书将游戏性的来源进一步完善为感官刺激、幻想世界、挑战系统三个方面。感官刺激包括视觉刺激、听觉刺激、触觉刺激等；幻想世界包括游戏角色、游戏叙事、游戏空间；挑战系统则包括游戏机制、游戏挑战、游戏规则与游戏目标等核心元素[3]。

沉浸体验是游戏性的重要来源，游戏心流理论提出了营造沉浸体验的多个因素。第一，游戏的任务是可被完成的，即游戏任务的难度适中。第二，体验者具有一定的专注力，能够专注于当前的游戏任务。这一点排除了患有如注意力缺陷等疾病的体验者。第三，游戏挑战需要与体验者的技能保持平衡，并且在游戏推进过程中，游戏挑战与体验者的技能都需要不断提升以达到一个较高的水平。第四，游戏具有良好的控制性。第五，游戏任务具有清晰的目标。第六，游戏任务提供即时性的反馈。第七，体验者毫不费力但又深深地沉浸在游戏中，减少对自我及时间的关注。[4]这些因素中的第一条、第三条、第四条、第五条、第六条描述了游戏设计的特性，剩余两条则描述体验者的状态。这五条与游戏设计相关的因素分别对游戏的任务难度、挑战、控制性、目标、反馈系统提出了要求，这也是影响游戏性的几个关键要素。

游戏心流量表也是一种常见的游戏性评估方式。有的研究者基于游戏心流理论，建构李克特五级量表，将游戏心流体验拆分为清晰的目标（Clear Goals）、明确的反馈（Unambiguous Feed Back）、技能与挑战的平衡（Challenge-Skill Balance）、行动与意识的融合（Action-Awareness Merging）、控制感（Sense of Control）、自我意识的丧失（Loss of Self-Consciousness）、时间流逝的扭曲（Transformation of Time）、高峰体验（Autotelic Experience）等维度[5]。

---

[1] 黄石. 游戏性-《中国大百科全书》第三版网络版[EB/OL]. (2022-12-23)[2025-01-27]. https://www.zgbk.com/ecph/words? SiteID=1&ID=454358&Type=bkzyb&SubID=119459.

[2] ERMI L, MAYRA F. Fundamental Components of the Gameplay Experience：Analyzing Immersion[C]// Selected Papers of 2005 Digital Games Research Association's Second International Conference. University Press，2005：88-115.

[3] 陈柏君. 数字游戏创意设计[M]. 北京：北京邮电大学出版社，2025.

[4] SWEETSER P, PETA W. GameFlow：A Model for Evaluating Player Enjoyment in Games[J]. Computers in Entertainment，2005，3(3)：1-24.

[5] CAI X, CEBOLLADA J, CORTINAS M. Self-report measure of dispositional flow experience in the video game context：Conceptualisation and scale development[J]. International Journal of Human-Computer Studies，2022，159：102746.

二、虚拟性与真实性平衡

(一) 虚拟性——游戏的本质属性之一

游戏是设计师创造出的一个与现实世界有所不同的另一个世界,因此,虚拟性是游戏的重要特性之一。克里斯·克劳福德认为游戏是一个封闭的形式系统,是设计师对现实世界的主观表现。游戏是一个完整且自足的结构,游戏世界独立于外部现实世界,所有的事件都可在游戏系统内部解决,不需要外部现实世界的干预。游戏创造了一种主观的、经过刻意简化的、带有设计师特殊情感的现实世界表现形式。① 罗歇·凯卢瓦也认为"虚构性"(或称"佯信性")是游戏的本质属性之一,人们会意识到游戏世界是第二现实或虚拟现实,游戏与现实生活是相对立的②。在 *Rules of Play: Game Design Fundamentals* 中,作者 Salen 与 Zimmerman 认为游戏在时间和空间上都独立于现实世界,尽管游戏活动本身发生在现实世界中,但虚拟性仍然是游戏的一个决定性特征③。在约翰·胡伊青伽的研究基础上,Salen 与 Zimmerman 提出"魔法圈"(Magic Circle)的概念,特指游戏的内部机制与游戏活动带来的特殊体验。"魔法圈"是游戏活动所处的一个特殊空间,那些非正式的娱乐活动(Play)并不存在明确的边界,而游戏作为一个正式的娱乐活动,具有明确的"魔法圈"。在"魔法圈"内,游戏规则为体验者创造了特殊的意义,并以此引导体验者进行游戏。④这意味着游戏活动脱离于人们的日常生活之外,而"魔法圈"也并非指一个肉眼可见的物理空间,而是指体验者在进行游戏时的特殊心理状态,即游戏体验者的意识如同进入了另一个"世界"一般。不过,虽然游戏是虚拟的,但是参与游戏的体验者会认同并相信游戏世界的法则,这便是"佯信性",正如罗歇·凯卢瓦使用"Make-Believe"来界定这一概念。人们虽然能够意识到游戏世界与现实世界有所不同,但人们还是会相信(Believe)他们在这个游戏世界看到和听到的一切。

设计师使用数字图像与数字音频来展示虚拟世界。起初,游戏世界的画面十分简陋且粗糙。伴随着计算机图形图像技术及虚拟现实技术的发展,设计师也在不断努力使游戏更加贴近现实世界。日本科乐美公司制作发行的《合金装备》(*Metal Gear Solid*)系列、美国艺电公司出品的《极品飞车》(*Need for Speed*)系列的最新作品都通过逼真的物理引擎,复现了现实世界的物理规则;《刺客信条》系列、《古墓丽影》系列游戏则通过精细的游戏美术复现和还原不同国家和民族的著名历史建筑。不过,即便是以仿真的物理规则和视觉效果著称的游戏,也同样融入了虚拟的内容。如此体现出,游戏仍然是一个独立于现实世界的虚拟世界。譬如,《刺客信条》系列与《古墓丽影》系列游戏体现了逼真而细腻的美术效果,游戏主角能够持续地奔跑或攀爬,而其体力并不会减损(虚拟性),如图 6-2 所示。《塞尔达传说:王国之泪》展现了逼真的物理效果,游戏主角林克的奔跑和攀爬也会损耗其体力,但是该游戏采用了简约而低多边形的美术风格,呈现出了一个与现实世界截然不同的幻想世界(虚拟性)。

---

① SALEN K, ZIMMERMAN E. Rules of Play: Game Design Fundamental[M]. Massachusetts: The MIT Press, 2003: 77.
② ROGER C. Man, Play and Games[M]. Champaign: University of Illionois Press, 200: 9-10.
③ 同①80.
④ 同①93-99.

上述以仿真著称的游戏,也会在一定程度上通过虚拟内容提升游戏体验。因此,游戏中的真实内容与虚拟内容的目的均在于营造游戏性,设计师并非必须一味地追求真实性或虚拟性。

图 6-2 《刺客信条:奥德赛》与《古墓丽影:崛起》的游戏场景

(图片来源:Steam 平台的游戏宣传图片。)

(二)虚拟性在游戏设计中的体现

本书将游戏性的来源完善为感官刺激、幻想世界与挑战系统三个方面,游戏的虚拟性在这三个方面都有所体现。

1. 感官刺激的虚拟性

游戏的画面不必严格遵循现实世界的视觉规则,而是可以通过非写实的表现方式来塑造独特的虚拟世界。譬如,英国 Ustwo 公司出品的《纪念碑谷》(*Monument Valley*)系列游戏采用低多边形的美术风格,结合视觉错觉原理与矛盾体空间,创造出超现实的视觉体验;加拿大自由鸟工作室出品的《去月球》(*To the Moon*)采用像素风格,营造温馨的情感氛围;育碧公司出品的《勇敢的心:伟大战争》(*Valiant Hearts: The Great War*)采用手绘漫画式的卡通风格,柔和的线条与沉重的战争主题形成鲜明对比,增强叙事的情感冲击力;《集合啦!动物森友会》采用简洁可爱的游戏角色设计与柔和的色彩,营造轻松而令人愉悦的游戏氛围,如图 6-3 所示。

图 6-3 《集合啦!动物森友会》游戏场景

(图片来源:Nintendo HK 官方频道在 YouTube 平台发布的视频。)

2. 幻想世界的虚拟性

幻想世界方面,游戏支持体验者扮演不同的游戏角色,探索与现实世界截然不同的游戏空间,体验一段全新的叙事。以游戏角色为例,游戏支持体验者扮演如飞行员、战士、商人、医生等不同的游戏角色,这些角色赋予了体验者与现实世界截然不同的义务和权力。譬如,体验者将在《模拟城市:我是市长》中扮演一座现代化都市的市长,需要制定税收政策,并规划工业区、商业区、居民区,以及交通网络的建设。《和平缔造者》则要求体验者扮演巴勒斯坦或以色列的领导人物,为两国的和平建交而不懈努力。这便是游戏体现其虚拟性的一个重要方面。此外,部分游戏具有与现实世界不同的时间规则。譬如,美国艺电公司出品的《模拟人生:畅玩版》(*The Sims™ FreePlay*)时间流逝的速度相较于现实世界更快;美国独立游戏制作人乔纳森·布洛(Jonathan Blow)设计的《时空幻境》(*Braid*)则能够让时间倒流,如图 6-4 所示。

图 6-4 《时空幻境》游戏场景

(图片来源:Steam 平台的游戏宣传图片。)

3. 挑战系统的虚拟性

游戏世界的物理规则可以与现实世界存在很大差异,而体验者便能够基于这种虚拟的物理规则开展一系列"不真实"的游戏行为。譬如,《超级马里奥兄弟》系列游戏虽然模拟了重力,却支持马里奥跳跃至空中时调转方向,以及游戏主角的跳跃高度是自己身高的数倍,如图 6-5 所示。《鬼泣》系列等动作类游戏还支持角色在空中二段跳或滑行,这些行为都难以在现实世界的物理规则下执行。同时,游戏支持体验者反复失败。譬如,体验者在操控《勇敢的心:伟大战争》的游戏主角完成战斗任务时,倘若操控失败导致角色中弹身亡,便可退回至上一个存档点重新开始游戏。这种非真实的游戏规则,以及相较于现实世界更高的容错性,也是游戏虚拟性的一个重要特征。

(三)虚拟内容与真实内容的融合

功能游戏的内容必须建立在科学事实的基础上。游戏设计师需要确保游戏中的科学知识准确无误,避免错误信息的传播。譬如,游戏中涉及的物理现象、化学反应等内容,都需要经过严格验证,确保不会误导体验者。因此,功能游戏设计师必须明确哪些内容可以虚拟,而哪些内容必须真实。

图 6-5 《超级马里奥兄弟 U 豪华版》中游戏角色的跳跃高度可达其身高数倍
（图片来源：网络平台体验者录制的游戏实时演示视频。）

在《快乐之道：游戏设计的黄金法则》一书中，作者拉夫·科斯特提出了"藤蔓与支架"的概念，用来比喻游戏内部系统与外在表现形式之间的关系。游戏内部系统是对客观事实的抽象建模，而游戏的外在表现形式则包括游戏角色、场景、叙事、音乐等要素。体验者通过游戏外在的表现形式与游戏内部系统进行交互。[①] 部分游戏的真实性同时体现在游戏的外在表现形式及内部系统上，也有部分游戏的真实性主要体现在游戏内部系统上。

《微软飞行模拟》（*Microsoft Flight Simulator*）的外在表现形式与内部系统都体现了较强的真实性。游戏通过逼真的飞行体验传授航空知识，体验者可以操控从轻型飞机到宽体喷气式飞机、从民用飞机到军用飞机等多种飞行器。在外在表现形式上，游戏中虚拟飞机驾驶舱中的控制台对真实的飞机进行了还原与再现，如图 6-6 所示。在内部系统上，游戏中面对不同天气条件时的飞机操控和航空知识都经过了严格的科学验证，确保体验者可以学习到真实的飞行知识，而不是误导性的信息。

图 6-6 《微软飞行模拟》中虚拟飞机的控制台
（图片来源：游戏截图。）

---

① 蒋希娜，邵兵，朱小枫，等."三元共生"：功能游戏设计的关键策略[J]. 包装工程，2024，45(14)：97-107.

由波兰游戏工作室 Titan GameZ 开发的游戏 *UBOAT: The Silent Wolf* 以第二次世界大战为背景,体验者将扮演一名潜艇的指挥官,如图 6-7 所示。该游戏同样在外在表现形式与内部系统两个方面体现了较强的真实性。体验者将学习如何操控潜艇,从而驾驶潜艇深入海底,通过水下世界来往于不同港口并完成任务。体验者还需要管理并维护潜艇的各个系统,定期检查潜艇的状况,确保其引擎与各组件运转正常,指南针指向正常,具备安全航行的条件。体验者需时刻保持高度警惕,对潜艇故障或零件损坏等所有警示信号迅速作出反应。游戏通过游戏美术对水面、天空、武器、船体、所有零件进行了仿真和还原,体验者在游戏中的所有驾驶行为和维修零件步骤均体现了较高的真实性。

图 6-7 *UBOAT: The Silent Wolf* 游戏场景

(图片来源:Steam 平台的游戏宣传图片。)

尽管功能游戏的内部系统必须追求真实性与专业性,但为了实现功能性与游戏性的平衡,功能游戏设计师也需融入恰当的虚拟内容,以营造更具游戏性的综合体验。合理运用虚拟的视觉刺激进行功能游戏设计,能够在一定程度上降低体验者学习和训练的心理压力,同时强化游戏的趣味性与沉浸感。譬如,医疗类功能游戏倘若采用高度写实的美术设计,可能导致体验者因过于血腥的手术或解剖场面而产生不适。而低多边形或卡通风格的美术设计,能够在一定程度上降低医疗场景的视觉冲击,促使体验者更加专注于手术流程并理解医学知识。*Operate Now: Hospital* 便采用了卡通风格的游戏美术设计,且未呈现血腥的内脏与伤口,体验者专注于不同患者的手术治疗过程。融入虚拟的叙事内容,能够促使体验者与游戏主角产生情感共鸣,使虚拟世界中的游戏角色和叙事内容与体验者的实际体验紧密相连。体验者不仅能够在操控游戏主角完成任务的过程中学习知识或提升技能,而且可以深刻体验到自己在游戏世界中的义务与使命,从而增强游戏对体验者的吸引力,叙事内容营造的主观体验强化了体验者对于客观知识的理解和记忆。譬如,编程教育游戏《极客战记》将虚拟的叙事内容与真实的编程语言学习进行了融合。体验者将扮演一个英雄角色,在虚拟世界中完成一系列冒险任务,在完成任务的过程中使用真实的编程语言(如 Python、JavaScript 等)与虚拟敌人进行战斗并解开谜题,如图 6-8 所示。虚拟的叙事内容不仅增强了游戏的趣味性和互动性,还有效地将编程知识与游戏体验相结合,使得体验者在冒险故事中掌握编程技能。

图 6-8 《极客战记》融入的虚拟叙事内容
（图片来源：网络平台体验者录制的游戏实时演示视频。）

第二节 基于游戏机制的功能实现

一、游戏机制的概念

游戏机制可从广义与狭义两个层面进行界定：广义层面的游戏机制可被理解为游戏各组件、模块和元素相互之间的作用方式以及游戏性的生成机理；而狭义层面的游戏机制可以从动词的角度来理解，是指体验者为了实现游戏目标、克服游戏挑战而在游戏世界中必须执行、反复执行的游戏行为[1]。

在《游戏机制：高级游戏设计技术》一书中，作者 Ernest Adams 和 Joris Dormans 从广义的层面界定游戏机制，认为游戏机制是"游戏核心部分的规则、流程以及数据。它们定义了玩游戏的活动如何进行、何时发生什么事、获胜和失败的条件是什么。"[2]

此外，学界还有不少研究者从狭义的层面界定游戏机制。在 *Games without Frontiers: Theories and Methods for Game Studies and Design* 中，作者 Jarvinen（英国游戏研究者）提出，当我们用动词进行思考时，便能够很好地理解游戏机制的含义。譬如，由日本索尼互动娱乐公司发布的《汪达与巨像》（*Shadow of the Colossus*）的攀爬、骑马、刺穿等。Jarvinen 将游戏机制界定为一种体验者为了影响游戏状态而与游戏元素交互的手段。[3]

游戏机制还包括核心机制与非核心机制，对于游戏而言影响最强的机制，以及体验者反复调用的机制属于核心机制[4]。在 *Rules of Play: Game Design Fundamentals* 一书中，作

---

[1] 陈柏君. 数字游戏创意设计[M]. 北京：北京邮电大学，2025：228-229.
[2] ADAMS E, DORMANS J. 游戏机制：高级游戏设计技术[M]. 石曦，译. 北京：人民邮电出版社，2014：1.
[3] JARVINEN A. Games without Frontiers: Theories and Methods for Game Studies and Design[M]. Tampere: Tampere University Press, 2008.
[4] CHARMIE K. Designing around a Core Mechanic[EB/OL].（2012-06-12）[2021-09-18]. http://www.gamasutra.com/blogs/CharmieKim/20120612/172238/Designing_around_a _core_mechanic.php.

者 Salen 和 Zimmerman 将核心机制界定为体验者在游戏中反复执行的基本活动。在某些游戏当中,核心机制只是一个简单的动作,譬如,日本游戏设计师宫本茂创作的《大金刚》(Donkey Kong)的核心机制是体验者通过街机的操纵杆和跳跃按钮控制屏幕上的角色;在一些其他作品中,核心机制则是由一系列动作所组成的复合性活动,譬如,美国 id Software 公司出品的《雷神之锤》(Quake)的核心机制包括移动、瞄准、射击,以及管理生命值、弹药和护甲等资源的相关操作行为。①

在论文"Defining Game Mechanics"中,研究者 Sicart② 将核心机制界定为一种体验者为了实现某种游戏状态时,反复调用的方法。譬如,《汪达与巨像》的"刺穿"(Stabbing)便属于核心机制。Sicart 之所以将"刺穿"界定为《汪达与巨像》的核心机制,是因为体验者只有操控游戏主角汪达"刺穿"每一座巨像的全部弱点,才能够最终战胜巨像。因此,"刺穿"是体验者改变游戏状态,实现游戏目标所必须执行的行为。Sicart② 认为核心机制通常旨在助力体验者克服游戏挑战、转变游戏状态,设计师创造的最基本的游戏机制被体验者用来克服最核心的游戏挑战。

核心机制还可从交互模式的层面进行界定。研究者 Sedig③ 将核心机制界定为体验者的动作与游戏的反馈所构成的循环。Sedig 以《超级马里奥兄弟》为例,认为该游戏的核心机制是由行走、奔跑、跳跃、偶尔的特殊攻击动作,以及游戏世界对这些动作的反馈构成。

Sicart 还将核心机制分为主要核心机制与次级核心机制。主要核心机制是能够直接克服游戏挑战,从而帮助体验者实现游戏目标的机制,是体验者为了将游戏推进至系统奖励的最终状态而不断执行的行为。譬如,美国 Rockstar Games 公司出品的《侠盗猎车手 4》(Grand Theft Auto Ⅳ)中的射击、驾驶和战斗。次级核心机制不能直接用来克服游戏挑战,但是能够辅助主要核心机制来克服游戏挑战。譬如,《侠盗猎车手 4》中的掩护等。②

一个与游戏机制密切相关的元素是"游戏规则"。当从广义的层面界定游戏机制时,游戏机制包含了游戏规则。Adams 和 Dormans 认为游戏规则是体验者明确知晓的、能够印刷成册的说明。在分析美国派克兄弟公司出品的《大富翁》(Monopoly)时,他们认为该游戏的规则只有寥寥数页,但是它的机制则包含所有地产的价格以及全部机会卡和宝物卡上的文字指令。④ 而当从狭义的层面界定游戏机制时,游戏机制与游戏规则是两个相互独立的游戏元素,体验者通过触发游戏机制来影响游戏世界,将游戏世界导向目标状态,而在这个过程中,游戏世界则基于游戏规则,对体验者触发的游戏机制予以反馈。

本书从广义的角度界定游戏机制,沿用 Adams 和 Dormans 对游戏机制的分类,将游戏机制分为物理机制、内部经济机制、渐进机制、战术机动机制、社交互动机制⑤。而基于游戏机制实现功能的一个特点,即游戏机制是隐性的,因此游戏必须借助游戏美术、游戏音乐、游戏叙事或游戏文本等显性的元素,配合游戏机制来共同实现其功能属性。正如 Adams 和

---

① SALEN K, ZIMMERMAN E. Rules of Play: Game Design Fundamental[M]. Massachusetts: The MIT Press, 2003: 316-317.
② SICART M. Defining game mechanics[J]. Game Studies, 2008, 8(2): 1-14.
③ SEDIG K, PARSONS P, HAWORTH R. Player-Game Interaction and Cognitive Gameplay: A Taxonomic Framework for the Core Mechanic of Videogames[J]. Informatics, 2017, 4(1): 4-28.
④ ADAMS E, DORMANS J. 游戏机制:高级游戏设计技术[M]. 石曦,译. 北京:人民邮电出版社,2014: 3.
⑤ 同④5-6.

Dormans 提出的"机制是对玩家隐藏的,它们以软件的形式实现,并不存在一个直观的用户界面供玩家了解它们"[1]。在论文"MDA:A Formal Approach to Game Design and Game Research"中,研究者 Hunicke[2] 等使用 MDA 模型来描述游戏结构,其中:M 代表 Mechanics,即游戏机制,位于游戏结构的最深层,从数据与算法的层面对游戏的特定组成部分进行描述;D 代表 Dynamics,即动态事件,位于游戏结构的中层,描述游戏机制针对体验者的输入行为进行输出的方式;A 代表 Aesthetics,即游戏美学,位于游戏结构的最上层,对体验者与游戏系统交互时,所唤起的情感反应进行描述。MDA 模型也同样描绘出了游戏机制的隐性特征,它是游戏最深层的组成部分,体验者只有通过执行不同的输入行为,并且观察游戏的输出反馈,才能够逐渐领会游戏机制。

二、游戏机制与教育功能

知识可以通过多种媒介进行传播,譬如,书籍中的文本与图片,以及动画、实拍影像等。这些媒介采用显性的方式来传播知识,而游戏机制则有所不同。将知识嵌入游戏机制,游戏将通过一种隐性的方式来辅助人们学习知识。即体验者通过观察输入行为与游戏输出反馈之间的关系,在实践的过程中逐渐领悟隐藏在游戏机制中的知识。从古至今,这种在实践过程中逐渐领悟抽象知识的方式获得了诸多哲学家、教育家的赞同。荀子曾提出"不闻不若闻之,闻之不若见之,见之不若知之,知之不若行之"的观点;陆游认为"纸上得来终觉浅,绝知此事要躬行"。将知识嵌入游戏机制中,体验者将通过亲自解决问题这一具体的行动过程来理解和领悟抽象知识的内涵。[3] 这种在具体实践过程中对抽象知识进行学习和领悟的方式,也符合约翰·杜威经验主义教育哲学的核心思想。杜威认为所有真正的教育都产生于经验[4]。作为首个系统性提出"反思"的学者,杜威认为反思具有很强的目的性,是在个体遇见令自己费解和迷惑的问题时,主动搜寻信息、学习知识和探寻事实真相的过程。即"反思"具有两个步骤,一是引起思维的怀疑、踌躇、困惑和心智上的困难等状态;二是寻找、搜寻和探究的活动,求得解决疑难、处理困惑的实际办法[5]。基于游戏机制进行教育,体验者将在游戏营造的具象环境中主动解决问题,并在实际的问题解决过程中,通过对具体经验的观察和反思,总结和提炼出隐藏在游戏机制中的知识。

在《游戏机制:高级游戏设计技术》中,Adams 和 Dormans 曾分析了《模拟城市》与《和平缔造者》是如何基于游戏机制实现教育功能的。在《模拟城市》中,体验者将税率设置得过高或过低都会导致游戏失败,游戏通过这种方式传递其隐藏于游戏机制中的核心思想——极端政策不会成功,均衡施政才能胜利。在模拟巴以冲突的《和平缔造者》中,体验者的政治手段过于强硬或过于温和也都会导致游戏失败,游戏据此强调了在复杂的政治冲突中协调各

---

[1] ADAMS E, DORMANS J. 游戏机制:高级游戏设计技术[M]. 石曦,译. 北京:人民邮电出版社,2014:3.
[2] HUNICKE R, LEBLANC M, ZUBEK R. MDA:A Formal Approach to Game Design and Game Research [C]// Proceedings of the AAAI Workshop on Challenges in Game AI, 2004:1722-1727.
[3] 陈柏君. 基于数字游戏的知识类信息传播策略研究[J]. 中国传媒大学学报(自然科学版),2021,28(6):73-80.
[4] 约翰·杜威. 我们怎样思维·经验与教育[M]. 姜文闵,译. 北京:人民教育出版社,2005:2-3.
[5] 同[4]8-11.

方利益的必要性。① 通过游戏机制传播知识时，游戏并未通过显性的文本、图片或影像来直接告知体验者应当如何解决问题，而是通过合理的奖惩机制（奖励合理的行为，惩罚错误的行为），辅助体验者基于具体的游戏经验总结和提炼游戏机制中的抽象知识。

物理机制是一种常见的游戏机制类型，这种机制在诸多动作类游戏、体育类游戏中都有所体现。大量的主机平台游戏、计算机游戏都使用了逼真的物理引擎，对现实世界的物理规则进行模拟与再现，而游戏便可通过这种逼真的物理机制对物理科学进行教育。一个典型案例是任天堂于2023年发布的游戏《塞尔达传说：王国之泪》，该游戏的物理机制融入了现实世界的物理规则和机械工程原理。游戏提供了火箭、弹簧、不倒翁、电风扇、螺旋桨、喷火枪等大量不同类型的物件，体验者可通过游戏主角林克的"究极手"移动、旋转和组装这些不同类型的物件，从而创造出不同类型的武器或载具。游戏提供了较高的自由度，允许每一个体验者基于众多的物件进行自由创造，因此，每一个体验者都会在游戏中创造截然不同的武器或载具。在武器或载具的创造过程中，所有的物件都会基于游戏物理机制对体验者的操作进行反馈。体验者能够通过对不同物件的物理结构及运行效果的观察，逐渐理解具有不同质量、密度、动摩擦因数等属性的物件的物理规则。譬如，在草地上，一个冰冻的物体将快速滑行，而一个普通物体的滑行速度则相对较慢，这一现象体现了不同动摩擦因数对物体运动速度的影响。

在创造载具的过程中，通过将不同物件在不同位置进行组接，并观察载具在陆地、水面、崖壁、空中等不同环境的运动效果，体验者将逐渐理解和掌握相应的机械工程原理。该游戏的复杂物理机制通过显性的游戏美术予以呈现。当体验者将两个弹簧和一条木棍进行组装后，该载具将在弹簧的作用下"一步一跳"地向前行进，如图6-9（a）所示。当体验者将椰子树的树干作为轮毂，在树干上安装好轮子和不倒翁，将四艘帆船的船身进行衔接，并把这四艘帆船和树干轮毂连接在一起，就能将四艘船变成一个"轮子"，从而可以轻易地在陆地和水面上行进，如图6-9（b）所示。

(a)   (b)

图6-9 《塞尔达传说：王国之泪》通过游戏机制传授物理学知识和机械工程原理
（图片来源：网络平台体验者录制的游戏实时演示视频。）

与传统的教育方式不同，《塞尔达传说：王国之泪》并未通过文本或图片的形式显性地将数学公式这一抽象的知识直接传授给体验者，而是支持体验者在游戏中自由创造不同的物

---

① ADAMS E, DORMANS J. 游戏机制：高级游戏设计技术[M]. 石曦，译. 北京：人民邮电出版社，2014：264-266.

件,使体验者在解决问题的过程中收获独特而具体的经验,体验者通过反思该经验,理解和掌握相应的物理学原理和机械工程原理。这种基于游戏机制的教育方式获得了美国马里兰大学工程学院机械工程系 Ryan Sochol 教授的认可,他将《塞尔达传说:王国之泪》引入课堂,让一个班级的学生分为不同的团队,应用机械工程学的原理,在游戏中创建不同的载具,如图 6-10 所示。不同团队的学生应用自己创建的载具进行竞争,最先到达目的地的团队获胜,如图 6-11 所示。

图 6-10　Ryan Sochol 教授将《塞尔达传说:王国之泪》引入课堂
(图片来源:Ryan Sochol 教授于 YouTube 平台发布的视频。)

图 6-11　美国马里兰大学学生在《塞尔达传说:王国之泪》中创造的不同载具
(图片来源:Ryan Sochol 教授于 YouTube 平台发布的视频。)

三、游戏机制与科普功能

知识可被分为陈述性知识（Declarative Knowledge）与程序性知识（Procedural Knowledge）[①]。陈述性知识是指对事实、信息或概念的理解，能够用语言清晰地描述和表达，譬如，"太阳是太阳系的中心"或"水的化学式是 H_2O"，它关注"是什么"的问题；而程序性知识则是一种关于如何完成某项任务或活动的操作性知识，例如，"如何骑自行车"或"如何解开数学中的二元一次方程组"，它更多地涉及实践和技能的运用，回答"如何做"的问题。陈述性知识注重理论的理解，而程序性知识强调行动的执行，这两种知识共同构成了学习与实践的基础。

程序性知识是一种十分适合通过游戏机制进行科普的知识，游戏支持体验者在虚拟世界中通过实践持续学习解决特定问题的具体操作流程。譬如，《刺客信条》系列游戏推出的教育版本《发现之旅》，便通过游戏机制帮助体验者学习游戏叙事内容对应的程序性知识，如图 6-12 所示。加拿大麦吉尔大学助理教授 Adam Dube 认为"《发现之旅》能够让人们在某种意义上看见历史，并置身其中。而现在，体验者可以'在实践中学习'（Learning by Doing），即体验者不再只是置身于这个世界中，而是可以和它有真正的沟通。我们不再只是去了解一艘维京船只，而是亲自建造这艘船只。"[②]

图 6-12 《发现之旅：维京时代》游戏场景
（图片来源：游戏官方网站的宣传视频。）

游戏《丢失的食谱》便通过游戏机制中的渐进机制，支持体验者在游戏虚拟世界中学习古代烹饪技术这一程序性知识。渐进机制源于丹麦游戏设计师、游戏理论研究者、教育工作者 Jesper Juul 在 2002 年提出的观点，他将游戏划分为渐进型和突现型两种。渐进型游戏指体验者在游戏过程中经历的事件可以由设计师提前制定，而突现型游戏则意味着游戏事

---

① TEN T, VAN H. Procedural and declarative knowledge: An evolutionary perspective [J]. Theory & Psychology, 1999, 9(5): 605-624.
② Adam Dube 教授的访谈来自《发现之旅》官方网站 https://zh-cn.ubisoft.com/assassins_creed/discovery_tour.

件是不可预知、不能够被提前制定的。渐进型游戏是在计算机游戏出现以后,伴随着计算机存储能力和运算能力的提升得以诞生的游戏类型。设计师可基于计算机的存储能力将连续的故事、关卡和场景提前设计好并进行保存,使体验者能够按照某个固定的顺序依次经历一系列的游戏情节,获得连续而流畅的体验。[①] 渐进机制适用于那些体验者需要按照一个固定的流程来执行一系列行为的任务。同时,渐进机制使得设计师可以精确地控制游戏的挑战难度递增曲线,从而使游戏挑战的复杂程度与任务内容充分地匹配,确保体验者能够在一个较为稳定的状态下由易而难地进行学习。

《丢失的食谱》要求体验者烹饪的料理源自古代希腊、中国和玛雅这三大文明,一共需要烹饪九道料理。烹饪每一道料理的过程中,体验者都需要根据厨房墙上的食谱依次执行每一个烹饪动作。在烹饪古希腊食谱"葡萄、谷物和橄榄"(Grape, Grains & Olives)时,制作其中一个部分的料理时,体验者一共需要完成三个步骤:第一步,将橄榄油倒入锅中,如图6-13(a)所示;第二步,在锅中加入一勺百里香和三勺迷迭香,如图6-13(b)所示;第三步,加入橄榄并腌制,如图6-13(c)所示。该游戏的渐进机制帮助体验者掌握烹饪特定料理所必须遵循的规定操作流程。此外,基于虚拟现实技术,该游戏得以在较大限度上还原现实世界中人们的烹饪行为,体验者在现实世界中操控虚拟现实头戴式显示器的手柄,而在虚拟世界中,体验者将看到对应手柄的虚拟厨师的双手。在执行上述第一个步骤时,体验者需要在现实世界中伸手拾取虚拟世界中的橄榄油瓶,接着在现实世界中举起手并做出倾倒油瓶的姿势,才能够在虚拟世界中倒出橄榄油。游戏机制根据体验者的输入行为不断予以反馈,使体验者在烹饪完整料理的过程中学习古代烹饪技艺这一程序性知识。

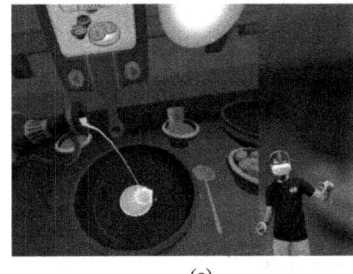

(a) (b) (c)

图6-13 在《丢失的食谱》中烹饪古希腊食谱"葡萄、谷物和橄榄"

(图片来源:YouTube平台体验者录制的游戏实时演示视频 I Learned How To Cook In VR。)

模拟经营类游戏则适合使用内部经济机制实现科普功能。以碳中和为主题的模拟经营类游戏《碳碳岛》便是一个典型案例。体验者的任务是建造一个既经济繁荣又自然环境良好的岛屿。在岛屿发展的初期,体验者可大力发展交通网络、农场、工厂、商业区等,此时岛屿的碳排放总量还处于一个可控的范围内。而随着岛屿规模的扩张、人口数量的提升、工业的迅速发展,碳排放总量也将快速提升,碳排放点量到达一定数值后会引发台风、洪水等恶劣天气。这些恶劣天气则会给岛屿带来一定的经济损失,并阻碍岛屿的发展。因此,体验者必须在岛屿的经济发展与环境保护之间做出平衡。游戏通过内部经济机制,准确地计算岛屿

---

① JESPER J. The Open and the Closed: Games of Emergence and Games of Progression[C]//Proceedings of Computer Games and Digital Cultures Conference. Tampere University Press, 2002: 323-329.

当前的GDP及碳排放量,这些数值都通过游戏文本显示出来。当体验者要建造新的建筑物时,游戏界面将会显示建造不同建筑物所需的成本及该建筑物未来将带来的经济增长数值,以及碳排放或碳吸收数值。譬如,游戏中"小卖部"的碳排放量是4 000/h,"可持续玻璃屋"的碳吸收量是1 000/h,"美食概念体验店"的碳吸收量是1 000/h等,如图6-14所示。在该游戏中,体验者学习、理解和掌握游戏内部经济机制,获得有关碳中和的知识,理解现代城市中哪些行为会增加碳排放量,哪些行为会降低碳排放量。

图6-14 《碳碳岛》中不同建筑物的碳排放量或碳吸收量
(图片来源:游戏截图。)

四、游戏机制与军事模拟功能

Adams和Dormans提出的五类游戏机制均可在军事类功能游戏中实现对士兵的模拟训练。当代的军事类功能游戏通常基于复杂的物理引擎实现逼真的效果。以国产军事类功能游戏《光荣使命》为例,如图6-15所示。该游戏精确地模拟了枪械、手榴弹、烟幕弹等不同类型武器攻击时产生的物理效果。该游戏通过高度还原现实世界的物理规则,例如,武器的操作方式、弹道的轨迹、武器对环境的破坏效果,以及角色受伤时的反应等,达到军事模拟训练的目的。内部经济机制则能够对士兵的战略规划能力进行训练。《光荣使命》游戏界面的右下角始终显示着体验者当前拥有的武器数量,每开一枪,子弹数量都会减少1个。倘若体验者成功消灭敌人,便能够通过缴械获得更多的武器。体验者需要根据自己当前拥有武器的数量与类型,并结合当前战场的地形特征,选择最为有利的战术策略。渐进机制则支持设计师在游戏进程中依次融入不同的地形、不同难度的作战任务等,循序渐进地提升士兵的作战能力。《光荣使命》包含"渡海夺岛""丘陵血战""初露锋芒""尖兵行动""重拳出击""紧急营救""虎口拔牙""光荣使命"这八个关卡,每个关卡呈现不同的地形与具体任务。游戏中的渐进机制规定每一个士兵均需要按照固定的顺序依次体验这些关卡,并且按照一定顺序经历游戏剧情。社交互动机制则支持人们与其他体验者开展合作与竞争,士兵能够基于游戏的社交机制培养领导力与团队协作能力。

图 6-15 《光荣使命》游戏场景
(图片来源:网络平台体验者录制的游戏实时演示视频。)

五、游戏机制与医疗功能

医疗类功能游戏可通过渐进机制,促使体验者按照一个规定的步骤和流程在虚拟场景中模拟治疗。模拟手术类功能游戏 *Operate Now: Hospital* 基于渐进机制,引导体验者按照正确的步骤开展手术。当体验者需要为一个患有结肠息肉的患者治疗时,体验者将在游戏渐进机制的引导下依次开展如下行为:第一步,给患者腹部的皮肤进行清洁,如图 6-16(a)所示;第二步,使用手术刀切开患者的腹部,如图 6-16(b)所示;第三步,在肠道上切开一道口子,如图 6-16(c)所示;第四步,使用激光切除肠道中的息肉,如图 6-16(d)所示。

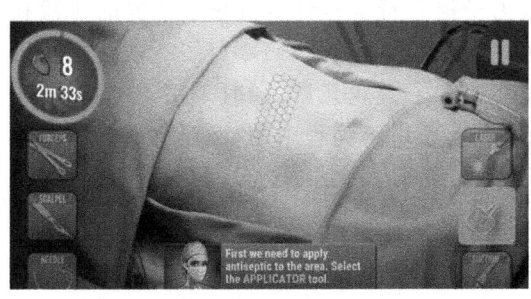
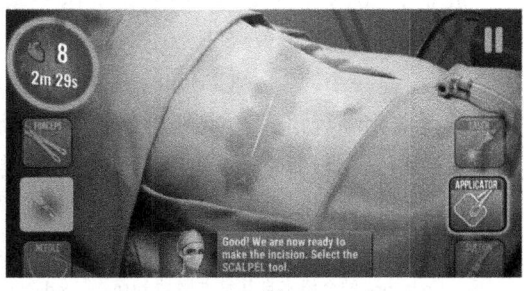

(a)　　　　　　　　　　　　　　(b)

 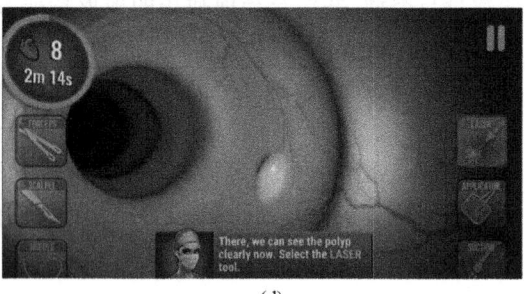

(c)　　　　　　　　　　　　　　(d)

图 6-16　*Operate Now: Hospital* 通过文本提示体验者执行正确的手术操作

(图片来源：游戏截图。)

第三节　基于游戏美术的功能实现

一、游戏美术的概念与类型

游戏美术包括二维美术与三维美术两个部分。二维美术主要包括游戏角色设计、游戏背景、游戏界面元素，以及二维动画。三维美术则包括游戏空间、游戏场景中的所有物品，以及游戏角色的三维模型、三维动画，此外，游戏场景的材质与光影效果也属于三维美术的范畴。

二、游戏美术与教育功能

游戏可通过具象的图像与动画，诠释抽象的学科知识。这一点在编程教育游戏中有着充分的体现。美国麻省理工媒体实验室终身幼儿园团队于 2006 年推出了图像化编程语言 Scratch[①]，该平台并未要求人们通过代码来编写程序，而是将不同的编程指令转换为拼图板块，使编程转变为拼图这一儿童熟悉且喜爱的游戏，如图 6-17 所示。这使得人们在学习编程的过程中，可以不用学习烦琐的编程语言与语法，而是能够采用更易于理解的图形进行编程，从而专注于建构解决问题的算法和程序的逻辑结构。

成立于 2013 年的 Code.org，是美国一家致力于提升青少年计算机科学素养的非营利组织和网站[②]，该组织曾经于 2013 年 12 月 9 日至 2013 年 12 月 15 日举行了一项全国性运动——"编程一小时"[③]。Code.org 的诸多课程都融入了游戏元素，同时采用了与 Scratch 类似的图像化编程语言。如图 6-18 所示，该练习题旨在讲解编程中的"循环"概念，题目采用了《植物大战僵尸》中僵尸、向日葵、土豆、倭瓜元素，要求体验者通过编写程序控制右上角

---

① Scratch 的介绍来自其官方网站 https://scratch.mit.edu/.
② Code.org 的介绍来自其官方网站 https://code.org/.
③ Indiegogo. An Hour of Code's Hadi Partovi on Changing Education and Making History[EB/OL]. (2014-10-29)[2025-01-23]. https://web.archive.org/web/20160304042853/https://es.go.indiegogo.com/blog/2014/10/code-orgs-hadi-partovi-changing-education-making-history.html.

的僵尸按照游戏场景中的路径行走,并使其最终来到左下角向日葵处。游戏采用了 Scratch 类型的图像化编程语言,将代码转换为拼图。体验者将不同的编程板块拼接在一起后,游戏便会按照自上而下的顺序依次执行不同编程板块中的指令。其中"按次数循环"是一个可伸缩的、能包含多条编程指令的图形,体验者将需要重复多次执行的编程指令拖拽至"按次数循环"图形内。最终形成的程序的视觉效果,便是"按次数循环"的图形中包含的四条编程指令,且这四条编程指令相互拼接在一起。这种美术效果能够帮助体验者迅速理解程序的内部逻辑结构。

图 6-17　Scratch 编程界面
(图片来源:Scratch 官方网站。)

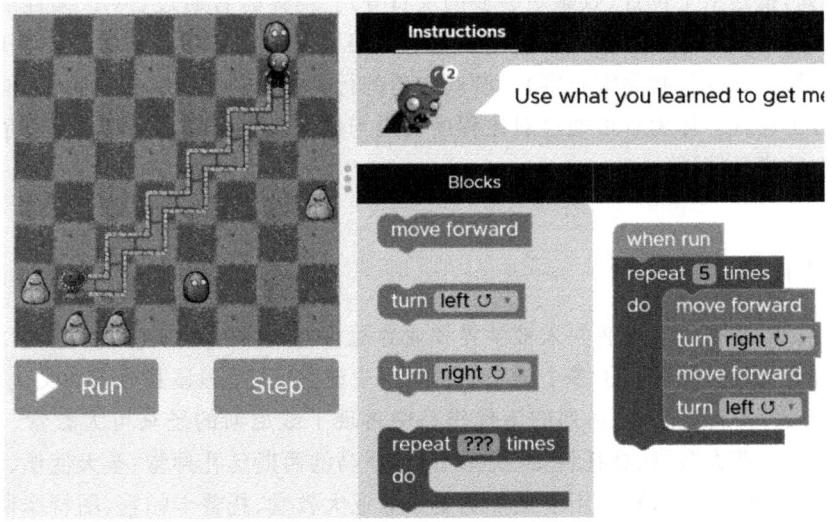

图 6-18　Code.org 练习题
(图片来源:Code.org 官方网站。)

目前，国内外大量的编程教育游戏都采用了图像化编程语言。譬如，由 More Chinese Education & Technology Co. 开发的《编程王国：米亚夺宝》融入了"循环""条件判断"等编程概念，设计师同样采用了可伸缩的、能够包含多条编程指令的图形代表这两个编程概念。以第 61 关为例，体验者需要在"重复直到"的语句内嵌套"条件判断"语句，如图 6-19 所示。游戏用橙色和紫色分别代表"重复直到"与"条件判断"，体验者将"条件判断"语句拖拽至"重复直到"的图形内，使得"重复直到"的图形包含"条件判断"。这种不同图形相互包含的关系，通过一种更具象的形式，诠释了抽象的程序逻辑结构。

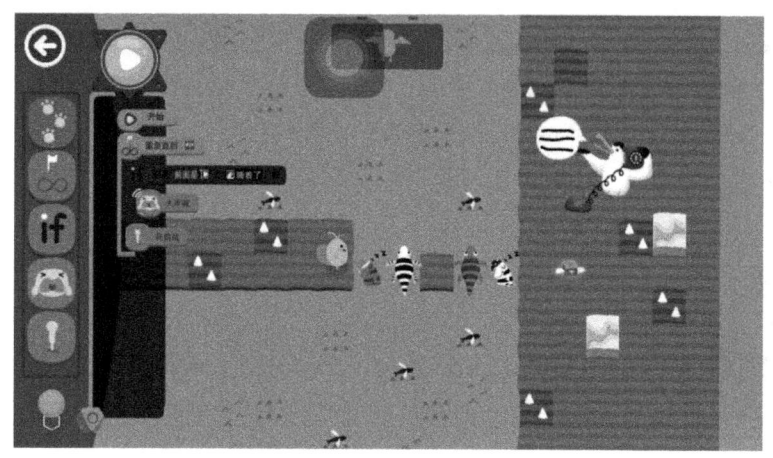

图 6-19 《编程王国：米亚夺宝》第 61 关游戏界面
（图片来源：游戏截图。）

部分编程教育游戏为了帮助体验者学习某种编程语言，故未采用图像式编程语言。美国苹果公司出品的 *Swift Playgrounds* 便具有这个特点。但无论游戏是否采用图像式编程语言，目前绝大部分的编程教育游戏都通过游戏美术来实时表现程序的运行效果。*Swift Playgrounds* 呈现了一个三维游戏世界，体验者需要通过编程帮助游戏主角完成一些任务（譬如，抵达某个位置、收集足够多的宝石等）。当体验者通过 Swift 编程语言编写好程序后，在运行过程中，游戏主角便会根据每一行编程指令的内容依次执行不同的行为（向不同的方向行走、跳跃、收集宝石等）。游戏主角的行为便通过三维动画的形式，对编程语句的内涵进行了诠释。体验者可通过对比程序代码与游戏的三维动画，来评判程序的有效性并有针对性地进行调试。

三、游戏美术与科普功能

《刺客信条》系列游戏虽然并未被学界和业界冠以"严肃游戏"或"功能游戏"的称谓，但该系列游戏的三维空间再现了多个国家的著名历史建筑，从而彰显其显著的文化科普功能，如图 6-20 所示。《刺客信条》系列的历代作品中再现了威尼斯的圣马可大教堂、总督宫，佛罗伦萨的圣母百花大教堂、乔托钟楼、美第奇宫，罗马的西斯廷礼拜堂、圣天使堡、万神殿、圆形斗兽场、图拉真记功柱，科斯坦丁尼耶的圣索菲亚大教堂、托普卡帕宫、图特摩斯三世方尖碑、加拉太塔，葡萄牙里斯本的里斯本大教堂，法国凡尔赛宫、巴士底狱、巴黎圣母院、卢浮宫、卢森堡宫、埃菲尔铁塔……①《刺客信条：大革命》几乎以1∶1的比例复现了著名建筑巴黎圣母院，在2019年巴黎圣母院发生火灾时，不少体验者回归到游戏中观赏这一建筑物②。该系列作品通过游戏空间将诸多著名建筑呈现在了体验者视野中，支持体验者近距离观赏这些建筑物（体验者甚至能够攀爬至建筑物的顶端），激发体验者对该建筑物所处历史时期发生的重大事件的学习兴趣。同时，游戏也通过这种方式实现了对不同国家的重要文化遗产进行数字化保护和传播。

图6-20 《刺客信条》系列历代作品中呈现的部分历史建筑

（图片来源：网络平台。）

2024年，《黑神话：悟空》获得了TGA最佳动作游戏奖。在游戏空间设计方面，游戏创作团队遍访了多个地区进行实地考察，使游戏中的古建筑高度还原了实际的中国古建筑，譬如，山西省的云冈石窟、悬空寺、应县木塔、小西天、玉皇庙、铁佛寺等，资阳的安岳茗山寺，重庆的大足石刻，杭州的灵隐寺，丽水的时思寺等名胜古迹③，如图6-21所示。《黑神话：悟空》在游戏空间中对中国古代建筑的再现，展现了传统文化在数字时代的创新传承。游戏通过高度还原中国古代建筑风格，精致地重现了具有历史与文化象征意义的建筑元素，促使体验者在虚拟世界中感受中国传统建筑艺术的独特魅力。

由厦门延趣网络科技有限公司研发的游戏《叫我大掌柜》，以北宋画家张择端的《清明上河图》为背景，游戏美术在一定程度上对这部画作中的人物、街景、自然风光等进行了呈现，

---

① 陈柏君. 数字游戏创意设计[M]. 北京：北京邮电大学出版社，2025.
② WEBSTER A. Building a better Paris in Assassin's Creed Unity: Historical accuracy meets game design[EB/OL]. (2019-04-18)[2025-01-21]. https://www.theverge.com/2014/10/31/7132587/assassins-creed-unity-paris.
③ 澎湃新闻. 原画场景VS取景实地：《黑神话：悟空》到底扫了多少古建[EB/OL]. (2024-08-21)[2024-12-14]. https://baijiahao.baidu.com/s?id=1807954556568409454&wfr=spider&for=pc.

如图 6-22 所示。同时，该游戏还融入了投壶、蹴鞠、剪纸、皮影戏等传统民间艺术。游戏中的建筑风格、人物服饰、道具设计和环境布景均融入了中国古代的元素，展现了传统的园林、街巷、茶馆、商铺等场景，细腻还原了古代商贸文化和生活方式。

图 6-21 《黑神话：悟空》对山西临汾隰县小西天和山西晋城玉皇庙的再现
（图片来源：网络平台。）

图 6-22 《叫我大掌柜》游戏界面
（图片来源：游戏官方网站 https://huodong.37.com/dist/dzg/jwdzgsy/ts/。）

腾讯游戏学院"开普勒计划"培养的校招应届生设计的《尼山萨满》，通过独特的游戏美术传播了中国北方少数民族的传统文化。该游戏以《尼山萨满传》为叙事背景，体验者将扮演一位女萨满，敲击萨满神鼓在诸界穿行并降服妖魔，最终帮助无辜儿童找回灵魂。游戏场景的美术风格融合了剪纸艺术和皮影戏的表现手法，使角色动作和剧情展现充满了地域特色，如图 6-23 所示。此外，游戏美术还呈现了壁画、图腾，以及各种鬼怪形象，通过细腻的动画设计再现了中国少数民族丰富的精神世界。体验者在参与游戏的过程中可以感受到中国北方少数民族深厚的文化底蕴与艺术的魅力。

四、游戏美术与军事模拟功能

在军事类功能游戏中，游戏美术起着至关重要的作用。它通过高度精细的模型、逼真的纹理和动态光影效果，还原武器装备、战场地形和作战场景，增强视觉沉浸感。此外，游戏对现实世界物理规则的模拟也是通过游戏美术呈现的。军事类功能游戏的三维美术设计只有足够贴近现实世界的各种复杂地形，才能够起到模拟仿真、军事训练的作用。

图 6-23 《尼山萨满》的游戏美术设计

(图片来源:游戏截图。)

由波西米亚互动模拟(Bohemia Interactive Simulations)公司开发的 VBS3,通过三维美术实现现代化且逼真的战场仿真效果。该模拟器在新冠疫情期间发挥了重要作用,被用于进行 173 空降旅作战演习。由波西米亚互动(Bohemia Interactive)公司开发的军事模拟游戏《武装突袭 3》(Arma 3),通过三维游戏美术呈现了细节丰富的开放世界战场,如图 6-24 所示。游戏中地中海岛屿地形的战场面积超过 290 平方公里,包括规模庞大的城市、层峦叠嶂的山丘、尘土飞扬的平原、植被茂密的森林、岩石众多的山区等不同类型的复杂地形,体验者需要在这些地形中击败虚拟敌人。体验者可以通过徒步、驾驶装甲车、驾驶直升机或喷气式飞机等方式抵达目的地。游戏提供了 20 余种载具、40 余种武器供体验者选择。体验者可以从特殊的地形和作战状态中选择近程战斗或远程战斗方式,还可以在空中、陆地和海上三种环境中开展攻击。上述地形、武器、载具、敌人等所有元素,均通过三维美术设计予以呈现。

图 6-24 《武装突袭 3》通过三维游戏美术呈现不同类型的作战地形

(图片来源:Steam 平台的游戏宣传图片。)

五、游戏美术与医疗功能

游戏美术是一种有效的眼科疾病治疗手段。旨在治疗儿童弱视的医疗类功能游戏《快乐世界星球》,将三种弱视治疗原理融入游戏美术设计。第一,游戏将空间频率与对比度均构成强烈反差的黑白条栅作为视觉刺激信号,融入游戏场景或游戏元素中。体验者需要专注于游戏中的细小目标,躲避子弹的攻击,并拾取宝石。这种游戏美术设计促使弱视患者的双眼接收充分的视觉刺激,从而解除其大脑对弱视眼视觉细胞的抑制,促进视觉中枢细胞的发育,如图 6-25(a)和图 6-25(b)所示。第二,基于红光闪烁治疗弱视的原理,设计团队控制游戏场景中虚拟物品的色相与饱和度,促使其发出特定纳米波段的红光,促进弱视患者眼球黄斑中心凹处视锥细胞的发育,如图 6-25(c)所示。第三,基于滤光原理,游戏支持患者佩戴红蓝眼镜进行脱抑制训练和融像训练。该眼镜促使弱视患者的双眼看到不同的影像,最终在大脑中进行重叠和融合,呈现三维立体的视觉效果,削弱优势眼对劣势眼的抑制作用,辅助患者恢复立体视觉能力,如图 6-25(d)所示。[①]

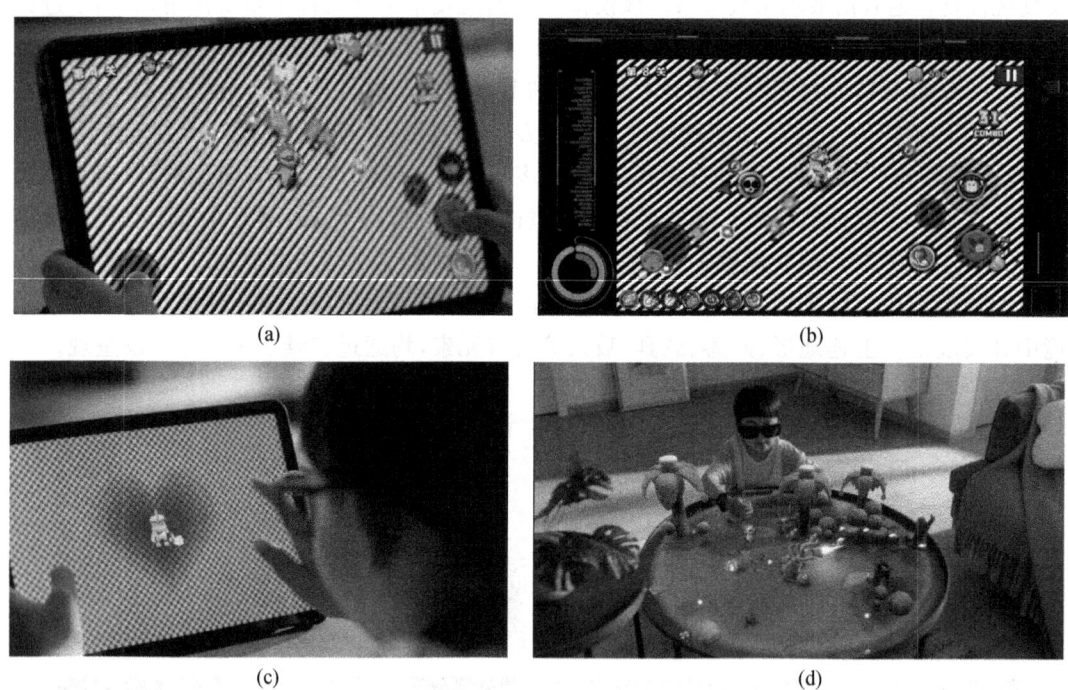

图 6-25 《快乐世界星球》通过游戏美术进行儿童弱视治疗
(图片来源:波克城市官方网站的游戏宣传视频。)

设计师还可通过游戏美术对体验者的心理疾病进行干预。《塞尔达传说:旷野之息》(*The Legend of Zelda: Breath of the Wild*)是一款开放世界游戏,融入了角色扮演、动作、解谜、探索等多种元素,体验者在游戏中扮演游戏主角林克,探索被称为"海拉鲁"的广袤空间。游戏空间以山川、森林、草坪、沙漠、雪地等不同类型的自然环境为主,如图 6-26 所示。

---

① 游戏的治疗原理,来自波克城市官方网站的游戏宣传视频 https://eye.boke.com/。

图 6-26 《塞尔达传说:旷野之息》的游戏空间

(图片来源:网络平台。)

《塞尔达传说》系列游戏并未被冠以"严肃游戏"或"功能游戏"的称谓,但是仍具有一定程度的心理疗愈功能。一位身患抑郁症并一度徘徊于自杀边缘的作家 Derek Buck 曾发表帖子记录该游戏是如何帮助自己走出阴霾的。Buck 曾如此描述抑郁症给他带来的感受"这是一场每天都在与痛苦和焦虑搏斗的挣扎,你似乎永远无法战胜它,它吞噬了一切——工作、关系、朋友、梦想。它就像一个黑洞,吸走所有对你来说有意义的东西,并在分子层面将它们撕裂。"而海拉鲁世界给他带来的感受则是"一个看似无尽的色彩、光线和机遇的广袤天地。那一刻瞬间成为我在游戏中经历过的最震撼的时刻之一"。Buck 提到"当你感到抑郁时,周围的世界会变得越来越狭窄,仿佛你被锁在一个没有灯光的衣橱里。即便你知道周围有什么,你也无法像以前那样看待这些事物。你无法像以前那样看待任何东西,整个世界变得昏暗、压抑,仿佛变成了一个极其狭小的地方。"而在他看来,海拉鲁世界则截然相反,"在海拉鲁世界中,光芒如此明亮,似乎从四面八方射来,像是从每一根草叶中迸发出来……即使只有几个小时,我也能呼吸……它为我提供了一个避风港,让我能够用安慰与平静打破痛苦与焦虑,用勇气与乐观抵挡绝望与失败。随着我在那里度过的时间越长,它对我来说就越具疗愈意义。"[1]

《塞尔达传说》系列游戏的心理疗愈功能并不仅仅源自其空间设计。美国临床心理学家安东尼·比恩(Anthony Bean)致力于将数字游戏应用于心理治疗中,著有《塞尔达心理学:将我们的世界与塞尔达系列联结》,如图 6-27 所示。他提出《塞尔达传说》系列游戏的共同特点在于,在海拉鲁世界这个广阔的空间中,游戏主角林克总是孤身一人,这种经历能够将

---

[1] DEREK B. I was depressed, anxious, and on the verge of suicide… then Zelda: Breath of the Wild saved me [EB/OL]. (2017-11-10)[2025-01-21]. https://www.gamesradar.com/i-was-depressed-anxious-and-on-the-verge-of-suicide-then-zelda-breath-of-the-wild-saved-me/.

游戏主角与现实世界中孤独的体验者进行连接[1][2]。

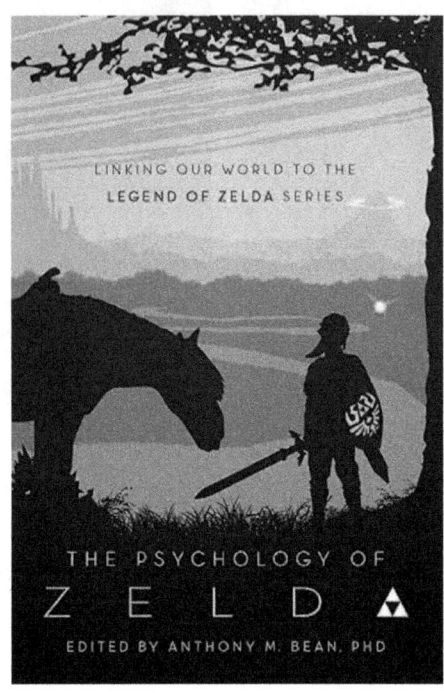

图 6-27 《塞尔达心理学：将我们的世界与塞尔达系列联结》封面
（图片来源：亚马逊网站。）

在面向医学专业学生进行培训时，设计师可通过游戏美术展现人体不同器官或组织的位置、样态和功能，帮助体验者更直观、全面地进行学习。斯洛伐克 Virtual Medicine 公司开发的 High School Anatomy for Quest 应用通过三维模型展示人体不同组织或器官的结构。该应用通过"Fold"（折叠）与"Unfold"（非折叠）两种模式展示人体的组织结构，如图 6-28 所示。在非折叠模式下，该应用会展示构成人体某个组织的所有切片，体验者可以细致地观察每个切片的形态。在折叠模式下，体验者便可直观地理解不同切片是如何组合在一起形成完整的组织结构的。

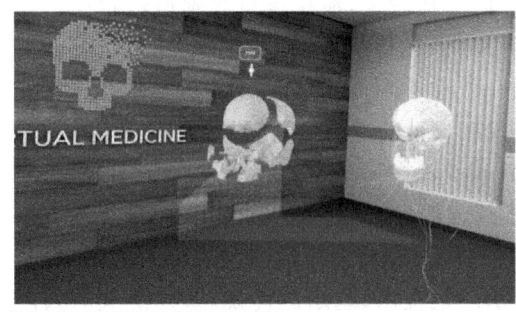 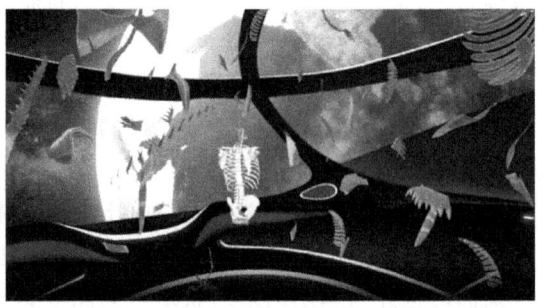

---

① 《塞尔达心理学：将我们的世界与塞尔达系列联结》的介绍来自亚马逊网站 https://www.amazon.com/Psychology-Zelda-Linking-World-Legend/dp/1946885347.

② MATTHEW B. Book Review：The Psychology of Zelda-Linking Our World to the Legend of Zelda Series [EB/OL]. （2021-09-11）[2025-01-21]. https://gamingandgod.com/book-review-the-psychology-of-zelda-linking-our-world-to-the-legend-of-zelda-series/.

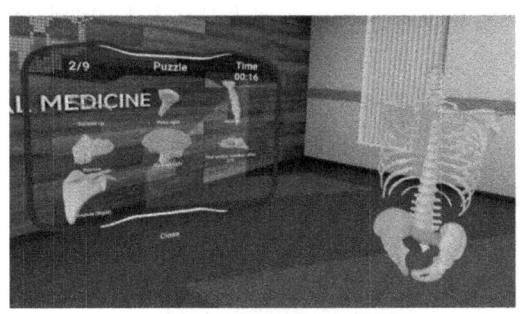 

图 6-28　High School Anatomy for Quest 应用通过美术展示人体组织结构
（图片来源：Meta Quest 平台的游戏宣传图片与宣传视频。）

第四节　基于游戏叙事的功能实现

一、游戏叙事与教育功能

美国教育心理学家、认知心理学家杰罗姆·布鲁纳（Jerome Seymour Bruner, 1915—2016）认为，人们的认知思维模式包括"例证认知"（Paradigmatic Cognition）与"叙事认知"（Narrative Cognition）两大类。叙事认知是一种通过情节化处理，将某个特定事件置入整体叙事框架中进行解读的认知方式。[1]基于叙事的教育方法被称为"叙事教育"法，这是一种通过叙事达到教育自己、教育他人，感动自己、感动他人，警示自己、警示他人的教育方式[2]。叙事教育很早就出现了，譬如，西方的《圣经》故事和犹太教的"出埃及记"，均通过叙事内容传递历史文化，强化个人信念，巩固民族信仰[2]。古希腊神话中的英雄传说，如赫拉克勒斯完成十二项伟业，也以寓言的方式教导勇气和智慧的价值。印度两大史诗——《摩诃婆罗多》和《罗摩衍那》——通过叙事传播宗教哲理和伦理规范。这些叙事无一例外地承担了教育人民、塑造文化认同和维系社会价值的重要功能。而游戏也同样能够通过叙事对体验者进行教育。

由美国 Schell Games 公司开发的历史教育游戏 *HistoryMaker VR* 创建了一个支持体验者通过角色扮演来熟悉美国历史人物的虚拟现实场景，如图 6-29 所示。体验者能够在设置场景，选择角色，挑选道具，导入相应的剧本后开始表演并录制视频，最终人们可以编辑自己录制的视频并将其分享给其他好友。

该游戏提供了本杰明·富兰克林（Benjamin Franklin）、阿比盖尔·亚当斯（Abigail Adams）、特库姆塞（Tecumseh）、亚伯拉罕·林肯（Abraham Lincoln）、哈丽雅特·塔布曼（Harriet Tubman）、马克·吐温（Mark Twain）、乔治·华盛顿·卡佛（George Washington Carver）、索尼娅·索托马约尔（Sonia Sotomayor）这八位历史人物供体验者表演。在游戏中，这八位历史人物的模型都体现了其真人的形象特征，如图 6-30 所示。体验者用自己的

---

[1]　向眉. 布鲁纳叙事教育思想及其启示[J]. 课程 教材 教法, 2014, 34(11): 115-120.
[2]　任丹凤. 对教育叙事和叙事教育的功能及意义的解读[J]. 教育探索, 2009(12): 137-138.

声音发表演讲,同时可以根据剧本在一定程度上"自由发挥",也可在演讲时加入不同的肢体语言。因此,每个体验者都能够录制独一无二的"角色扮演"视频。该游戏通过支持体验者扮演历史人物,并体验该历史人物的演讲过程,这一独特的叙事内容,使体验者更为深刻地理解该历史人物及其故事。

图 6-29　*HistoryMaker VR* 游戏场景

(图片来源:Steam 平台的游戏宣传图片。)

图 6-30　游戏 *HistoryMaker VR* 对部分著名历史人物的模拟

(图片来源:游戏官方网站 https://historymakervr.schellgames.com/。)

由育碧公司于2014年出品的游戏《勇敢的心：伟大战争》，以及于2024年出品的游戏《勇敢的心：叶落归根》(Valiant Hearts: Coming Home)均以第一次世界大战为背景，融合角色扮演、动作、解谜等元素，通过叙事内容实现教育功能。

《勇敢的心：伟大战争》讲述了弗雷迪、埃米尔、安娜和卡尔这四个平民，以及一只战犬沃尔特被卷入战争后发生的故事，如图6-31所示。体验者化身为四位主角，亲自穿越枪林弹雨、尸横遍野的战场。在游戏剧情的一个关键节点，埃米尔的长官已精神失常，尽管战场血流成河，他仍然手持枪械和长刀逼迫手下的士兵向前冲锋，去打一场毫无希望的战役。埃米尔为了守护战友而杀死了这位长官，成功阻止了这场战役。埃米尔虽然被士兵们视为英雄，却因杀害长官而被军事法庭判处死刑，再也无法见到自己的女儿。游戏通过支持体验者亲自扮演埃米尔和其他诸位角色，领会战争的残酷，以及亲情和友情的伟大。

图6-31 《勇敢的心：伟大战争》游戏场景
（图片来源：游戏截图。）

《勇敢的心：叶落归根》则在前作的基础上，新增了美国人弗雷迪的弟弟詹姆斯、德国潜水员恩斯特和英国飞行员乔治。这部作品的叙事内容与前作相呼应，譬如，在战争结束后，詹姆斯在打扫战场时，发现了前作的主角埃米尔留下的勺子，如图6-32所示。同时，该游戏还新增了美国种族歧视这一主题。战争结束后，黑人弗雷迪与白人安娜正准备开启全新的夫妻生活，弗雷迪却因为自己是黑人，被一群白人攻击和殴打，最后不幸身亡。弗雷迪在战争期间英勇无畏，安娜也在前线救死扶伤，然而经历了战争的弗雷迪却无法逃离种族歧视，救人无数的安娜也无法救治自己的丈夫。游戏通过这一叙事内容，促使体验者对种族歧视问题进行反思。

2022年，由波兰开发商11 bit studios发布的游戏《这是我的战争》(This War of Mine)，成为波兰教育史上首款被列为学校补充读物的数字游戏，如图6-33所示。而在2020年，波兰教育部就已经将《这是我的战争》列入波兰高校2020至2021学年的"可选"阅读清单，供社会学、伦理学、哲学、历史等专业的大学生学习。[①]这款游戏通过叙事内容实现教育功能。体验者在游戏中扮演被围攻的城市废墟中的难民。这群难民面临着食物、药物

---

① 《这是我的战争》被波兰教育部列为官方电子教材的信息来自波兰教育部官网 https://www.gov.pl/web/gryedukacji/this-war-of-mine.

紧缺的困境,不仅需要时刻防范狙击手的攻击,还需要防备其他难民的掠夺甚至杀害。美国视频游戏和娱乐媒体网站 IGN 对该游戏的评价是"《这是我的战争》是一款引人入胜的生存模拟游戏,同时也是一部关于战争时期社会秩序崩塌之下,人类如何生存的研究作品。"[1]

图 6-32 《勇敢的心:叶落归根》中詹姆斯和战犬沃尔特怀念埃米尔
(图片来源:游戏截图。)

图 6-33 《这是我的战争》被波兰教育部定为官方电子教材
(图片来源:波兰教育部官方网站。)

《这是我的战争》呈现了两种叙事模式:一是"经典"模式,该模式没有固定的叙事内容,体验者需要控制 1~4 个角色,游戏目标是生存至战争结束;二是"剧情"模式,该模式呈现了

---

[1] IGN 对游戏的评价来自《这是我的战争》在 Steam 平台的主页 https://store.steampowered.com/app/282070/This_War_of_Mine/?l=schinese.

完整的叙事线,体验者需要完成叙事线中主角的特殊目标。游戏提供了12个主要角色供体验者选择,他们分别是:足球运动员帕夫列、厨师布鲁诺、记者卡蒂娅、小偷阿里卡、叛军逃兵罗曼、音乐学院学生兹拉塔、消防员马可、仓库工人鲍里斯、木匠马林、律师艾米莉亚、数学家安东、校长茨维塔。每个角色都包含六种结局,其中三种结局为幸存,另外三种结局则分别是死亡、自杀和出走。

在"经典"模式中,体验者遇到不同事件时的选择会将角色导向不同的结局。而该游戏通过叙事内容呈现大量让体验者"左右为难"的情境。譬如,当体验者的药品已经所剩无几时,隔壁小女孩前来求救,希望获得药品为她妈妈治病。倘若体验者不将药品送给小女孩,小女孩的妈妈将会重病身亡,小女孩将会成为孤儿;倘若体验者将药品送给小女孩,自己或者队友未来一旦生病或受伤便会很快死亡,如图6-34所示。游戏通过体验者亲自参与叙事、创造叙事的方式,揭示战争的残酷,并使体验者感受绝境中人性的复杂与每个人都会面临的道德困境。

图6-34 《这是我的战争》"经典"模式中,体验者因缺少抗生素导致队友死亡
(图片来源:Steam平台的游戏宣传图片。)

在"剧情"模式中,体验者需要扮演游戏剧情中的主角,并实现主角的目标。譬如,2017年新加入的可下载内容(Downloadable Content,DLC)《父亲的承诺》(*This War of Mine: Stories-Father's Promise*)讲述了一位期望带着女儿远离战争,却找不到女儿的父亲的故事,如图6-35所示。体验者在扮演这位父亲时,需要一边艰难地生存,一边寻找女儿。2019年加入游戏的DLC《余烬暗燃》(*This War of Mine: Stories-Fading Embers*)讲述了主角安娜需要在自保的同时保护文化遗产的故事。

"经典"模式与"剧情"模式是两种较为常见的数字游戏叙事方式,前者为体验者提供了更高的自由度,支持体验者遵循自己内心的意愿来创造叙事内容。后者削弱了体验者的自由度,但是游戏通过设计师提前制定的富有戏剧性的叙事内容,促使体验者与故事主角共情。

功能游戏 **概论**

图 6-35 《这是我的战争》中 DLC《父亲的承诺》游戏界面
（图片来源：游戏截图。）

二、游戏叙事与科普功能

　　由腾讯游戏追梦计划与中国性病艾滋病防治协会联合创作的中国首款以艾滋病为主题的科普类功能游戏《蓝桥咖啡馆》，通过叙事内容对艾滋病预防与治疗相关知识进行科普。体验者在游戏中扮演蓝桥咖啡馆的店长，通过与孤儿"刺猬"、育有一女的母亲"淑怡"和青年音乐人"克里斯"这三位艾滋病患者的互动，理解艾滋病的传播方式和治疗方式。譬如，店长初次遇见刺猬是驾驶电动车时不小心将其撞倒在地，而当店长为刺猬包扎流血的伤口时，刺猬立刻说道"不想死的话，就别碰我"，如图 6-36(a)所示。在这个剧情片段中，游戏通过店长与刺猬的对话展现了艾滋病的传播方式之一——血液传播。淑怡的叙事片段则表达了艾滋病的另一个传播方式——性传播，这位年轻的母亲表达了自己曾经在单身派对后去夜店狂欢，结果因醉酒与另一名男子发生关系，不慎感染了艾滋病的经历，如图 6-36(b)所示。而在店长与克里斯的医生交谈的过程中，体验者将学习到艾滋病的第三个传播方式——母婴传播，通过店长与医生的对话，游戏还对母婴传播的阻断治疗方法进行了科普，如图 6-36(c)所示。

　　该游戏中叙事内容更为重要的作用在于提供一个具象的游戏情境，促使体验者与游戏中的艾滋病患者建立情感连接，使体验者感受到艾滋病患者在社会中受到的冷眼、歧视和偏见。游戏叙事内容呼吁社会大众提升对艾滋病的认知，同时给予艾滋病患者更多的尊重与关爱。[①]游戏场景中，咖啡馆的门口竖着一个小黑板，上面用蓝色粉笔写着"蓝桥"，用黄色粉笔写着"咖啡馆"，其中蓝色的"蓝桥"也是对蓝色的艾滋病阻断药物的隐喻，如图 6-36(d)所示。

---

① 腾讯游戏追梦计划. 腾讯游戏追梦计划携手中艾协 上线首款防艾科普小游戏[EB/OL]. (2019-11-28)[2025-01-22]. https://zhuimeng.qq.com/web201904/detail-news.html? newsid=8862505.

功能游戏设计　第六章

图 6-36　《蓝桥咖啡馆》通过叙事内容对艾滋病的传播和治疗方式进行科普
（图片来源：游戏截图。）

三、游戏叙事与军事模拟功能

游戏叙事可以从多个方面进行军事模拟。游戏可通过叙事对复杂的军事指挥层级关系进行模拟，从而帮助体验者理解包括指挥系统、后勤系统、战场通信系统等军事组织的运作方式，具象的叙事内容能够通过更为生动的方式辅助体验者充分地理解复杂的军事组织结构。譬如，由 Command Development Team 开发的 *Command: Modern Operations* 通过叙事内容来呈现不同的战役，体验者做出的每一个决策都会影响游戏的叙事走向。游戏的叙事内容辅助人们体验从战略规划到战术执行的完整指挥流程。

游戏叙事能够对军事活动的规则与程序进行说明，并引导体验者完成任务，并能够基于故事情境将战争过程中对雷达信号处理、武器性能分析、敌军情报分析等复杂的数据处理活动具象化。以 On Target Simulations 与 Matrix Games Ltd. 公司开发的战斗行动模拟游戏 *Flashpoint Campaigns: Southern Storm* 为例，该游戏的叙事背景是 1989 年的冷战时期，游戏涵盖了德国南部地区 40 余张地图和 1980 年至 1989 年的主流军事装备。体验者需要指挥来自美国、法国、加拿大、西德、苏联、东德和捷克斯洛伐克的部队。体验者需要根据每个国家部队的特性，枪械、导弹、精确弹药、轻武器等所有类型武器的数据，分析不同类型的复杂战斗地形，并综合考虑天气、烟雾、士兵的装备与士气等因素，输出合理的战略规划并指挥作战。游戏的叙事内容辅助体验者更为直观地理解战场态势，如图 6-37 所示。

游戏叙事是一种重演历史战争的手段，并能够对历史上重大的战役进行模拟。VR Designs 公司开发的 *Decisive Campaigns: Barbarossa*，模拟了第二次世界大战的东线战场，如图 6-38 所示。游戏叙事内容涵盖了历史上最大规模的军事冲突——1941 年 6 月至 1942 年 2 月德军入侵苏联的战役。游戏支持体验者扮演指挥官,体验每一个军事决策背后不同利益群体之间的平衡。游戏融入了角色扮演机制,譬如,体验者可扮演被逼入绝境的苏联独裁者,尝试阻止敌军突破莫斯科大门。体验者不同的决策会将叙事导向不同的方向,游戏叙事可帮助体验者学习不同的军事决策对历史发展的影响。

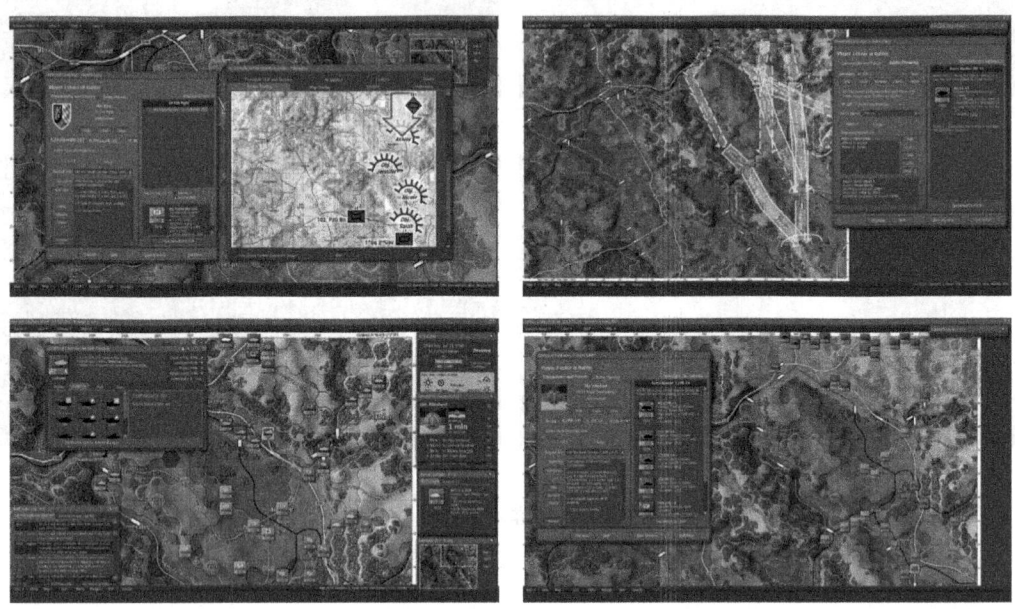

图 6-37 *Flashpoint Campaigns: Southern Storm* 游戏界面

(图片来源:Steam 平台的游戏宣传图片。)

图 6-38 *Decisive Campaigns: Barbarossa* 游戏界面

(图片来源:Steam 平台的游戏宣传图片。)

四、游戏叙事与医疗功能

叙事是一种有效的心理治疗方法。基于叙事的疗法被称为"叙事疗法"(Narrative Therapy,NT),于 20 世纪 80 年代兴起,由澳大利亚心理学家迈克尔·怀特(Michael White)与新西兰心理学家大卫·爱普斯顿(David Epston)等人创建①。使用叙事疗法时,心理咨询师倾听来访者叙述一个事件发生的具体过程,并在来访者叙述故事的过程中建构并理解其行为的意义。心理咨询师发掘被来访者遗忘或忽视的叙事片段,帮助来访者将其经历重构为一个更加完整的故事,从而帮助来访者意识到问题的真正根源。叙事疗法的核心观点是:人们的生活和身份并不是由一个固定的、单一的故事构成的,而是由多个不同的故事和经历交织而成的。这意味着每个人的生活都可以从不同的角度来理解,而这些不同的"叙事"共同塑造了他们的身份和经历。叙事治疗的重点也并非通过"专家"来解决问题,而是在沟通的过程中,使来访者发现那些此前未被认识到的、被隐藏的叙事片段。使用叙事疗法的心理咨询师和来访者在合作的过程中共同"重写"他们生活当中的故事。②

叙事疗法可被融入游戏中。国内有研究者曾探讨了将儿童叙事疗法融入游戏,并通过游戏实施肠道准备服药干预,取得了相较于传统的肠道准备服药指导更好的治疗效果③。目前,游戏支持预制影像式叙事、角色扮演式叙事、多线分支式叙事、环境叙事等多种叙事模式④。体验者并非只是能够被动接收设计师提前制作好的叙事内容,而是能够基于自己的意愿,在游戏中主动创造叙事内容,将游戏的剧情导向不同的结局。法国游戏公司 Quantic Dream 出品的《底特律:成为人类》(Detroit: Become Human)、《超凡双生》(Beyond: Two Souls)、《暴雨》(Heavy Rain)等互动式电影游戏均提供了多条叙事线,并且在剧情的关键节点提供给体验者若干选择,体验者的不同选择会将游戏角色导向不同的结局。《模拟人生》系列、《模拟城市》系列游戏则提供了较高的自由度,允许体验者在游戏的当前框架内控制不同的虚拟角色执行不同的行为,从而动态生成不同的叙事内容。美国 Latitude 公司开发的游戏 AI Dungeon 则结合生成式人工智能(Artificial Intelligence Generated Content, AIGC)技术,通过自然语言处理技术,支持体验者自由输入不同内容的文本,游戏根据体验者输入的文本内容动态生成叙事内容。

这些在游戏环境下,支持体验者参与叙事内容、创造叙事内容的方式,能够将游戏疗法与叙事疗法进行结合。本书在第一章第三节"功能游戏的历史"部分曾描绘了早期心理治疗师在给儿童进行治疗时采用的游戏疗法。由于儿童难以通过语言顺利地表达自己内心的情感状态和深层需求,因此,心理治疗师通过观察儿童的游戏行为,来理解其心理状态。同样,体验者在游戏环境中能够对自己创造的叙事内容进行反思,还能够将在游戏中创造的叙事内容与自己在现实生活中发生的故事进行结合,从而实现基于叙事的治疗目的。

---

① JING G, ZHANGYI C. Narrative Therapy: Finding Strength in Life Stories[J]. Advances in Social Sciences, 2021, 10(9): 2511-2516.
② 叙事疗法的概念来自 Narrative Therapy Centre 的官方网站 https://narrativetherapycentre.com/.
③ 董振银,强毅,岳世霞,等. 儿童叙事疗法理论植入游戏在患儿肠道准备中的应用[J]. 中国实用护理杂志, 2023, 39(20): 1521-1525.
④ 陈柏君,黄心渊. 互动电影游戏化设计研究[J]. 当代电影, 2024, (1): 168-173.

新冠疫情期间,一群在网络平台临时招募和组建的开发者创作了游戏《逆行者》,如图 6-39 所示。游戏提供了在一线抗击疫情的医生、病人与普通群众三种角色,这三种角色各自包含不同的叙事线。医生的叙事线旨在对医务人员致敬,其叙事内容主要描述了医生的日常工作状态及其面临的心理压力;病人的叙事线描述感染了新冠疫情的病人们怀着痛苦的心情与家人告别并在医院接受隔离治疗,期望早日康复并回到家人身边;普通群众的叙事线描述了病人家属的生活状态,他们一方面受到疫情的影响足不出户地进行隔离防控,另一方面始终关注着疫情的发展,并期待着患病的家人早日回家。①②《逆行者》并非在游戏中通过叙事疗法对体验者进行心理治疗,但是其叙事模式在一定程度上体现了叙事疗法的核心观点,即通过不同的角色、不同的视角,对同一时期正在发生的事件进行叙述。这种叙事方式能够帮助体验者从多个维度来审视同一个事件,以更加完整的视角面对需要解决的问题。

图 6-39 《逆行者》游戏场景
(图片来源:TapTap 网站的游戏宣传图片。)

第五节 基于游戏文本的功能实现

一、游戏文本与教育功能

文本可以对一些抽象、晦涩的知识进行详细说明,便于体验者学习和理解。这种基于文本的教育方式在部分编程教育游戏中有所体现。游戏《异常》的"帮助"界面,会通过文本、图片与动画相结合的方式,对游戏的操作方式、游戏不同角色的特性,以及编程概念的内涵进行说明,如图 6-40 所示。譬如,针对"条件判断"这一编程概念,游戏会在帮助界面显示"指令行分两个部分:条件与命令。只有当条件成立时命令才会被执行。"且补充说明了"注意:无条件指令一定会被执行。"游戏使用黄色与白色两种颜色对文本进行标注,黄色的文本为

---

① 腾讯游戏学院. 讲一个故事 传递一份情感——临时组建 60 人团队,20 天研发上线,揭秘这款公益游戏背后的研发故事[EB/OL]. (2020-03-03)[2025-01-25]. https://zhuimeng.qq.com/social_value/v5/article_04/index.html.
② 刘亭亭,董思韫. 游戏论·文化的逻辑|鲍德里亚与医疗游戏的游戏药方[EB/OL]. (2020-01-15)[2025-01-25]. https://www.thepaper.cn/newsDetail_forward_16270092.

体验者需要重点关注的内容。

图 6-40　编程教育游戏《异常》通过文本说明编程概念
（图片来源：游戏截图。）

由 Apple Inc. 开发的基于 Swift 编程语言的教育游戏 $Swift\ Playgrounds$，同样在诸多关卡中通过文本对编程知识进行诠释。譬如，在"寻找与修正错误"的关卡中，游戏文本对编程术语"bug"进行了解释："当你在编写代码时，很容易出现错误。一个导致你的程序无法正确运行的错误称为 bug，寻找并修正这些错误称为 debugging"，如图 6-41 所示。

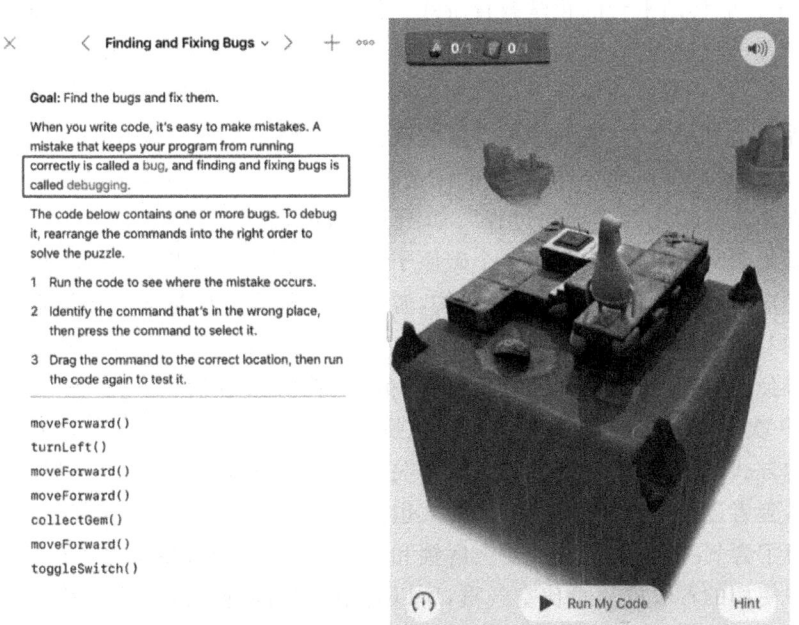

图 6-41　编程教育游戏 $Swift\ Playgrounds$ 通过文本说明编程知识
（图片来源：游戏截图。）

在一些复杂度更高的关卡中，Swift Playgrounds 还会通过文本呈现编程示例，辅助体验者在更短的时间内编写正确的程序。如图 6-42 所示，游戏提供了解决与当前关卡问题相似问题的伪代码，伪代码呈现了解决问题的思路。体验者便可在伪代码的基础上，结合当前关卡问题的具体特性，使用 Swift 语言编写正确的代码。

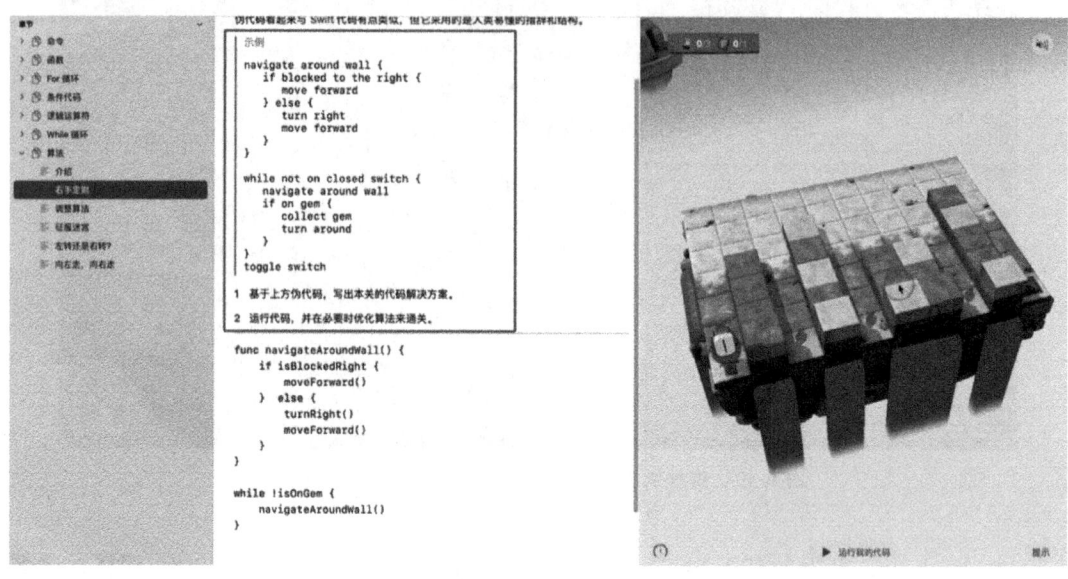

图 6-42 编程教育游戏 Swift Playgrounds 通过文本显示编程示例
（图片来源：游戏截图。）

由 Schell Games 公司发布的教育游戏 Happy Atoms 是一款实体教育与数字教育相结合的、运行于智能移动平台的化学教育游戏。体验者使用实体化学分子建模工具搭建不同的分子模型后，通过该游戏对实体分子模型进行扫描，游戏将会使用图片与文本相结合的方式，向体验者讲述一系列与该分子结构相关的化学知识。譬如，针对二氧化碳的分子结构，游戏将在界面上显示文本"空气中的二氧化碳通过一种叫作光合作用的过程被植物分解"，如图 6-43(a)所示。针对光合作用，游戏则会显示文本"光合作用是植物和藻类从空气中吸收二氧化碳并将其转化为养分的过程"，如图 6-43(b)所示。将文本与图片相结合，游戏还会呈现二氧化碳分子结构，它包含 1 个碳原子和 2 个氧原子，如图 6-43(c)所示。此外，对于体验者已经搭建完成的所有实体分子结构，游戏都会通过图片与文本相结合的方式展示出来，如图 6-43(d)所示。

由育碧公司(Ubisoft)出品的游戏《勇敢的心：伟大战争》(Valiant Hearts：The Great War)以第一次世界大战为背景，融入了角色扮演、动作、解谜等元素。该游戏通过文字与图片相结合的方式，呈现了第一次世界大战相关史料，供人们阅读和学习一战历史，如图 6-44 所示。在体验者逐渐推进游戏进程时，游戏也会逐步解锁与当前关卡相关的史实。譬如，当体验者经历了毒气关卡之后，游戏便会解锁和毒气相关的史实，并通过文本对毒气战进行描述："战争中使用的毒气的质量比空气重，所以它很容易渗透到地道和战壕中。气体也会渗透到战场上的炮弹坑中，这样战士们就不得不一直戴着笨重又不舒服的防毒面罩。即便是今天，在曾经是前线的土地上，人们也能发现尚未爆炸的毒气弹。"

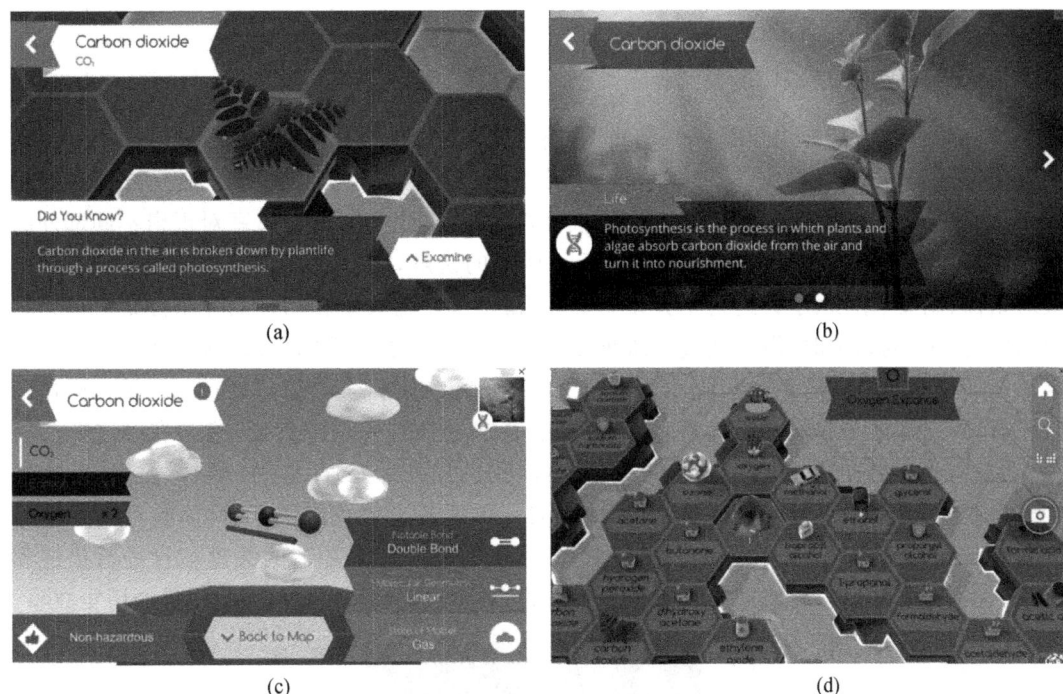

图 6-43 Happy Atoms 游戏界面

(图片来源:游戏官方网站 https://happyatoms.com/。)

图 6-44 《勇敢的心:伟大战争》通过文本展现一战历史

(图片来源:游戏截图。)

二、游戏文本与科普功能

《折扇》是一款帮助用户了解折扇知识的智能移动平台功能游戏,涵盖"欣赏""形制""工艺""历史""扇坊"五大模块。该游戏采用了游戏美术、游戏机制与文字这三种形式来呈现折扇文化,在"形制""工艺""历史"这三个模块,游戏都在多个界面通过文字对折扇不同部件的作用或折扇制作技艺当中的核心环节进行了详细的讲解,如图6-45所示。例如,"形制"模块对扇面、扇骨、扇须、扇钉进行了介绍,采用了游戏美术与文字相结合的介绍方式。在介绍名为"和尚头"的扇须时,游戏通过三维模型展现了该扇须展开后的形态,体验者可通过滑动屏幕,从不同的视角进行观看,游戏还通过文字对该扇须进行了介绍:"'和尚头'早在明代已经流行,因扇骨聚头看似和尚而得名,无论在折合或散开时皆呈浑圆形,绝没有一点凹凸。"在"工艺"模块,体验者需要在游戏的引导下经历选竹、开片开通、煮竹、晒竹、打眼、拖边造型、乓平、锉头等16个环节。在每个环节,游戏一方面通过游戏机制,支持体验者通过执行不同的行为,模拟制作折扇的过程;另一方面,通过文字对每个环节的关键信息进行描述和讲解。在"历史"模块,游戏同样通过静态的图像与文字来展示折扇在不同朝代的历史故事。

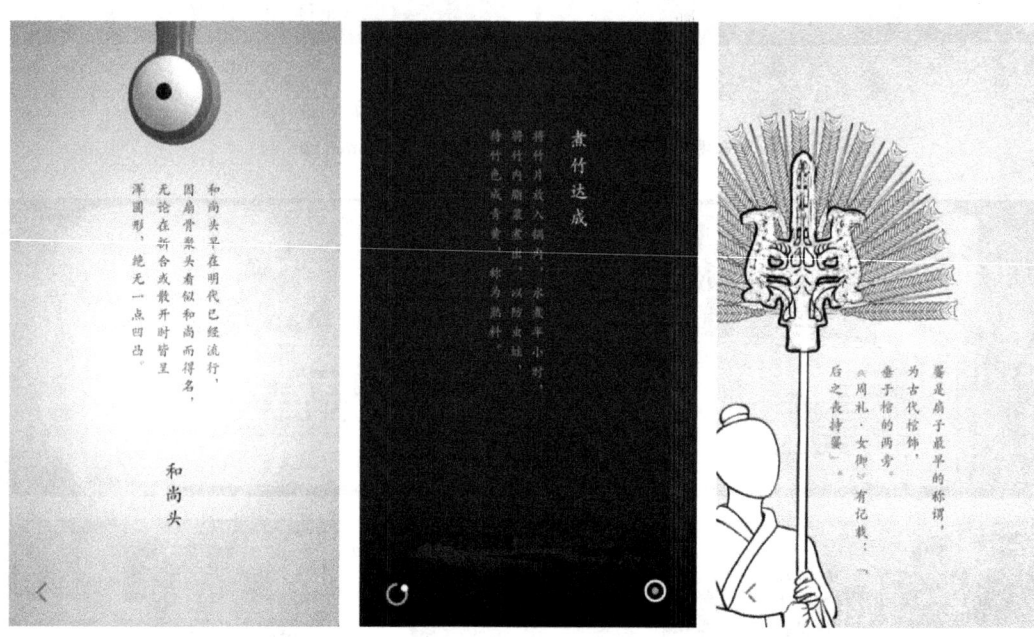

图6-45 《折扇》中"形制""工艺""历史"模块通过文字传播折扇文化

(图片来源:游戏截图。)

与《折扇》相似,智能移动平台功能游戏《榫卯》同样通过大量的文字信息,讲解中国传统古典家具中使用的木连接榫卯基本结构,以及榫卯的历史背景。在介绍每一种榫卯结构时,游戏界面的中心区域通过三维模型对该榫卯进行展示,并通过文字在该榫卯结构的下方显示其名称,如图6-46(a)所示。当体验者向上滑动屏幕时,游戏会结合示意图和该榫卯结构在现实生活中的实际应用物品进一步说明其用途,并通过更多的文字信息说明此类榫卯的特性。在展示"直榫"时,游戏通过文字说明"榫卯最基本构造之一,方形榫头对应方形榫眼,依具体用途,可变化使用",如图6-46(b)所示。

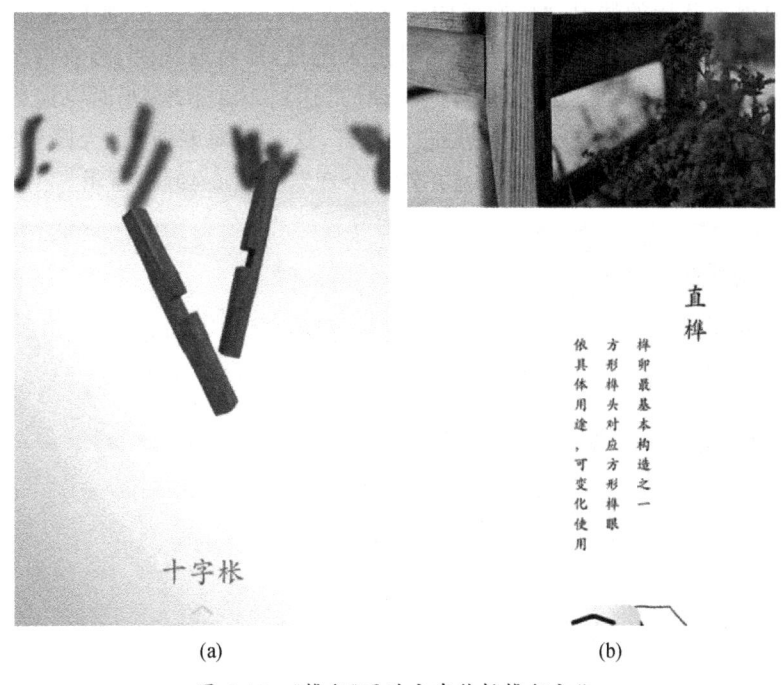

图 6-46 《榫卯》通过文字传播榫卯文化
（图片来源：游戏截图。）

三、游戏文本与军事模拟功能

军事类功能游戏追求对真实战场的高度还原。通常会使用大量文本对虚拟战场的环境状态、不同类型武器的名称和性能、开展行动的正确流程和步骤等进行详细说明。

《武装突袭 3》通过文本展示体验者当前所拥有的武器类型和数量，以及部分武器的射程等信息，同时也会通过文本展示同一个作战小组中成员的交流信息。如图 6-47 所示，游戏界面的右上角通过文本显示体验者拥有两枚手榴弹，HE 枪榴弹的射程为 75 米。游戏界面左下角通过文本实时显示同一个作战小组中其他成员所处的方位，正在使用何种武器进行攻击，以及成员的对话。譬如，有的成员会说道："我们现在以少敌多，后援正在涌入村子！我们不得不撤退！"而另一名成员说道："不行，撑不了太久。你必须现在攻击村庄！"同时，游戏界面还会通过文本结合图像的方式显示体验者与下一个目标点的距离。此外，在体验者推进游戏进程的过程中，游戏界面会不断通过文本显示下一个需要完成的子任务，譬如，"消灭观察员""撤退"等。

当体验者在《微软模拟飞行 2020》中驾驶战斗机时，游戏会通过文本对虚拟环境进行描述，包括能见度、时间、风力、高度等，如图 6-48 所示。在《微软飞行模拟 2024》的"生涯模式"中驾驶"塞斯纳 172 型天鹰"飞机时，游戏会通过文字告知体验者正确的操作步骤，譬如，飞机滑行之前，需要"绕过飞机、查看四周"，如图 6-49(a)所示。当体验者对飞机进行检查时，游戏也会通过文字显示每一个飞机部件的名称，譬如，"右襟翼""机油表""前轮支柱""前起落架轮胎"等，如图 6-49(b)所示。当体验者启动引擎后，游戏会通过画外音与屏幕下方的文字显示当前虚拟环境的情况:"所迎风向为 270°方向,风速为 9 节,所以我们将从跑道 36 起飞",如图 6-49(c)所示。当体验者驾驶飞机进入跑道,即将起飞时,游戏再次通过文字告知体验者正确的操作方式:"松开制动器,加满油门,达到 100 千米/小时空速后我们将加速并起飞。我们将以 139 千米/小时的速度进行爬升,这是针对塞斯纳'天鹰'推荐的爬升速度。在爬升时,我们将遵照左行起落航线并转两个弯",如图 6-49(d)所示。

图 6-47 《武装突袭 3》通过文本显示武器装备及不同成员的战斗状态
(图片来源:网络平台体验者录制的游戏实时演示视频。)

图 6-48 《微软模拟飞行 2020》通过文本对虚拟环境进行描述
(图片来源:游戏截图。)

图 6-49 《微软模拟飞行 2024》通过文本引导体验者学习飞机驾驶
(图片来源:网络平台体验者录制的游戏实时演示视频。)

四、游戏文本与医疗功能

在医疗类功能游戏中,文本扮演着至关重要的角色。首先,文本作为信息传递的主要载体,能够有效地向体验者描述游戏规则、操作指南和任务目标。其次,文本还能传达医学知识和健康管理相关信息,譬如,通过游戏中的提示或对话框来指导体验者开展有利于健康的选择,或者解释治疗方案的原理和效果。此外,文本还可以通过叙事内容和角色对话增强游戏的沉浸感,让体验者在游戏过程中与游戏角色建立丰富的情感链接,从而提高游戏的教育效果。总而言之,文本能够通过清晰、直观的表达,增强游戏的教育性,成为促进体验者学习和行为改变的重要元素。

Meta Quest 平台的虚拟现实医疗应用 3D Organon 帮助体验者学习解剖学相关知识。该应用通过美术与文本相结合的方式,对人体不同器官的功能进行讲解。该应用提供了多语种的知识库,支持不同国家的体验者进行学习。譬如,在对大脑的功能进行描述时,3D Organon 会在界面左侧使用不同的颜色展现大脑的不同区域,同时在右侧通过文本显示大脑不同区域的完整学名:"前额叶区""前运动区""运动联络区""初级运动区""初级躯体感觉区""躯体感觉联络区""初级视觉区""次级视觉区""三级视觉区""初级听觉区""次级听觉区""听觉联络区"等,如图 6-50(a)所示。在对心脏的功能进行描述时,3D Organon 通过文本显示"左右心室是由室间隔分隔开的腔室。右心室接收来自右心房的去氧血液,并将其送往肺部进行气体交换",如图 6-50(b)所示。

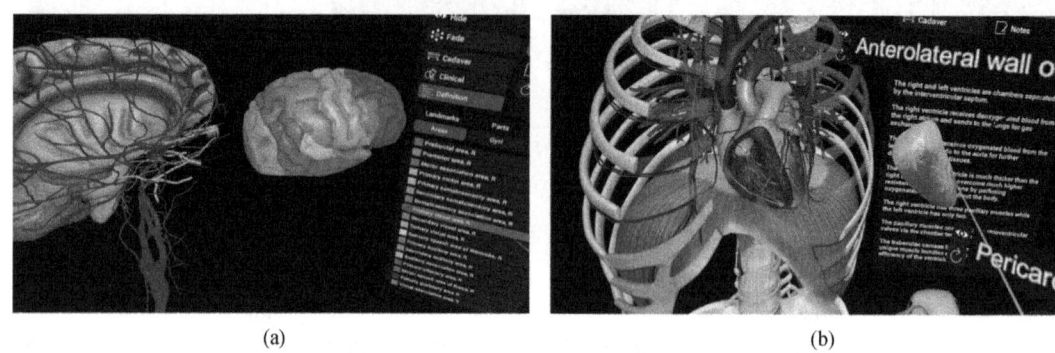

图 6-50 3D Organon 通过文本对不同的人体器官进行描述
(图片来源:Meta Quest 官方网站的应用宣传图片。)

Meta Quest 平台的另一款虚拟现实医疗应用 The High School Anatomy,通过对人体结构的精确建模,呈现人体的每个细节,支持体验者从全新的视角直观地进行"人体解剖"。而针对人体不同的组织结构,该应用同样通过文本对其进行详细的描述。譬如,在展现人体左侧的大胸肌时,该应用通过文本详细描述了其位置和作用:"该肌肉覆盖胸部上前方的部分。生长在锁骨、胸骨和前六根肋骨的软骨区域。肌纤维会聚并通过一条短而宽的肌腱插入大结节脊缘(肱骨大结节脊)。该肌肉的作用包括内收、前屈和旋前",如图 6-51 所示。

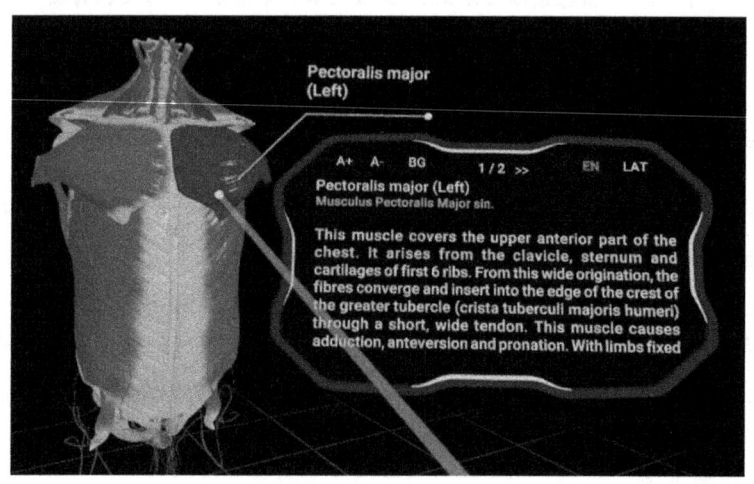

图 6-51 The High School Anatomy 应用界面
(图片来源:Meta Quest 官方网站的应用宣传图片。)

运行于 Oculus App Lab 的虚拟现实医疗应用 Fetal Heart VR,同样通过文本对心脏的功能进行描述,如图 6-52 所示。该应用旨在帮助人们学习与先天性心脏病相关的知识。体验该应用时,人们在虚拟场景中对病人进行心脏进行超声扫描,以了解先天性心脏病的典型病理特征。体验者在现实空间中移动虚拟现实手柄,从而在虚拟场景的病人身上移动超声波探头。该应用通过文本对 14 种先天性心脏缺陷进行了描述。

腾讯公司出品的《蓝桥咖啡馆》配合游戏的叙事内容,提供了一个"店长手记"模块,该模块从店长的视角记录了何为艾滋病,以及如何预防、检测和治疗艾滋病,如图 6-53 所示。譬如,该手记中有一条的标题是"艾滋病到底是什么",正文中写道"艾滋病医学全称是获得性免疫缺陷综合征(AIDS),是人类免疫缺陷病毒(HIV),又称艾滋病病毒,侵入人体后发生的一种严重传染病。"另一篇手记的标题则是"发病后……",正文中写道"艾滋病是一种危害大、死亡率高的严重传染病,目前尚不可治愈。艾滋病病毒侵入人体后,会在体内不断复制,逐渐破坏人体免疫功能,使人体抵御疾病的能力降低,易发生多种感染和肿瘤,最终导致死亡。""店长手记"通过文本的形式,帮助体验者更为充分和全面地认识艾滋病。

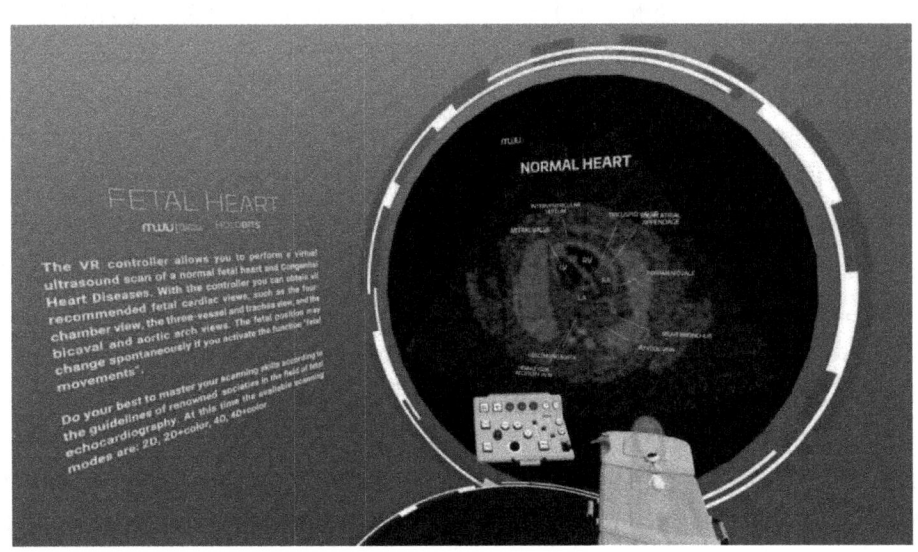

图 6-52 Fetal Heart VR 应用界面
(图片来源:网络平台。)

图 6-53 《蓝桥咖啡馆》通过文本描述何为艾滋病,以及如何预防、治疗艾滋病
(图片来源:腾讯互娱社会价值探索官方网站。)

第六节　基于游戏音乐的功能实现

一、游戏音乐与教育功能

音乐具有重要的教育功能。基于音乐的教育可以追溯到春秋时期的"乐教"。"乐教"这一术语最早出现于《礼记·经解》，孔子曰："入其国，其教可知也。其为人也，温柔敦厚，诗教也；疏通知远，书教也；广博易良，乐教也……"。孔子提出"兴于诗，立于礼，成于乐"，他认为音乐具备涵养德性的功能，乐教是培养君子品格的重要途径。[1] 1903年，中国国学家王国维（1877—1927）在其发表的文章《论教育之宗旨》中提及了"美育"概念。他认为教育的目标是培养完整的人物，教育需要智育、德育和美育三者相结合，并且美育的重要性不在德育与智育之下[2]。1911年，中国教育家蔡元培（1868—1940）从德文中翻译出"美育"这个词汇，他认为，"美育者应用美学之理论于教育，以陶养感情为目的者也。"美育应当贯穿个体成长和发展的各个阶段，并且不限于学校，而应当渗透至社会的各个角落。[3]

基于游戏进行美育，体验者不仅能通过聆听游戏中的音乐进行情感修养，还能够在游戏中模拟演奏乐器，创作音乐。虚拟现实平台的音乐游戏《指挥家：大师班》（*Maestro: The Masterclass*）包含《威廉·退尔序曲》《魔法师的学徒》《海德薇格主题曲》《幻想交响曲》《在山魔王的宫殿里》等一系列著名的交响曲。体验者将扮演游戏虚拟舞台上的指挥，组织整个乐队演绎这些乐曲，如图6-54所示。该游戏机制使体验者从被动聆听音乐转变为在一定程度上主动参与音乐的演奏。

图6-54　《指挥家：大师班》游戏场景
（图片来源：游戏截图。）

---

[1] 冯长春，郑依萌. 美育与乐教的汇通——20世纪初中国音乐美育思想的萌发与嬗变[J]. 音乐艺术（上海音乐学院学报），2024，(4)：62-70.

[2] 胡正强，王永平. 王国维教育宗旨析评[J]. 江苏高教，1995(1)：57-60.

[3] 张延莉. 从历史的碎片中探寻蔡元培美育思想——以国立音乐院和国立艺术院办校历程为视角[J]. 音乐艺术（上海音乐学院学报），2024(4)：71-82.

在《指挥家：大师班》中，游戏根据背景音乐的节奏，通过视觉符号显示一系列体验者需要执行的指挥动作。体验者的指挥行为并不会影响音乐的播放，游戏通过判断体验者的指挥动作是否正确，以及体验者的指挥动作是否准确匹配了音乐的节奏，予以体验者游戏成绩。这种设计模式体现了一种常见的节奏类音乐游戏的游戏机制。此外，还有一些音乐游戏给予了体验者更高的音乐演奏自由度。以《知音冢》(Mound of Music)为例，该游戏包含《献给爱丽丝》《匈牙利狂想曲》《天鹅湖》《平安夜》《鳟鱼》《绿袖子》等经典曲目。游戏支持体验者分别通过键盘和鼠标模拟不同类型的乐器来"演奏"这些曲目，如图6-55所示。游戏将录制体验者实际的演奏效果。这些将音乐演奏嵌入游戏机制的设计模式，都是基于游戏音乐进行美育的可行方法。

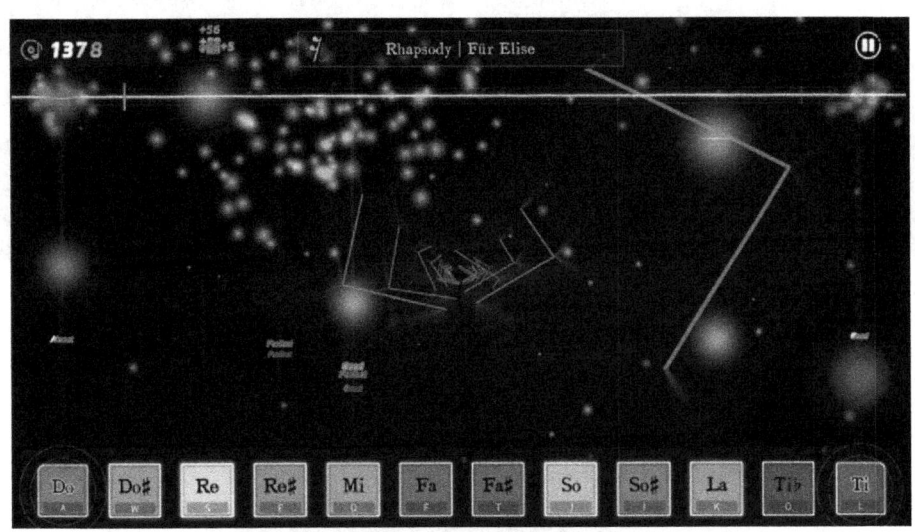

图6-55 《知音冢》游戏场景
（图片来源：Steam平台的游戏宣传图片。）

二、游戏音乐与科普功能

2022年，上海米哈游公司出品的游戏《原神》推出了全新的游戏角色云堇。游戏通过云堇的唱段《神女劈观》对中国的国粹——京剧——进行数字化保护与传播，如图6-56所示。该唱段的歌词是"可叹，秋鸿折单复难双，痴人痴怨恨迷狂，只因那邪牲祭伏定祸殃，若非巾帼拔剑人皆命丧，凡缘朦朦仙缘滔，天伦散去绛府邀，朱丝缚绝烂柯樵，雪泥鸿迹遥，鹤归不见昔华表，蛛丝枉结魂幡飘，因果红尘渺渺烟消"。许多外国友人通过《神女劈观》了解了中国的戏曲文化，上海《文汇报》等多家媒体都对此事进行了报道，如图6-57所示。而《神女劈观》唱段的戏曲演员，上海京剧院演员杨扬，也完全没有预料到自己的作品会以游戏角色唱段的形式闻名海外，她在采访时说道"游戏对中国传统文化的宣传力度实在是太大了。"[1][2]

---

[1] 刘伟和杨扬的采访视频 https://www.kankanews.com/detail/ZGwkDdaln2x.
[2] 陈柏君. 数字游戏创意设计[M]. 北京：北京邮电大学出版社，2025.

图 6-56 《原神》中云堇角色的唱段《神女劈观》
(图片来源:《原神》bilibili 官方账号发布的《神女劈观》视频。)

图 6-57 上海《文汇报》对《原神》的报道
(图片来源:网络平台。)

《黑神话:悟空》通过游戏叙事、游戏美术和游戏音乐等元素对中国传统文化进行了数字化保护和传播。游戏采用唢呐、琵琶、古筝等中国民族乐器演绎《云宫迅音》《称王称圣任纵横》《往生咒》《三界四洲》等游戏音乐。《黑神话:悟空》中的《云宫迅音》在 86 版《西游记》片头曲的基础上进行了一定程度的改编,该曲目是游戏结局动画的背景音乐,勾起了几代中国观众对电视剧《西游记》的记忆,如图 6-58 所示。

图 6-58 《黑神话:悟空》以《云宫迅音》为背景音乐的结局动画
（图片来源：网络平台。）

《往生咒》是汉传佛教寺院《早晚课诵集》中十小咒之一[①]，其内容是"南无阿弥多婆夜，哆他伽多夜，哆地夜他，阿弥利都婆毗，阿弥利哆，悉耽婆毗，阿弥唎哆，毗迦兰帝，阿弥唎哆，毗迦兰多，伽弥腻，伽伽那，枳多迦利，娑婆诃"。《黑神话:悟空》中的《往生咒》曲目将原经文作为歌词，采用说唱的形式进行演绎，获得了广大游戏体验者的喜爱，如图 6-59 所示。在游戏科学公司发布的《往生咒》宣传视频中，当咒语诵读完毕后，视频将继续播放如下独白"还记得，孟兰会上，世尊说过，众生之苦，多因不守戒律，放情纵欲。要我说，放屁！不杀生，仇恨永无止息；不偷盗，强弱如我何异；不邪淫，一切有情皆孽；不妄语，梦幻泡影空虚；不馋酒，忧怖涨落无常；不耽乐，芳华刹那而已；不贪眠，苦苦不得解脱；不纵欲，诸行了无生趣。"该段独白引导体验者对佛教的基本戒律进行思考。

图 6-59 《往生咒》宣传视频
（图片来源：网络平台。）

再以《文明》系列游戏为例，该系列游戏的音乐创作团队曾经获得国际电影乐评人协会

---

① 周叔迦著. 佛教基本知识[M]. 北京：北京出版社，2017：58-59.

(International Film Music Critics Association, IFMCA)颁发的最佳游戏及互动媒体原创音乐奖。在给《文明5》创作游戏音乐时,为了传播不同国家的文化,音乐创作团队针对亚洲、欧洲、非洲和美洲这四大区域中不同的国家设计了不同的背景音乐,并且每一首背景音乐都包含"战争"与"和平"这两大主题。

  《文明6》也给游戏中的不同国家设立了不同风格的主题音乐。为了展现不同国家在漫长历史发展过程中的变化,每一首主题音乐都包含远古、中古、工业和原子这四个时代的变奏。"中国"游戏场景的主题音乐《茉莉花》是一首传统的民歌,以其清新、优美的旋律和简洁、明快的歌词著称,表达了对美好事物的赞美和对纯洁爱情的向往。该乐曲传递出中国人追求自然之美、和谐与宁静的正向价值观,同时也向全球体验者展示了中国悠久的音乐传统和民间艺术。《文明6》以《茉莉花》为主题音乐的"中国"游戏场景如图6-60所示。"英国"游戏场景的主题音乐为 *Scarborough Fair*,这是一首著名的民谣,其悠扬的旋律和歌词讲述了古老的爱情故事。游戏将这首歌作为英国的代表音乐,传递出英国民间音乐的情感内涵。"印度"游戏场景的主题音乐是 *Vaishnava Jana To*,这首乐曲由15世纪诗人 Narsinh Mehta 创作,歌词描述的是印度教徒的奉献与追求,强调个人的自我修养、对他人的同情与关爱。该乐曲在印度文化中有着深远的影响,甚至存在于圣雄甘地的日常祷告中,因此成为甘地精神的象征。游戏将该乐曲作为印度的主题曲,通过其独特的音乐风格使体验者感受到印度文化的深厚底蕴。

图6-60 《文明6》以《茉莉花》为主题音乐的"中国"游戏场景
(图片来源:网络平台体验者录制的游戏实时演示视频。)

三、游戏音乐与医疗功能

  基于音乐的治疗包括被动接受式治疗与主动参与式治疗这两种形式,其中,被动接受式治疗是指患者通过聆听音乐接受治疗,而主动参与式治疗则是指患者在主动参与音乐演奏或创作活动的过程中接受治疗。体验音乐游戏也被视为主动参与式治疗的一种类型。[①] 这两种治疗方式均可通过游戏音乐实现,正如"游戏音乐与教育功能"所述,游戏既支持体验者

---

① BARBARA L. Music Therapy Handbook[M]. New York: Guilford Press, 2016: 5.

被动聆听音乐,也支持体验者主动参与音乐的演奏或创作。

已有研究表明音乐游戏在孤独症与抑郁症等疾病方面均具有较好的干预作用。不少孤独症患者对音乐抱有强烈的兴趣,甚至具备优秀的音乐素养。被动接受式音乐治疗与主动参与式音乐治疗,也都被验证了对于儿童孤独症干预的有效性。其中,主动参与式音乐治疗中的音乐游戏活动能够有效减少孤独症儿童注意力不集中的次数,提升其专注力。[①] 2022年,中山大学心理学系与腾讯互娱社会价值研究中心开展了一项基于节奏类音乐游戏干预抑郁症的研究,该研究使用的音乐游戏如图6-61所示。结果表明,该音乐游戏能够对轻度抑郁症患者进行干预,显著降低其抑郁、焦虑程度。[②]

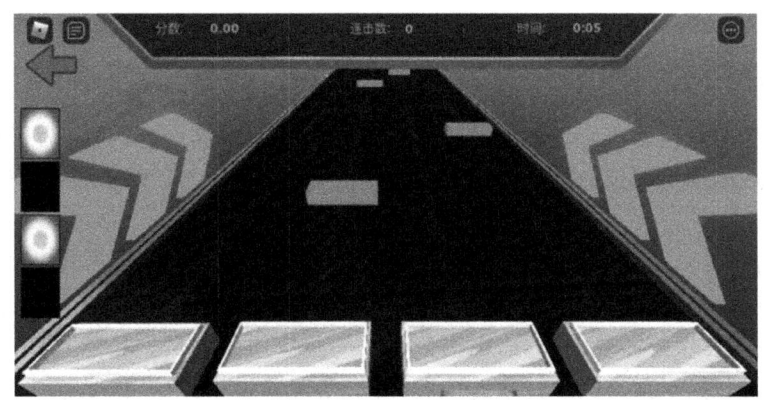

图6-61 中山大学与腾讯社会价值研究中心研究使用的节奏类音乐游戏界面
(图片来源:网络平台。)

在五个重要的游戏元素中,游戏机制属于游戏特有的核心元素。美术、叙事、文本、音乐则并非游戏的专利。电影、动画、漫画等艺术媒介都包含美术和叙事元素,小说可通过大量文本传递大量的知识。游戏机制识别体验者不同的输入行为,并予以不同的反馈。体验者与游戏机制的交互过程,既能营造游戏性,又能实现功能性,因此,功能游戏设计最核心的部分是游戏机制,最能体现游戏这一交互媒介优势的元素也是游戏机制,功能游戏设计最困难的部分也是游戏机制的设计。这并不是说其他元素就不重要,游戏机制只有和其他元素配合,才能最终实现其功能性。如《模拟城市》系列游戏通过游戏机制和文本体现城市运作和规则;《这是我的战争》通过游戏机制和叙事,传递反战思想;*Operate Now: Hospital* 通过游戏机制和美术展示正确的手术步骤和完整的手术流程;《摇滚史密斯》(*Rock Smith*)通过游戏机制与音乐教会体验者弹奏乐器。因此,功能游戏设计要牢牢把握游戏机制这一核心元素,在兼顾游戏性和功能性平衡、虚拟性与真实性平衡的基础上追求更具创意的交互形式。

[①] 许洁,江俊,王莞琪.音乐治疗可以改善自闭症者的注意能力吗?[J].中国音乐,2024(3):197-205.
[②] 库逸轩.中山大学脑与心理健康研究中心:音乐游戏训练或可减轻阈下抑郁的症状[EB/OL].(2022-09-22)[2025-01-26]. https://mp.weixin.qq.com/s/kwsqTZvwOmqK9HjqTn5xRA.

后 记

功能游戏与两类产品相关：一类是娱乐游戏，另一类是应用。娱乐游戏以娱乐属性为核心，应用则以功能属性为核心。功能游戏将二者进行了有机结合。因此，为了更完整、全面地探讨功能游戏，本书不仅分析了大量功能游戏的典型案例，还分析了部分娱乐游戏和应用的案例。

在军事游戏部分，本书分析了一些娱乐游戏的案例。尽管这些游戏的主要目标是娱乐，但它们在战场环境模拟以及武器效果的高度仿真方面表现出色，能够为功能游戏的设计提供有益的启发。在医疗游戏的部分，本书分析了一些应用的案例。虽然这些案例的主要目标是实现疾病预防、干预或医疗技术的培训，而不是营造娱乐体验，但是这些应用中体现出的专业性与实用性，都能够为功能游戏的设计提供参考和指导。此外，部分功能游戏案例同时出现在了教育游戏与科普游戏的章节，即这些案例既能够在教育体系中作为辅助教学工具，又能够面向广大用户进行科学普及，它们在这两个方面都具有一定的功能与价值，因此在教育与科普这两个章节中均被提及。

希望本书能够为读者在功能游戏的设计与研究方面提供有益的思路和启发，也期待在未来的日子里，我们能够共同见证功能游戏在更多领域的广泛应用与发展。

贾云鹏　陈柏君
2025 年 2 月